JN412061

ELLIPSOMETRY

2nd Edition

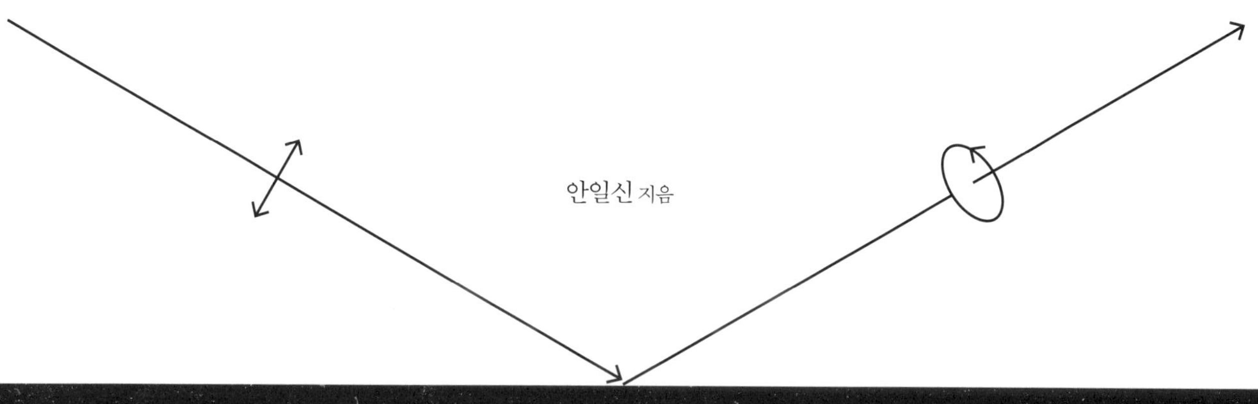

안일신 지음

엘립소미트리

타 원 편 광 분 석 기 술 의 기 초 와 이 해

개정판

한양대학교 출판부

머리말

본 저서는 대학원 강의록을 정리한 것으로 2000년에 초판을 발간하였다. 전문분야라서 독자가 매우 제한적일 것이라 판단했는데 의외로 그간 몇 번의 인쇄에도 부족하여 이번에 내용을 일부 보완하여 추가 발간하게 되었다. 본 저서가 수천 권이나 읽힐 정도로 현대 산업에서 박막의 사용이 광범위하고 또 그 분석에 있어 ellipsometry의 역할이 중요함을 새삼 실감한다.

Old but new technology! Ellipsometry는 1800년대에 Paul Drude가 개발한 오래된 기술이다. 하지만, 신기술이라고 할 만큼 그간 많은 변모를 거듭하였고 또한 여러 첨단산업에서 매우 요긴하게 사용이 되고 있다. 초기에는 대학과 연구소에서 물질연구용으로 조금씩 사용되어 오다가 근간에 반도체, 디스플레이, 태양전지 산업 등이 급격히 발달하면서 이들 분야의 박막공정에서 크게 각광을 받기 시작하였다. 이는 컴퓨터의 도입으로 인한 측정의 자동화와 분석의 편리함이 시작되는 것과 같은 시기이다. Ellipsometry는 다른 분석기술에는 없는 특이한 장점들 때문에 응용할 수 있는 분야가 매우 넓다. 하지만 그에 비례하여 장비 그 자체 및 작동에 대한 이해와 분석을 위한 폭넓은 지식이 필요하다. 최근 들어, 사용하는 박막의 종류가 다양해지고 두께는 더욱 얇아지며, 또한 그 구조도 복잡해지고 있다. 따라서 ellipsometry를 이용해서 더 많은 정보를, 더욱 정확하게 추출해야 할 필요성이 생기고 있는 것이다.

Ellipsometer는 그 종류 및 사양이 워낙 많고 다양하여 선택단계에서부터 고민을 해야 할지 모른다. 범용 ellipsometer의 경우, 측정도 많이 자동화되었고 분석 소프트웨어도 사용의 편의성을 상당 갖추긴 했다. 하지만, 올바른 장비 운용 및 심도 있는 data 분석을 위해서는 광학, 전자기학, 고체물리학 관련 지식뿐만 아니라 박막공정에 관한 이해도 어느 정도씩은 필요하다. 즉, 어떻게 측정해야 하며, 측정된 물리량이 무엇인지, 측정값은 맞는지, 어떻게 분석해야 하는지, 또한 분석 결과가 어떤 의미를 가지는지 등을 판단하고 해석하는데 기본적인 지식과 경험이 필요하다는 것이다. 다행히도 1977년에 Azzam과 Bashara가 'Ellipsometry and Polarized Light'란 책을 발간하여 어느 정도 입문서 역할을 해 주었으나 광학적인 부분에만 치중하여 일반 사용자들에게는 큰 도움이 되지 못하였다. 그 외에도 ellipsometry와 그 응용에 관한 책이 다수 발간되었는데 실용적 관점에서 이 기술에 대한 전반적인 개념을 얻기에는 여전히 부족함을 느낀다.

저자의 경우 지난 시간 대부분을 ellipsometry 및 그 응용 연구에 집중하게 되었는데, null ellipsometer, 실시간 분광 ellipsometer, vacuum UV ellipsometer, Mueller matrix ellipsometer, 그리고 초고속 imagin g ellipsometer 등 많은 종류의 ellipsometer와 함께 다양한 분석법을 개발하였다. 또한 ellipsometry를 이용하여 박막성장에 관한 기초연구뿐만 아니라 반도체 산업과 연관된 많은 응용과제를 수행해 왔고, 아울러 여러 산업체, 대학, 연구소의 다양한 시편에 대한 분석지원도 하여왔다. 본 저서에서는 이런 경험을 바탕으로 하되 가능한 일반 사용자 입장에서 이해가 가능하도록 ellipsometry란 기술을 소개하고자 하였다. 하지만, 강의록 목적으로 기술이 되어있기 때문에 선별하여 활용하기 바란다.

Ellipsometry는 모델링을 통하여 측정값을 해석하는 간접 분석기술이라는 것과 분석결과가 장비의 특성 및 그 운용, 그리고 분석능력에 따라 차이를 보일 수 있다는 점에서 약간은 까다로운 기술임에는 틀림이 없다. 하지만 조금만 노력하여 이 기술에 대한 이해도를 높이면 오히려 사용이 즐겁고 또한 점차 응용범위를 넓혀가는 재미도 생길 것이다. 부족한 내용이나마 ellipsometry 사용에 조그만 보탬이 되었으면 한다.

2017년 1월 ERICA 캠퍼스에서 저자

차 례

제3장 물질의 광학적 성질 / 62

제4장 Ellipsometer에 사용되는 광학 부품 / 92

제5장 Ellipsometry: 종류 및 원리 / 114

제6장 Data 분석 / 169

제1장 Ellipsometry 개요

편광된 빛을 시편에 사입사시키면 그로부터 반사된 빛은 시편의 특성에 따라 편광상태가 변하게 된다. Ellipsometry는 이 편광상태의 변화를 측정 분석하여 시편의 광특성이나 박막두께 등을 찾아내는 기술이다. 즉, 측정값에서 정보가 바로 나오는 것이 아니라 모델링 과정을 거쳐야 하는 간접 측정기술이다. 따라서 분석용 모델 설정을 위해 시편의 구조나 구성 물질 등에 대한 사전 정보가 필요한 기술이다. 이미 ellipsometry를 사용하고 있더라도 경험적인 경우가 많아 여전히 이 기술에 대해 여러 궁금증이 있을 것이다. 예를 들자면 다음과 같은 것일 텐데, 모르는 것보다는 알고 사용하는 것이 이 기술을 이해하고 또한 더 나은 결과를 산출하는데 도움이 될 것이다.

- Ellipsometry는 타원편광을 이용하는 기술이라고 하는데, 타원편광이란?
- Ellipsometry는 두께를 측정하는 기술이라고 하는데, 타원편광과 두께는 무슨 관계가 있는지?
- 일반 분석 장비는 그 종류가 많아야 두어 가지 정도인데 ellipsometer의 경우는 각종 논문에 거론되는 것만 따져도 수십 가지가 된다. 왜 그런가?
- 원리상 동일한 것 같은데, rotating polarizer형과 analyzer형 ellipsometer 간의 차이점은?
- 상용의 ellipsometer는 그나마 종류가 제한적인 것 같은데, 그 중에서도 어떤 ellipsometer와 어떤 사양을 선택해야 하는지?
- 왜 입사각을 70°로 설정하여 사용하는가?
- Rotating polarizer형의 경우 analyzer 각은 어디에 두어야 하는지?
- Calibration은 무엇이며 꼭 해야만 하는가?
- 어떤 시편은 측정이 잘 되고 어떤 것은 안 된다고 하는데 그 이유는 무엇인가?
- 박막 분석의 경우 기판의 선택이 중요한지?
- 광특성을 몰라도 두께 측정이 되는지?
- 측정한 값이 무엇을 의미하며 어떻게 분석을 시작해야 하는지?
- 왜 ellipsometer마다 측정한 data가 (Δ, Ψ), (α, β), $(\cos\Delta, \tan\Psi)$ 등으로 다른지?
- 분석모델은 어떻게 설정하는지?
- 분석결과가 맞는지는 어떻게 판단하는지?
- Dielectric function과 dispersion relation이 무엇인가?
- Effective medium 이론이란 무엇이며 어떤 경우에 사용하는가?

1. Ellipsometry의 역사

'Ellipsometry'라는 용어는 'ellipse(타원)'과 'metry(측정기술에 해당하는 접미사)'의 합성어이다. 그림 1.1에서처럼 시편에서 반사된 빛이 대부분 타원편광이 되고 이를 해석하여 시편이 지닌 정보를 찾아내는 기술이기 때문에 가지게 된 명칭이다. 따라서 'ellipsometry'는 그 기술을 일컫고 그 장비를 지칭할 때는 'ellipsometer'라고 부른다. Rochen이 아니었더라면 그냥 'polarimetry'라고 칭하며 사용하여 왔을지도 모를 일이다(Rochen 1945, Azzam 2011). 한국에서는 언제부턴가 'ellipsometry'를 '타원해석법' 그리고 'ellipsometer'는 '타원해석기'로 번역하여 사용한 곳이 많은데 약간 부족한 표현이다. '타원편광분석법'과 '타원편광분석기'가 나은 표현일 것 같다. 참고로, 중국에서는 '타원편광기술(椭圓偏振技術)'과 '타원편광의(椭圓偏光儀)' 그리고 일본에서는 '편광해석법(偏光解析法)'과 '편광해석장치(偏光解析裝置)' 등으로 부르기도 한다. 결국 ellipsometry는 편광을 이용한 광측정 기술의 일종이라고 할 수 있다. 편광기술적인 측면에서 본다면 Malus(1808)와 Brewster(1815)가 그 시작이라고 할 수 있겠지만 박막과 표면에의 응용을 따지자면, 우리에게 자유전자 이론으로 더 잘 알려진 Paul Drude(독일, 1889)가 ellipsometry의 원조가 된다고 하겠다.

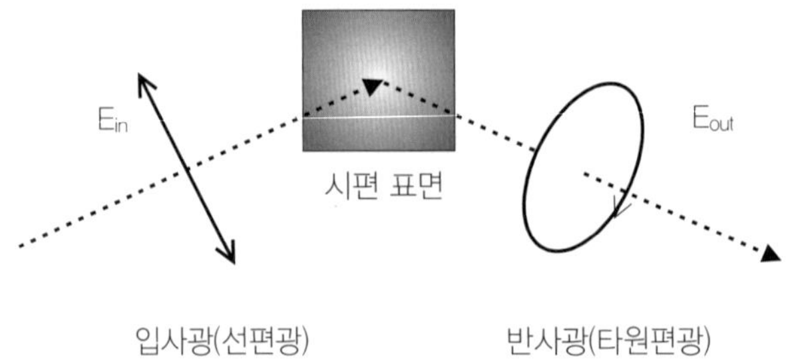

[그림 1.1] 비스듬히 시편에 입사한 선편광은 반사 후 대부분 다양한 형태와 기울기를 가진 타원편광으로 변한다.

Ellipsometry의 경우 지금은 대부분 물리, 화학, 재료, 그리고 특히 반도체 관련분야에서 박막 특성연구에 사용되고 있는데, 실제로는 천체연구를 비롯하여 의학, 생체학 등 다양한 분야에서 응용이 되어 왔다(Cohen 1958, Suzuki 1958, Rochen 1974, Vroman 1969, Poste 1972). Drude를 원조로 삼자면, 약 100 년이 지난 후에야 광원, detector, 컴퓨터 등의 발전에 힘입어 그 성능이 많이 개선이 되었고, 또한 응용 분야 및 활용도도 크게 증가하게 되었다. 처음에는 대부분 수은등과 같이 불안정한 광원을 이용한 단파장(single wavelength) ellipsometry이었고, 그 측정 방식은 시편에서 반사된 빛이 사라지는 현상(null)을 육안으로 관측하는 것이었다. 따라서, 측정할 수 있는 것은 단층박막 두께 정도였고 측정속도 역시 매우 느렸다. Null ellipsometry에서는 숙련된 사용자가 한 파장에서의 데이터를 뽑는데 5 분 이상이 소요되었으니 분석은 차치하더라도 암실에서 눈이 피로할 정도로 실시해야하는 측정 그 자체가 힘들었다. 그 후 PMT(photomultiplier tube) 등의 detector를 도입하면서 측정방식이 다양해지고, 컴퓨터를 이용하면서 측정의 자동화와 함께 비교적 복잡한 분석이 가능하게 된 것은 거의 70년대 초반이라고 할 수 있다(Takasaki 1961, Ord 1967, Cahan 1969, Aspnes 1973, Stobie 1975).

이와 같은 측정 속도의 획기적인 개선은 ellipsometry를 두 방향으로 발전하게 만들었는데, 하나는 분광(spectroscopic) ellipsometry이고 다른 하나는 실시간 단파장(real-time single wavelength) ellipsometry이다. 전자의 경우는 물질의 분광특성을 조사하는데 사용이 되었는데, 백색 광원과 stepping motor를 장착한 분광기를 도입하여 파장을 자동적으로 스캔함으로써 분광 스펙트럼을 측정할 수 있게 되었다. 반면 후자의 경우는 고정된 파장에서 빠르게 변화하는 표면을 실시간으로 측정하는데 사용하게 되었다. 그 후, 회전하는 interference filter를 이용하여 빠른 분광측정을 시도하였으나 filter에 의한 파장영역의 제한 때문에 크게 각광을 받지 못하였다(Mueller 1984). 분광과 고속측정을 동시에 만족시키는 진정한 의미의 실시간(realtime) 분광 ellipsometry는 array detector가 상용화되면서 개발되기 시작하였다(Talmi 1980, Kim 1990).

물론 장비의 정밀도나 측정의 정확도 등을 높이기 위한 노력도 계속되었고 광학계의 구성이나 측정 방식이 다양한 ellipsometer가 개발되었으며, 응용분야의 확대와 함께 분석방법도 많이 발전을 하였다. 측정 파장 영역은 submillimeter(teraherz)에서 nanometer(extreme UV)까지 확장이 되었고, 이차원 detector를 이용한 imaging ellipsometer나 비등방성 측정을 위한 Mueller matrix ellipsometer 등이 개발되기도 했다. 특히, 후자의 경우 새로운 분석방법을 도입하여 반도체 노광공정에서 선폭 및 패턴의 3차원적 구조를 빠르면서도 비파괴적으로 측정할 수 있는 기술로도 부각이 되고 있다(Li 1993, Hoobler 2003, Foldyna 2011).

Ellipsometry가 흥미로운 기술인 이유는 그 종류 및 응용의 다양성이라고도 볼 수가 있는데 이는 특정 측정기술을 주제로 하는 국제 학회가 정기적으로 개최가 된 것만 봐도 짐작할 수가 있다. 1963년에 미국 표준연구소에서 첫 ellipsometry 학회가 개최된 이래 몇 차례 국제 학회가 있었다(Passaglia 1963, Bashara 1969, 1976, Muller 1980, Abeles 1983). 그 후 잠시 중단이 되었다가 1993년 프랑스 파리에서 제1회 국제 분광 ellipsometry 학회(ICSE: International Conference on Spectroscopic Ellipsometry)로 재개가 되었고, 그 후 3~4년 주기로 개최가 되고 있다.

〈표 1.1〉은 펜실베니아 주립대의 Vedam교수가 제2회 ICSE에서 발표한 초청연설문에서 발췌한 것이다. 내용이 그리 정확한 것은 아니나 측정속도와 측정변수 측면에서의 개략적인 발전 사항을 보여주고 있다. 현재 대부분의 실험실에서는 분광 ellipsometer를 사용하여 정적인 시편의 광학적 성질이나 미세구조적 성질을 측정하고 있다. 다중채널 검출기(array detector)를 이용하는 고속 분광 ellipsometer는 Vedam 교수가 세계 최초로 도입한 것으로 알려져 있는데, 시간적으로 그 표면이 변화하는 시편에 적용을 하였다. Chemical cell을 이용한 전기화학 분야와 진공 챔버를 이용한 실시간

박막성장 및 변화에 적용하여 이 분야에서의 선도적인 연구를 수행하였는데 RTSE(Real-Time SE)라는 기술로 알려졌다(An 1990, 1991a~c, Kim 1990). RTSE의 경우 시간에 따르는 물리량의 변화를 연구함으로써 더 많은 정보를 추출할 수 있을 뿐만 아니라 박막공정을 모니터링하면서 공정변수를 실시간으로 feedback control하기에까지 이르렀다(Aspnes 1994, Trepk 1998).

〈표 1.1〉 Ellipsometry에 있어서 사용파장 및 측정변수의 확장과 측정 속도의 향상(Vedam 1998). E: ellipsometry, (Δ, Ψ): ellipsometry 변수, R: reflectance, λ: 측정파장수)

연도	기술명	측정변수	측정변수개수 (분광,실시간)	추출가능한 미지수 개수	측정시간 (초)	정밀도(°)	참고문헌 저자
1887	단파장 E	(Δ, Ψ)*	2	2	이론과 첫 실험		Drude
1945	단파장 E	(Δ, Ψ)	2	2	3600	Δ 0.02 Ψ 0.01	Rothen
1971	단파장 E	(Δ, Ψ, R)*	3	2	3600	Δ 0.02 Ψ 0.01	Paik
1979	분광 E	(Δ, Ψ) λ=1–100	200	~10	3600	Δ 0.001 Ψ 0.001	Aspnes
1984	실시간 분광 E (간섭 filter)	(Δ, Ψ) λ=1–400	80,000	~100	3	Δ 0.02 Ψ 0.01	Mueller
1990	실시간 분광 E (다중 채널)	(Δ, Ψ) λ=1–1024	200,000	~200	0.8	Δ 0.02 Ψ 0.01	Kim
1994	실시간 분광 E (다중 채널)	(Δ, Ψ, R) λ=1–1024	300,000	~200	0.8	Δ 0.007 Ψ 0.003	An

* Ellipsometer는 Δ(delta)와 Ψ(psi) 이라는 두 물리량을 측정한다. R은 사입사에 대한 반사율이다.

Phase modulation ellipsometry의 경우 단일파장 측정의 경우 4 μs streak camera를 detector를 사용하는 경우 1 ps까지 실현이 되었고(Collins 1993), 최근의 실시간 분광 ellipsometer의 경우 측정 속도는 〈표 1.1〉에 기록된 것보다 더 빨라졌으며, array detector가 지닌 중요한 오차는 저자에 의해 대부분 규명이 되었다(An 1991d). 이론적으로, passive ellipsometer(광부품의 구동이 필요없는 원리의 ellipsometer)에서는 detector의 검출속도가 최고 측정속도가 된다고 볼 수 있겠다(Collett 1980, Azzam 1985, 1998).

2. Ellipsometry의 특징

광측정 기술로는 ellipsometry와 같이 편광을 이용하는 기술 이외에 빛의 간섭현상을 이용하는 interferometry, 반사나 투과량을 이용하는 reflection/transmission photometry 등이 있다. 이들 광기술은 전자(電子)를 이용하는 AES(Auger electron spectroscopy), LEED(low energy electron diffraction) 등에 비해 다음과 같은 장점들이 있다.

㉠ 측정환경에 있어서의 융통성

전자(電子)를 이용할 경우 평균자유행로(mean free path)가 보장되어야하기 때문에 고진공이 요구된다. 이에 반하여 광측정 기술은 측정환경에 크게 좌우되지 않는다. 특히, 측정하고자 하는 시편이 플라즈마나 화학용액 속에 놓여 있더라도 일단 빛이 투과할 수 있으면 측정이 가능하다. Ellipsometry의 경우 극저온의 cryostat나 chemical cell 또는 진공 chamber 속에서의 in situ 측정이 오래 전부터 수행되어 오고 있었다(Bowden 1945, Kruger 1959, McCrackin 1963). 특히 용액을 많이 사용하는 표면화학 분야나 진공 증착 분야에서는 아주 매력적인 기술이 될 것이다(Kim 1991, An 1990~1998, An 2004).

㉡ 측정방법의 우수성

많은 광학적 측정 기술의 경우 시편을 주어진 환경에서 측정할 수 있다. 이를 'in situ 측정'이라고 한다. 이에 반해 전자현미경 등은 시편을 전도성 물질을 코팅해야하고, AFM(atomic force microscope)등을 이용한 측정에서는 시편을 작은 크기로 자르기도 한다. 무엇보다도, 측정을 위해서 시편을 제작한 진공 chamber 등에서 대기 중으로 꺼내야 하기 때문에 표면오염은 필연적이 된다. 이 경우 'ex situ 측정'이라고 한다. 광측정의 경우 측정행위로 인하여 시편이 훼손되지 않으므로 '비파괴 측정'이라고도 부른다. 또한, 시간적으로 변하는 시편의 특성을 계속적으로 측정할 수 있을 때 '실시간(realtime) 측정'이라고 부르는데 빠른 detection system의 개발로 인해 많은 광측정 장비가 이를 만족시키고 있다. Ellipsometry는 이 같은 광측정 기술의 이점과 함께 다음과 같은 독특함을 가지고 있다.

㉢ 초박막 민감도(monolayer sensitivity)

아마 ellipsometry의 가장 큰 장점이 이것일 것이다. 예를 들어 두께가 수십 Å 이하인 투명박막의 경우 반사율 측정 방법은 거의 두께 민감도가 없다. 반면, ellipsometry는 단일층(monolayer, 2~3 Å)이 채 형성되기도 전에 그 변화를 감지한다. 그림 1.2는 표면이 깨끗한 결정질 silicon(c-Si)을 측정한 경우와 그 위에 silicon 산화막(SiO_2)이 약 3 Å(단일원자층) 정도가 덮였을 때의 그 측정값의 차이를 보여주는 분광 ellipsometry 스펙트럼이다(왼쪽). 산화막 생성 전후의 Δ값의 차이가, 측정한 광양자 에너지에 따라 다르긴 하지만 1° 가까이 됨을 알 수 있다(오른쪽). 일반적으로 ellipsometry의 측정 정밀도를 ellipsometry 측정변수 Δ값으로 표현할 때 0.02° 정도로 간주하므로 1° 정도의 변화는 쉽게 측정 가능하다(표 〈1.1〉 참조). 물론, 1° 이하의 변화도 측정할 수 있는데, 이는 단일층이 채 형성되기 전의 상태(부분 단일층)도 측정이 가능함을 의미한다. 이 경우, 'sub-monolayer sensitivity를 가졌다'는 표현을 사용하기도 한다. Ellipsometry의 경우 이런 초박막 민감도로 인하여 두께측정 단위로 nm 대신 Å을 사용할 경우가 많다(1 Å=0.1 nm=10^{-10} m). 참고로, ellipsometry를 이용한 박막 두께 측정에 있어 측정 상한선이 있다. 금속박막의 경우는 심한 흡수로 인하여 수 백 Å 정도밖에 안되고, 투명한 시편의 경우는 coherence(결맞음) 문제로 인하여 파장의 (십)수 배 정도까지 가능하다고 보면 되겠다.

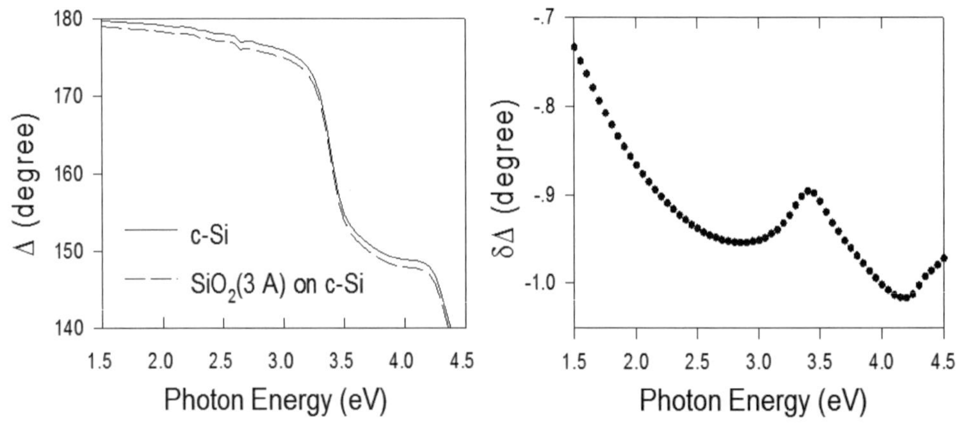

[그림 1.2] 왼쪽: Silicon 기판(실선)과 그 위에 3 Å의 산화막(SiO_2)이 생성된 경우(긴 점선)의 분광 ellipsometry 스펙트럼(Δ). 오른쪽: 명확히 보기 위해 두 값의 차이를 그린 것이다.

☞ **참고:** 실제 ellipsometry 운용에 있어 대부분 정밀도는 좋은데 정확도가 떨어진다. 다시 말해서, 예를 들은 3 Å(단일층)의 산화막이 있는 silicon 기판을 주고 두께를 측정하라고 하면 ellipsometer 가진 실험실마다 다른 측정값을 준다는 것이다. 절대적인 값의 측정이 중요하게 여겨지는 실험에서는 ellipsometry의 선택 및 운용에 있어서 세심한 주의가 필요하다.

다음은 그림 1.2에서와 같은 경우를 반사율 측정을 가정하고 계산한 그림이다. 산화막 발생 전후에 대한 반사율의 변화가 너무 작아 그 차이만을 그렸고 그 단위도 %로 표시하였다. 일반적으로 광원과 detector가 가진 장비오차와 측정오차가 있기 때문에 이렇게 얇은 투명막을 반사율의 변화를 통해 측정한다는 것은 거의 불가능함을 짐작할 수가 있다.

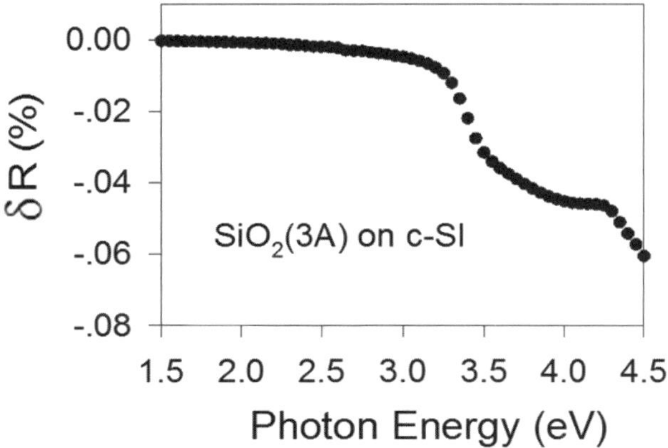

[그림 1.3] Silicon 기판과 그 위에 3 Å의 산화막(SiO_2)이 생성된 경우의 반사율의 차이(δR)를 나타낸 것인데 단위가 %임에 유의할 필요가 있다.

그림 1.4는 약 24 Å의 산화막(SiO_2)이 있는 silicon 기판을 닦은 경우를 보여주는데, lens paper로 닦은 경우는 산화막의 두께가 19 Å으로 나와 약 5 Å의 산화막이 제거되었다. 반면, lens towel의 경우는 오히려 약 8 Å이 증가한 것으로 나왔는데, 합성섬유로 된 towel로부터 분자층이 묻어나온 것으로 추정이 된다. 이 결과는 ellipsometry가 표면의 초미세 변화에 얼마나 민감한가를 보여주는 예가 되겠다.

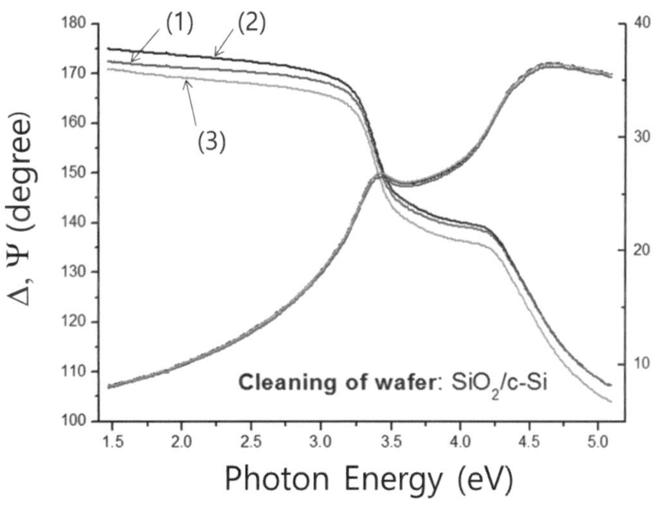

[그림 1.4] Silicon 기판의 cleaning 전후 분광 ellipsometer 측정값이다. (1)은 silicon wafer, (2)는 lens cleaning paper로 표면을 문지른 경우, (3)은 lens cleaning towel로 문지른 경우의 측정값

㉣ 미세구조의 분석

분광 ellipsometry를 이용할 경우 단일층 박막은 물론이고 다층 박막의 경우도 광학이론을 이용하여 각 박막층의 두께라든지 void 함량 등의 미세구조적 성질을 분석할 수 있다. Ellipsometry가 광학기술이기 때문에 광학적 성질을 조사하는데 사용하는 것이 기본인데도, 오히려 두께측정 등 구조적 성질을 연구하는데도 많이 사용이 되고 있는 것이다. 특히, 최근에는 반도체 공정에서 CD 및 패턴 profile 측정을 위한 optical scatterometry로서의 역할을 하고 있다(Foldyna 2011).

㉤ 광특성 n, k의 동시 결정

Reflectometry(반사율 측정법)는 시편에서 반사된 빛에너지의 비, 즉, 반사율(reflectance)이라는 하나의 물리량을 이용하는 반면, ellipsometry는 반사에 수반된 편광상태의 변화, 즉, 위상과 크기의 변화를 이용한다. 따라서, 이 두 측정값으로부터 두 미지값인 물질의 굴절률(n)과 소광계수(k)를 동시에 결정할 수 있다는 것이다. 하지만, 너무 약하게 흡수하는 물질의 소광계수는 정확하게 측정하기는 힘들고 어느 정도 흡수가 되는 물질에 대한 소광계수 측정이 가능하다(즉, 흡수계수 $\alpha > 1\text{~}10\ \text{cm}^{-1}$인 경우, Aspnes 1976). 여기서 흡수계수(α)는 소광계수(k)에 비례하는 값이다($\alpha = 4\pi k/\lambda$, λ : 파장). 약하게 흡수하는 물질의 소광계수는 ellipsometry보다는 투과율 측정법을 사용하는 것이 좋은데, 그 이유는 측정원리상 ellipsometry는 선형적으로 변하는 물리량을 측정하는 반면 투과율 측정법은 지수적으로 변하는 물리량을 측정하기 때문이다.

㉥ 낮은 광량변화 의존도

일반적인 반사율 측정법에 있어서는 반드시 입사광량을 결정하기 위한 표준(reference) 측정이 정확하게 이루어져야 한다. 이를 위해서 광부품을 움직이든지 또는 표준시편 측정과정을 수반하기 때문에 측정 과정에서 오차가 발생할 여지가 크다. 또한 시간적으로 광원에서 나오는 빛의 밝기나 검출기의 반응이 변한다. 따라서, 반사율 측정법에 있어서는 주기적으로 입사광량을 재측정하여야 한다. 반면, ellipsometry의 경우는 빛의 밝기와는 무관한, 편광상태의 변화만을 측정하기 때문에 광량 변화에 덜 민감한 편이다. 즉, ellipsometry는 반사된 타원편광의 모양에 의존하며 밝기와 관계가 있는 타원의 크기는 사용하지 않는다.

㉦ 다양한 응용성

Ellipsometry의 응용분야는 두께 측정이라든지 광특성 측정 이외에도 무수히 많다. 우선 다른 측정장비와의 차이점을 쉽게 설명하기 위해 그림 1.5를 보자. 예를 들어 전자현미경이나 XRD(X-ray diffraction) 등으로 측정할 수 있는 물리량은 표면구조나 결정구조 등으로 그 응용범위가 제한적이다. 이에 반해 ellipsometry는 응용할 수 있는 분야가 매우 넓은데 반도체 소자 제작에 따르는 silicon 공정에서만 보더라도 〈표 1.2〉와 같이 다양하게 이용할 수가 있다.

〈표 1.2〉 반도체 공정에서의 ellipsometry 사용 가능 분야

반도체 관련 공정	Ellipsometry 적용 가능 분야
결정 성장	solidification, 결정도
wafer 제작	표면상태 분석(거칠기, 오염도)
oxidation	산화막 두께, 굴절률, 성장과정 관찰
deposition	박막 두께, 굴절률, 성장과정 관찰
cleaning	표면상태 분석, defect 검출
etching	두께, damage, end-point detection
lithography	photoresist 두께, Dill 노광변수 추출, baking 특성, CD 측정
공정물질	photomask, PR, pellicle, 반사방지막, high-k 등의 광특성

하지만 그림 1.5에서 보듯이 ellipsometry의 분석 신뢰도는 응용분야에 따라 크게 다름을 알 수 있다. 예를 들어 silicon 기판위에 형성된 적절한 범위의 산화막 두께를 측정할 경우 그 신뢰도는 상당히 높다. 이에 비해 이상적이지 못한 시편이나 미지수 간에 분석 의존도가 클 경우에는 신뢰도가 낮을 수가 있다. 그럼에도 불구하고 그런 경우에도 ellipsometry를 적용하는 이유는, 잘만 사용하면 비교적 손쉽게 유용한 정보를 얻을 수 있기 때문이다. 그리고 이런 응용분야에 있어서 그 신뢰도는 사용자의 경험 축적 또는 다른 측정기술의 도움을 받아 향상시킬 수 있게 된다. 또한 분석하고자 하는 시편에 대한 정보를 사전에 많이 확보해 두는 것이 측정과 분석의 신뢰도를 높이는데 도움이 된다.

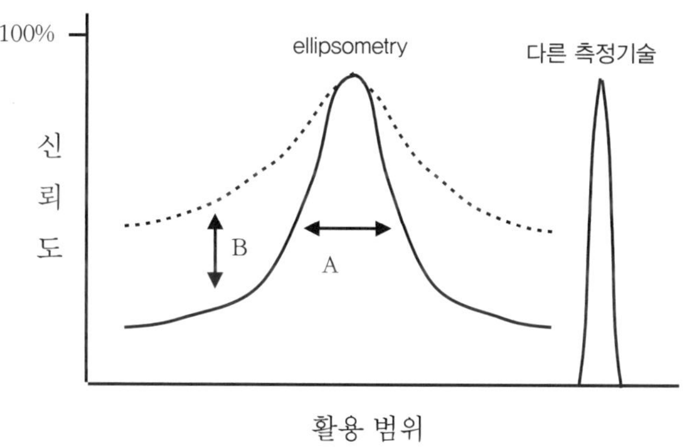

[그림 1.5] Ellipsometry와 다른 분석장비의 특징을 나타내는 그림으로 폭 A는 다른 장비에 비해 비교적 응용범위가 넓음을 나타내고 있고 간격 B는 신뢰도가 낮은 응용분야에서 사용자의 숙달된 정도에 따른 신뢰도의 차이를 나타내고 있다 (실선: 일반 사용자, 점선: 숙련된 사용자).

단순한 두께 측정 이외에 몇 가지 응용분야를 소개하면 다음과 같은데 연구하는 물질까지 열거하자면 무수하다고 하겠다. Ellipsometry 응용의 다른 예들은 분광 ellipsometry 학회 논문집을 참고로 하기 바란다(예, Boccara 1993, Collins 1998, Tompkins 2011 등).

- adsorption on surface(Kruger 1959, Archer 1964, Smith 1968, Meyer 1969, Nahm 1989)
- anisotropy(Engelsen 1971, Yeh 1980)
- contamination(Kim 1999)
- depth profiling(Aspnes 1981, Vedam 1985, Fujiwara 1998)
- diffusion(An 1994b)
- liquid-vapor interface(Beaghole 1983)
- Faraday effect/Kerr effect
- high Tc superconductor(Garriga 1989)
- nucleation and growth(An 1990, 1991, Basa 1998)
- optical properties of materials
- phase transition(Rasing 1988, Nahm 1988)
- reaction(An 1993a, 1993b)
- scattering(An 1994, 1998)
- semiconductor process(lithography, etching, deposition 등)
- solid-liquid interface(Beaghole 1983)
- surface passivation(Yamashita 1980)
- surface plasmon(Abeles 1975, Bortchagovsky 1998, Nooke 2011, Wormeester 2011)
- surface roughness(Fenstermaker 1969, Aspnes 1979b, Borghesi 1998, Papa 2011)
- superlattice(Anma 1989, Mo 1998, Wold 1998, Agocs 2011)
- transparent film on transparent substrate(Kinosita 1970, Azzam 1980, Vedam 1989)
- 반도체 doping 또는 crystallinity (Aspnes 1988, Humlicek 1998)
- 실시간 oxidation: 단파장 (Lederich 1971)
- 실시간 growth: 단파장 (Theeten 1980, Aspnes 1981, Collins 1988)
- 실시간 etching, ion bombardment(Nguyen 1994, Heyd 1991)
- 토양수분측정과 경작(Auer 1975), bio-detection(Jin 2011)
- 표면온도 측정(Cong 1991)
- 실시간 control(feedback loop 사용, Aspnes 1994, Koh 1995, Johs 1998, Trepk 1998)
- fingermark(An 2015)

3. Ellipsometry의 운용 원리

Ellipsometry는 작동원리나 기능에 따라 null ellipsometry, phase modulation ellipsometry, single wavelength ellipsometry, real time ellipsometry, 분광 ellipsometry 등 많은 종류가 있는데 그 특징들에 대해서는 나중에 구체적으로 설명이 된다. 우선 이들 ellipsometry들이 공통적으로 가지고 있는 측정 및 분석과정을 간단히 도식화하면 그림 1.6과 같다.

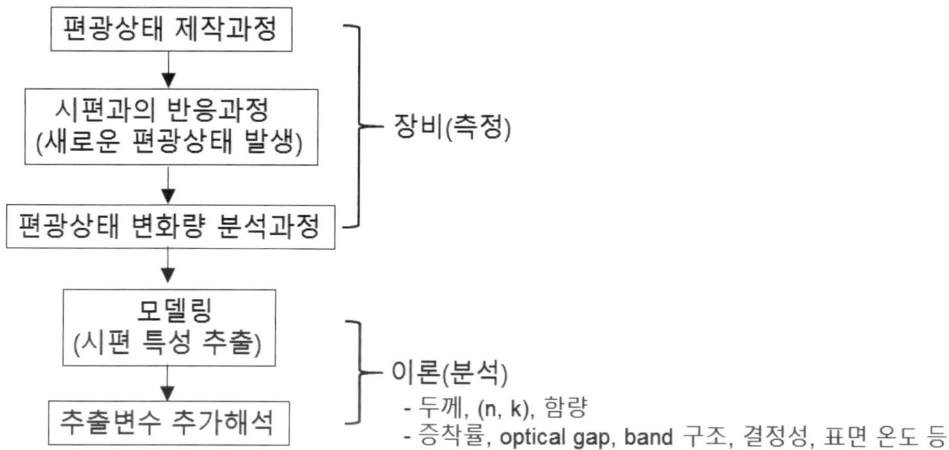

[그림 1.6] 일반적인 ellipsometry의 운영 체계인데, 앞의 세 단계가 ellipsometer에서의 측정에 해당하고 나머지가 분석단계에 당한다.

즉, ellipsometer 종류에 관계없이, 광원을 나온 빛은 편광을 발생시키는 부분을 통과하는데 이때 발생되는 편광의 종류는 작동원리에 따라 다르다. 이 편광된 빛은 시편에서 반사(또는 투과)되면서 다시 그 편광특성이 바뀌게 되고, 이 변화된 편광을 분석광학계를 통과시키면서 ellipsometry 각 (Δ, Ψ)를 추출하게 된다. 이 (Δ, Ψ)값을 이론적 모델을 통하여 분석함으로써 시편의 두께나 굴절률 등 원하는 일차적인 정보를 추출하게 된다. 때로는 이 추출변수를 해석하여 성장률, 밴드 갭, 온도변화 등 이차적인 정보추출 과정이 따르기도 한다.

이 책의 많은 내용을 다 읽고 이해하기 전에 ellipsometry 기술의 요지만을 알고 싶은 독자를 위해 좀 더 간추리면 그 일반적인 운영은 다음과 같다.

㉠ Ellipsometry에서 측정 및 분석 대상인 물리량은 Δ와 Ψ이다.

- (Δ, Ψ)는 편광상태와 관련된 변수로 이에 대한 정의는 제2장 4절에 있다.

㉡ Ellipsometer는 시편의 $(\Delta, \Psi)_{실험치}$를 측정한다.

- (Δ, Ψ) 측정법은 제5장 2절과 3절에 예가 있다.

㉢ 시편구조에 대한 모델을 설정하면 이론적으로 $(\Delta, \Psi)_{이론치}$ 를 계산할 수 있다.

- $(\Delta, \Psi)_{이론치}$ 계산과정에는 구하고자 하는 두께 등이 미지변수로 들어 있다.
- (Δ, Ψ)에 대한 이론적 모델 및 계산은 제6장에 예가 있다.

㉣ 측정한 $(\Delta, \Psi)_{실험치}$ 를 참값으로 보고, $(\Delta, \Psi)_{이론치}$ 값이 참값에 도달할 때까지 이론식 속에 포함된 미지변수값(예, 두께)을 조절한다.

- 계산값이 참값에 도달(또는 최근접)할 때의 미지변수값이 구하고자 하는 정보(예, 두께)이다.

☞ **참고:** Ellipsometry 사용자들은 그리스 알파벳 (Δ, Ψ)를 보통 영어식으로 '델타(delta)'와 '(프)사이(psi)'로 읽는다.

☞**참고:** 모든 ellipsometer에서 (Δ, Ψ)를 직접 측정하고 이 변수 형태로 분석에 사용하는 것은 아니다. 많이 사용되고 있는 rotating polarizer(또는 analyzer)형 ellipsometer의 경우 $\cos(\Delta)$와 $\tan(\Psi)$를 측정하고 분석에서도 이 형태로 사용하는 경우가 많다. Return path ellipsometer의 경우는 $\cos(2\Delta)$와 $\tan^2(\Psi)$를, phase modulation ellipsometer의 경우는 $\tan(\Delta)$과 $\sin(2\Psi)$, 그리고 Mueller matrix ellipsometer에서는 최대 16개의 Mueller matrix 요소를 측정하기도 한다. 물론, Mueller matrix 요소 속에도 (Δ, Ψ)가 여러 형태로 포함이 되어 있다. 즉, ellipsometer의 종류에 따라 (Δ, Ψ) 값이 다양한 삼각함수 형태로 측정이 되는데, 분석이나 그래프를 이용한 표현에 있어 측정한 삼각함수 형태 그대로 사용하기도 하고 (Δ, Ψ)로 전환하여 사용하기도 한다. 분석에 있어서 어떤 형태로 사용하던 문제가 없다. 하지만, 나중 정의에서 알 수 있겠지만 편광상태를 직접적으로 표현해 주는 물리량은 (Δ, Ψ)이다. 또 하나는, $\cos(\Delta)$ 함수는 $\Delta=0^\circ$, 180° 근처에서 Δ값의 조그만 변화에 덜 민감하다. 즉, $\cos(\Delta)$을 측정하는 ellipsometer에 있어서 $\Delta=0^\circ$, 180° 근처에서는 측정감도가 감소하는데다가 장비가 지닌 오차의 영향을 크게 받는다. $\Delta=0^\circ$ 또는 180°가 예상되는 시편(특정 파장)의 측정값 $\cos(\Delta)$에서 Δ값을 구해 0° 또는 180°와 얼마나 차이가 나는지를 보면 그 장비의 정밀도가 어느 정도인지를 예상할 수 있다.

☞ **참고:** Ellipsometry에 관련된 서적 형태의 참고 문헌들이 다수 있다(Riedling 1988, Azzam 1991, Collett 1993, Tompkins 1993, 1999, Tompkins and Irene 2005, Fujiwara 2007). 기술의 개념을 소개하는 정도로 된 것도 있고, 폭넓은 내용을 깊게 다룬 것도 있는데 일반 사용자가 요구하는 실용적 측면의 정보는 부족한 편이다.

제2장 전자기학 및 광학 기초 이론

Ellipsometry의 원리와 분석과정 그리고 ellipsometer를 구성하고 있는 광학계를 잘 이해하기 위해서는 어느 정도 광학에 대해 알아 둘 필요가 있다. 우선 광학이란 학문은 빛과 물질과의 상호작용에서 발생하는 현상을 체계화한 것이다. 그런데 기초적인 광학지식만으로는 빛이 왜 굴절되고 반사되는가? 또는 왜 굴절률이 파장에 따라 다른가? 등에 대한 답을 할 수가 없다. 빛이 물질과 어떻게 반응을 하는가를 알고자 한다면 전자기학이란 학문의 도움을 받아야 한다. 이런 이유로 전자기학은 기초물리학이 되고 광학은 응용물리학이 된다.

1. 전자기파와 빛

〈표 2.1〉에 예시된 각종 전자기파 중에서 그 파장 또는 광양자 에너지(photon energy) 영역이 광학영역인 것을 빛이라고 하는데 가시광선영역뿐 아니라 적외선과 자외선을 포함하는 경우가 대부분이다. 사람의 망막이 느낄 수 있는 가시광선의 경우 그 파장범위는 대략 780 nm(1.59 eV)에서 380 nm(3.26 eV) 사이가 된다.

〈표 2.1〉 광양자 에너지 영역에 따른 전자기파의 명칭

높 음			← 광양자 에너지 →			낮 음	
γ선	X선	자외선	가시광선	적외선	마이크로웨이브	TV/FM	AM

분광 ellipsometry의 경우 여러 가지 이유에서 대부분 약 1.5에서 5.0 eV 사이에서 작동하고 있다. 이 영역은 근적외선(near IR), 가시광선(visible range), 그리고 근자외선(near UV) 영역을 포함하게 되는데 우선 대부분의 일반 광원인 텅스텐 할로겐 램프, 수은 램프, 제논 방전(Xe-arc) 램프 등의 스펙트럼이 이 영역에 놓여 있고 또한 각종 상용 detector의 반응이 대부분 이 영역에서만 있기 때문이다. 아울러 분석하고자 하는 물질의 전자적인 광특성(예, 반도체의 band gap)이 마침 이 영역에 놓여 있기 때문에 자연스럽게 분광 ellipsometry의 사용 영역이 정해져 왔다. 하지만 특정한 목적을 위해서 적외선 ellipsometry도 개발되었고 일찍이 마이크로웨이브(μ-wave)로 측정하기도 했다(Blayo 1991, Afsar 1986, Sagnard 2005). 저자의 실험실에서는 ArF excimer laser 노광(lithography) 공정물

질 및 high-k 물질 연구를 위해 vacuum UV 분광 ellipsometer를 개발하였고 narrow bandgap 물질인 CIGS($CuIn_xGa_{1-x}Se$) 연구를 위해서는 근적외선 분광 ellipsometer를 개발하기도 하였다(An 2008).

본 저서에서 빛 또는 전자기파에 관한 이론을 전개해 나감에 있어 사용한 부호 또는 용어는 〈표 2.2〉와 같다.

〈표 2.2〉 광학에서 일반적으로 많이 사용하는 부호

부　호	용　어
$c(v)$	진공(매질) 속에서의 빛의 속도
λ	{lamda}: 파장
ν	{nu}: 진동수(frequency), 주파수
$\omega\ (=2\pi\nu)$	{omega}: 각진동수(angular frequency) 또는 각주파수
$\kappa\ (=2\pi/\lambda)$	{kappa}: 파수(wave number, wave vector)
$E\ (=h\nu=\hbar\omega=hc/\lambda)$	광양자 에너지*(photon energy)

☞ **참고:** h는 플랑크 상수(Planck constant)로 때로는 $\hbar=h/(2\pi)$로 표현하기도 한다. 종종 플랑크 상수 h를 독일말로 읽어 $h\nu$는 'ha-nu'로 $\hbar\omega$는 'ha-bar-omega'로 읽는다. 그리고, '빛에너지'란 용어가 빛의 밝기(세기)를 나타내기도 하기 때문에 혼돈을 피하기 위해 photon (광자, 광양자)에 관련된 경우 '광양자 에너지'로 표현하였다. 예를 들어, 5 W의 노란색 LED는 0.1 W의 파란색 LED에 비해 훨씬 많은 빛에너지를 방출한다. 즉, 밝다. 하지만, 파란색 photon은 노란색 photon에 비해 광양자 에너지가 높다.

문 1 eV의 광양자 에너지(photon energy)는 몇 nm의 파장에 해당하는가?

답 먼저, 1 eV를 MKS 단위로 바꾸면 $1\,(e\,V)=1.6\times10^{-19}\,(J\!:joule)$이 된다. 그런 뒤 〈표 2.2〉의 광양자 에너지 표현식을 적용하면,

$$E(J)=\frac{hc}{\lambda}\mapsto\lambda=\frac{6.63\times10^{-34}\,(J\bullet s)\times3.00\times10^{8}\,(m/s)}{1.60\times10^{-19}\,(J)}=1.24\times10^{-6}\,m=1240\,nm$$

임의의 광양자 에너지(E)에 대해서는 $\lambda\ (nm)=1240/E\,(e\,V)$로 암기해 두면 유용하게 쓸 수 있다.

1.1 전자기파

1865년 J. C. Maxwell은 전기와 자기에 대한 기본식을 정리 발표하였다. 전하(charge)나 전류(current)가 없는 공간에서의 Maxwell 방정식은 다음 네 개의 식으로 표현이 된다.

$$\nabla \cdot \vec{D} = 0, \tag{2-1a}$$

$$\nabla \cdot \vec{B} = 0, \tag{2-1b}$$

$$\nabla \times \vec{E} = -\frac{\partial \vec{B}}{\partial t}, \tag{2-1c}$$

$$\nabla \times \vec{H} = \frac{\partial \vec{D}}{\partial t}. \tag{2-1d}$$

여기서 $\vec{E}$는 전기장의 세기(vector)이고, $\vec{D}$는 전기변위, $\vec{B}$는 자기유도, $\vec{H}$는 자기장의 세기이다. 만일 전자기파가 매질 속을 지날 때 그 매질이 균질하고(homogeneous), 선형적이며(linear), 또한 등방성일(isotropic) 경우 이들 field vector들은 다음과 같은 관계에 있다.

$$\vec{D} = \epsilon \vec{E}, \tag{2-2a}$$

$$\vec{H} = \frac{1}{\mu}\vec{B}. \tag{2-2b}$$

여기서 ϵ은 매질의 유전율(electric permittivity)이고 μ는 투자율(magnectic permeability)인데 주어진 매질(또는 물질)이 얼마나 효과적으로 전기장(자기장)을 전달하는가와 관련된 값으로 그 정의에 대해서는 제3장에 상세한 설명이 나온다.

☞ **참고:** 진공일 경우 유전율과 투자율을 각각 ϵ_0와 μ_0로 표현하며 다음과 같은 값을 가진다.

$$\epsilon_0 = 8.854 \times 10^{-12}\, C^2/N.m^2, \qquad \mu_0 = 4\pi \times 10^{-7}\, H/m.$$

여기서 C(coulomb), N(newton), H(henry)는 각각 전하, 힘, 인덕턴스의 단위이다. 반면, 유전율은 매질에 따라 다르고, 또한 그 값도 복잡하기 때문에 다루기가 어렵다. 따라서, 진공의 유전율에 대한 상대적인 값인 $\epsilon_r (= \epsilon/\epsilon_0)$을 정의하여 사용하는데 이를 '상대유전율' 또는 '유전상수'라고 부른다. 즉, 매질의 유전율(투자율)은 $\epsilon = \epsilon_r \epsilon_0 (\mu = \mu_r \mu_0)$이 된다.

식 (2-1c) 양변에 curl(∇×)을 취한 뒤, 식 (2-1d)를 이용하면 전기장(E)에 대해 다음과 같은 파동

방정식을 얻게 된다.

$$\nabla^2\vec{E}-\epsilon\mu\frac{\partial^2\vec{E}}{\partial t^2}=\nabla^2\vec{E}-\frac{1}{v^2}\frac{\partial^2\vec{E}}{\partial t^2}=0. \quad (2\text{-}3)$$

이 미분방정식의 해가 바로 평면파를 나타내는데 v는 매질 속에서의 전자기파의 속도를 나타낸다. 즉, 식 (2-3)에서

$$v=\frac{1}{\sqrt{\mu\epsilon}}=\frac{1}{\sqrt{(\mu_r\mu_0)(\epsilon_r\epsilon_0)}}=\frac{1}{\sqrt{\mu_0\epsilon_0}}\frac{1}{\sqrt{\mu_r\epsilon_r}}=c\frac{1}{\sqrt{\mu_r\epsilon_r}}. \quad (2\text{-}4)$$

여기서,

$$\frac{1}{\sqrt{\mu_0\epsilon_0}}=c \quad (2\text{-}5)$$

로 두었는데 (ϵ_0,μ_0) 값을 대입하면 c 값은 다름 아닌 진공에서의 빛의 속도(약 3×10^5 Km/s)가 된다. 따라서 비자성 매질의 경우 μ_r~1이므로 식 (2-4)에서 매질 속에서의 전자기파의 속도(v)는 진공에서의 속도와 다음과 같은 관계에 있음을 알 수 있다.

$$v=\frac{c}{\sqrt{\epsilon_r}}=\frac{c}{N}. \quad (2\text{-}6)$$

여기서 N은 매질의 복소굴절률(굴절률이 복소수)인데 투명 매질일 경우에 한하여 실수값이 되며 n으로 표시한다. 또한 여기서, 굴절률이 상대유전율(유전상수, ϵ_r)의 제곱근 값임을 기억해두기 바란다. 이는 광학과 전자기학을 연결해 주는 중요한 관계식이다.

☞ **참고:** 유리의 경우 가시광선(예, 노란색)에 대해 흡수가 없으므로 굴절률은 실수이다. 따라서, 굴절률이 1.5인 유리 속으로 노란색 빛을 보내면 빛의 속도가 c/1.5로 느려진다.

미분방정식 (2-3)의 해는 다음 식 (2-7)과 같이 쓸 수 있다.

$$\vec{E}(\vec{r},t)=\vec{E}_0e^{\pm i(\vec{\kappa}\cdot\vec{r}-\omega t)}. \quad (2\text{-}7)$$

여기서 $\vec{\kappa}$는 wave vector로 파의 진행 방향이며, 그 크기는 각진동수 ω와 다음 관계식을 만족한다.

$$|\vec{\kappa}|=\frac{\omega}{v}=\frac{2\pi N}{\lambda}. \quad (2\text{-}8)$$

복소굴절률 N에 대해서는 나중에 다시 설명이 되겠지만 일단 복소수이기 때문에 다음 식 (2-9)와 같이 굴절률 n과 소광계수 k를 각각 그 실수부와 허수부로 가진다. 즉,

$$N = n \pm ik. \tag{2-9}$$

이 식 (2-9)에서 (±) 부호의 결정은 식 (2-7)에서 시간 앞의 부호에 따라 다른데 물리학에서는 (+)를 주로 사용하고 광학에서는 (-)를 주로 사용하고 있다. 항시 일정하게 사용해야함에도 불구하고 일부 참고서적에서는 혼돈하여 사용하고 있으니 주의를 바라며, 이와 같은 부호규약(sign convention)에 관해서 상세히 알고 싶으면 몇 참고문헌을 활용하기 바란다(Holm 1991).

☞ **참고:** 각종 광학 및 전자기학 관련서적을 보면 사용하는 부호가 매우 다양함을 보게 된다. 예를 들어, 복소굴절률을 $N = n + ik$ 또는 $N = n - ik$로 표현한 것 외에도 $N = n(1 + ik)$, $N = n(1 - ik)$, 그리고 시간관련 부분을 $e^{+i\omega t}$로 표현한 것과 $e^{-i\omega t}$로 표현한 것 등 수없이 많은데 Muller(1969)에 의하면 512 종류의 표현이 가능하다고 한다.

☏ **이야기:** 진공 중에서의 빛의 속도를 왜 'c'로 표시할까? 초기에는 학자들마다 다르게 'V', '**ω**' 등 다양하게 사용을 했는데 ellipsometry 창시자인 Drude(1894)가 그의 저서에 'c'로 소개한 후 많은 사람들이 이를 인용하게 되었다. 그 중에는 'V'를 사용하던 Einstein도 있다. 아무래도 $E = mc^2$이 $E = mV^2$보다는 더 나아 보인다.

자기장에 대해서도 식 (2-10)과 같이 전기장에 있어서와 같은 결과를 산출할 수 있다.

$$\vec{B}(\vec{r},t) = \vec{B}_0 e^{\pm i(\vec{\kappa}\cdot\vec{r} - \omega t)}. \tag{2-10}$$

주어진 공간에 전하나 전류가 없으므로 전기장과 자기장의 발산(divergence)값이 0이 된다. 따라서,

$$\vec{\kappa}\cdot\vec{E}_0 = 0 \quad \text{그리고} \quad \vec{\kappa}\cdot\vec{B}_0 = 0. \tag{2-11}$$

또한 식 (2-7)과 식(2-10)의 전기장과 자기장을 식 (2-1c)에 대입하여 정리하면 관계식 (2-12)를 얻을 수 있다.

$$\vec{B}_0 = \frac{c}{\omega}\vec{\kappa}\times\vec{E}_0. \tag{2-12}$$

이 두 결과에 따르면 전자기파는 전기장 $\vec{E}$와 자기장 $\vec{B}$가 서로 수직이며, 또한 각각이 진행방향 $\vec{\kappa}$에 대해 수직이므로 횡파임을 알 수 있다. 이 전자기파(빛)가 운반하는 에너지와 그 방향은 Poynting vector $\vec{S}$로 나타낼 수 있는데 그 크기는 단위시간당 단위면적을 지나가는 에너지이다.

$$\vec{S}= \vec{E}\times \vec{H}= \frac{1}{\mu_0}\vec{E}\times \vec{B}. \tag{2-13}$$

그런데 이 전자기파의 진동수가 굉장히 큰 값이므로(가시광선 영역에서 약 10^{15} Hz) 현재로서는 아무리 응답속도가 빠른 detector를 사용하더라도 시간적인 평균값밖에 측정할 수 없다. 따라서 detector가 감지하는 빛의 밝기는

$$I= \langle \vec{S} \rangle_{\text{평균}} = \frac{1}{2}c\epsilon_0 \left| \vec{E}_0 \right|^2 \tag{2-14}$$

로 나타낸다. 반사율(reflectance)측정이나 ellipsometry에서는 다행히도 상대적 값을 측정하므로 detector가 감지한 물리량을 전자기파가 지닌 절대적 에너지로 변환시키지 않아도 된다.

1.2 빛의 반사, 굴절, 그리고 흡수

점광원에서 나오는 빛은 구면파이지만 대부분의 광측정에서는 collimation이 된 빛을 사용하므로 평면파로 보아도 무관하다. 평면파는 그림 2.1과 같이 전기장과 자기장이 서로 수직 방향으로 진동하면서 그 두 진동 방향과는 수직인 방향으로 진행한다.

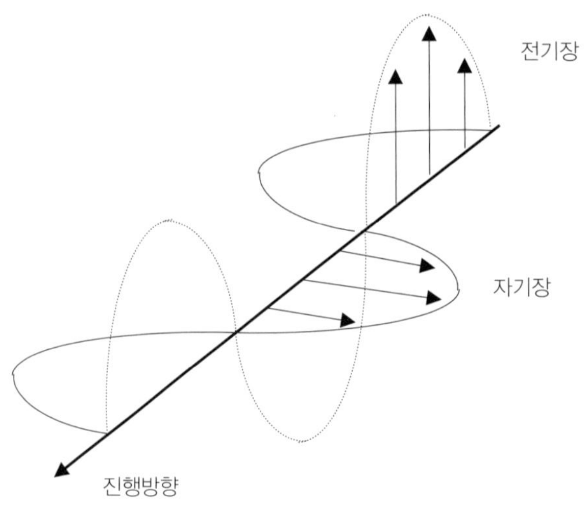

[그림 2.1] 평면파에서의 전기장 및 자기장

빛이 물질과 상호작용을 할 때 물질 속의 전자가 빛의 자기장보다는 전기장에 의해 힘을 받기 때문에 전기장의 진동방향을 이 전자기파의 편극 또는 빛의 편광 방향으로 정하였다. 전자가 빛의 자기장에 의해 받는 Lorentz 힘은 전기장의 영향에 비해 무시해도 된다. 따라서 자유공간에서 z-방향으로 진행하는 전자기파에 있어 주어진 시간(t)과 장소(z)에서의 전기장의 세기는 앞의 식 (2-7)을 이용하면,

$$\overrightarrow{E}(z,t) = \overrightarrow{E}_0 \cos\left[-\frac{2\pi}{\lambda}(z - vt) + \phi\right] \tag{2-15}$$

로 표현할 수 있다. 여기서 E_0는 진폭이고 λ는 파장, v는 파의 속도, 그리고 ϕ는 (z=0, t=0)에서의 이 파의 위상이다. 식 (2-15)의 표현은 나중 편광을 설명하는데 사용이 된다. 또한 앞의 식 (2-7)은 복소굴절률이 N인 매질 속에서는 다음과 같이 표현이 된다.

$$\overrightarrow{E}(z,t) = \overrightarrow{E}_0 e^{-i(\omega t - N\kappa z)}. \tag{2-16}$$

반복된 설명이지만, ω는 전자기파의 각진동수이고, κ는 wave vector가 된다. 여기서 단일 진동수(ω)로 표현한 것은 단색광(monochromatic wave)임을 뜻하는데 실제에 있어서는 laser를 사용하든지 또는 아무리 좋은 분광기를 사용하더라도 어느 정도의 band 폭이 존재하게 된다. 그리고 우리가 측정하는 물리량은 전기장의 세기(E)가 아니라 빛의 밝기(I)가 되므로 앞의 빛에너지 계산에서처럼 다음과 같이 표현이 된다.

$$I \propto \overrightarrow{E}^{*}\overrightarrow{E} = |E_0|^2 \tag{2-17}$$

그림 2.2와 같이 전자기파는 특성이 다른 두 매질의 경계면에서 일부는 반사가 되고 나머지는 매질을 투과 또는 투과 중 흡수가 되는데, 투과된 전자기파의 경우 수직 입사(입사각 θ_1=0°)를 제외하고는 굴절된다. 이 때 굴절되는 정도는 Snell의 법칙으로 나타낼 수 있다.

$$N_1 \sin\theta_1 = N_2 \sin\theta_2. \tag{2-18}$$

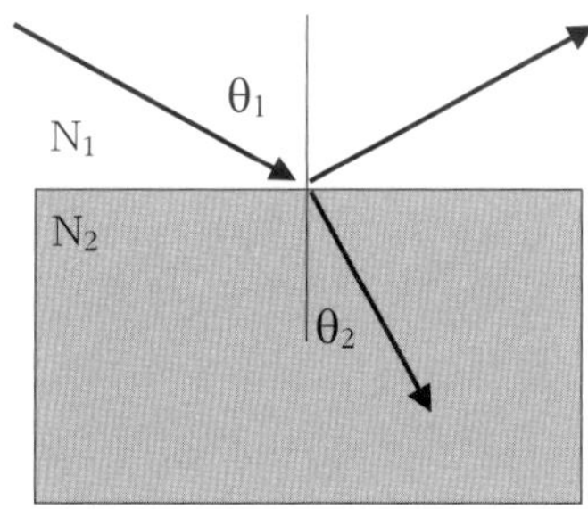

[그림 2.2] 두 매질의 경계에서의 빛의 반사 및 굴절

여기서 N_1과 N_2는 두 매질의 굴절률이고 θ_1과 θ_2는 입사각과 굴절각이 된다. 굴절률은 일반적으로 복소수이고 전자기파(빛)의 파장(또는 광양자 에너지)에 따라 다르다. 따라서 엄격하게 말하자면 '복소굴절함수'가 더 정확한 표현이다. 즉,

$$N(\lambda) = n(\lambda) + ik(\lambda), \quad i = \sqrt{-1}, \tag{2-19a}$$

또는

$$N(\hbar\omega) = n(\hbar\omega) + ik(\hbar\omega), \quad i = \sqrt{-1} \tag{2-19b}$$

로 표현할 수 있겠다. 평상시 유리나 물 등에 대해 무심코 사용하던 '굴절률'이란 용어는 이들 매질이 가시광선에 대해 투명(k=0)하므로 다음과 같이 실수값이 된다.

$$N = n. \tag{2-20}$$

프리즘을 이용하여 무지개를 만들 때, 빨간색은 작게 굴절되고 파란색은 크게 굴절된다고 하면서, 즉, 색깔(파장)에 따라 굴절률이 다르다고 하면서, 유리(프리즘)의 굴절률을 아느냐고 물으면 1.57이라고 하나의 값으로 대답을 한다. 투명물질(유리종류, 액체류 등)은 종류에 무관하게 파장에 따른 굴절률의 변화가 비슷하고 단지 그 상대적 크기만 조금씩 다르다. 따라서, 투명물질의 경우 나트륨(sodium, Na)등(燈)에서 나오는 노란색선(589 nm)에 대한 굴절률을 대표 굴절률로 표현한다. 이와 같이 매질 속에서 파장에 따라 굴절률이 다른 것, 즉, 굴절함수를 'dispersion relation'이라고도 하는데 나중에 분석부분에서 자세히 다루기로 한다. 굴절률에 대해 조금 더 언급하자면, 앞의 식 (2-6)에서 투명매질 속에서의 빛의 속도가 $v = c/n$으로 표현됨을 보았다. 진공에서 빛의 속도는 파장에 관계없이 c로 동일하다. 하지만 이 빛이 물 또는 유리 속으로 입사하면 파장에 따라 굴절률이 다르므로 파장에 따른 속도 분포가 발생한다. 즉, 프리즘 실험에서 속도가 느려진 파란 빛이 크게 굴절되고 속도가 빠른 빨간 빛은 그 반대이다. 따라서, 매질입사에 따른 빛의 속도변화가 굴절현상에 연관되어 있음을 추정할 수 있다.

☞ **참고:** Snell의 법칙은 두 매질의 경계에 있어 전기장과 자기장의 경계조건으로부터 구할 수 있는데 부록편에 소개해 두었다. 실제로 빛이 왜 굴절되는가를 비유적으로 설명하자면, 장난감 자동차를 빛(알갱이)이라 가정하고 바퀴가 잘 구르는 매끈한 면에서 잘 구르지 않는 카펫 위로 입사각을 주고 굴려보면 금방 대답이 나온다. 두 개의 앞바퀴 중 카펫으로 먼저 진입한 바퀴가 속도가 느려지므로 자동차는 그 방향으로 굴절될 것이다. 즉, 속도변화가 굴절률과 관계가 있는 것이다.

문 굴절률이 n인 매질에서의 빛의 속도(v)는 진공에서의 속도(c)에 비해 $v = c/n$로 감소한다. 빛의 속도는

(파장×진동수)인데 이 중 무엇이 감소했는가? 답은 그림 2.13 참조

문 공기에서 흡수성이 있는 매질로 입사하는 경우 Snell의 법칙은 어떠한가?

답 우선 공기의 굴절률은 1.0003 정도인데 진공의 경우처럼 1로 사용하여도 무방하다. 간단히 하기 위해 입사각이 30° 라 가정해 보자. 그러면 Snell의 법칙, $(n_1+ik_1)\sin\theta_1=(n_2+ik_2)\sin\theta_2$에 대입하면, $1\times\sin 30^\circ=(n_2+ik_2)\sin\theta_2$가 된다. 여기서, 좌변은 실수인데 우변의 경우 매질이 흡수성이 있으므로 $k_2\neq 0$이다. 따라서, $\sin\theta_2$가 허수가 되어야 하므로 결국 굴절각 θ_2도 허수가 되어 기하학적 의미로서의 각은 아니다. 그러면 실제로 굴절된 각은 얼마일까? 매질의 굴절률의 실수부분만을 사용하여 Snell 법칙을 적용하여 얻는 값과는 다르다. 설명이 매우 길기 때문에 문헌을 참조하기 바라며, 흡수하는 물질의 경우 기하학적인 각으로서의 의미만 잃었지 Snell의 법칙은 여전히 성립한다(Stone 1963, Muller 1969, Azzam 1988, Ward 1994).

반면, 복소굴절률의 허수부 k, 즉, 소광계수(extinction coefficient)는 매질이 빛(전기장)을 흡수되는 정도를 나타낸다. 앞의 식 (2-8)에서 ω/κ는 전자기파의 위상속도(v)로 자유공간에서는 빛의 속도(c)가 되고 물질 속에서는 $v=c/N$이 된다. 또한 앞의 식 (2-16)에 $N=n+ik$를 대입하면 전자기파는 다음과 같이 표현이 된다.

$$\vec{E}(z,t)=\vec{E}_0 e^{-i(\omega t-N\kappa z)}=\vec{E}_0 e^{-i\{\omega t-(n+ik)\kappa z\}}=\vec{E}_0 e^{-k\kappa z}e^{-i\{\omega t-n\kappa z\}}. \qquad (2\text{-}21)$$

이를 그려보면 그림 2.3과 같게 됨을 볼 수 있다. 즉, 소광계수 k 때문에 진동하는 전기장의 진폭이 줄어듦을 볼 수 있다. 즉, 소광계수는 결국 물질의 광 흡수와 관계가 있음을 알 수 있다.

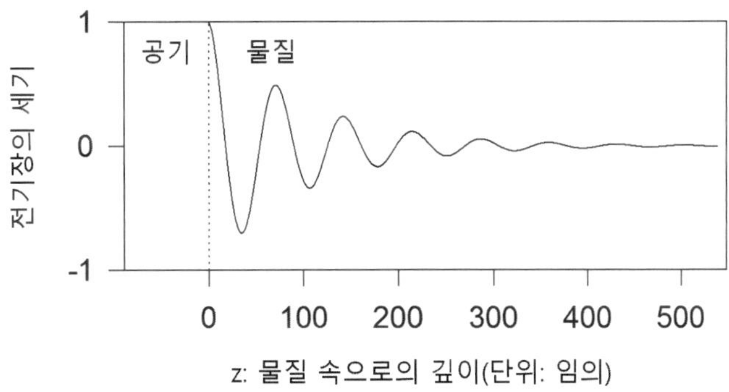

[그림 2.3] 식 (2-21)에 따라 전자기파의 전기장이 물질 속으로 들어감에 따라 줄어드는 모습. 가로축에서 0을 경계로 왼쪽이 진공이고 오른쪽이 흡수가 있는 물질이 된다. 따라서 오른쪽 방향이 깊이 z의 방향이고 눈금은 임의의 단위를 가진다.

빛의 세기(I)는 전기장의 세기(E)를 제곱한 양(복소수 conjugate $\vec{E}^*$를 곱한 값)에 비례하므로

$$\vec{E}^* \cdot \vec{E} = |\vec{E_0}|^2 e^{-2\kappa kz} \propto I(z) = I_0 e^{-2\kappa kz} \tag{2-22}$$

이 된다. 그리고 흡수하는 매질(또는 물질) 속으로 입사할 때, 깊이(z)에 따른 빛의 밝기는 다음과 같이 표현된다.

$$\frac{dI(z)}{dz} = -\alpha I(z). \tag{2-23}$$

여기서 α는 흡수계수(absorption coefficient)이고, 이 미분방정식의 해는

$$I(z) = I_0 e^{-\alpha z} \tag{2-24}$$

이 된다. 이를 식 (2-22)와 비교해 보면, 많이 사용되고 있는 용어인 흡수계수(α)와 소광계수(k) 사이에는 다음과 같은 관계가 있음을 알 수 있다.

$$\alpha = 2\kappa k = 2\frac{2\pi}{\lambda}k = \frac{4\pi k}{\lambda}. \tag{2-25}$$

즉, 복소굴절률의 허수부(k)는 물질이 해당 파장의 빛을 흡수하는 정도를 나타낸다. 물질이 전자기파를 흡수하는 원인은 여러 가지가 있는데 흡수하는 빛의 파장(광양자 에너지)영역에 따라 그 주체가 다르다. 전자기파가 microwave인 경우는 기체의 분자운동에 의해 흡수되고, 적외선일 경우는 고체분자의 분자운동이 원인이고, 가시광선과 그 주변의 빛은 고체 내의 전자가 그 주체가 되는데 이에 대해서는 나중에 다루기로 한다. 흡수하는 물질 속에서 빛의 투과 깊이는 식 (2-24)에 의하면 무한대까지 가능한데 편의상 빛의 세기가 e^{-1}로 떨어지는 깊이를 광투과 깊이(optical penetration depth: D_{op})로 정의한다. 즉, 식 (2-24)에서 $z=D_{op}$ 인 깊이에서의 밝기는

$$I(z = D_{op}) = I_0 e^{-\alpha D_{op}} = I_0 e^{-1} \sim 0.37 I_0 \tag{2-26}$$

가 되어 광투과 깊이(D_{op})는 다음과 같은 관계를 가진다.

$$D_{op} = \frac{1}{\alpha} = \frac{\lambda}{4\pi k}. \tag{2-27}$$

Ellipsometry에서 박막의 두께 측정이 가능하기 위해서는 입사된 빛이 박막을 투과하여 기판에

도달하여야 할 뿐 아니라, 박막과 기판의 계면에서 반사된 뒤 다시 박막을 투과하여 공기 중으로 나와야 한다. 또한 수직입사가 아니기 때문에 결국 박막 두께의 약 2.5배에 해당하는 왕복 광경로를 거치게 된다. 이 경로를 지나는 동안 빛이 일부는 흡수되더라도 어느 정도는 반사가 되어 검출기가 충분히 감지할 정도의 광량이 남아 있어야 두께 측정이 가능하다. 따라서 흡수성이 있는 박막에 있어 측정 가능한 두께는 simulation을 통해 어느 정도 예측할 수 있는데, 편의상 D_{op}보다 두꺼운 박막은 두께를 측정할 수 없다고 하여도 무난하다. 예를 들어 금속박막의 경우 흡수가 심한데 그 두께가 D_{op}보다 크면 ellipsometry는 금속박막으로 보지 않고 그림 2.4에서처럼 금속 덩이(bulk)로 인식하게 된다. 즉, 두께 측정이 가능하기 위해서는 빛이 박막과 기판의 계면까지 도달해야 할 뿐만 아니라 그 계면에서 반사된 빛이 다시 박막을 뚫고 나와야 한다. 식 (2-27)에서 알 수 있듯이 D_{op}는 파장에 따라 다르긴 하지만 금속에서는 보통 수십 nm 정도가 그 측정한계가 되는 것이다. 전자기학에서는 skin depth란 용어를 사용하는데 빛의 밝기 대신 전기장의 세기를 기준하여 표현한 것으로 D_{op}와 같은 개념을 가졌다.

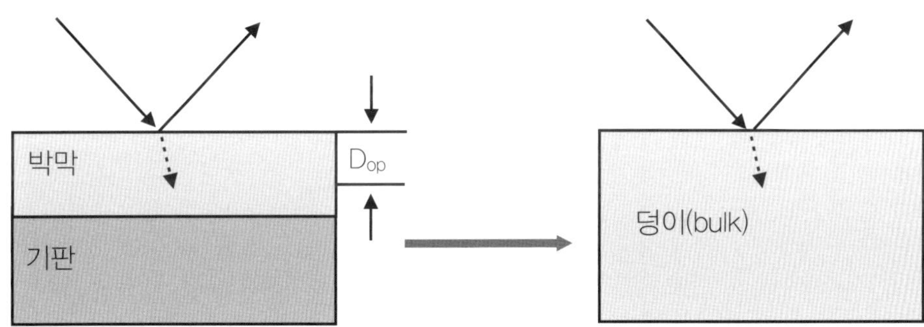

[그림 2.4] 흡수하는 박막의 경우 그 두께가 D_{op}보다 두꺼우면 박막과 기판 사이의 계면에서 반사되어 나오는 빛이 없게 되므로 두께에 대한 정보를 잃어버리게 된다. 따라서 ellipsometry는 오른쪽 그림과 같이 덩이 물질로 인식하게 된다. 이는 ellipsometry가 아닌 일반 반사 측정에서도 마찬가지이다.

그림 2.5는 결정질 silicon(c-Si) 기판 위에 비정질 silicon(a-Si)을 증착시키는 경우에 얻을 수 있는 분광 ellipsometry 스펙트럼인데 아직 ellipsometry 각 (Δ, Ψ)의 의미를 모르는 상황에서도 광투과 깊이(optical penetration depth)에 관한 개념을 엿볼 수 있는 예이다. 우선 덩이(bulk, 짧은 마디선)의 경우는 순수한 a-Si을 관측한 경우이고 나머지는 c-Si 기판 위에 a-Si 박막이 300 Å 자란 경우(실선)와 700 Å 자란 경우(긴 마디선)를 나타내고 있다. 우선 300 Å의 경우 광양자 에너지가 약 3.5 eV(A지점)보다 큰 빛들은 순수한 a-Si의 경우와 광학적 반응이 같음을 알 수 있다. 즉, 300 Å보다 깊이 놓여 있는 c-Si 기판을 보지 못한다는 이야기이다. 그럼 a-Si이 700 Å 자랐을 경우는 어떠한가? 이번에는 그 에너지가 약 3.0 eV(B 지점)보다 큰 경우가 이에 해당하는데, 이보다 광양자 에너지가 큰 (즉, 파장이 짧은) 빛은 700 Å의 a-Si 박막 대신 a-Si 덩이(bulk)로 인식하게 된다. 이와 같이 파

장에 따라 인식하는 깊이가 다른 것은 그림 2.6의 a-Si의 광양자 에너지에 따른 소광계수로부터 짐작할 수가 있다.

그림 2.5의 예에서처럼 a-Si의 두께가 수십 nm 이상일 경우, 사용하는 ellipsometer의 분광 측정범위가 1.5~6.5 eV 이더라도 실제 두께 분석에 기여하는 분광범위는 약 1.5~3.0 eV 뿐이다. 한편, 3.0~6.5 eV의 data는 두께 정보를 포함하지 않기 때문에 오히려 박막의 표면거칠기층 분석에 유리하다. 물론 1.5~3.0 eV의 data 속에도 표면거칠기층에 대한 정보가 있긴 하지만 두께 정보와 섞여있기 때문에 3.0~6.5 eV의 data를 사용하는 것보다는 불리하다. 즉, 분광 ellipsometry 측정값에서 광양자 에너지별로 포함하고 있는 시편의 정보가 동일하지는 않음을 알 수가 있다. 만일 이 박막이 더 두꺼워지면 근적외선 ellipsometer를 사용해야 할 것이고 박막이 더 얇아지면 3.0~6.5 eV의 data도 두께 분석에 기여를 할 것이다.

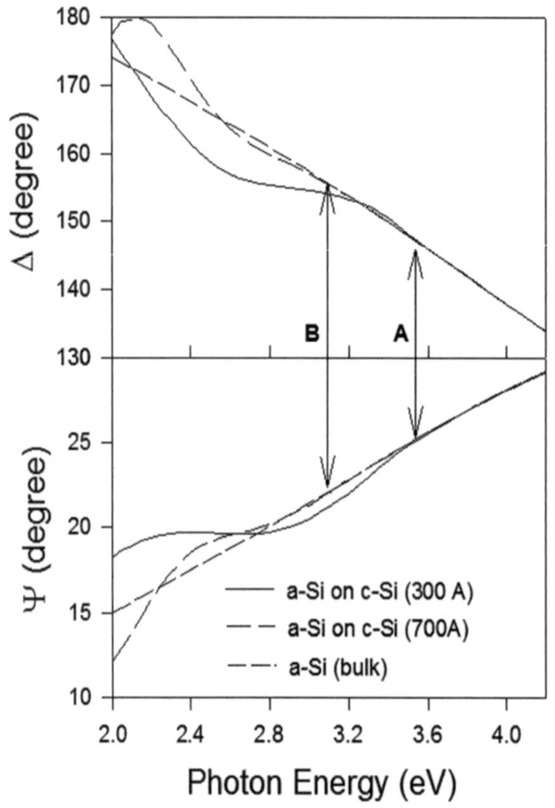

[그림 2.5] 결정질 silicon(c-Si)기판 위에 비정질 silicon(a-Si)을 300 Å, 700 Å, 그리고 무한대로 증착시켰을 때의 분광 ellipsometry 스펙트럼 (입사각은 70°임). A와 B는 a-Si 박막을 덩이(bulk) a-Si과 구별을 할 수 있는 광양자 에너지의 한계지점을 보여 주고 있다.

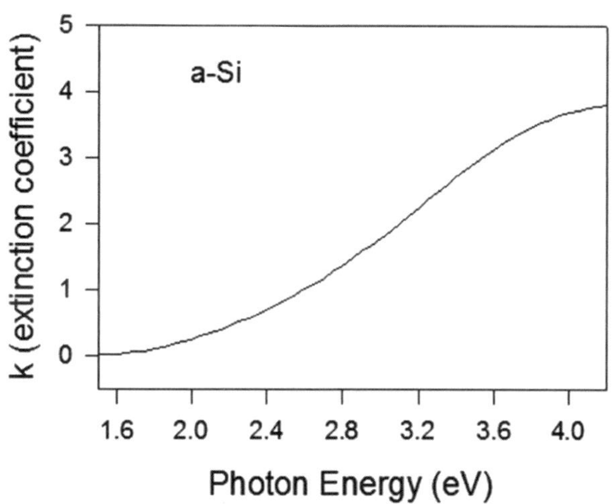

[그림 2.6] 비정질 silicon의 광양자 에너지 영역에 따른 소광계수(extinction coefficient)

결과적으로 ellipsometry에 있어서,

첫째, 금속박막과 같이 흡수가 강한 물질의 경우 그 두께가 수십 nm 이상이 되면 가시광선 영역의 빛을 사용해서는 그 두께 측정이 힘들어진다.

둘째, 비정질 silicon의 예에서와 같이 흡수가 어느 정도 있는 경우에 분광 ellipsometry 스펙트럼을 이용하여 두께를 계산할 경우, 측정한 모든 광양자 에너지에서의 data가 두께 계산에 기여하지 않음을 알 수 있다.

셋째, 인식할 수 있는 두께의 정도는, 박막의 종류나 파장뿐만이 아니라 사용하는 ellipsometer의 측정 정밀도와 입사각, 그리고 기판의 광학적 성질에 따라서도 다르다.

2. 편광과 수학적 표현

앞에서 빛은 전자기파이고 그 전기장의 진동이 일정한 방향성을 지님을 보였는데 이 경우 편광이 되었다고 한다. 그럼에도 불구하고 촛불, 백열전구, 형광등 등과 같이 대부분의 광원에서 나오는 빛은 편광이 되지 않았다(unpolarized). 이와 같이 일반 광원이 편광이 되지 않은 것은 광원의 각 부분에는 나오는 전자기파에 있어 그 전기장의 진동 방향이 제각기이기 때문이다. 따라서, 'unpolarized'라고 하기보다는 'randomly polarized'라고 표현하면 이해하기 쉬울 것이다. Laser의 경우 편광이 된 경우가 많고 제논 방전(Xe-arc) 램프의 경우에도 적은 양이지만 편광이 되어 있는 경우가 많다. 이런 경우 '부분편광(partially polarized)'이라는 표현을 쓰는데 ellipsometry 운용에 방해가 되기도 한다. 일반 광학 기술이 빛의 밝기, 즉, 에너지의 변화를 측정하는데 반해 ellipsometry는 빛의 편광상태의 변화를 측정하는 기술이다. 따라서 편광현상을 잘 이해하면 ellipsometry 운용에 있어 상당한 도움을 얻을 수 있다. 예를 들어, 진공 chamber 속의 시편을 측정할 때 optical activity가 있는 sapphire window를 사용하지는 않을 것이며, 시편을 클립으로 장착할 때 너무 세게 조여 스트레스로 인한 복굴절을 유발하지 않을 것이다.

편광에 대해서는 광학과 관련된 과목을 수강한 사람이라면 누구나 잘 알고 있다. Jones matrix, Malus 법칙, Brewster angle 등이 편광과 관련된 내용들이다. 또한 편광은 우리가 알게 모르게 많이 사용하고 있는 빛의 특성이다. 가까이는 선글래스와 사진기 filter가 있고, 전자시계나 노트북 컴퓨터의 액정화면 등이 있으며 기술적으로는 variable density filter, 부품의 스트레스 측정, 당분측정, 경찰의 지문 감식 등에 사용이 되기도 한다. 일찍이 눈부심이 없애기 위해 자동차 헤드라이트나 스탠드 램프에서 나온 빛을 편광이 되도록 하는 시도를 하기도 하였다(Land 1946, 그 원리는 나중에 알게 된다). 그리고 우리가 늘 보는 하늘도 편광을 보이고 있는데 대기가 태양빛을 scattering 하는 과정에서 발생한다(Hulst 1949).

☞ **참고:** 선글래스는 color filter의 역할과 함께 눈을 보호하기 위해 자연광의 세기를 줄여주는 density filter나 자외선 차단 filter의 역할도 한다. 만일 편광 기능이 있으면 유리나 물 표면에서 반사된 빛을 주로 줄여주기 때문에 자동차 속이나 물 속을 볼 수 있게 된다. 선글래스를 손에 들고 돌리면서 액정 모니터를 관찰할 때 화면의 밝기가 변하면 편광 기능이 있는 것이다.

문 편광 선글래스에 있어 편광축은 어떤 방향으로 되었을까?

답 **착용했을 때 상하 방향으로 편광된 빛을 통과하도록 끼워져 있다. 나중에 언급이 되겠지만, 물 표면이나 마주 오는 자동차가 대부분 수평면을 가지고 여기서 반사된 빛이 대부분 수평 방향의 편광을 발생시킨다. 하지만 건물의 창문과 같이 수직으로 서 있는 반사체가 많은 곳에서 일하는 사람은 렌즈의 편광 방향이 수평이 되도록 제작해야 유리할 것이다.**

2.1 편광의 종류

z-방향으로 진행하는 평면 전자기파(plane wave)는 진행방향에 수직인 x- 또는 y-방향의 전기장 성분을 가질 수 있으므로 다음과 같이 표현할 수 있다.

$$\overrightarrow{E}(z,t) = \hat{i}\,E_{x0}\cos(\kappa z - \omega t + \delta_x) + \hat{j}\,E_{y0}\cos(\kappa z - \omega t + \delta_y). \tag{2-28}$$

여기서 두 성분의 위상이 같으면 (즉, $\delta_x = \delta_y$) 선편광이 된다. 그리고, 두 성분의 진폭이 같고 위상차가 1/4 파장(=위상차 90°)이 되는 경우(즉, $E_{x0} = E_{y0}$, $\delta_x - \delta_y = \pm 90^o$)는 원편광이 된다. 즉,

$$\overrightarrow{E}(z,t) = \hat{i}\,E_0\cos(\kappa z - \omega t + \delta) + \hat{j}\,E_0\cos(\kappa z - \omega t + \delta), \tag{2-29}$$

$$\overrightarrow{E}(z,t) = \hat{i}\,X + \hat{j}\,Y, \quad X^2 + Y^2 = E_0^2 \tag{2-30}$$

이 되어 원의 방정식이 됨을 알 수 있다(그림 2.7).

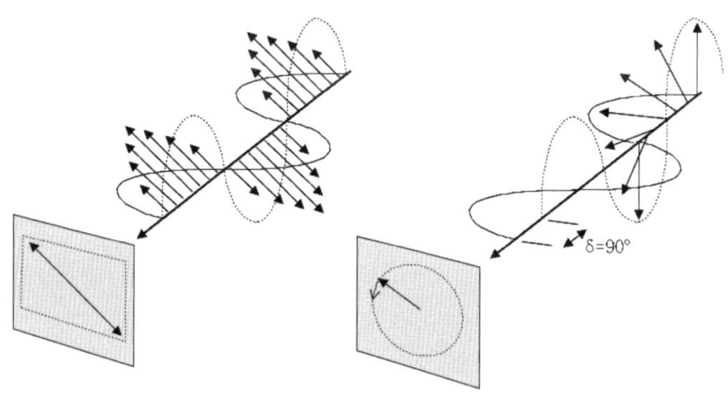

[그림 2.7] 왼쪽: 선편광, 오른쪽: 원(형)편광

이를 제외한 모든 경우는 타원편광이 되는데 나중에 상세히 기술이 된다. 타원편광의 모양은 그림 2.7의 원편광이 납작해진 모양이다. 실제에 있어 이와 같이 편광된 빛을 확인하기 위해서는 편광판을 돌려가며 회전위치에 따른 빛의 밝기를 조사하면 되는데 그 결과는 그림 2.8과 같이 될 것이다. 여기서 원편광의 경우 밝기의 변화가 없어 편광이 안 된 빛과 구분이 되지 않는다. 따라서 이 경우는 회전편광을 인식할 수 있는 또 다른 광학 부품이 필요하게 된다.

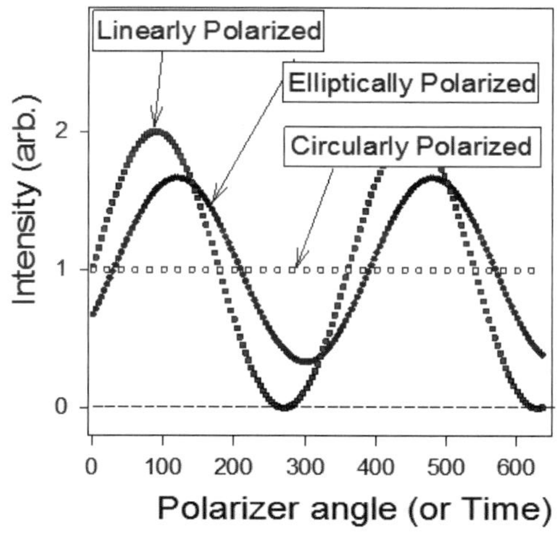

[그림 2.8] 여러 형태로 편광된 빛을 편광판을 회전시키면서 관측했을 때 회전각에 따른 밝기의 변화

☏ **이야기:** 벌의 눈은 ellipsometer인가? Frisch(1948)는 벌들이 선편광을 감지할 수 있음을 발견하였다. 그 후 제법 많은 연구가 지속되었는데 태양의 위치에 따라 다르게 발생하는 하늘의 편광상태를 벌이 인식하여 위치를 파악하게 된다고 한다(Rossel 1986). 나중 ellipsometry를 공부하면 analyzer라는 게 나오는데 바로 벌의 겹눈은 그 방향이 각기 다르게 설정된 analyzer가 되는 셈이다. 결국 전기장을 인식한다는 것인데 인간보다 발달된 vision system을 갖춘 것 같다. 물벼룩이나 갑각류도 편광을 인식하는 시각을 가졌다고 하는데(Waterman 1954) 이해가 갈 만도 하다. 물 표면에 살다보면 물 표면에서 반사된 빛이 강해 빛의 밝기만을 인식하는 것으로는 불충분할 것이다. 나중에 나오겠지만 물 표면에서 반사된 빛은 대부분 수평방향으로 편광이 된다.

☏ **이야기:** 인간의 눈은 빛의 특성을 인식하는 기능이 상당히 제한적이다. 그래도 색깔과 밝기는 어느 정도 구분을 하는 편인데, 편광은 인식을 할까? 특별한 조건에서 약간은 가능한데, 'Haidinger's brush'를 찾아보기 바란다.

2.2 Jones vector와 Jones matrix

이제 편광 상태를 표현하고 계산할 수 있는 수학적 방법에 대해 알아보기로 하자. 우선 손쉽게 그 표현을 이해할 수 있는 Jones formalism은 완전편광일 때만 사용이 가능하고 빛의 전기장 성분을 취급한다(Jones 1941, Hecht 2002). 따라서, ellipsometer에 적용할 경우 궁극적으로는 측정 가능한 물리량인 빛의 밝기로 변환을 시켜야 한다. 〈표 2.3〉에서 보듯이 빛의 편광상태는 Jones vector로, 편광상태 변화에 관여하는 광부품, 시편, 그리고 좌표변환은 2×2 Jones matrix로 표시한다.

〈표 2.3〉 Jones vector와 Jones matrix(Goldstein 2003)

Jones Expression	편광, 광부품 및 그 특성
$\begin{pmatrix}1\\0\end{pmatrix}$ $\begin{pmatrix}0\\1\end{pmatrix}$	수평, 수직 선편광(수평 및 수직방향은 관측자 기준)
$\frac{1}{\sqrt{2}}\begin{pmatrix}1\\-i\end{pmatrix}$ $\frac{1}{\sqrt{2}}\begin{pmatrix}1\\i\end{pmatrix}$	좌, 우원편광(left-, right-handed circular polarization)
$\begin{pmatrix}1&0\\0&0\end{pmatrix}$ $\begin{pmatrix}0&0\\0&1\end{pmatrix}$	수평, 수직방향 선편광기(linear polarizer)
$\frac{1}{2}\begin{pmatrix}1&i\\-i&1\end{pmatrix}$ $\frac{1}{2}\begin{pmatrix}1&-i\\i&1\end{pmatrix}$	우, 좌원편광기(right/left circular polarizer)
$\begin{pmatrix}r_p&0\\0&r_s\end{pmatrix}$	시편: $r_{p(s)}$는 반사계수로 p는 입사면에 평행한 경우를, s는 입사면에 수직인 경우를 나타냄
$\begin{pmatrix}1&+i\gamma\\-i\gamma&\gamma^2\end{pmatrix}$	Optical activity: Rochen quartz 프리즘 등의 특성
$\begin{pmatrix}1&0\\0&e^{-i\delta}\end{pmatrix}$	retarder: δ는 fast-axis를 기준으로 했을 때 retardation 각
$\begin{pmatrix}\cos\theta&\sin\theta\\-\sin\theta&\cos\theta\end{pmatrix}$	좌표 변환: 각 광학부품의 광축을 θ만큼 회전시킴

☞ **참고:** Ellipsometry에서는 p-파와 s-파 간의 상대적인 비교값을 이용한다. 따라서, Jones formalism에서 매트릭스를 표현한 괄호 앞의 공통인수는 편광상태와는 무관하므로 무시해도 된다. 또한 〈표 2.3〉에 표현된 광부품은 이상적일 경우를 나타낸 것이다. 예를 들어, 무편광인 빛을 선편광기를 통과시키면 한 성분은 통과하므로 광량이 50%는 보존이 되어야 한다. 하지만 아무리 좋은 편광기를 이용하더라도 표면에서의 반사손실도 있고 또한 투과 중에 흡수손실도 있다. 이를 굳이 표현하자면, 선편광기를 나타내는 Jones matrix 괄호 앞에 1보다 작은 값의 공통인수를 표시해야 할 것이다.

문 두 개의 polarizer가 그 편광축이 평행하게 겹쳐져 있고 그 중 하나가 각속도 ω로 회전한다. 이 polarizer를 통해 빛을 관측하면 어떻게 보이는가?

답 Jones matrix로 표현해 보면,

$E(t)=\begin{pmatrix}1 & 0\\ 0 & 0\end{pmatrix}\begin{pmatrix}\cos\omega t & \sin\omega t\\ -\sin\omega t & \cos\omega t\end{pmatrix}\begin{pmatrix}1\\ 0\end{pmatrix}E_0=E_0\cos\omega t$ 가 되는데 빛의 밝기는 이것의 제곱에 비례하므로 $I(t)=I_0\cos^2\omega t$, 즉, Malus의 법칙이 됨을 알 수 있다.

문 두 개의 polarizer가 그 광축이 서로 수직이 되게 겹쳐져 있다. 그리고 이 겹쳐진 편광판 사이에 또 다른 편광판을 편광축이 45°가 되게 넣었다. 어떤 변화를 기대하는가?

답 강의 시간에 질문을 해보면 "이미 수직으로 놓인 두 편광판이 빛을 완전히 차단했는데 제3의 편광판을 넣어 봤자 무슨 변화가 있겠느냐?" 는게 대부분 학생들의 답이다. 이것은 분명 틀린 답이다. Jones matrix를 사용하여 진짜 답을 구해보고 왜 그런지도 생각해 보라.

문 $\begin{pmatrix}1\\ 0\end{pmatrix}$이 한 쪽 성분뿐인 선편광을 나타낸다고 했는데 그러면 $\begin{pmatrix}1\\ 1\end{pmatrix}$은 양 쪽 성분을 다 가지고 있으므로 편광이 안 된 빛을 나타내는 것이 아닌가?

답 아니다. 관측자 기준으로 45° 로 기울어진 선편광이다. Jones matrix는 완전편광 상태만 표현이 가능하다.

2.3 Stokes vector와 Mueller matrix

사용하는 빛이 부분적으로 편광이 되었을 경우는 Jones vector로는 표현할 수가 없다. 따라서, 이 경우는 편광된 정도와 관계없이 사용이 가능한 Stokes vector를 사용할 수 있는데, 네 개의 원소(Stokes parameter)로 구성되어 있다. 그리고, 편광을 변화시키는 시편이나 광부품 등은 4×4 개의 원소를 가진 Mueller matrix를 사용하게 된다(Mueller 1948, Shurcliff 1962, Clarke 1971, Hecht 2002).

빛의 전기장을 사용하고 복소수를 취급하는 Jones formalism과는 달리 Stokes vector와 Mueller matrix는 빛의 밝기를 사용하기 때문에 전부 실수 원소를 가진다. Stokes vector는 다음과 같이 4×1의 column vector로 표현이 되는데 지면을 아끼기 위해 때로는 중괄호와 쉼표를 사용하여 가로쓰기를 하기도 한다.

$$S=\begin{bmatrix} S_0 \\ S_1 \\ S_2 \\ S_3 \end{bmatrix} \quad \text{또는} \quad S=\{S_0, S_1, S_2, S_3\}. \tag{2-31}$$

평면파에 있어서 진행방향에 수직인 두 전기장의 성분을 다음과 같이 표시하자(Hecht 2002, Goldstein 2003).

$$E(x,t)=E_{0x}(t)e^{i\delta_x t}, \tag{2-32a}$$

$$E(y,t)=E_{0y}(t)e^{i\delta_y t}. \tag{2-32b}$$

이를 이용하면 네 개의 Stoke parameter는 각각 다음과 같이 표현이 된다.

$$S_0=\langle E_{0x}(t)^2\rangle+\langle E_{0y}(t)^2\rangle, \tag{2-33a}$$

$$S_1=\langle E_{0x}(t)^2\rangle-\langle E_{0y}(t)^2\rangle, \tag{2-33b}$$

$$S_2=2\langle E_{0x}(t)E_{0y}(t)\cos\{\delta_y(t)-\delta_x(t)\}\rangle, \tag{2-33c}$$

$$S_3=2\langle E_{0x}(t)E_{0y}(t)\sin\{\delta_y(t)-\delta_x(t)\}\rangle, \tag{2-33d}$$

여기서 '$\langle\ \rangle$'는 한 주기에 대한 평균값을 나타낸다. 즉,

$$\langle E(t)^2\rangle=\frac{1}{T}\int_0^T E(t)^2 dt \tag{2-34}$$

으로 주기 T 동안의 평균값이 된다. Stokes vector에서 특이한 사항은 각 원소들이 전기장(E)이 아니라 빛의 밝기(I)로 되어 있으면서 편광 특성을 표현한다는 것이다. 그 표현에서 알 수 있듯이 S_0는 전체적인 밝기를 나타내고 있으므로 무편광의 경우 Stokes vector는

$$S=\{S_0, 0, 0, 0\} \tag{2-35}$$

로 표현하면 된다. S_1의 경우는 이상적인 편광기를 돌리면서 관찰했을 때 x-방향성분과 y-방향성분의 밝기의 차이므로 (+), (-), 또는 0의 값을 모두 가질 수 있다.

$$S_1 = I_x - I_y. \tag{2-36}$$

여기서 S_1=0이 나왔다고 해서 편광이 없는 경우가 아니다. 만일 선편광된 빛의 편광방향이 x-방향과 y-방향의 중간인 45° 방향에 놓이게 되면 여전히 S_1=0가 된다. 따라서 이 경우를 구분하자면 x-y축을 45°만큼 돌려 같은 조사를 해볼 필요가 있다. 앞에서 소개한 Jones matrix를 이용하여 이 전자기파를 45°돌린 축에서 쳐다보자. 그러면 전자기파의 원래 x, y 성분은 새로운 축에서 보면 45°와 -45°에 놓이게 된다. 즉,

$$\begin{bmatrix} E_{(-\pi/4)} \\ E_{(+\pi/4)} \end{bmatrix} = \begin{bmatrix} \cos(\pi/4) & -\sin(\pi/4) \\ \sin(\pi/4) & \cos(\pi/4) \end{bmatrix} \begin{bmatrix} E_x \\ E_y \end{bmatrix} = \frac{1}{\sqrt{2}} \begin{bmatrix} E_x - E_y \\ E_x + E_y \end{bmatrix}. \tag{2-37}$$

이 두 방향에서 빛의 밝기의 차를 구해야 하므로 계산을 하면 식 (2-38)과 같은 결과를 얻는다.

$$I_{(+\pi/4)} - I_{(-\pi/4)} = \langle E_{(+\pi/4)}(t)^2 \rangle - \langle E_{(-\pi/4)}(t)^2 \rangle$$

$$= \frac{1}{2}\langle (E_x + E_y)(E_x + E_y)^* \rangle - \frac{1}{2}\langle (E_x - E_y)(E_x - E_y)^* \rangle$$

$$= 2\langle Real(E_x^* E_y) \rangle = 2\langle E_x(t) E_y(t) \cos\{\delta_y(t) - \delta_x(t)\} \rangle. \tag{2-38}$$

이는 다름 아닌 S_2이다. 즉,

$$S_2 = I_{(+\pi/4)} - I_{(-\pi/4)}. \tag{2-39}$$

앞에서 S_1=0가 되고 또한 여기서 S_2=0이 되었다고 해서 빛에 편광이 없는 것이 아니다. 예를 들어 앞의 그림 2.8에서 보았듯이 원편광의 경우가 그렇다. 따라서 한 번 더 측정을 해야 하는데 이번에는 회전편광이 있는지를 Jones matrix를 이용하여 알아보면 다음 관계식을 얻는데, l(r)은 반시계(시계)방향으로의 회전을 의미한다.

$$\begin{bmatrix} E_l \\ E_r \end{bmatrix} = \frac{1}{\sqrt{2}} \begin{bmatrix} E_x + iE_y \\ E_x - iE_y \end{bmatrix}. \tag{2-40}$$

마찬가지로 두 성분의 빛의 밝기의 차를 구해보면,

$$I_r - I_l = \frac{1}{2}\langle (E_x - iE_y)(E_x - iE_y)^*\rangle - \frac{1}{2}\langle (E_x + iE_y)(E_x + iE_y)^*\rangle$$
$$= 2\langle Real(-iE_x^* E_y)\rangle = 2\langle E_x(t)E_y(t)\sin\{\delta_y(t) - \delta_x(t)\}\rangle. \quad (2\text{-}41)$$

즉, 다음과 같은 관계식을 얻는다.

$$S_3 = I_r - I_l \quad (2\text{-}42)$$

이 표현은 이미 식 (2-33)의 $\cos\{\delta_y(t) - \delta_x(t)\}$ 항에서 짐작할 수 있다. 즉, x-y 성분에서 위상차가 생기면 삼각함수파가 발생하는데 우연히 위상차가 90°가 되어 S_2에서는 0이 되어 발각되지 않더라고 S_3의 sine filter에 의해 발각이 되는 것이다. 완전편광 뿐 아니라 부분 편광에 대한 정보도 주기 때문에 최근에는 Stokes parameter를 측정하는 ellipsometry 개발에 대한 관심이 늘고 있다.

문 가시광선의 경우 원편광이라 함은 앞의 그림 2.7에서 보듯이 실제는 선편광이 회전을 하는 것인데 그 회전 속도가 얼마나 되는가?

답 **파장을 약 5000 Å이라고 하면 빛의 속도=파장×진동수**($c = \lambda\nu$).
따라서 ν=(3×10^{8}m/s)/(5000×10^{-10}m)~10^{14}Hz

이제 각 Stokes parameter가 무엇을 의미하는지를 다 이해한다고 본다. 따라서 완전히 편광이 된 경우는

$$S_0^2 = S_1^2 + S_2^2 + S_3^2. \quad (2\text{-}43a)$$

그리고 부분편광(partially polarized)의 경우는 다음과 같다.

$$S_0^2 > S_1^2 + S_2^2 + S_3^2 \quad (2\text{-}43b)$$

여기서 편광도(degree of polarization: DoP)를 정의할 수가 있겠다.

$$DoP = \frac{I_{pol}}{I_{total}} = \frac{\sqrt{S_1^2 + S_2^2 + S_3^2}}{S_0} \quad (2\text{-}44)$$

〈표 2.4〉에서 볼 수 있듯이 Jones formalism과는 달리 Stokes vector와 Mueller matrix는 전부 실수의 원소를 가진다

〈표 2.4〉 Stokes vector와 주요 광부품의 Mueller matrix(Goldstein 2003)

Stokes vector 및 Mueller Matrix	편광, 광부품 및 그 특성
$\begin{pmatrix}1\\1\\0\\0\end{pmatrix}$ $\begin{pmatrix}1\\-1\\0\\0\end{pmatrix}$	수평, 수직 선편광
$\begin{pmatrix}1\\0\\0\\-1\end{pmatrix}$ $\begin{pmatrix}1\\0\\0\\1\end{pmatrix}$	좌원편광, 우원편광
$\frac{1}{2}\begin{bmatrix}1&1&0&0\\1&1&0&0\\0&0&0&0\\0&0&0&0\end{bmatrix}$ $\frac{1}{2}\begin{bmatrix}1&-1&0&0\\-1&1&0&0\\0&0&0&0\\0&0&0&0\end{bmatrix}$	수평, 수직방향 선편광기
$\frac{1}{2}\begin{bmatrix}1&0&0&1\\0&0&0&0\\0&0&0&0\\1&0&0&1\end{bmatrix}$ $\frac{1}{2}\begin{bmatrix}1&0&0&-1\\0&0&0&0\\0&0&0&0\\-1&0&0&1\end{bmatrix}$	우, 좌원편광기
$\begin{bmatrix}1&0&0&0\\0&1&0&0\\0&0&\cos\delta&\sin\delta\\0&0&-\sin\delta&\cos\delta\end{bmatrix}$	compensator δ: retardation angle
$\begin{bmatrix}1&0&0&0\\0&\cos2\theta&\sin2\theta&0\\0&-\sin2\theta&\cos2\theta&0\\0&0&0&1\end{bmatrix}$	좌표 변환: 각 광학부품의 광축을 기준으로 q만큼 회전시킴
$\begin{bmatrix}1&-N&0&0\\-N&1&0&0\\0&0&C&S\\0&0&-S&C\end{bmatrix}$	시편: (Δ,Ψ)는 ellipsometry 각 $N=\cos2\Psi,\quad S=\sin2\Psi\sin\Delta,\quad C=\sin2\Psi\cos\Delta$ $N^2+S^2+C^2=1$

2.4 Poincaré sphere(푸앵카레 球, Poincaré 1892)

편광에 대한 수식적 표현 방식들과는 달리 구(球)좌표계를 이용하여 빛의 편광상태 및 그 변화까지도 편리하게 시각적으로 표현해주는 방식이다(Goldstein 2003). 우선 이쯤에서 ellipsometry와 관계가 깊은 타원편광에 대해 좀 더 알아보자. 앞에서 z-방향으로 진행하는 전자기파(plane wave)는 앞의 식 (2-28)로 주어졌다.

$$\vec{E}(z,t)=\hat{i}\,E_x+\hat{j}\,E_y=\hat{i}\,E_{x0}\cos(\kappa z-\omega t+\delta_x)+\hat{j}\,E_{y0}\cos(\kappa z-\omega t+\delta_y). \quad (2\text{-}28)$$

이를 x-y 성분별로 분리한 뒤 진폭으로 나누면 다음과 같다.

$$\frac{E_x}{E_{x0}}=\cos(\kappa z-\omega t+\delta_x),\ \frac{E_y}{E_{y0}}=\cos(\kappa z-\omega t+\delta_y). \quad (2\text{-}45)$$

이 두 성분을 삼각함수 관계를 이용해 연결하면 다음과 같은 타원방정식에 이른다.

$$\frac{E_x^2}{E_{0x}^2}+\frac{E_y^2}{E_{0y}^2}-2\frac{E_x}{E_{0x}}\frac{E_y}{E_{0y}}cos\delta=sin^2\delta. \tag{2-46}$$

여기서, $\delta=\delta_x-\delta_y$ 이다. 타원모양을 시각화하기 위해서 (E_{0x}, E_{oy}, δ)을 이용해 다음과 같이 두 개의 매개변수를 지정해보자.

$$sin2\chi=(sin2\alpha)sin\delta, \tag{2-47a}$$

$$tan2\psi=(tan2\alpha)cos\delta. \tag{2-47b}$$

여기서 α는 두 성분의 진폭의 비를 나타내는 각이다, 즉 $tan\alpha=E_{oy}/E_{0x}$. 다음 그림 2.9에서 보듯이 식 (2-47a, b)로부터 정의된 두 매개변수 (χ, ψ)는 각각 타원율각(ellipticity angle)과 장축의 경사각이므로 이 두 값만 알면 타원의 형태를 정확히 규정할 수 있다(단, 타원의 크기는 제외). Ellipsometry는 시편에서 반사된 타원편광을 분석하는 기술이므로, 각 (ψ, χ)이 각 (Δ, Ψ)와 연관이 있다. 하지만 시편에서 반사되는 타원편광은 시편의 특성뿐만 아니라 시편으로 입사하는 빛의 편광 상태에 따라서도 달라지기 때문에 그에 대한 정보도 있어야 (Δ, Ψ)값을 구할 수 있다. Ellipsometer 측정은 일반적으로 두 단계로 실시가 되는데 그 중 'calibration'이라고 하는 선행측정과정이 입사하는 빛에 대한 정보를 제공한다(5장 참조).

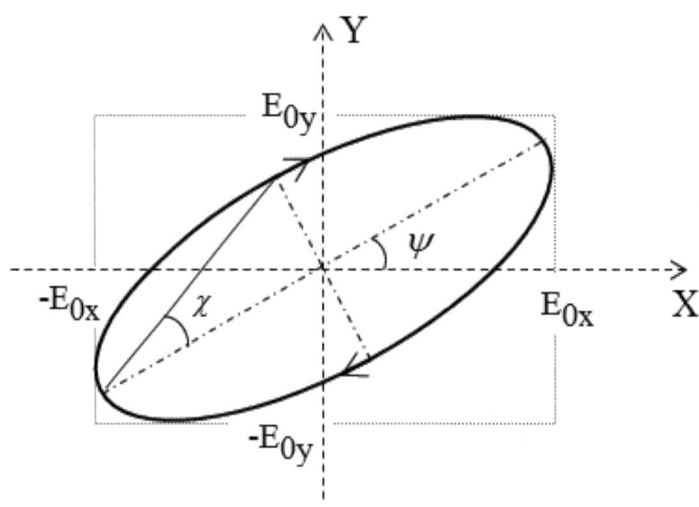

[그림 2.9] 타원편광을 나타내는 전기장의 궤적으로 두 각 (χ, ψ)로 그 형태를 특정할 수 있다. 현재 임의의 X–Y 좌표계로 나타내었는데, ellipsometry에서는 시편을 기준으로 한 s–p 좌표계에서 표현한다.

☞ **참고:** 본 저서에서 소문자 ψ는 타원편광에 있어 장축의 경사각을, 대문자 Ψ는 ellipsometry 각을 나타낸다.

식 (2-33)으로 표현된 Stokes parameter는 (χ, ψ)를 이용하면 다음과 같이 표현될 수 있다. 단, 편광상태를 표현하는 것이 중요하므로 편의상 각 성분을 S_0 값으로 normalization 시키면,

$$S_0 = 1, \tag{2-48a}$$

$$S_1 = \cos(2\chi)\cos(2\psi), \tag{2-48b}$$

$$S_2 = \cos(2\chi)\sin(2\psi), \tag{2-48c}$$

$$S_3 = \sin(2\chi). \tag{2-48d}$$

여기서 (S_1, S_2, S_3)에 대한 표현은 구좌표계에 있어서 (r, θ, ϕ)로 표시되는 좌표점을 X-Y-Z 좌표값으로 표현한 것과 유사한다. 즉, (S_1, S_2, S_3)는 (r, χ, ψ)로 표시되는 구(Poincaré 구)의 표면상의 한 점에 대한 S1-S2-S3 좌표계 성분이다. 즉, 그림 2.10에서와 같이 모든 편광상태는 반경 $r = 1$인 Poincaré 구 표면상의 한 점으로 나타나며, 부분편광의 경우는 구 내부의 한 점으로 표시할 수 있다 $(r = DoP < 1)$. Poincaré 구를 이용하면 편광상태가 시각적으로 표현이 되기 때문에 직관적으로 어떤 편광인지를 알 수가 있는 장점이 있고 또한 편광상태의 변화과정은 구표면에 궤적으로 나타낼 수 있다. 그림 2.11에 대표적인 편광이 표시되어 있는데, 지구로 비유하면 북극이 우원편광이고 남극이 좌원편광이 된다. 그리고 적도지방은 전부 선편광이고 나머지 영역은 전부 타원편광에 해당한다. 한 지점에서 위도를 바꾸면 타원의 납작한 정도가 바뀌고 경도를 바꾸면 타원의 경사각이 바뀐다.

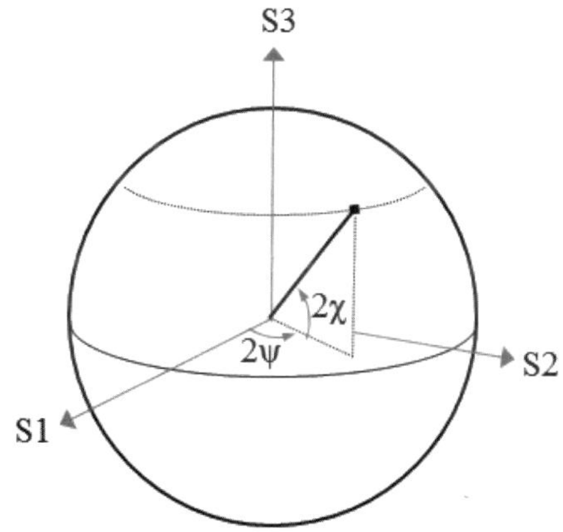

[그림 2.10] Poincaré 구 표면상의 한 점은 두 각 (χ, ψ)의 좌표로 표시가 가능하다.

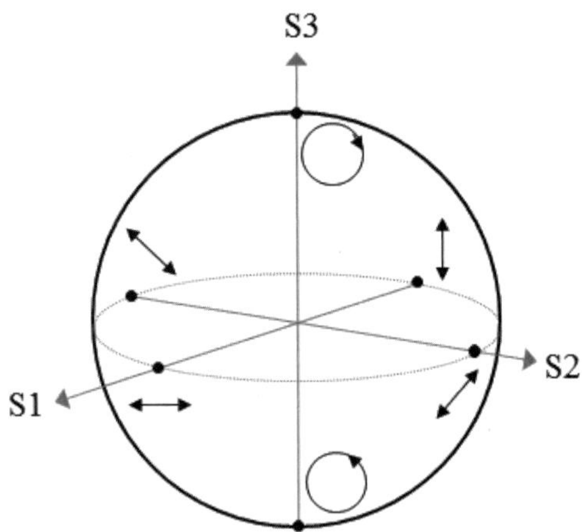

[그림 2.11] Poincaré 구 표면상의 대표적인 몇 지점의 편광상태. 선편광은 적도상에 위치하며 적도를 따라서 선편광의 기울기가 바뀐다.

물론 측정되거나 계산된 Stokes parameter로부터 Poincaré 구 위의 좌표점 (ψ, χ)는 다음과 같이 쉽게 구할 수 있다.

$$\psi = \frac{1}{2}tan^{-1}\left(\frac{S_2}{S_1}\right), \tag{2-49a}$$

$$\chi = \frac{1}{2}sin^{-1}S_3. \tag{2-49b}$$

예를 들어, Mueller matrix를 이용해서 선편광기를 회전시키는 경우를 계산해 보면 회전각에 따른 Stokes parameter를 구할 수 있을 것이다. 이 값들을 식 (2-49a, b)에 대입해 보면, 적도를 따라 한 바퀴 도는 궤적이 나올 것이다,

3. 물질에서의 빛의 반사

물질에서의 반사를 편의상 세 가지 경우로 나누어 생각해 보자. 첫째는 단일물질로 된 덩이(bulk)의 표면에서 반사이고, 둘째는 단일층으로 된 박막이 있는 경우인데 보통 '공기/박막/기판'으로 표시한다. 그리고 셋째는 다층박막의 경우로 '공기/박막1/박막2/.../기판'의 형태로 표시한다. 이들은 ellipsometry data 분석의 기초가 되는 다층박막이론으로 표현이 되며 프로그램 상으로는 하나의 계산과정이 박막층의 개수에 따라 반복적으로 계산이 되도록 구성된다.

3.1 덩이 표면에서의 빛의 반사

여기서 '덩이(bulk)'란 두꺼운 기판 그 자체 또는 앞에서 언급했듯이 박막이 두껍거나 흡수가 심하여 빛이 박막 아래의 기판을 인식하지 못하는 경우를 지칭한다. 그리고 표면 상태는 그림 2.12와 같이 매끈하다고 가정을 하자. 우선 입사면은 그림 2.12에서처럼 입사한 빛과 반사된 빛이 지나가는 면이 되는데 시편 표면에 수직하게 된다. 그리고 입사각은 표면에 수직인 방향으로부터 정의하므로 빛이 표면에 수직으로 입사할 경우 입사각이 0°가 된다. 입사하는 빛의 편광 방향, 즉, 전기장의 진동면이 입사면에 놓여 있을 때를 'p-파(평행파)' 그리고 입사면에 수직일 때를 's-파(수직파)'라고 부른다. 전자기학 분야에서는 p-파를 'TM(transverse magnetic) mode' 그리고 s-파를 'TE(transverse electric) mode'라 부르기도 한다.

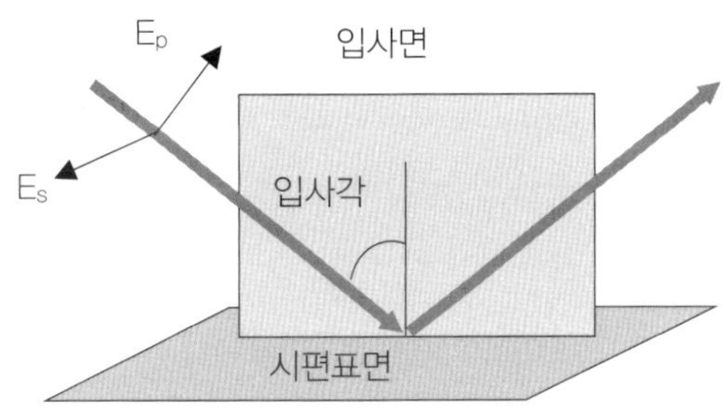

[그림 2.12] 입사면(plane of incidence)과 입사각(angle of incidence) 그리고 p-파(E_p)와 s-파(E_s)

☞ **참고:** p와 s는 독일어 'parallel(평행)'과 'senkrecht(수직)'이란 단어의 첫 글자에서 왔다. 지진파에서 사용하는 p-파와 s-파는 primary와 secondary의 준말로서 편광과 무관하다.

Ellipsometer 측정에 있어 시편을 정렬(align)할 때마다 시편의 기울기가 조금씩 바뀌게 되고 따라서 입사면도 바뀌게 된다. Ellipsometry에서는 p-파와 s-파의 반사특성을 측정비교하기 때문에 대부분의 ellipsometry 측정에 있어서는 시편을 정렬한 후에 기준이 되는 정확한 입사면을 찾기 위한 'calibration'이란 과정을 수행하게 된다. 박막이 입혀지지 않은 순수한 덩이(시편)표면에서 p-파와 s-파에 대한 반사는 식 (2-50a, b)의 Fresnel의 반사계수 (r_p, r_s)로 나타낼 수 있다. 즉, 반사계수는 입사하는 전기장 성분(E_{ip}, E_{is})에 대한 반사된 전기장 성분(E_{rp}, E_{rs})의 비가 되는데 이 관계식은 입사매질(예, 공기)과 시편과의 경계에서 전자기장의 경계조건을 만족시킴으로써 구할 수 있다(Hecht 2002, Reiz 1993).

$$r_p = \frac{E_{rp}}{E_{ip}} = \frac{N_2\cos\theta_1 - N_1\cos\theta_2}{N_2\cos\theta_1 + N_1\cos\theta_2}, \qquad (2\text{-}50a)$$

$$r_s = \frac{E_{rs}}{E_{is}} = \frac{N_1\cos\theta_1 - N_2\cos\theta_2}{N_1\cos\theta_1 + N_2\cos\theta_2}. \tag{2-50b}$$

여기서 N_1은 입사매질(ambient)의 복소굴절률, N_2는 시편(material)의 복소굴절률, 그리고 θ_1과 θ_2는 각각 입사각과 굴절각인데 후자는 Snell 법칙으로부터 구할 수 있다. 마찬가지 방법으로, 투과한 파에 대한 투과계수는 식 (2-51a, b)과 같이 나타낼 수 있다.

$$t_p = \frac{2N_1\cos\theta_1}{N_2\cos\theta_1 + N_1\cos\theta_2}, \tag{2-51a}$$

$$t_s = \frac{2N_1\cos\theta_1}{N_1\cos\theta_1 + N_2\cos\theta_2}. \tag{2-51b}$$

반사(투과)계수를 나타내는 식 (2-50)과 (2-51)이 복소굴절률을 포함하므로 이 값들 역시 복소수이다. Spectrophotometer를 이용하여 반사율(reflectance, R)을 측정한다고 할 때는 여기에서처럼 반사전후의 전기장의 세기를 비교하는 것이 아니라 빛의 세기(즉, 에너지)를 비교하게 된다. 따라서 반사율(R)의 경우는 반사계수(r)와 다음과 같은 관계에 있다.

$$R_p = \frac{I_{rp}}{I_{ip}} = \frac{|E_{rp}|^2}{|E_{ip}|^2} = \frac{|r_p E_{ip}|^2}{|E_{ip}|^2} = |r_p|^2, \tag{2-52a}$$

$$R_s = \frac{I_{rs}}{I_{is}} = \frac{|E_{rs}|^2}{|E_{is}|^2} = \frac{|r_s E_{is}|^2}{|E_{is}|^2} = |r_s|^2. \tag{2-52b}$$

여기서 잠시 수직입사(즉, 입사각=0°)의 경우를 살펴보자. 이 경우 입사면이 정의가 되지 않으므로 p-파 또는 s-파의 구분이 없게 된다. 즉, 덩이에 대한 Fresnel 반사계수 식(2-50a, b)에 입사각=0°를 대입하면 $|r_p| = |r_s|$이 된다. 따라서,

$$R = R_p = R_s = \frac{|N-1|^2}{|N+1|^2}. \tag{2-53}$$

여기서 입사매질(ambient)은 공기(진공)로 가정하였다.

문 굴절률이 1.5인 유리에 수직으로 입사하는 경우 반사율 및 투과율은 각각 얼마인가?

답 $R = \frac{|N-1|^2}{|N+1|^2} = \frac{(n-1)^2}{(n+1)^2} = \frac{(1.5-1)^2}{(1.5+1)^2} = 0.04\,(4\%)$. 유리창의 경우 이 값은 유리의 앞면에서

의 반사율이다. 투과한 빛(96%)이 유리의 뒷면에서도 같은 비율로 반사되므로 앞뒷면 합하여 약 8%가 반사된다.

문 반사율은 반사계수의 제곱이다. 즉, $R=|r|^2$. 에너지 보존법칙에 따라 투과율 $T=1-R=1-\frac{(n-1)^2}{(n+1)^2}=\frac{4n}{(n+1)^2}$. 그런데, 이것을 식 (2–51)과 비교해 보면 투과율(T)은 투과계수(t)의 제곱이 아니다. 즉, $T\neq |t|^2$. 왜 그럴까?

답 우선 식 (2-51)에서 수직입사($\theta_1=\theta_2=0°$)의 경우를 먼저 생각해본 뒤 이해가 되면 사입사의 경우를 생각해보기 바란다. 답은 다음 그림으로 대신하고자 한다. 힌트: 투과율은 단위시간당 단위면적당 입사한 에너지 대비 투과한 에너지의 비율이다.

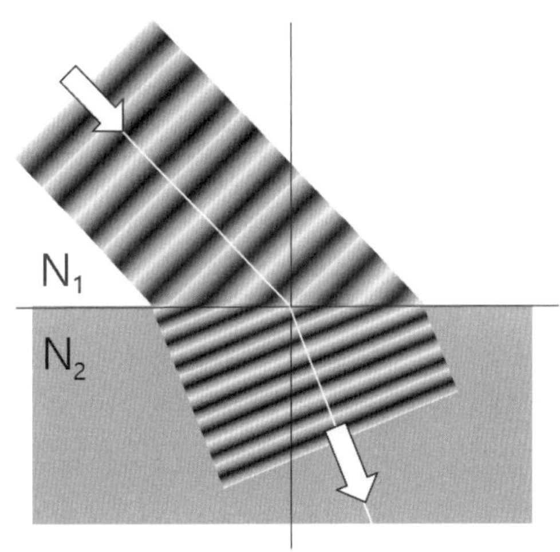

[그림 2.13] 매질에 사입사한 빛은 많은 것이 달라진다(즉, 진행방향, 단면적, 파장).

Brewster 각과 Pseudo-Brewster 각

Brewster 각의 경우 편광각(polarizing angle) 또는 주입사각(principal angle)으로도 불린다. 복소굴절률에서 소광계수 k=0인 물질(즉 유전체)의 경우 앞의 Fresnel 계수는 전부 실수가 되며, $r_{p(s)}$는 입사각이 0°(수직입사)의 경우와 입사각이 90°인 경우는 입사면이 정의가 되지 않으므로 두 Fresnel 계수는 같은 값을 가진다. 따라서 입사각(θ_1)이 $0°<\theta_1<90°$ 일 때만 서로 다른 값을 가지게 된다. 그리고 이 Fresnel 계수의 제곱이 반사율(reflectance)이므로 유리의 경우 이를 입사각의 함수로 그려보면 그림 2.14와 같다.

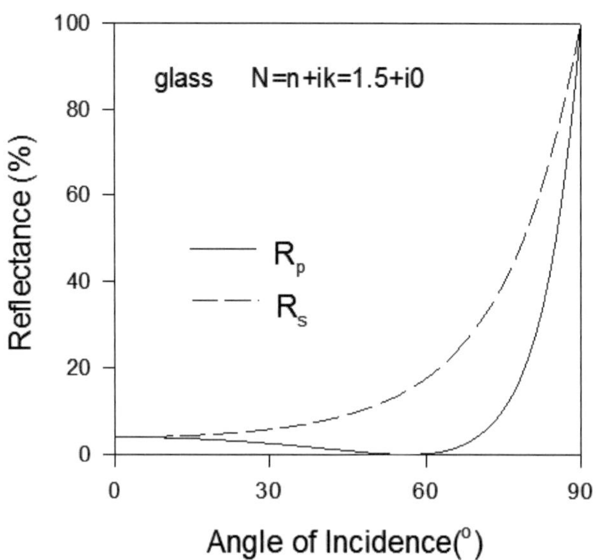

[그림 2.14] 전형적인 유전체인 유리의 입사각에 따른 p-파와 s-파의 반사율(입사매질은 공기)인데 입사각이 약 56°일 때 R_p가 0이 된다.

이 그림에서 알 수 있듯이 p-파의 반사율이 s-파에 대한 반사율보다 항시 작음을 알 수 있다. 그리고 입사각이 0°일 경우 (수직입사) 이미 계산을 해보았듯이 두 성분의 구분이 없게 되고 약 4%의 반사율을 보이고 있음을 볼 수 있다. 그리고 입사각이 90°라는 것은 grazing angle로 시편의 표면을 따라 스쳐가는 경우가 되므로 당연히 p-파와 s-파의 구분이 없어지고 100%의 반사율을 보인다고 하겠다. 또한 특정 입사각에서 p-파에 대한 반사율이 0이 됨을 알 수 있는데 이 입사각이 바로 Brewster 각(θ_B)이 된다. 즉, 식 (2-50a)에서 r_p=0이 되는 경우인데 유리와 같은 소광계수가 0인 물질에 해당하므로 N(=n+ik) 대신 n을 분자에 대입해 보면

$$n_2\cos\theta_1 - n_1\cos\theta_2 = 0 \tag{2-54}$$

인 경우가 된다. Snell의 법칙을 이용하여 θ_2를 소거하면 2차 방정식이 되고 이를 풀면 2개의 해를 얻게 된다. 즉,

$$\frac{n_2}{n_1} = 1, \quad \frac{n_2}{n_1} = \tan\theta_1 \tag{2-55}$$

전자는 두 매질(입사매질과 시편)이 같은 경우이므로 당연히 p-파뿐만 아니라 s-파에 대한 반사도 없는 경우이다. 따라서 후자의 경우 입사각 θ_1이 Brewster각(θ_B)이 되어 p-파에 대한 반사가 완전히

사라지고 s-파에 대해서는 부분적인 반사가 있게 된다. 또한 이 경우 굴절광과 반사광 사이각이 90° 가 된다(즉, $\theta_1 + \theta_2 = 90^o$). 다시 말하자면 이 때 반사된 빛은 전부 s-파이므로 완전 편광이 되었음을 알 수 있다. 그림 2.14에서, 굳이 Brewster 각이 아니더라도 비스듬히 반사된 빛의 상당량이 s-파임을 알 수 있다. 따라서 앞에서 언급한 것처럼 편광 특성이 있는 선글래스는 그 투과 방향이 수직방향으로 설치되어 있어 대부분 수평으로 놓여 있는 사물로부터 반사되는 s-파를 제거하도록 되어 있는 것이다. 자외선 영역에서 작동하는 ellipsometer에는 이런 반사의 원리를 이용하는 편광기를 사용하기도 한다.

문 유리(n= 1.5)에서 공기로 입사하는 경우 입사각에 따른 반사율은 그림 2.14의 경우와 같겠는가?

답 식 (2-50)을 보면 수직입사의 경우($\theta_i = 0^o$)는 어느 매질에서 입사하든지 반사율이 같음을 알 수가 있다. 하지만 입사각이 임계각($\theta_c \approx 42^o$)보다 크면 전반사가 발생하기 때문에 그림 2.14에서 입사각 범위만 $\theta_i = 0^o \sim \theta_c$ 범위내로 수축된 것처럼 보인다. 따라서, Brewster 각이 $\theta_i = 34^\circ$ 근처에 있다.

☞ **참고:** Ellipsometer에 사용하는 편광기(polarizer)의 편광축의 방향이 어느 쪽인가를 알 필요가 있을 때가 있다. 이미 편광축을 아는 편광판이 있으면 둘을 겹쳐 돌려보면 금방 알 수가 있겠지만 그렇지 않은 경우는 어떻게 알 수 있을까? 앞에서 소개한 액정 모니터를 관찰하는 방법도 있겠지만 그림 2.14의 결과를 활용하는 방법도 편리하다. 주변에서 수평면을 가지고 있는 물건, 예를 들어 탁자를 덮고 있는 유리판, 윤택이 있는 가구 등의 표면에서 비스듬히 반사되는 빛을 편광기를 눈에 대고 돌리면서 관찰하는 것이다. 이 때 밝았다 어두웠다하는 현상을 관찰하게 되는데 가장 어두워졌을 때 편광기의 편광축이 수직방향이다. 왜 그런지는 이제 더 설명이 필요 없을 것으로 안다.

광기술 중에 Brewster angle microscopy란 것이 있다. 단일 파장의 편광된 빛(p-파)을 이용하여 입사각을 바꾸면서 Brewster 각을 찾는 것이다. 이 Brewster각이 물질의 표면 상태에 민감하기 때문에 Brewster 각의 변화를 감지하여 표면 상태의 변화를 측정한다. 식 (2-55)에서 보듯이 Brewster 각은 굴절률의 함수이기도 하기 때문에 입사각을 고정시키고 파장을 바꾸는 방법도 있다. 즉, Brewster 파장을 찾는 방법인데 그 사용 용도는 Brewster angle microscopy와 같다.

표면이 유리와 같은 유전체가 아닐 경우 흡수가 있으므로 소광계수 k가 0이 아니다. 따라서 Fresnel 계수가 0이 되는 경우가 없기 때문에 유리에서의 경우와 같이 p-파의 반사가 완전히 사라지는 Brewster 각이 존재하지 않는다. 금속의 경우가 이에 해당하는데 알루미늄에 있어서 입사각에 따른 반사율이 그림 2.15에 그려져 있다.

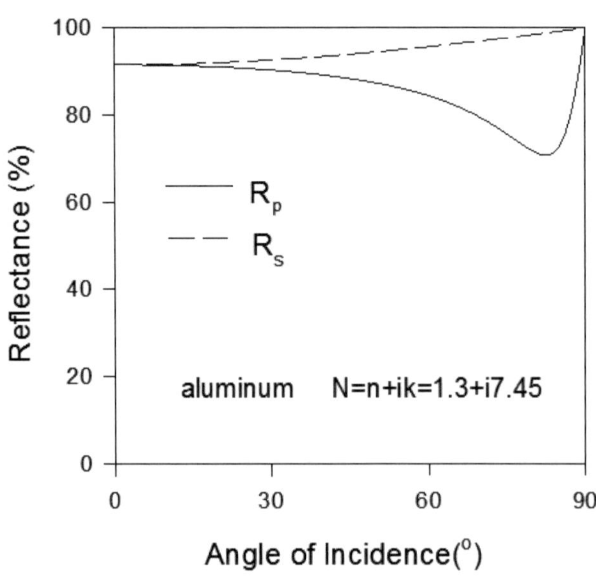

[그림 2.15] 금속인 알루미늄의 입사각에 따른 p–파와 s–파의 반사율 (입사매질은 공기이고 알루미늄의 2.0 eV에서의 복소굴절률을 이용하였다.)

유리에서와는 달리 금속에서는 p-파와 s-파 모두의 반사율이 높고 p-파의 반사율이 0이 되는 경우는 없는 것을 알 수 있다. 따라서 금속표면에서 반사가 있는 경우 편광판을 돌려가며 관찰을 해도 유리에서와 같은 심한 밝기의 변화를 느끼지 못하게 된다. 여기서 p-파가 완전 0은 아니지만 그래도 최솟값을 지님을 알 수 있는데, 이 때의 입사각을 여전히 주입사각(principal angle) 또는 pseudo-Brewster 각이라고 부른다(Hollen 1967, Azzam 1989). 다음 그림 2.16은 결정질 silicon(c-Si)의 반사율을 몇 개의 다른 광양자 에너지(파장)에 대해 나타낸 것인데 전체적인 반사율의 크기로 보나 R_p의 최솟값의 위치로 보나 앞에서 본 유리와 금속의 중간쯤에 있음을 알 수 있다. 앞의 유리의 경우는 광양자 에너지(파장)에 따른 굴절률의 변화가 심하지 않기 때문에 Brewster각을 거의 56°근처로 보아도 좋으나 c-Si과 같은 반도체 물질은 광양자 에너지에 따른 광학적 성질의 변화가 심하기 때문에 pseudo-Brewster 각의 위치도 많이 다름을 알 수 있다. 특히 광양자 에너지가 2.0 eV이하일 때는 R_p의 최솟값이 거의 0이 되어 유리와 같은 유전체적 특성을 보임을 알 수 있다.

☞ **참고:** 그림 2.15 또는 그림 2.16의 3.5와 4.0 eV의 경우에서와 같이 흡수성이 있는 매질(또는 광양자 에너지)의 경우 p-파의 반사율(R_p)이 최솟값이 되는 pseudo-Brewster 각 이외에 second Brewster angle을 정의할 수도 있다(Potter 1964, Azzam 1983). Second Brewster angle은 p-파의 반사율과 s-파의 반사율의 비, 즉, (R_p/R_s)값이 최솟값이 되는 입사각인데, 이 각은 pseudo-Brewster 각에 매우 가까이 있음을 짐작할 수가 있다. 이 각과 (R_p/R_s)의 최솟값을 실험

적으로 구하면 이들로부터 측정한 흡수 매질의 유전상수(실수부와 허수부)를 구할 수가 있다. 따라서, second Brewster angle도 Brewster angle과 같이 편광 반사에 있어 특이점을 보여주는 입사각이라고 할 수가 있다.

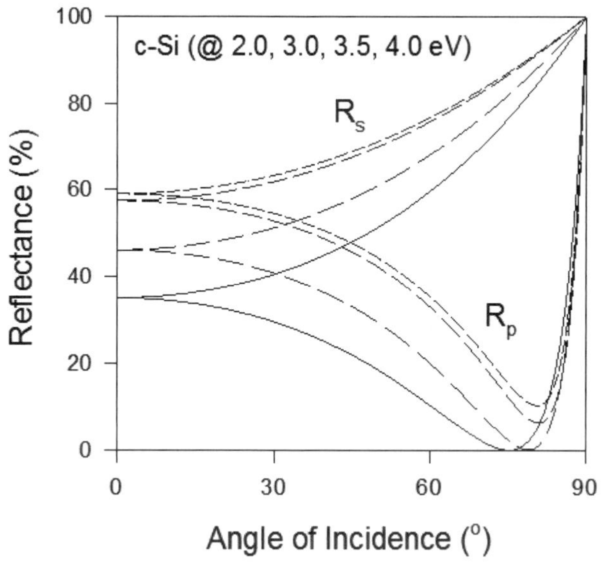

[그림 2.16] 반도체(c–Si)에 있어 입사각에 따른 반사율로 4개의 다른 광양자 에너지(아래 실선에서부터 2.0 eV, 3.0 eV, 3.5 eV, 4.0 eV)에 대해 표현하였다.

Ellipsometry 측정에 있어 입사각을 측정하는 물질의 Brewster 각(또는 pseudo-Brewster 각)으로 두면 측정오차가 줄어드는데(나중에 다시 논의함), 분광 ellipsometry의 경우 측정에너지를 바꿀 때마다 그에 맞추어 입사각을 바꾸기가 현실적으로 힘들고 또한 실시간 측정의 경우 시간에 따라 박막이 자란다든지 표면이 변한다든지 하여 그 광특성이 변하기 때문에 이에 따라 입사각을 조절하기란 더욱 힘들다. 따라서 그 실험실에서 주로 많이 사용하는 물질과 사용하는 파장을 고려하여 그 모든 광학적 성질로부터 Brewster 각(또는 pseudo-Brewster 각)을 구한 다음 그 평균값 근처를 사용하면 된다. 예를 들어 반도체 물질을 사용하고 He-Ne laser (6328 Å)를 광원으로 사용할 경우 Brewster 각이 70°보다 약간 큰데 숫자를 단순화하여 70°로 많이 사용하고 있다. 이 값은 또한 유전체와 금속의 중간값 정도이기도 해서 무난하다. 특히 진공 chamber나 화학용액 cell을 이용한 in situ 실험에서는 고정된 광학창 때문에 입사각의 유동성이 거의 없다. 따라서, chamber나 cell 설계에 있어서 주로 사용하는 물질과 액체 환경을 고려해 입사각 선택을 하여야 할 것이다.

문 앞의 그림 2.14와 2.15를 비교해 볼 때 금속의 경우도 pseudo–Brewster 각 근처에서는 두 성분에 대한 반사율 차가 유리의 경우 이상이 되는데 금속에서의 반사광을 편광기를 돌려가면서 관찰하면 유리에서와 같은 밝기의 변화를 관찰할 수 없는 이유는 무엇일까?

답 앞에서 소개한 바가 있듯이 밝기변화에 대한 사람의 인지능력이 로그스케일에 의존하므로 유리의 Brewster 각에서 완전히 소광된 성분과 약간 남아 있는 성분과의 차이는 명확히 관찰이 되는 반면, 반사되는 빛이 많은 금속에서 그 정도의 밝기 차는 인식하기 힘들게 된다.

문 금속의 반사율이 큰 것은 누구나 알고 있다. 이는 첫째 굴절률이 입사매질인 공기와 크게 다르고 또한 소광계수가 크기 때문이다. 소광계수가 크면 흡수가 심해지는 것으로 아는데 왜 반사율도 커지는가?

답 흡수가 심하다는 것은 빛이 깊이 투과하지 못하고 전부 흡수된다는 것이다. 하지만 투과된 깊이가 워낙 작기 때문에 그 안에서 흡수된 총량은 얼마 되지 않고 나머지는 전부 반사에 기여하게 된다.

3.2 단층 박막에서의 빛의 반사

Ellipsometry의 경우 대부분 덩이보다는 박막에 대한 측정을 위해 많이 사용된다. 우선 복잡함을 피하기 위해 단층의 박막이 있는 기판의 경우에 대해 살펴보자. 박막이 있을 경우 그림 2.17과 같이 두 개의 경계면(공기와 박막, 박막과 기판)에서 끊임없이 반사가 이루어진다. 여기서 입사매질을 공기로 두었는데 실제의 실험에 있어서는 물, 알코올 등의 액체가 될 수도 있다. 이렇게 반사되어 공기층으로 나오는 전자기파를 다 합쳐 모아 처음 입사된 양과 비교하면 반사에 대한 정보를 얻을 수 있다. 따라서 앞에서의 덩이에서와 같이 입사매질(공기)과 측정물질(박막/기판) 사이의 단일 경계면을 가정하고 반사계수를 정의할 수 있게 된다.

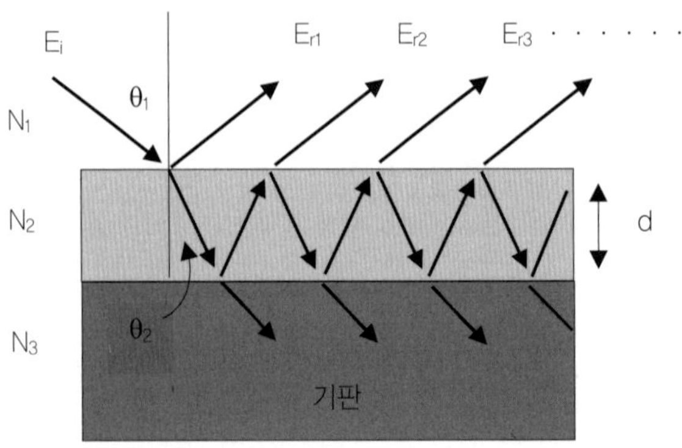

[그림 2.17] 단층 박막이 있는 시편에서 표면 및 경계면에서 전기장의 반사 및 투과. N_1, N_2, N_3는 각각 입사매질, 두께 d의 박막, 그리고 기판의 복소굴절률이고, θ_1과 θ_2는 입사각과 굴절각인데 Snell의 법칙으로 연관이 되어 있다.

그림 2.17에서 알 수 있듯이 다중 반사에 의한 효과의 합(즉, $E_{r1}+E_{r2}+\ldots$)을 입사 전기장의 세기(E_i)와 비교하여야 유효한 반사계수를 얻을 수 있다. 바로 다음에 일반적인 다층 박막의 경우에 있어 scattering matrix를 이용하는 비교적 간결한 표현이 나오지만 여기서는 이해하기가 쉬운 무한 다중반사를 합치는 방법으로 계산해 보고자 한다. 우선 반사는 두 경계면(공기와 박막, 박막과 기판)에서 일어나고 진공에서의 파장 λ를 가진 빛이 두께 d의 박막을 한번 뚫고 지나갈 때는 다음과 같은 크기의 위상변화가 일어난다.

$$\beta = 2\pi\left(\frac{d}{\lambda}\right)N_2\cos\theta_2. \tag{2-56}$$

따라서 2β는 박막 표면에서 반사된 파와 박막과 기판의 경계면에서 반사된 파가 만날 때 위상차이다. 여기서 반사계수는 박막 및 기판의 광학적 성질뿐만 아니라 위상변화 β에서 알 수 있듯이 두께에 대한 정보도 함께 지니고 있는데 여기에 ellipsometry가 두께를 측정하는 원리가 숨어 있다. 따라서 전체적인 반사계수는 다음과 같은 무한급수로 표시가 된다.

$$r = r_{12} + t_{12}t_{21}r_{23}e^{-i2\beta} + t_{12}t_{21}r_{21}r_{23}^2e^{-i4\beta} + t_{12}t_{21}r_{21}^2r_{23}^2e^{-i6\beta} + \ldots. \tag{2-57a}$$

여기서 r_{ij}와 t_{ij}는 i-j층 사이에서의 반사와 투과계수를 의미하는데 앞의 단일 표면에서의 Fresnel 식 (2-50)과 (2-51)로부터 구할 수 있다. 이 식을 정리하면 다음과 같다.

$$r = r_{12} + t_{12}t_{21}r_{23}e^{-i2\beta}\left\{1 + \left(r_{21}r_{23}e^{-i2\beta}\right) + \left(r_{21}r_{23}e^{-i2\beta}\right)^2 + \right.$$

$$\left. + \left(r_{21}r_{23}e^{-i2\beta}\right)^3 + \cdot\ \cdot\ \cdot \right\}. \tag{2-57b}$$

중괄호 안의 값은 무한 등비급수이므로,

$$r = r_{12} + \frac{t_{12}t_{21}r_{23}e^{-i2\beta}}{1 - r_{21}r_{23}e^{-i2\beta}}. \tag{2-57c}$$

또한 앞의 Fresnel 반사계수 표현(식 2-50, 2-51)에서 다음 관계식이 성립한다.

$$r_{12} = -r_{21}, \tag{2-58}$$

$$t_{21} = \frac{1 - r_{12}^2}{t_{12}}. \tag{2-59}$$

이것을 식 (2-57c)에 대입하면 다음과 같이 단일 표면에 있어서의 Fresnel 반사계수와 유사한 표현을 얻을 수 있다(참고사항 참조).

$$r = \frac{r_{12} + r_{23}e^{-i2\beta}}{1 + r_{12}r_{23}e^{-i2\beta}}. \tag{2-60}$$

같은 방법으로 투과에 대한 표현도 다음과 같이 얻을 수 있다.

$$t = \frac{t_{12}t_{23}e^{-i\beta}}{1 + r_{12}r_{23}e^{-i2\beta}}. \tag{2-61}$$

이들 표현은 s-파나 p-파에 무관하므로 각각의 성분으로 나누어 표현하자면 반사계수의 경우 다음과 같다.

$$r_p = \frac{r_{p,12} + r_{p,23}e^{-i2\beta}}{1 + r_{p,12}r_{p,23}e^{-i2\beta}}, \tag{2-62a}$$

$$r_s = \frac{r_{s,12} + r_{s,23}e^{-i2\beta}}{1 + r_{s,12}r_{s,23}e^{-i2\beta}}. \tag{2-62b}$$

☞ **참고:** 여기서 구한 반사계수(r_p, r_s)는 박막이 있는 경우에 해당하므로 특정 물질에 대한 값이 아니며 Fresnel이 구하지 않았기 때문에 'Fresnel 반사계수'라고 칭하지 않는다. 역사적으로 볼 때 몇 사람이 독립적으로 이 관계식을 구해냈는데 그 중에서도 Drude와 Airy를 들 수 있고 대부분의 사람들은 'Drude 공식(formulae)'이라고 불러 왔다(Airy 1833, Drude 1889, Vasicek 1965).

문 식 (2–56)의 β식을 증명하시오(표면과 계면 반사파의 위상차를 그려보면 알 수가 있다).

문 식 (2–60)을 이용하여 수직입사의 경우 투명박막이 반사방지막(ARC, anti–reflective coating)이 될 조건이 두께 $d = \frac{1}{4}\lambda'$, 박막의 굴절률 $n_2 = (n_1 n_3)^{1/2}$임을 보이시오(여기서 λ'은 박막 속에서의 파장이다).

3.3 다층 박막에서의 빛의 반사

다층 박막의 경우 앞의 식 (2-62)를 반복적으로 적용하면 되는데(iteration) 이번에는 단층박막의 경우와는 달리 scattering matrix를 이용한 방법을 소개하기로 한다. 표현식이 간단하기 때문에 이해하기가 더 쉬우리라 믿는다. 그림 2.18과 같이 다층 박막이 있는 경우 반사는 각 경계면(interface)에서 일어나고 흡수나 위상변화 등은 주어진 층을 지날 때 발생하게 된다.

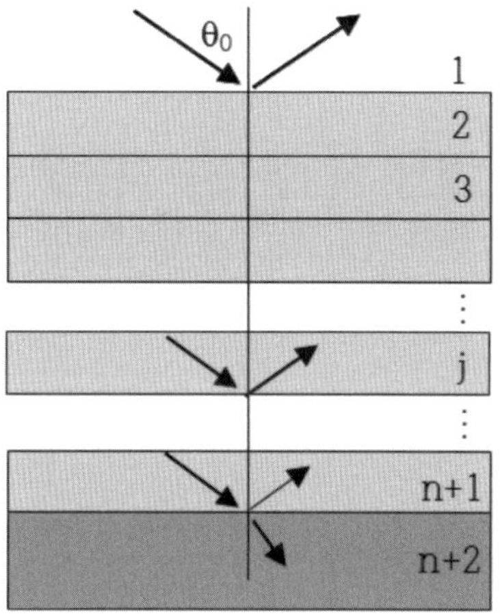

[그림 2.18] n층의 다층 박막에 있어 각 계면에서의 반사 및 투과를 나타내는데 대표적인 것만 화살표를 표시하였음. 실제는 각 층에서의 표현이 앞에서의 단층박막에서처럼 다중반사를 고려하면 아주 복잡함.

따라서 scattering matrix S는 interface matrix I와 layer matrix L로 표현이 가능하다. 즉, n 층의 다층박막이 기판 위에 형성되어 있을 때 scattering matrix는 다음과 같이 표현이 가능하다.

$$S = I_{12}L_2I_{23}L_3 \cdots I_{j\ j+1}L_{j+1} \cdots I_nL_{n+1}I_{n+1\ n+2}. \tag{2-63}$$

여기서 $I_{j\ j+1}$은 j번째와 (j+1)번째 층간의 경계면에서의 현상을 나타내는 interface matrix이고 L_{j+1}은 (j+1)번째 층을 지날 때의 현상을 표현한 layer matrix이다. 이들 matrix는 앞에서 정의한 Fresnel의 반사계수 및 투과계수 등으로 표현이 된다. 즉,

$$I_{j\ j+1} = \begin{pmatrix} \dfrac{1}{t_{jj+1}} & \dfrac{r_{jj+1}}{t_{jj+1}} \\ \dfrac{r_{jj+1}}{t_{jj+1}} & \dfrac{1}{t_{jj+1}} \end{pmatrix}, \tag{2-64a}$$

$$L_j = \begin{pmatrix} e^{i\beta_j} & 0 \\ 0 & e^{-i\beta_j} \end{pmatrix}. \tag{2-64b}$$

여기서 β_j는 j번째 층을 지날 때 발생하는 위상변화량으로 그 층의 두께(d_j), 입사각(θ_j), 그리고 복소굴절률(N_j)의 함수이다. 즉,

$$\beta_j = \frac{2\pi d_j N_j \cos\theta_j}{\lambda}. \tag{2-64c}$$

결국 scattering matrix는 2×2 의 요소를 갖는데 p-파와 s-파에 대한 scattering matrix를 각각 계산한 후 반사계수(Drude 공식)를 다음과 같이 구할 수 있다.

$$r_p = \frac{S_{21p}}{S_{11p}}, \tag{2-65a}$$

$$r_s = \frac{S_{21s}}{S_{11s}}. \tag{2-65b}$$

여기서 $S_{ijp(s)}$는 p(s)-파에 대한 scattering matrix의 (i, j) 요소이다. 투과에 대해서도 같은 계산 방법으로 계산해 낼 수 있다. 또한 복소반사계수비는 다음과 같이 정의가 되는데 ellipsometry 각 (**Δ**, **Ψ**)를 구하는데 사용이 된다.

$$\rho = \frac{r_p}{r_s} = \frac{S_{21p}}{S_{11p}} \times \frac{S_{11s}}{S_{21s}}. \tag{2-66}$$

예를 들어 앞에서 무한반사의 합으로 구한 바 있는 단층에서의 반사 및 투과계수를 scattering matrix를 사용하여 구해보자. 이 경우 scattering matrix S는 p-파와 s-파 구분 없이 다음과 같이 표현할 수 있다.

$$S = I_{12} L_2 I_{23}$$

$$= \frac{1}{t_{12}t_{23}} \begin{pmatrix} 1 & r_{12} \\ r_{12} & 1 \end{pmatrix} \begin{pmatrix} e^{i\beta} & 0 \\ 0 & e^{-i\beta} \end{pmatrix} \begin{pmatrix} 1 & r_{23} \\ r_{23} & 1 \end{pmatrix} = \frac{e^{i\beta}}{t_{12}t_{23}} \begin{pmatrix} \left(1 + r_{12}r_{23}e^{-i2\beta}\right) & \left(r_{23} + r_{12}e^{-i2\beta}\right) \\ \left(r_{12} + r_{23}e^{-i2\beta}\right) & \left(r_{12}r_{23} + e^{-i2\beta}\right) \end{pmatrix}. \tag{2-67}$$

따라서,

$$S_{11} = \frac{e^{i\beta}}{t_{12}t_{23}} \left(1 + r_{12}r_{23}e^{-i2\beta}\right), \tag{2-68a}$$

$$S_{21} = \frac{e^{i\beta}}{t_{12}t_{23}} \left(r_{12} + r_{23}e^{-i2\beta}\right). \tag{2-68b}$$

이를 이용하면 반사 및 투과계수는 다음과 같이 구해 낼 수 있게 된다.

$$r = \frac{S_{21}}{S_{11}} = \frac{r_{12} + r_{23}e^{-i2\beta}}{1 + r_{12}r_{23}e^{-i2\beta}}, \tag{2-69a}$$

$$t = \frac{1}{S_{11}} = \frac{t_{12}t_{23}e^{-i\beta}}{1 + r_{12}r_{23}e^{-i2\beta}}. \tag{2-69b}$$

결과가 앞에서 사용한 다중반사를 합하는 경우, 즉, 식 (2-60) 및 (2-61)과 동일한데 사용자가 편한 방법을 택하기 바란다. 다층박막의 경우 굳이 이와 같이 다 계산된 모양으로 표현하기보다는 컴퓨터 프로그램에서 박막의 층수만큼 반복하여 scattering matrix를 계산하도록 하면 된다.

4. Ellipsometry 각 (Δ, Ψ)

Ellipsometry에서는 두 변수 (Δ, Ψ)를 측정하고 이를 분석하여 시편이 지닌 정보를 추출해 낸다. 하지만 이 변수에 대한 정의는 시편이 비등방성일 경우 좀 복잡해진다. 대부분의 증착방법으로 제작된 박막은 다행히 등방성이지만 일부러 방향성을 갖도록 분자배열이나 미세패턴을 형성할 경우 비등방성을 보인다. 상용의 ellipsometer와 그 분석 software가 거의 등방성 시편용인데, 비등방성을 지닌 시편에 사용하더라도 그 정도가 심하지 않으면 무시해도 그 분석결과는 대부분 무난하다. 일반 사용자의 경우 등방성 시편의 경우만 알아두면 충분하겠다. 정의에 앞서 (Δ, Ψ)는 다음 값들의 함수임을 기억해 두자—즉, 입사매질의 광학상수, 기판의 광학상수, 박막의 광학상수 및 두께, 측정파장, 그리고 입사각. 여기서 입사매질은 시편에 빛이 입사되고 반사되는 매질로 대부분의 경우 공기 또는 진공이겠지만 액체가 되는 경우도 있다. 표면 플라즈몬 등을 측정할 때는 프리즘을 통하여 입사시키므로 이 경우 입사매질은 유리가 된다(Abeles 1975, Bortchagovsky 1998, Nooke 2011, Wormeester 2011).

4.1 등방성 시편

바로 앞부분에서 박막층수와 관계없이 구성하는 물질의 광학적 성질, 두께, 그리고 입사각을 알면 그 시편에서의 반사계수를 계산해 낼 수 있음을 공부하였다. 우선 그림 2.19를 통해 p-파와 s-파에 대한 반사계수(r_p, r_s)를 다시 살펴보고 ellipsometry 측정값인 (Δ, Ψ)와의 관계를 유도해 보도록 하자. 앞에서 소개했듯이 입사된 빛과 반사된 빛이 놓여 있는 가상의 면이 입사면인데 시편표면과는 서로 수직이다. 따라서, 그림에서와 같이 빛의 전기장이 입사면에 놓여 있는 경우(E_p)가 평행파(p-파), 그리고 전기장이 입사면에 수직인 경우(E_s)가 수직파(s-파)가 될 것이다.

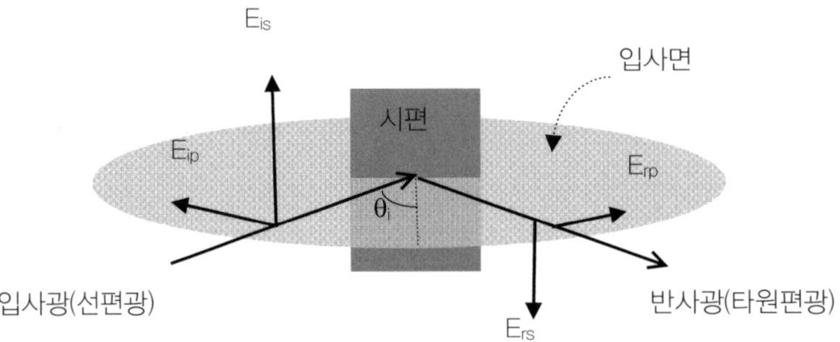

[그림 2.19] 입사하는 선편광의 성분별 전기장(E_{ip}, E_{is})과 시편에 반사된 후 전기장(E_{rp}, E_{rs}). 편의상 입사광을 선편광으로 두었다.

x-y 좌표계 대신에 시편이 결정하는 p-s 좌표계를 도입하면, 그림 2.19에 보여진 입사파(E_i) 및 반사파(E_r)에 대한 표현은 각각 다음 식과 같다.

$$\overrightarrow{E_i} = \hat{p}E_{ip} + \hat{s}E_{is} = \hat{p}E_{i0p}e^{i(\delta_i)} + \hat{s}E_{i0s}e^{i(\delta_i)} \tag{2-70a}$$

$$\overrightarrow{E_r} = \hat{p}E_{rp} + \hat{s}E_{rs} = \hat{p}E_{r0p}e^{i(\delta_i+\delta_p)} + \hat{s}E_{r0s}e^{i(\delta_i+\delta_s)} \tag{2-70b}$$

여기서 $(\hat{p}, \hat{s})$는 p-s 좌표계에 있어 단위 vector이다. 따라서, 성분별 반사계수는,

$$r_p = \frac{E_{rp}}{E_{ip}} = \frac{E_{r0p}}{E_{rip}}e^{i\delta_p} = |r_p|e^{i\delta_p}, \tag{2-71a}$$

$$r_s = \frac{E_{rs}}{E_{is}} = \frac{E_{r0s}}{E_{i0s}}e^{i\delta_s} = |r_s|e^{i\delta_s}. \tag{2-71b}$$

여기서$|r_{p(s)}|$는 전기장의 세기의 반사비율이고, $\delta_{p(s)}$는 반사 후의 위상변화이다. 이를 이용하여 앞의 식 (2-66)에서 이미 소개한 바가 있는 복소반사계수비(ρ)를 정의해 보자. 이 식을 'ellipsometry 함수'라고도 부른다(Azzam 1988).

$$\rho = \frac{r_p}{r_s} = \left|\frac{r_p}{r_s}\right|e^{i(\delta_p-\delta_s)}. \tag{2-72a}$$

이로부터 두 ellipsometry 각이 정의가 된다.

$$\rho = \tan\Psi e^{i\Delta} \tag{2-72b}$$

여기서, $\Delta = \delta_p - \delta_s$, $\tan\Psi = \left| \frac{r_p}{r_s} \right|$. (2-73)

즉, Δ는 같은 위상으로 입사한 p-파와 s-파가 반사 후에 갖게 되는 상호간의 위상차이다. 반면, $\tan\Psi$는 반사계수의 크기 비 또는 같은 세기의 전기장을 가지고 입사한 p-파와 s-파가 반사 후에 갖게 되는 상호간의 전기장의 크기 비이다. 따라서, 태생적으로 Δ는 각의 의미를 갖고 있지만 Ψ의 경우는 비율을 tangent 각으로 전환하여 표시한 것이다. 따라서, 두 성분에 대한 반사계수의 크기가 같을 경우 Ψ=45°가 된다.

등방시편에 대한 Jones matrix를 이용한 표현은 다음과 같다.

$$J_{시편} = \begin{pmatrix} r_p & 0 \\ 0 & r_s \end{pmatrix} = r_s \begin{pmatrix} \frac{r_p}{r_s} & 0 \\ 0 & 1 \end{pmatrix} = r_s \begin{pmatrix} \rho & 0 \\ 0 & 1 \end{pmatrix} = r_s \begin{pmatrix} \tan(\Psi)e^{i\Delta} & 0 \\ 0 & 1 \end{pmatrix} \rightarrow \begin{pmatrix} \tan(\Psi)e^{i\Delta} & 0 \\ 0 & 1 \end{pmatrix}. \qquad (2\text{-}74)$$

마지막 항에서 공통인수(r_s)는 편광상태 표현과 무관하므로 무시해도 된다. 등방시편의 경우 Jones matrix 표현에서는 대각선 원소만 있고, Mueller matrix의 경우는 이미 앞에서 소개한 바가 있는데 (〈표 2.4〉) 대각선 블록의 원소만 존재한다. 즉,

$$M_{시편} = \begin{bmatrix} 1 & -N & 0 & 0 \\ -N & 1 & 0 & 0 \\ 0 & 0 & C & S \\ 0 & 0 & -S & C \end{bmatrix}. \qquad (2\text{-}75)$$

여기서, $N = \cos 2\Psi$, $S = \sin 2\Psi \sin\Delta$, $C = \sin 2\Psi \cos\Delta$, 그리고 $N^2 + S^2 + C^2 = 1$. 따라서, 복소반사계수비는,

$$\rho = \tan\Psi e^{i\Delta} = \frac{C + iS}{1 + N}. \qquad (2\text{-}76)$$

Ellipsometry 각 (Δ, Ψ)를 때로는 'ellipsometry parameter'라고도 한다. 입사각이 0°일 때, 즉, 수직입사의 경우는 p-파와 s-파의 구분이 없으므로 이 두 각의 의미가 없다. 따라서 두 ellipsometry 각은 물질이 비등방성(anisotropy)이 있는 경우가 아니면 항시 특정 입사각을 가져야 측정이 가능하다. 입사각을 0°로 두고 표면에서의 광학적 비등방성을 측정하는 ellipsometry 기술을 RDS(reflection difference spectroscopy)라고 한다. 그리고 앞에서 Brewster 각을 공부할 때 덩이물질의 표면에서 반사 될 경우 $|r_p| < |r_s|$임을 보았다. 또한 그 위상차가 0°에서 180°임을 보았다. 따라서 덩이물질의 경우 ellipsometry 각은 다음과 같은 범위를 가짐을 알 수 있다.

$$0° \le \Delta \le 180°, \quad \tan\Psi = \left|\frac{r_p}{r_s}\right| \le 1 \quad 또는 \quad \Psi \le 45°. \tag{2-77}$$

박막이 있는 경우는 물론 (Δ, Ψ) 값에 제한이 없다. 일반적으로 반사된 후 p-파와 s-파의 크기가 다르고($\tan\Psi \neq 1$) 또한 그 위상차(Δ)가 있기 때문에 반사된 빛은 타원편광이 된다.

☞ **참고:** 현재 가지고 있는 ellipsometer로 어떤 시편을 측정하였을 때 가질 수 있는 Δ값의 범위는 기종에 따라 다를 수 있는데 분석프로그램에서 고려해 주면 된다.

나중에 다시 언급이 되겠지만 ellipsometry는 주로 반사를 이용하기 때문에 사실 반사율에 대한 정보도 포함하고 있다. 그럼에도 불구하고 전통적으로 두 값 (Δ, Ψ)만 사용되어 왔는데 이는 타원편광에서 타원의 모양에 관련된 정보만을 이용하고 있기 때문이다. 타원의 크기에 해당하는 반사율은 광원 및 detection system의 불안정성 때문에 신뢰할 수 없는 값이 되고 또한 반사율 측정을 위해서는 입사광량에 대한 정보를 알아야 하는 어려움이 따르기 때문이다. 참고로, ellipsometry에서 측정하는 반사율은 사입사에 대한 반사율이다. 하지만 광학장비가 발전함에 따라 반사량에 대한 신뢰도도 높아지고 또한 응용 가능성도 있어 앞으로 사용이 주목된다. 본 저자가 최초로 '3-parameter 분광 ellipsometry'라고 명명하고 inversion, regression analysis, calibration, light scattering 등 각종 연구에 다양하게 응용하기 시작하였는데 이 부분에 대해서는 나중에 소개하기로 한다(An 1992, 1994, 1996, 1998).

한편, ellipsometer를 이용하여 어떤 시편의 (Δ, Ψ)를 측정하였다고 하자. 이로부터 그 시편에 대한 무엇을 알 수 있는가? 각 (Δ, Ψ)가 직관적으로 시편에 대한 정보를 제공하지 않기 때문에 ellipsometry는 modeling 분석과정을 거쳐야 하는 간접 측정 기술이다. 시편에 따라 다르긴 하지만, 숙련된 사용자는 분석 없이 (Δ, Ψ) 스펙트럼만을 보고도 시편에 대한 어느 정도의 정보를 알아낼 수 있는 경우도 많다. 앞에서, 단층과 다층 박막구조에서 반사계수 (r_p, r_s)를 계산해 내고 그로부터 이론적인 (Δ, Ψ)를 구할 수 있음을 이미 보여 주었다. 이를 나중에 실험적으로 측정한 (Δ, Ψ)와 비교하는 과정이 일련의 ellipsometry data 분석의 기초가 되는 것이다.

4.2 비등방성 시편

비등방 시편 역시 Jones matrix와 Mueller matrix로 표현이 가능하다, 비등방시편의 경우 물질의 광특성이 방향에 따라 다르다. 앞의 등방시편의 경우는 입사면을 기준으로 p-파와 s-파가 구분이 되고, 이 두 성분에 대해 반사특성이 다르게 나타났다. 반면 비등방 시편의 경우는 입사면 뿐만 아니라 물질의 결정 방향성도 반사특성에 관여한다. 즉, p-파를 입사시켰는데 그 중 일부가 s-파로 반사가 되는 상호교차적인 편광상태의 변화가 가능한 것이다. 시편의 방향을 달리하여 측정한

ellipsometry 스펙트럼들이 서로 겹치지 않으면 비등방성을 지닌 시편일 가능성이 높다.

비등방시편의 경우 Jones matrix를 이용한 표현은 다음과 같다.

$$J_{시편} = \begin{pmatrix} r_{pp} & r_{ps} \\ r_{sp} & r_{ss} \end{pmatrix} = r_{ss} \begin{pmatrix} \frac{r_{pp}}{r_{ss}} & \frac{r_{ps}}{r_{ss}} \\ \frac{r_{sp}}{r_{ss}} & 1 \end{pmatrix} = r_{ss} \begin{pmatrix} \rho_{pp} & \rho_{ps} \\ \rho_{sp} & 1 \end{pmatrix} = r_{ss} \begin{pmatrix} \tan(\Psi)e^{i\Delta} & \tan(\Psi_{ps})e^{i\Delta_{ps}} \\ \tan(\Psi_{sp})e^{i\Delta_{sp}} & 1 \end{pmatrix}. \tag{2-78}$$

여기서, $\begin{pmatrix} r_{pp} & r_{ps} \\ r_{sp} & r_{ss} \end{pmatrix} = \begin{pmatrix} \frac{E_{rp}}{E_{ip}} & \frac{E_{is}}{E_{ip}} \\ \frac{E_{rp}}{E_{is}} & \frac{E_{rs}}{E_{is}} \end{pmatrix}$

식 (2-78)에 있어 $\rho_{ps} = r_{ps}/r_{pp}$로 정의하여 사용한 경우도 있다(Schubert 1996, Kang 2006). 아울러 Mueller matrix를 이용한 표현은 다음과 같다(Jellison 1996c, 1998b, Tompkins 2005).

$$M_{시편} = \begin{bmatrix} 1 & -N-\alpha_{ps} & C_{sp}+\zeta_1 & S_{sp}+\zeta_2 \\ -N-\alpha_{sp} & 1-\alpha_{sp}-\alpha_{ps} & -C_{sp}+\zeta_1 & -S_{sp}+\zeta_2 \\ C_{ps}+\xi_1 & -C_{ps}+\xi_1 & C+\beta_1 & S+\beta_2 \\ -S_{ps}+\xi_2 & S_{ps}+\xi_2 & -S+\beta_2 & C-\beta_1 \end{bmatrix}. \tag{2-79}$$

여기서,

$$\rho_{pp} = \frac{r_{pp}}{r_{ss}} = \tan(\Psi)e^{i\Delta} = \frac{C+iS}{1+N}, \quad \rho_{ps} = \tan(\Psi_{ps})e^{i\Delta_{ps}} = \frac{C_{ps}+iS_{ps}}{1+N},$$

$$\rho_{sp} = \tan(\Psi_{sp})e^{i\Delta_{sp}} = \frac{C_{sp}+iS_{sp}}{1+N},$$

$$N^2+S^2+C^2+S_{ps}^2+C_{ps}^2+S_{sp}^2+C_{sp}^2 = 1.$$

또한, $N = (1-\tan^2\Psi - \tan^2\Psi_{ps} - \tan^2\Psi_{sp})/D, \ S_{ps(sp)} = 2\tan\Psi_{ps(sp)}\sin\Delta_{ps(sp)}/D,$

$$C_{ps(sp)} = 2\tan\Psi_{ps(sp)}\cos\Delta_{ps(sp)}/D, \ \alpha_{ps(sp)} = 2\tan^2\Psi_{ps(sp)}/D,$$

$$\beta_1 = (D/2)(C_{sp}C_{ps}+S_{sp}S_{ps}), \quad \beta_2 = (D/2)(C_{sp}S_{ps}-S_{sp}C_{ps}),$$

$$\zeta_1 = (D/2)(CC_{ps}+SS_{ps}), \quad \zeta_2 = (D/2)(CS_{ps}-SC_{ps}),$$

$$\xi_1 = (D/2)(CC_{sp}+SS_{sp}), \ \xi_2 = (D/2)(CS_{sp}-SC_{sp}),$$

$$D = (1+\tan^2\Psi+\tan^2\Psi_{ps}+\tan^2\Psi_{sp}).$$

제3장 물질의 광학적 성질

물질의 광학적 특성을 연구한다고 할 때 그 연구 범위는 상당히 넓다. 예를 들어 비선형 효과라든지, Raman 효과나 photoluminescence와 같은 비탄성 효과 등도 있고, X-ray 광학과 같은 특수한 광양자 에너지를 사용하는 경우도 있는데 여기서는 이런 것을 배제한 비교적 단순한 경우의 광학적 성질을 논하고자 한다. 여태까지 광학적 성질에 관한 이야기를 하면서 주로 굴절률에 대한 것만 언급했다. 하지만 굴절률이라는 용어 자체가 의미하듯이 빛이 두 매질의 경계면에서 꺾이는 정도만을 표현한다. 왜 굴절하는가?에 대한 답을 구하기 위해서는 결국 그 밑에 깔려 있는 빛과 물질과의 상호 작용을 이해하여야 할 것이다.

우선 빛에 대한 물질의 반응은 사용하는 빛의 광양자 에너지(또는 파장)에 따라 다르게 나타난다. 그림 3.1에서 보듯이 μ-wave 근처의 전자기파에 대해서는 물질을 구성하는 분자들의 영구 전기쌍극자가 반응을 하고, 적외선 영역에서는 이온들의 상대적 움직임에 의한 반응이 일어나고, 자외선이나 가시광선 영역에서는 원자를 구성하고 있는 전자나 유도 쌍극자들의 반응으로 나타난다.

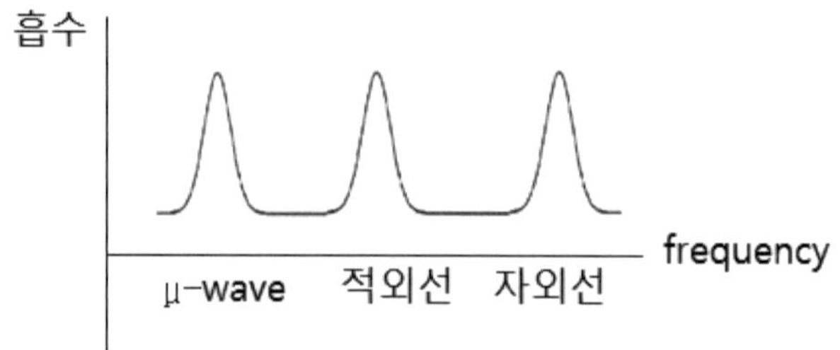

[그림 3.1] 광양자 에너지 영역별에 따른 물질의 흡수

금속과 같은 도체 내부에는 외부 전기장에 따라 자유롭게 움직일 수 있는 자유전자(free electron)가 있는 반면, 절연체라고 부르는 물질 속에는 구속된 전자(bound electron)들 뿐이다. 이 구속된 전자들도 외부 전기장에 의해 영향을 받는데 우리가 사용하고자 하는 가시광선(visible)과 그 주변의 광양자 에너지를 가진 빛(근적외선: near IR, 근자외선: near UV)이 물질에 입사하면 전자기파의 전기장과 물질 속의 전자들이 서로 상호작용을 하게 된다. 따라서 대부분의 상용 ellipsometry에서 측정하는 광현상은 이들 전자들과의 상호작용의 결과이다(Wooten 1972, Collins 1993). 그러므로 이 장에서 소개하는 내용은 ellipsometry data를 분석하고 또한 그 결과를 이해하는데 도움이 될 것이다.

1. 물질의 유전율

1.1 유전율과 광학적 성질

제2장에서 유전율(electric permittivity)이란 용어를 소개한 바가 있는데, 여기서는 이 물리량이 어떻게 정의되는지를 살펴보고자 한다. 그림 3.2(오른쪽)와 같이 외부전기장($\overrightarrow{E}_{ext}$) 속에 놓인 유전체를 살펴보자. 여기서 유전체란 유리와 같이 구속된 전자만 있는 물질을 일컫는다. 그림 3.2(왼쪽)과 같이 빛의 전기장이 외부전기장으로 작용했다고 생각해도 된다. 유전체의 분자(또는 원자)들은 그림에서처럼 (+)성질을 띤 부분과 (-)를 띤 부분이 외부전기장에 의해 서로 반대방향으로 쏠리는 분극(分極)현상을 보이면서 각 분자는 전기쌍극자 모멘트(dipole moment)를 가지게 된다. 단위부피당 모멘트 값을 분극 vector $\overrightarrow{P}$로 표시하는데, 이 vector의 방향은 (-)극에서 (+)극으로 향하는 것으로 정의한다. 그리고 그 크기는 유전체 내부에 인가되는 전기장($\overrightarrow{E}$)에 비례한다.

$$\overrightarrow{P} = \epsilon_0 \chi \overrightarrow{E}. \tag{3-1}$$

여기서 χ는 물질의 전기감수율(electric susceptibility)이다. 그런데 식 (3-1)에 있어 왜 외부전기장($\overrightarrow{E}_{ext}$)을 사용하지 않는가?' 라는 의문이 생길 것이다. 그 이유는 그림에서 보듯이, 분극된 분자들은 자체 전기장($\overrightarrow{E'}$)을 발생시키는데 그 방향이 (+)극인 오른쪽에서 (-)극인 왼쪽을 향하므로 외부전기장과 반대가 된다. 따라서 외부전기장의 영향이 약간 상쇄가 되므로 유전체 속의 내부전기장($\overrightarrow{E}$)은 외부전기장보다 작다. 즉, 분자들의 분극현상은 비록 외부전기장에 의해 발단이 되었지만, 분극의 정도는 궁극적으로 내부전기장의 크기에 비례한다.

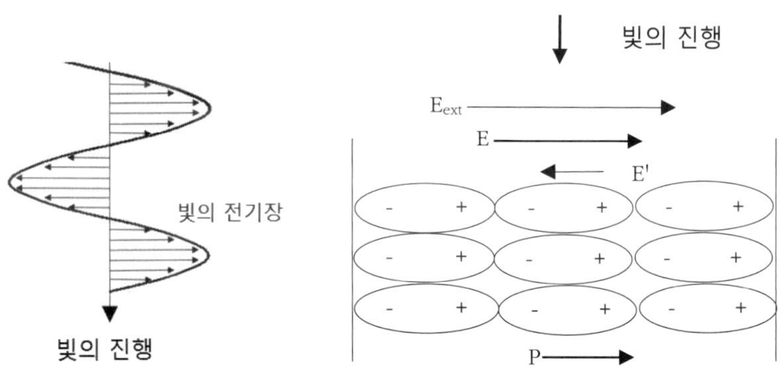

[그림 3.2] 왼쪽: 빛의 진행방향과 전기장, 오른쪽: 빛이 매질로 입사하는 경우에 빛이 매질에 인가하는 외부전기장(E_{ext})에 따른 물질 내부에서의 전기적 반응. E'은 분극에 의해 발생한 반대 방향의 전기장을 나타내고, E는 내부에서의 순수전기장이 된다. 그리고 P는 물질의 분극 vector를 나타낸다.

그런데, 유전체에 있어 내부전기장의 크기는 규정할 수가 없다. 왜냐하면 내부전기장을 알기 위해서는 분극을 알아야 하는데, 분극은 식 (3-1)에서 보듯이 내부전기장을 알아야 하기 때문이다. 닭이 먼저냐 알이 먼저냐 하는 문제가 발생한다. 전기장이 기본물리량이긴 하지만 전기장 대신 다음과 같이 전기변위(electric displacement)를 정의하여 사용하면 내부전기장과 분극을 묶어 버리기 때문에 그런 걱정이 사라지게 된다. 이 전기변위는 두 매질의 경계를 지나면서 그 값(수직 성분)이 보존이 된다.

$$\vec{D} \equiv \epsilon_0 \vec{E} + \vec{P}. \tag{3-2}$$

실제에 있어 이 관계는 좀 더 복잡한 과정을 거쳐 구해지는데 부록편을 참조하기 바란다. 식 (3-1)을 이용하면 전기변위는,

$$\vec{D} = \epsilon_0 \vec{E} + \epsilon_0 \chi \vec{E} = \epsilon_0 (1+\chi) \vec{E} = \epsilon_0 \epsilon_r \vec{E} = \epsilon \vec{E}. \tag{3-3}$$

여기서 ϵ가 유전체의 유전율(electric permittivity)인데 제2장에서 소개한 바가 있다. 다시 반복하면, ϵ_r는 유전체의 진공에 대한 상대유전율(유전상수)이 된다. 반면, 진공의 경우 물질이 없으므로 항시 유전율 $\epsilon_0 = 8.854 \times 10^{-12} C^2/N.m^2$를 가진다. 이들 유전율은 그 값과 단위가 복잡하기 때문에 물질의 유전율 ϵ를 진공의 유전율 ϵ_0로 나누어 규격화시킨 상대유전율(또는 유전 상수) ϵ_r을 취급하는 것이 편하다. 즉, 상대유전율 ϵ_r은 다음과 같은데,

$$\epsilon_r = \epsilon / \epsilon_0 \tag{3-4}$$

단위가 없고 그 값도 수십 이내가 되어 사용이 편하다. 물론, 진공의 상대유전율은 1이 된다.

☞ **참고:** 반도체 메모리 분야에서 사용하는 'high-k' 란 용어는 그 유전상수가 SiO_2 보다 큰 경우를 일컫는데 'k'가 바로 상대유전율(유전상수)이다. 유전상수는 입사파의 진동수(또는 파장)에 따라 그 값이 다르므로 '유전함수(dielectric function)'라고도 한다. 메모리에서는 전기장의 변화가 빛의 진동수에 훨씬 못 미치므로 거의 정적인 전기장에 대한 유전상수이다.

앞으로 이 저서에서,

- 유전함수, 유전상수, 또는 유전율이라 함은 이 상대유전율을 지칭한다.
- 표현을 단수화하기 위해 상대유전율(유전상수) 표시인 ϵ_r에서 아래첨자를 없애고 ϵ로 표기한다.
- 유전적 특성은 유전체뿐만 아니라 도체, 반도체에서도 존재하므로 '유전체의 유전율'이 아니라 '물질(매질)의 유전율'로 확대하여 사용한다.

빛에 대한 물질의 반응은 이 유전율로써 이해가 되어야 하는데 이 역시 복소함수이다. 즉,

$$\epsilon(\omega) = \epsilon_1(\omega) + i\epsilon_2(\omega). \tag{3-5}$$

여기서 ϵ_1과 ϵ_2는 각각 유전상수의 실수부 및 허수부인데 식 (3-5)와 같이 (+)로 정의할 경우에는 항시 $\epsilon_2 \geq 0$이 된다. 다시 한 번 상기하면 유전율은 거시적 입장에서 본 물질의 특성을 나타내는데, 특히 외부 전기장에 대한 전하들의 집단적인 반응을 나타낸다. 즉, 거시적인 물리량인 분극 vector $\overrightarrow{P}(\omega)$는 식 (3-1)과 식(3-3)으로부터

$$\overrightarrow{P}(\omega) = \epsilon_0[\epsilon(\omega) - 1]\overrightarrow{E}(\omega) \tag{3-6}$$

로 나타낼 수 있는데, 외부 자극인 전기장(세기 및 진동수)에 대한 반응을 유전율(ϵ)로 표현하고 있음을 볼 수 있다. 또한 앞에서 잠시 언급했듯이 물질의 복소굴절률 N과 상대유전율(유전상수) ϵ사이에는 다음과 같은 관계식이 성립한다.

$$N = n + ik = \sqrt{\epsilon}, \tag{3-7}$$

즉,

$$n = \sqrt{\frac{1}{2}\left(\sqrt{\epsilon_1^2 + \epsilon_2^2} + \epsilon_1\right)}, \qquad k = \sqrt{\frac{1}{2}\left(\sqrt{\epsilon_1^2 + \epsilon_2^2} - \epsilon_1\right)}. \tag{3-8}$$

또는,

$$\epsilon_1 = n^2 - k^2, \qquad \epsilon_2 = 2nk. \tag{3-9}$$

여기서 (n, k) 또는 (ϵ_1, ϵ_2)의 표현에서 그 실수부와 허수부는 서로 독립적이 아니라 Kramers-Kronig 관계로 연관이 되어 있다(Reiz 1993). 그리고 (n, k)에 대해서는 앞에서 설명을 했기 때문에 각기 물리적으로 무엇을 뜻하는지 알리라 믿는다. 다시 한번 상기하면 n은 평소 (투명매질에 있어) 그냥 굴절률이라고 부르던 것으로 물질 속에서의 빛의 속도($v = c/n$) 또는 파장[$\lambda = 2\pi c/(n\omega)$]을 정의한다. 그리고 k는 소광계수로 물질 속에서의 흡수정도를 나타낸다. 상대유전율, (ϵ_1, ϵ_2)를 이용한 표현에 대해서는 여전히 거북스럽겠지만 굴절률보다는 더 기초적인 물리량임을 이해하였으리라 믿는다. 앞에서 흡수계수를 정의하였는데(식 (2-25)), 흡수 스펙트럼을 얻고자 할 경우에는 다음과 같이 표현하면 된다.

$$\alpha(\lambda) = \frac{4\pi k(\lambda)}{\lambda} \quad [\text{또는} = \alpha(\omega)]. \tag{3-10}$$

또한 복소광학전도도(complex optical conductivity)를 정의할 수 있다.

$$\sigma(\omega) = \frac{i\omega}{4\pi}[1-\epsilon(\omega)], \tag{3-11a}$$

$$\sigma(\omega) = \sigma_1(\omega) + i\sigma_2(\omega). \tag{3-11b}$$

여기서 σ_1과 σ_2는 각각 광학적 전도도의 실수 및 허수부이다.

$$\sigma_1(\omega) = \frac{\omega\epsilon_2(\omega)}{4\pi}, \qquad \sigma_2(\omega) = \frac{\omega[1-\epsilon_1(\omega)]}{4\pi} \tag{3-12}$$

광학전도도(σ_E)는 전기전도도와 다음과 같은 관계에 있다.

$$\sigma(\omega) = \frac{\sigma_E(\omega)}{4\pi\epsilon_0}. \tag{3-13}$$

1.2 분극과 유전율: Clausius-Mossotti 방정식

바로 앞에서 유전율을 거시적 입장에서 정의하였다. 이번에는 미시적 입장에서 접근해보자. 그림 3.3에서와 같이 유전체에 외부전기장이 걸렸을 때 유전체 내부에 특정분자(또는 분자집단)가 느끼는 전기장 E_m을 구하기 위해 이 특정분자(집단)가 차지하는 자리를 조그만 구로 여기고 그 공간을 제거해 보자. 우선 유전체 바깥에 외부전기장을 일으키는 전하가 있고 그 경계면에 분극에 의한 표면전하가 유도됨을 볼 수 있다. 그리고 방금 분자들을 제거하여 생긴 동공 주위에도 표면 분극전하가 발생함을 생각할 수가 있다. 이 세 가지의 영향을 다 고려해야만 동공 속의 분자(집단)가 느끼는 전기장 E_m을 구할 수 있고 다시 이 특정분자를 원위치 시키면 이 전기장(E_m)에 대한 반응을 보이게 될 것이다.

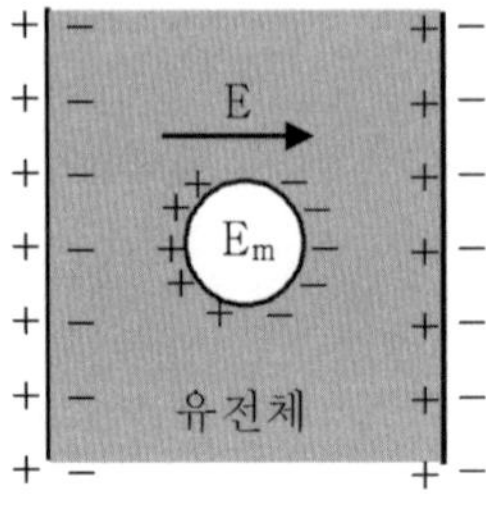

[그림 3.3] 유전체에 전기장이 걸렸을 때 그 내부 동공에서의 전기장

실상은 동공이 매우 작으므로 내부에서 전체적으로 느끼는 전기장을 앞의 그림 3.2에서처럼 내부전기장 $\vec{E}$로 둘 수 있다. 따라서 동공 속에서의 전기장은 다음과 같이 표현이 된다.

$$\vec{E}_m = \vec{E} + \vec{E}_s. \tag{3-14}$$

여기서 $\vec{E}_s$는 동공 주위 표면의 분극전하에 의해 발생되는 전기장을 나타내는데 그 결과는 분극전하의 구형 분포 때문에 약간의 계산과정을 거치면 다음과 같음을 알 수 있다(Reitz 1993).

$$\vec{E}_s = \frac{1}{3\epsilon_0}\vec{P}. \tag{3-15}$$

따라서, 식 (3-14)는 다음 식과 같이 된다.

$$\vec{E}_m = \vec{E} + \frac{1}{3\epsilon_0}\vec{P} \tag{3-16}$$

여기서 강조하고 싶은 것은 $\vec{E}_s$에 대한 계산값은 그림에서 분자(집단)의 크기만큼 제거한 공간의 모양에 따라 그 값이 다르다는 것인데, ellipsometry 분석에 있어 effective medium 이론을 사용할 경우 이를 고려하는 경우가 종종 있다. 자세한 내용은 그 때 설명하기로 하고 현재는 구형(동공)으로 제거했음을 상기하기 바란다. 이제 분자를 동공 속에 넣으면 그 분자가 가지는 dipole moment($\vec{p}_m$)는 $\vec{E}_m$의 크기에 비례할 것이다. 즉,

$$\vec{p}_m = \alpha_m \vec{E}_m. \tag{3-17}$$

비례상수 α_m은 분자의 분극도(molecular polarizability)이다. 그런데 이 유전체에서 분극 vector $\vec{P}$는 이 분자의 dipole moment의 합이므로 단위부피당 N_m개의 분자가 있다면,

$$\vec{P} = N_m \vec{p}_m = N_m \ (\alpha_m \vec{E}_m) = N_m \alpha_m \left(\vec{E} + \frac{1}{3\epsilon_0}\vec{P} \right) \tag{3-18}$$

이 된다. 따라서 식 (3-18)을 α_m에 대해 전개한 뒤, 식 (3-6)을 이용하면 다음과 같은 관계식을 구하게 된다.

$$\alpha_m = \frac{3\epsilon_0}{N_m} \left[\frac{\epsilon - 1}{\epsilon + 2} \right]. \tag{3-19}$$

이것이 유명한 Clausius-Mossotti 방정식인데, 미시적 물리량인 분자의 분극도(α_m)와 거시적 물리량인 유전율(ϵ)을 연결시켜 준다는 점에서 매우 중요하다. Ellipsometry 분석에서 혼합된 물질 구성비를 찾는데 사용되는 effective medium 이론의 기초가 되는 식이기도 하다(제6장).

2. 분산관계(dispersion relation)

앞에서 유전율 또는 굴절률이 빛의 광양자 에너지(또는 파장)에 대한 함수라고 하여 굴절함수 또는 유전함수라고 한 적이 있다. 이와 같이 매질 속에서 광학적 성질이나 유전적 성질이 빛의 광양자 에너지에 따라 달라지는 것을 분산(dispersion)이라고 하는데, 백색광을 색깔별로 퍼지게 하여 무지개를 만드는데 사용하는 프리즘을 분산용 프리즘(dispersing prism)이라고 부르는 것도 같은 의미이다. 빛의 광양자 에너지(파장)에 대한 물질의 반응을 연구하는 것이 분광학(spectroscopy)인데, 분광 ellipsometry를 이용하여 물질의 광특성을 연구할 때가 이 경우에 속하며 단파장 ellipsometry로써는 측정할 수 없는 새로운 물리량을 측정할 수가 있다. 따라서 다음에 소개되는 분산식들은 분광 ellipsometry를 이용한 물질의 광특성 분석에 이용이 된다. 즉, 파장별로 값이 다른 굴절률(n)과 소광계수(k)를 하나의 분산식으로 표현이 가능하게 된다. 물론 투과나 반사 스펙트럼을 이용하는 일반 분광학에도 그대로 적용이 가능하다.

2.1 Lorentz harmonic oscillator 모델

앞에서 유전율을 미시적인 관점에서 공부를 하였다. 그런데 그 때 사용한 외부 전기장은 정적인 것이었기 때문에 물질의 정전기적 반응을 본 것이다. 이제 빛의 경우와 같이 전기장이 진동하는 동적인 경우에 물질이 어떻게 반응하는지를 살펴보기로 하자. 고체내의 원자(또는 분자)는 그림 3.4에서처럼 무거운 원자핵과 그 주변에 Coulomb force로 묶여 있는 전자로 구성이 되어 있는데, 약하게 진동하는 전기장, 즉, 빛을 가하면 전자는 마치 그림 3.5의 경우와 같이 용수철에 매달린 조그만 물체처럼 진동을 하게 된다.

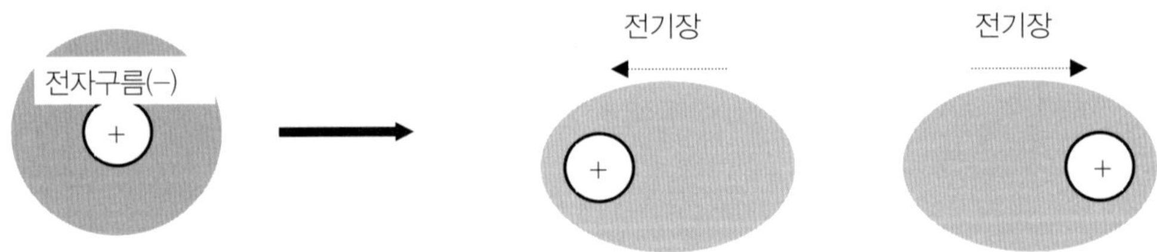

[그림 3.4] 왼쪽: 평형 상태에 있는 원자(또는 분자)의 모형, 오른쪽: 빛에 의해 전기장이 걸렸을 때 모양

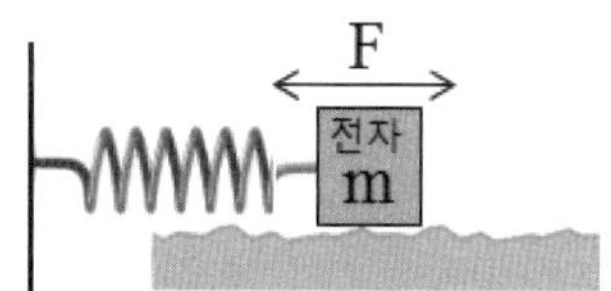

[그림 3.5] 그림 3.4에서의 전자의 운동을 고전적인 용수철 문제로 비교했을 때의 운동 양상

그리고 전자기파의 입사를 멈추면 전자는 다시 그림 3.4의 왼쪽처럼 평형상태로 돌아가게 되는데 그 이유는 고체 내부에서 주변의 원자핵과 주변 전자들과의 상호작용 때문이다. 이는 용수철(그림 3.5)에서 driving force F를 멈추면 마찰력에 의해 그 진동이 멈추는 것과 같다. 우선 이 그림에서 외부에서 전기장이 가해지더라도 원자는 전기적으로 중성임을 알 수 있다. 하지만 분포에 있어서 (+)성분과 (-)성분이 서로 반대쪽으로 쏠리는 것을 알 수 있다. 이를 경우 우리는 전기 쌍극자(electric dipole)가 형성되었다고 하는데 정확히는 유도 쌍극자가 형성이 된 것이다. 따라서 이를 용수철의 운동으로 비유하여 운동방정식을 세워보면 Newton의 제2법칙에 의해 다음과 같이 전개할 수 있다. 표현을 간단히 하기 위해 이하의 모든 계산에서 물질의 반응이 선형적이라 가정하고, 1차원적으로 취급하며, vector표시를 생략하기로 한다.

$$m\frac{d^2x}{dt^2} = F, \tag{3-20a}$$

$$m\frac{d^2x}{dt^2} = -b\frac{dx}{dt} - k_s x - eE. \tag{3-20b}$$

상기 식 (3-20b) 우변의 첫째 항은 속도에 비례하는 마찰력이고 둘째 항은 용수철의 복원력이며 마지막 항은 전자(전하량: -e)에 작용하는 빛의 전기장에 의한 힘이다. 이들 비례상수 b와 k_s(용수철 상수)에 대한 표현은 대부분의 일반물리학 교과서에 잘 설명이 되어 있는데 식 (3-20b)는 다음과 같이 쓸 수 있다.

$$m\frac{d^2x}{dt^2} + m\gamma\frac{dx}{dt} + m\omega_0^2 x = -eE. \tag{3-21}$$

여기서 γ는 damping 진동수가 되고 ω_0는 용수철의 고유진동수이다($k_s = m\omega_0^2$). 그리고 진동하는 빛의 전기장 E는 다음과 같이 표현이 가능하다.

$$E = E_0 e^{-i\omega t}. \tag{3-22}$$

그러므로 미분방정식 (3-21)의 해(解)인 변위(x) 역시 다음과 같은 형태를 가질 것이 예상된다.

$$x = x_0 e^{-i\omega t}. \tag{3-23}$$

이 두 값을 식 (3-21)에 넣고 정리하면 변위의 진폭(x_0)에 대한 표현을 얻게 된다.

$$x_0 = \frac{(eE_0/m)}{\omega_0^2 - \omega^2 - i\gamma\omega}. \tag{3-24}$$

따라서 이 원자(또는 분자)에 발생한 dipole moment p는 전자의 전하량과 그 변위의 곱으로 정의가 되며 물질의 분극(P)은 앞의 식 (3-18)에서와 같이 이들의 합이므로 다음과 같다.

$$p = ex_0, \qquad P = N_m p = N_m e x_0. \tag{3-25}$$

그런데 식 (3-6)을 이용하면 다음과 같이 표현이 된다.

$$P = \epsilon_0 [\epsilon - 1] E = N_m e x_0. \tag{3-26}$$

이를 ϵ에 대해 정리하고 식 (3-22)~(3-24)를 대입하면 다음과 같은 Lorentz oscillator 모델을 얻을 수 있게 된다.

$$\epsilon = \epsilon(\omega) = 1 + \frac{N_m e^2}{\epsilon_0 m} \frac{1}{\omega_0^2 - \omega^2 - i\gamma\omega} = 1 + \frac{\omega_p^2}{\omega_0^2 - \omega^2 - i\gamma\omega}. \tag{3-27}$$

N_m은 전자 밀도이고 $\omega_p (= N_m e^2/\epsilon_0 m)$는 plasma frequency라고 부르는데 자세한 설명은 바로 뒤에 나온다. 이 식은 거시적 물리량인 유전율과 미시적 현상인 빛에 대한 전자의 반응과의 관계를 나타내고 있다. 특징으로는 첫째, ϵ가 진동수, 즉, 빛의 광양자 에너지의 함수이다. 즉, 외부자극(전기장)에 대한 반응을 보이는 것인데 그 값이 광양자 에너지($\hbar\omega$)에 따라 값이 다르므로 $\epsilon(\omega)$가 분산식이 된다. 이 식은 유전함수의 모태가 되는데, 그 각진동수(ω)가 ω_0일 때 최댓값을 가진다. 이는 그림 3.5에서 볼 때 용수철이 지닌 고유진동수에 해당하므로 공명조건에 해당한다고 하겠다. 둘째, 이미 아는 것처럼 ϵ이 복소수인데 이 값의 허수부분이 위상변화에 연관이 되어 있으며 물질의 에너지 흡수에 관여한다.

☏ **이야기:** Lorentz oscillator 모델은 네덜란드 물리학자 Hendrik Lorentz(1853-1928)가 제시하였다. 그는 Zeeman effect의 발견과 이론적 해석으로 1902년 Pieter Zeeman과 함께 Nobel 물리학상을 공동수상하였다. 상대성이론의 모태가 된 Lorentz transformation 으로 더 알려져 있다.

2.2 반도체와 Lorentz oscillator 모델

우선 앞에서 구한 Lorentz oscillator 모델을 실제로 적용하려면 약간의 수정을 거쳐야 하는데 고전역학적인 용수철 모델로 구한 것임에도 불구하고 양자역학적 해석이 가능하게 된다. 우선, 원자를 구성하는 전자들이 각기 다른 에너지 준위에 있듯이 이들 원자들이 모여서 만들어진 결정 덩이의 경우 다양한 에너지 상태의 전자집단이 존재할 수 있다. 그런데, 앞의 용수철 모델은 한 종류의 전자에 대한 표현이므로 전부 같은 용수철 상수와 마찰력을 가정하였다. 그러므로, 물질 속에 있는 여러 상태의 전자집단을 고려하여 용수철 모델에 적용하자면, 각각의 전자집단이 다른 용수철 상수를 가질 수 있고 또한 마찰력도 각기 다를 수가 있다. 따라서 앞의 식 (3-27)은 다음과 같이 N개의 전자집단의 합으로 표현할 수 있다.

$$\epsilon(\omega) = 1 + \sum_i^N \frac{\omega_{pi}^2}{\omega_{0i}^2 - \omega^2 - i\gamma_i\omega}. \qquad (3\text{-}28)$$

또는 유사하게 다음과 같이 표현이 가능하다.

$$\epsilon(\omega) = 1 + \omega_p^2 \sum_i \frac{f_i}{\omega_{0i}^2 - \omega^2 - i\gamma_i\omega}$$

(3-29)

여기서 $f_i = N_i/N_m$으로 i-집단에 있는 전자의 비율이 된다. 그리고 $\sum N_i = N_m$이므로

$$\sum_i f_i = 1. \qquad (3\text{-}30)$$

이를 양자역학에서 f-sum rule이라고 부르고 f_i는 oscillator strength라 부른다. 다시 단독 oscillator에 대한 표현식 (3-27)을 실수부와 허수부, 즉, $\epsilon(\omega) = \epsilon_1(\omega) + i\epsilon_2(\omega)$로 분리하여 보자.

$$\epsilon_1(\omega) = 1 + \omega_p^2 \frac{\omega_0^2 - \omega^2}{\left(\omega_0^2 - \omega^2\right)^2 + (\gamma\omega)^2}, \qquad (3\text{-}31a)$$

$$\epsilon_2(\omega) = \omega_p^2 \frac{\gamma\omega}{\left(\omega_0^2 - \omega^2\right)^2 + (\gamma\omega)^2}. \qquad (3\text{-}31b)$$

이 두 함수의 분자와 분모에 $\hbar^4$을 곱하고 $E = \hbar\omega$의 관계를 이용하면 좀 더 보기가 쉬운 광양자 에너지(E)의 함수로 표현이 된다.

$$\epsilon_1(\hbar\omega) = 1 + \frac{\hbar^2\omega_p^2(\hbar^2\omega_0^2 - \hbar^2\omega^2)}{\hbar^4\left(\omega_0^2 - \omega^2\right)^2 + \hbar^4(\gamma\omega)^2} \rightarrow \epsilon_1(E) = 1 + \frac{E_p^2(E_0^2 - E^2)}{\left(E_0^2 - E^2\right)^2 + (\hbar\gamma)^2E^2}, \quad (3\text{-}31c)$$

$$\epsilon_2(\hbar\omega) = \frac{\hbar^2\omega_p^2(\hbar\gamma\hbar\omega)}{\hbar^4\left(\omega_0^2 - \omega^2\right)^2 + \hbar^4(\gamma\omega)^2} \rightarrow \epsilon_2(E) = \frac{E_p^2(\hbar\gamma)E}{\left(E_0^2 - E^2\right)^2 + (\hbar\gamma)^2E^2}. \quad (3\text{-}31d)$$

이 두 함수를 그림으로 그려보면 그 특성을 명확히 알 수가 있다(그림 3.6). 우선 공명에너지 E_0, 즉, 공명주파수(ω_0)에 해당하는 진동수를 가진 빛에 대해 크게 반응하고 있음을 볼 수 있는데 그 해석은 물론 고전적인 용수철 모델로도 가능하지만 다음과 같이 양자역학적으로 해석할 수 있다.

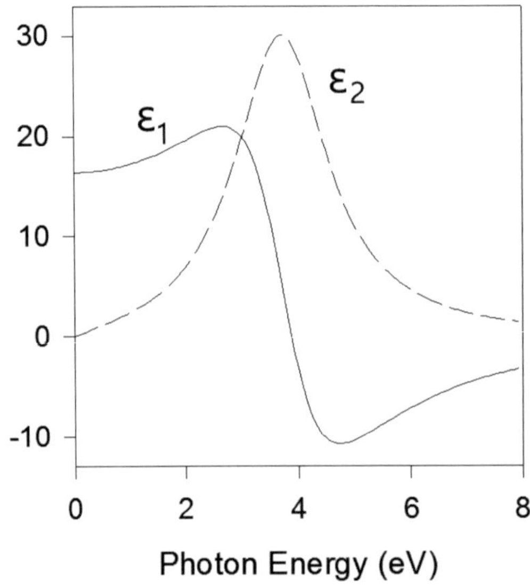

[그림 3.6] 한 개의 Lorentz oscillator를 사용하여 그린 유전함수의 실수부(실선)와 허수부(마디선). 공명에너지 $E_0 = \hbar\omega_0$=3.85 eV, broadening $\hbar\gamma$=2.0 eV, 플라즈마에너지 $\hbar\omega_p$=15.1 eV를 사용

즉, 원자에서의 전자는 빛(광양자 에너지 $E_0 = \hbar\omega_0$)을 흡수하거나 방출하여 에너지 준위가 바뀌는데 그 준위차가 E_0와 같다. 반면, 반도체에서는 에너지 밴드(energy band)가 바뀌는데 대부분 valence band(VB)에 있는 전자가 conduction band(CB)로 이동한다. 이와 같이 전자의 에너지가 밴드 사이를 오가는 경우를 interband transition이라고 하고, 그 변화가 밴드 내부에 있으면 intraband transition이라고 한다. 그리고 빛을 흡수한 전자는 운동량(k)은 변화는 없고 에너지 상태만 바뀌므로 direct transition을 한다(그림 3.8). Lorentz oscillator 모델은 이와 같은 반도체의 광학적 특성을 잘 표현하는데 그림 3.7에서 보듯이 공명에너지 $E_0 = \hbar\omega_0$

가 반도체의 밴드갭의 특성을 개략적으로 나타내고 있다. Transition(흡수)을 많이 발생시키는 광양자 에너지($E_0 = \hbar\omega_0$)는 흡수할 수 있는 전자들의 숫자 및 발생 확률이 높은 경우이므로 전자의 에너지 별 상태밀도(density of state) 및 Fermi-Dirac 분포함수와 연관이 되어 있다. 따라서, $E_0 = \hbar\omega_0$의 크기는 실제의 에너지 갭(또는 band gap, E_g)보다는 크다. 그리고 마찰력에 해당하는 γ는 그 역수가 이 transition에 있어 life time이 된다. 즉, 앞의 용수철 모델에서 한 쪽으로 쏠린 전자가 마찰력 때문에 곧바로 복귀하기가 힘들어지듯이 conduction band로 여기된 전자가 곧바로 valence band로 복귀하지 않고 어느 정도 시간적 지체를 하는 것을 말하는데 이는 불확정성의 원리(uncertainty principle)로도 쉽게 이해할 수가 있다.

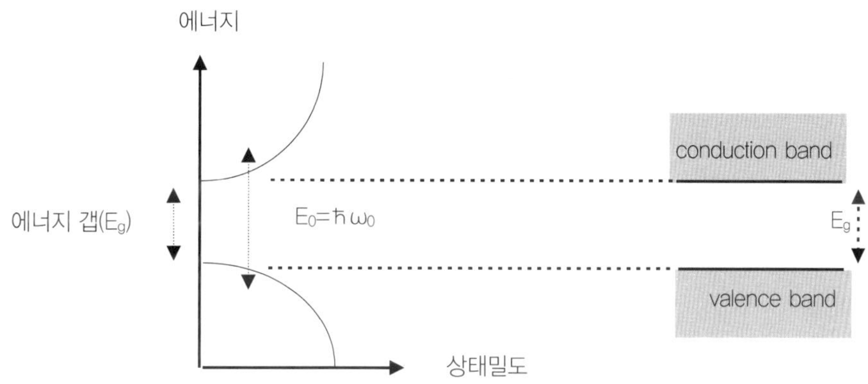

[그림 3.7] 반도체에 있어 에너지 갭(band gap)과 상태밀도(density of state)를 보여 주고 있다.

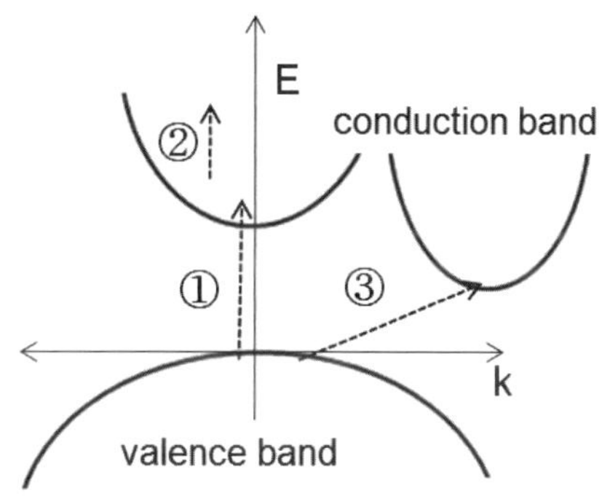

[그림 3.8] 반도체의 band diagram으로 ①, ③은 interband transition, ②은 intraband transition, 그리고 ①은 direct transition, 그리고 ③은 indirect transition을 보여 주고 있다.

이와 같은 oscillator 모델이 단파장 ellipsometry에서는 아무 의미가 없으나 분광 ellipsometry에서는 물질의 광특성을 이해하는데 큰 힘이 된다. 앞에서 덩이물질의 표면을 측정하여 얻은

ellipsometry 각(Δ, Ψ)로부터 상대유전율 ϵ을 구하는 법을 설명한 적이 있다. 결국 분광 ellipsometry는 유전함수를 측정하는 기술이라고도 부를 수 있겠다. 따라서 분광 ellipsometry를 이용하여 유전체, 반도체, 그리고 금속을 측정하여 유전함수를 구해보면 그 dispersion에 있어 명백한 차이를 보여준다. 반도체 물질은 그 band 구조에서 direct transition이 여러 에너지(E_{0i})에서 일어나고 있음을 볼 수 있다. 그래서 보통 반도체의 유전함수는 여러 개의 oscillator를 필요하기 때문에 앞의 식 (3-29)를 사용하면 된다.

$$\epsilon(\omega) = 1 + \omega_p^2 \sum_i \frac{f_i}{\omega_{0i}^2 - \omega^2 - i\gamma_i\omega}. \tag{3-29}$$

식 (3-29)의 분자와 분모에 $\hbar^2$을 곱하여 광양자 에너지(E)의 함수로 표현해보자.

$$\epsilon(\hbar\omega) = 1 + (\hbar\omega_p)^2 \sum_i \frac{f_i}{(\hbar\omega_{0i})^2 - (\hbar\omega)^2 - i(\hbar\gamma_i)(\hbar\omega)} \tag{3-29b}$$

또는,

$$\epsilon(E) = 1 + \sum_i \frac{(E_p)^2 f_i}{(E_{0i})^2 - (E)^2 - i(\Gamma_i)(E)}. \tag{3-29c}$$

즉, 대부분의 반도체 물질에서는 특정에너지 한 곳(E_0)에서 transition이 발생하는 것이 아니라 여러 곳($E_{0i} = \hbar\omega_{0i}$, $i = 1, 2, \ldots$)에서 일어나고, 광학적으로는 그 전체 반응을 보게 되는 것이다. 그리고 Lorentz 모델에서 우변의 숫자 1은 각 oscillator가 진공 중에 있다고 보고 유도한 것인데, 이 값은 다름이 아니라 ω가 무한대일 때의 ϵ값이다. 따라서, 물질 속에서는 어떤 상수값 ϵ_∞로 두는 것이 더 합리적이다.

분광 ellipsometry에서는 반도체 또는 반도체적 특성을 가진 물질의 분광특성을 표현하거나 분석하는 경우에 이 Lorentz 모델을 적용한다. 즉, Lorentz 모델 표현식 (3-29)에서 물질마다 특성이 다를 수 있는 물리량들을 다음 식 (3-32)에서처럼 변수화하여 사용한다. 식 (3-32)에서 각 변수(A, B, C, D)가 무엇을 의미하는지는 식 (3-29c)와 비교해 보면 알 수 있다.

$$\epsilon(E) = A + \sum_j \frac{B_j}{C_j^2 - E^2 - iD_jE}. \tag{3-32}$$

물질의 광학상수($\epsilon = \epsilon_1 + i\epsilon_2$ 또는 $N = n + ik$)가 파장(광양자 에너지)별로 서로 독립적이지 않고 식 (3-32)와 같이 비교적 간단한 함수형태로 표현이 될 수 있다는 것은 분광 ellipsometry 입장에서 보면 큰 다행이다. 예를 들어, 200 point로 이루어진 분광 (Δ, Ψ)스펙트럼을 분석하기 위해서는

200 세트의 광학상수 (ϵ_1, ϵ_2) 값이 필요하다. 반면, 식 (3-32)를 이용할 수 있다면, 하나의 A값과 몇 set의 (B, C, D)값으로 전체 스펙트럼에 해당하는 광학상수를 표현할 수 있다. 즉, 분석에 필요한 물질의 광학상수를 파장별로 database하여 사용하는 것보다 식 (3-32)와 같은 함수식으로 사용하면 간단하다. 이뿐만이 아니라 그 광학상수값을 모르는 물질의 경우에 측정한 분광 ellipsometry data를 식 (3-32)를 이용하여 fitting하면, 박막의 경우 두께뿐만 아니라 해당 물질에 대한 (A, B, C, D)값, 즉, 광학함수도 동시에 찾을 수 있다.

그 적용의 예를 살펴보기로 하자. 그림 3.9에서 부호로 표시한 값들은 결정질 GaAs의 유전함수를 보여주고 있고 실선은 이를 Lorentz oscillator를 7개(즉, 식(3-32)에서 j=1~7)를 사용하여 fitting한 값이다. 이제 독자들도 유전함수를 나타내는 그림에서 어느 것이 ϵ_1이고 ϵ_2인지를 쉽게 알 수 있으리라 믿는다. Fitting 결과가 대체적으로 잘 맞음을 알 수가 있는데 ϵ_2 스펙트럼만 보아도 3 eV와 5 eV 근처에서 흡수가 있음을 금방 짐작할 수 있고 그 근처에서의 (ϵ_1, ϵ_2)의 모양이 앞의 그림 3.6에서 본 단독 oscillator의 양상과 비슷함을 알 수가 있다. 이 fitting 과정에서 구한 E_{0i} 값들은 실제로 알려진 임계에너지와 대체로 잘 맞고 있다(그림 설명 참조).

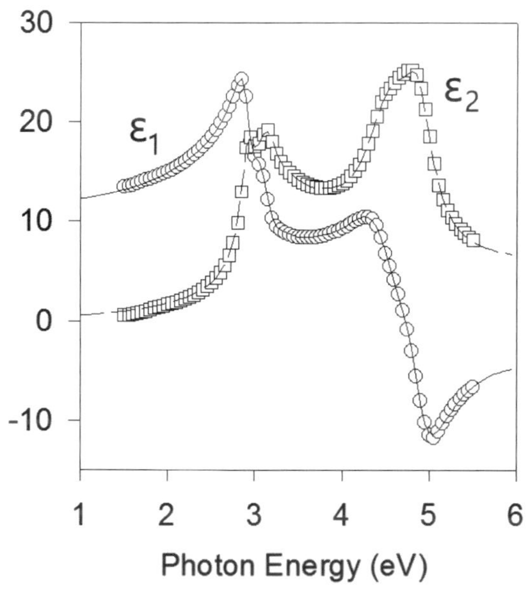

[그림 3.9] 결정질 GaAs(원:ϵ_1, 사각형:ϵ_2)의 유전함수와 7개의 Lorentz oscillator를 사용한 fitting 결과(실선). GaAs는 interband transition이 일어나는 임계에너지가 E_1=2.916, $E_1+\Delta_1$=3.154, E_0'=4.456, 그리고 E_2=4.971 eV에 있는데 이 fitting에서 구한 E_0 값들은 2.925, 3.121, 4.514, 그리고 4.870 eV 였다. 그리고 나머지 3개의 oscillator는 fitting의 질을 높이기 위해 도입되었다.

Fitting으로 얻어진 각 변수(A, B, C, D)는 물리적 의미를 포함하므로 이 물질의 band 구조를 잘 이해할 수 있게 된다. 요즘 물리적으로 더 나은 모델들이 나오고 있긴 하지만 이 그림에서 보듯이 비교적 간단한 Lorentz oscillator모델만으로도 반도체의 전자적인 특성을 잘 대변할 수 있는 것이다. 앞에서 설명을 했는데 A값은 물질 내의 환경을 고려한 것으로 $\omega \to \infty$ 일 때의 물질의 반응, 즉, ϵ_∞를 의미한다.

앞의 예에서 보았듯이 몇 개의 oscillator로 결정질 반도체의 광특성을 잘 나타낼 수 있다 (c-Si(Verleur 1968), c-Ge(Martin 1977), GaAs(Erman 1984)). 온도나 도핑에 따른 광특성을 이와 같이 Lorentz oscillator 모델로 fitting하여 관련 변수를 온도 또는 도핑정도의 함수로 표현하면 임의의 시료를 측정했을 경우 그 온도나 도핑정도를 거꾸로 산출을 할 수도 있다. 이를 'parameterization' 한다고 하는데 ellipsometry에서 종종 유익하게 사용하는 기법이다.

2.3 도체와 Drude 자유전자 모델

금속과 같은 도체의 경우는 원자에 묶여있는 전자(bound electron)보다는 자유전자(free electron)의 효과가 더 클 것으로 기대된다. 자유전자의 특징은 인가된 전기장의 반대방향으로 거의 제한 없이 움직여 빛의 전기장을 소멸시키려는 특성이 강하다. Lorentz oscillator 모델을 유도할 때처럼 Newton의 제2법칙에 의한 운동방정식에서 시작할 수 있는데, 이미 Lorentz 모델의 결과가 나와 있으므로 이를 이용하기로 하자. 자유전자에 대한 표현은 구속된 전자에 대한 표현인 용수철 모델, 즉, 식 (3-20b)에서 용수철 상수 k_s를 0으로 두면 된다. 따라서, $k_s = m\omega_0^2$ 이므로 Lorentz oscillator 식 (3-27)에서 $\omega_0 = 0$으로 두면 다음과 같이 우리가 원하는 Drude oscillator 모델(또는 자유전자 모델)을 얻을 수 있다. 원한다면 앞에서처럼 $E = \hbar\omega$, $\hbar = h/(2\pi)$을 이용하여 energy의 함수로 표현을 할 수도 있다.

$$\epsilon(\omega) = \epsilon_1(\omega) + i\epsilon_2(\omega) = 1 - \omega_p^2 \frac{1}{\omega^2 + i\gamma\omega}. \qquad (3\text{-}33)$$

또는 실수와 허수부분을 분리하여,

$$\epsilon_1(\omega) = 1 - \frac{\omega_p^2\tau^2}{1+\omega^2\tau^2}, \qquad \epsilon_2(\omega) = \frac{\omega_p^2\tau}{\omega(1+\omega^2\tau^2)}. \qquad (3\text{-}34)$$

고전적 해석을 하자면 γ값은 자유전자들의 서로들 간 또는 주변 격자와의 충돌로 인한 마찰력 항인데 그 역수가 mean free time(평균충돌시간) τ가 되고 ω_p은 plasma frequency인데 바로 다음에 설명이 나온다. Drude 모델이 보여주는 dispersion은 그림 3.10에서 보듯이 부드럽게 변하고 있는데 특징은 광양자 에너지가 높아질수록 ϵ_2는 서서히 감소하여 0에 접근하고 ϵ_1은 큰 (-) 값에서 ϵ_2가 0에 가까워 진 곳에서 0을 지나 (+)값이 됨을 짐작할 수 있다. 따라서, 앞의 Lorentz oscillator가 interband transition에 관한 광전자적 정보를 보여주는 것이라고 하면 Drude model은 intraband transition (즉, conduction band 내부)을 보여주는 것이라고 하겠다. 금, 은, 백금, 알루미늄 등을 보면 금속광택이 나는데 이것이 바로 자유전자에 의한 효과 때문이다. 식 (3-34)에서 ω가 상당히 큰 경우를 생각해보면(즉, 입사하는 빛의 광양자 에너지가 큰 경우) 다음과 같이 쓸 수 있다.

$$\epsilon_1(\omega) \sim 1 - \frac{4\pi N e^2}{m}\frac{1}{\omega^2} = 1 - \frac{\omega_p^2}{\omega^2}, \quad \epsilon_2(\omega) \sim 0. \tag{3-35}$$

따라서 ϵ_1이 0이 되는 지점에서 $\omega = \omega_p$가 된다. 이 때 ω_p를 'bulk plasma frequency' 또는 $E_p = \hbar\omega_p$를 'plasma energy'라고 부른다. 그 정의에서 보듯이 전자의 밀도에 관한 정보를 얻을 수 있는 값이다. Plasma frequency에서는 고체(도체)의 자유전자들이 플라즈마 상태가 된 기체에서와 같이 집단운동(collective motion)을 하게 되는데 대부분의 금속에서는 그 에너지가 십수 eV에서 발생하게 되어 일반 분광 ellipsometry에서는 측정 영역밖에 있어 관측이 불가능하지만 은(Ag)에 있어서만은 약 4.0 eV 근처에서 관측이 된다(그림 3.11b 참조).

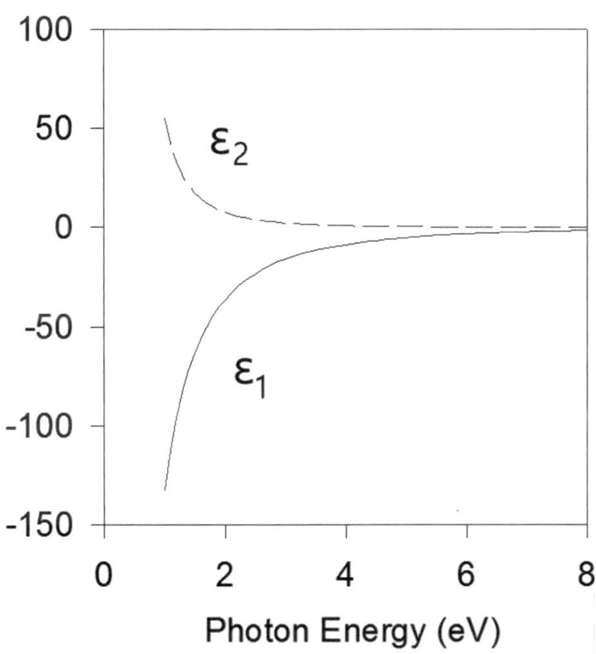

[그림 3.10] 전형적인 금속에 대한 Drude oscillator를 보여주는데 플라즈마 에너지 12.5 eV와 금속 내에서의 전자의 충돌회수를 10^{14}/s로 가정하여 그렸다.

다음 그림 3.11a와 b는 몇 가지 금속의 유전함수를 보여주는데 전체적인 모양이 대체적으로 Drude 모델을 따르고 있음을 쉽게 알 수 있다. 즉, 광양자 에너지가 커짐에 따라 ϵ_1이 큰 (-)값에서 0을 향하고 있고, 은이나 알루미늄에서는 ϵ_2 또한 0을 향하고 있음을 본다. 그리고 부분적으로 그림 3.10과 차이를 보이는 이유는, 금속에서는 자유전자의 효과가 두드러지긴 하지만 반도체에서와 같이 구속된 전자들도 존재하고 이들에 의한 interband transition도 나타나기 때문이다. 이 때 그 transition energy, 즉, (3-29c)에서 E_0 값이 측정된 광양자 에너지 범위 안(그림에서는 1~5 eV)에 놓이면 자유전자에 의한 광특성과 섞여서 관찰이 되게 된다. 따라서 이들 금속의 광학적 특성을 좀 더 잘 표현하자면 Drude 자유전자 모델(ϵ_f)에다가 구속된 전자를 나타내는 Lorentz oscillator 모델(ϵ_b)을 선형적으로 더해 사용하면 된다. 즉, 금속의 유전함수는 개념적으로 다음과 같이 표현할 수 있다.

$$\epsilon = \epsilon_f + \epsilon_b \tag{3-36}$$

여기서 ϵ_f는 식 (3-33) 또는 식 (3-34)이고, ϵ_b는 식 (3-29)이다.

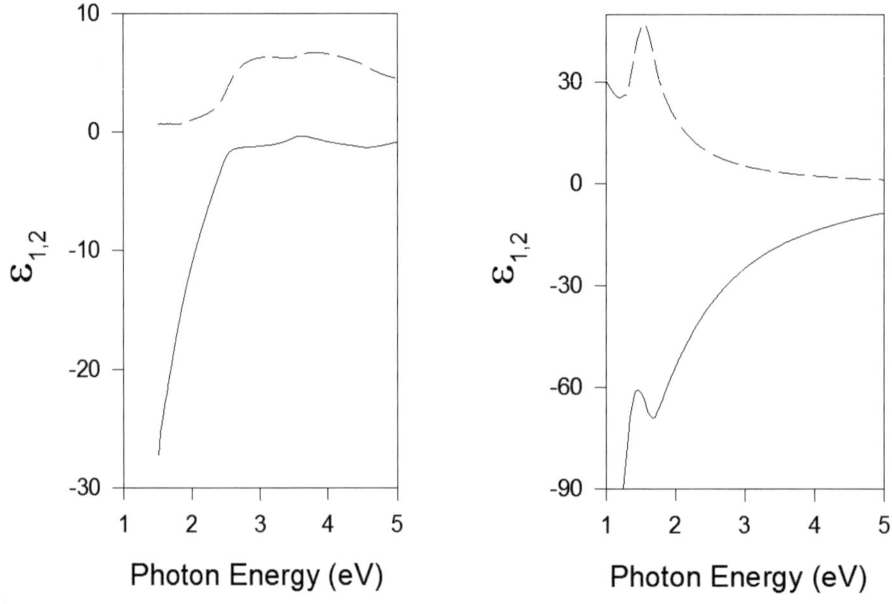

[그림 3.11a] 왼쪽: 금의 유전함수, 오른쪽: 알루미늄의 유전함수로 약 1.3 eV 근처의 oscillation은 parallel band에서의 interband transition을 나타낸다(Nguyen 1993).

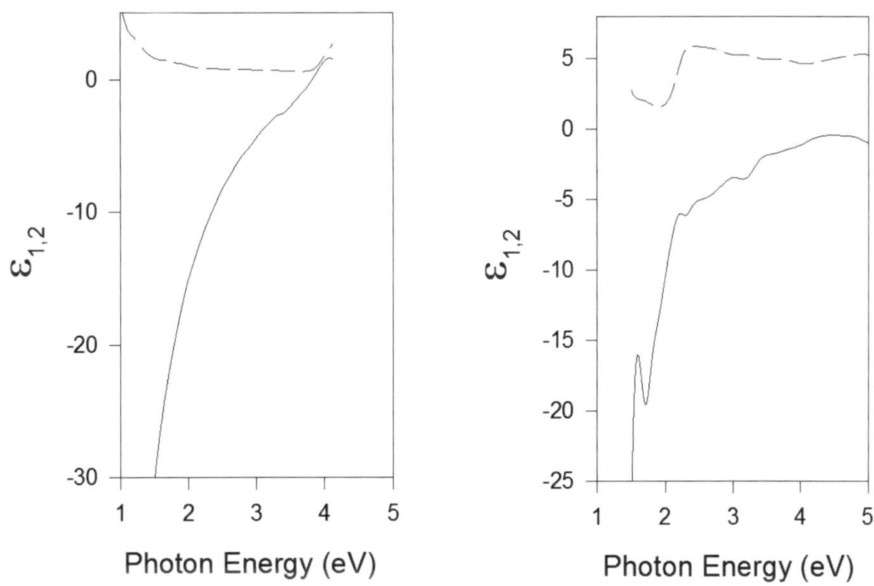

[그림 3.11b] 왼쪽: 은의 유전함수 약 4.0 eV근처에 d-band transition이 있음을 본다. 오른쪽: 구리의 유전함수로 2.0 eV 근처에 d-band transition이 있다.

문 구리 등은 금속광택이 나면서도 붉은 이유는 무엇일까?

답 금속이라고 해서 자유전자만 있는 것은 아니다. 예를 들어 알루미늄 원자 속에 있는 전자는 몇 개나 되는가? 이 들 원자들이 합쳐져 금속 덩이를 만들면 최외각 전자만 자유전자(실제는 그중 일부)가 되고 대부분은 구속된 전자로 남는다. 이들 구속된 전자들도 외부의 자극에 반응을 함은 이미 유전체에서 논의가 되었다. 그 반응의 정도는 구속된 포텐셜의 깊이에 따라 다른데 그 깊이에 해당하는 에너지가 우리가 측정하고자 하는 분광영역에 있으면 그 반응을 자유전자의 반응과 함께 볼 수 있게 된다. 금속의 경우 대부분 d-band가 이에 놓일 가능성이 있다.

☞ **참고:** 플라즈마란 용어가 물질(주로 기체)에 가해준 에너지가 높아지면 전자와 이온의 집단으로 갈라지는 물질의 제4의 상태인 것을 이해한다면 고체 내에서도 이와 유사한 현상이 발생됨을 이해할 수 있다. 고체 속의 전자들도 집단적인 운동(collective oscillation)을 하여 전하밀도의 파동을 형성하는데 이와 관련된 양자화된 에너지($E_p = \hbar\omega_p$)를 (bulk) plasmon이라고 한다. 종파이기 때문에 대전된 입자로만 여기시킬 수 있고, 빛(광양자 에너지가 $\hbar\omega_p$ 이더라도)으로는 여기시킬 수가 없다(Wooten 1972). 그런데, 빛을 이용하면 물질의 표면에 있는 전자들에 의한 표면 플라즈몬(surface plasmon)은 여기가 가능하다. 즉, SPR(surface plasmon resonance) 기술인데 표면 흡착에 대해 매우 민감하다. 이 역시 편광을 이용하기 때문에 ellipsometry와 무관한 기술은 아니다

(Nooke 2011, Wormeester 2011).

☞ **참고:** 금속입자의 광학적 성질: 금속입자의 경우 자유전자의 움직임이 구속된 표면에 의해 제한을 받기 때문에 그 광학적 성질이 금속덩이와는 상당히 다름을 짐작할 수가 있다. Sputtering 등으로 금속 박막을 증착할 때 박막이 얇을 경우(〈수십Å정도) 알갱이(grain) 형태로 있음은 AFM(atomic force microscope), STM(scanning tunneling microscope) 또는 SEM(scanning electron microscope) 등으로 쉽게 관찰을 할 수가 있다. 이 경우 제한된 크기의 표면에 의해 depolarization field가 형성되는데 전자를 구속하게 되므로 Lorentz oscillator의 표현을 사용하면 대체로 잘 맞는다(An 1997, Collins 1993). 금속 입자의 종류에 따라 다르지만 좀 더 복잡한 모델들이 개발되어 있으니 참조하기 바란다(Yamaguchi 1978, Nguyen 1992, 1993). 제7장에 은박막에 있어 두께에 따른 grain size의 변화로 인한 광특성의 차이를 보여주는 data가 소개되어 있으니 참조하기 바란다.

2.4 유전체와 Cauchy, Sellmeir 모델

우선 유전체란 용어에 대해 잠시 언급하고자 한다. 전기전도도를 기준으로 도체, 반도체, 부도체(또는 절연체)의 구분이 가능한데 유전체의 경우 명칭상 도체, 반도체와 어울리지 않는다. 따라서 여기서는 유리 등과 같이 광학적으로 투과나 반사의 측정이 가능한 절연체를 지칭한다고 하자. 결국 유전체란 그 band 구조가 반도체의 경우와 다를 바가 없는데 그 band gap이 반도체(보통 1 eV 근처)보다는 너무 커서 실온에서 전자가 열에너지만으로 interband transition을 하기 힘든 경우를 말한다. 즉, band gap이 아주 큰 물질로 보면 되므로 Lorentz oscillator 모델(식(3-29))에서 공명주파수 ω_0를 아주 큰 값($\omega_{0i} \gg \gamma_i$)으로 두면 그 dispersion을 구할 수 있게 된다(그림 3.12참조). 즉,

$$\epsilon(\omega) \sim \epsilon_\infty + \omega_p^2 \sum_i \frac{f_i}{\omega_{0i}^2 - \omega^2}. \qquad (3\text{-}37)$$

여기서 허수부분이 없으므로 $\epsilon_2 \sim 0$가 되고, $\epsilon(\omega) = \epsilon_1(\omega)$가 되어 흡수가 없는 투명한 물질의 광학적 성질을 표현함을 짐작할 수 있다.

☞ **참고:** 유전체란 유전적 성질을 가진 물질을 이야기하는데 대부분의 절연체가 여기에 속하기 때문에 절연체와 혼돈하여 사용한다. 하지만, 물(증류수가 아닌)의 경우 광학적으로는 유전체임에도 불구하고 절연성은 낮다고 보겠다. 그리고 ZnO나 ITO와 같은 투명전극도 말 그대로 광학적(가시광선 영역)으로는 유리와 유사한 반면 비해 전도성은 아주 좋은 편이다. 그리고 앞의 금속의 광특성 부분에 언급했지만 금속의 광특성은 자유전자의 광특성과 일부 구속된 전자의 광특성이 혼합되었

다. 이 경우 후자는 광학적으로 유전성을 보이는 것이다.

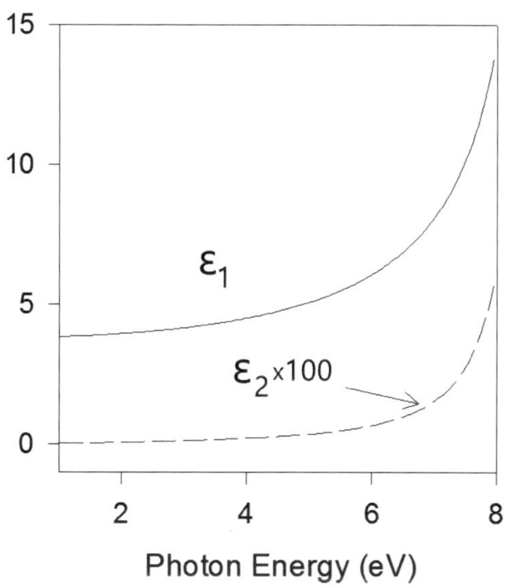

[그림 3.12] 식 (3-29)에서 $E_0 = \hbar\omega_0$를 9 eV로 잡고 그려본 유전체의 유전함수로 허수부는 잘 보기 위하여 100 배로 확대한 값이다.

문 실온에 해당하는 열에너지를 가진 전자는 몇 eV에 해당하는 에너지를 가졌는가?

답 고전적인 모델을 사용하면 약 0.025 eV로 도핑이 되지 않은 순수한 반도체(intrinsic semiconductor)의 bandgap(약 1 eV 근처)을 뛰어 넘을 수 없다. 하지만 실온 정도에서 이미 많은 전자가 conduction band로 여기된다. 그 이유는 온도에 따른 전자의 에너지는 Fermi-Dirac 분포함수를 따르기 때문에 실온임에도 불구하고 높은 에너지(〉Fermi energy)를 가진 전자가 있을 수 있기 때문이다.

☞ **참고:** 절연체인 다이아몬드의 경우 (indirect) band gap은 5 eV 보다 크다. 고온환경에서의 응용을 위해 다이아몬드 박막에 도핑을 하여 반도체로 사용하고자 하는 연구도 하고 있다.

대부분의 분광 ellipsometer에 있어서 측정하는 최대 광양자 에너지가 5 eV 정도이므로 유전체에 대한 분석에 있어서 k=0(또는 $\epsilon_2 = 0$)으로 놓고 단순히 n에 대한 dispersion만 구하면 된다. 따라서, 이런 경우 Sellmeir(1871) 또는 Cauchy(1830)의 단순한 표현을 많이 사용하는데 분광학적인 측면에서 dispersion의 개념을 도입하여 fitting을 쉽도록 해준다고 보면 되겠다. 앞에서 참고로 언급했던 투명 전극은 육안(가시광선 영역)으로는 투명하지만 자외선 영역에서는 급격한 흡수성을 보인다. 따라서, 이 경우에도 다음의 모델을 사용할 경우 분석에 사용하는 광양자 에너지 범위를 가시광선 영역으로 제한하여야 할 것이다.

Sellmeir 모델

$$n^2 = A + \sum_i \frac{B_i \lambda^2}{\lambda^2 - \lambda_{0i}^2}. \tag{3-38}$$

이 식은 앞의 식 (3-37)과 같은 표현임을 바로 알 수가 있다. 여기서 사용할 항의 개수는 실험결과를 항의 수를 증가시켜가면서 fitting하여 그 결과로부터 적당히 잘 맞는 정도로 정한다.

Cauchy 모델

$$n(\lambda) = A + \frac{B}{\lambda^2} + \frac{C}{\lambda^4}. \tag{3-39}$$

전체적인 분산의 경향은 Sellmeir 모델의 경우와 비슷함을 알 수 있다. 그런데 예를 들어 그림 3.12에서 약 6 eV까지 측정한다면 스펙트럼 범위에 약간의 흡수가 있게 된다. 보통 반도체 등의 absorption edge 근처의 광학적 성질이 이에 속하는데 이 경우 소광계수에 대한 표현을 함께 넣어야 한다. 즉,

$$k(\lambda) = A' + \frac{B'}{\lambda^2} + \frac{C'}{\lambda^4}. \tag{3-40a}$$

약하게 흡수가 있을 경우 Urbach tail로 표현하기도 한다(Urbach 1953).

$$k(\lambda) = Ae^{B(E-E_0)}. \tag{3-40b}$$

부록의 광학 상수편에서도 볼 수 있겠지만 투명한 물질의 광학적 성질을 나타내기 위해 이 밖에도 다양한 표현을 사용해 왔음을 짐작할 수 있다.

2.5 Kramers-Kronig(K-K) relation

식 (3-27)에서 짐작할 수 있듯이 광학함수에서 그 실수부와 허수부는 서로 독립적이지 않고 어떤 관계식으로 연관이 되어 있다. 즉, 자극과 반응에 해당하는 causality를 가지고 있다. 반사율 측정의 경우를 살펴보자. 두 변수 (Δ, Ψ)를 측정하는 ellipsometry와는 달리 spectrophotometer로는 반사율 ($R = |r|^2$, 때로는 투과율)만을 측정하게 된다. 즉, 반사율은 물질의 광학적 특성인 (n, k)와 다음과 같은 관계에 있음은 이미 알고 있다.

$$r = R^{\frac{1}{2}} e^{i\Theta} = \frac{(n+ik) - n_a}{(n+ik) + n_a}. \tag{3-41a}$$

여기서 n_a는 입사매질의 굴절률이다. 따라서 Θ가 미지수이기 때문에 측정값인 반사율(R)만으로는 (n, k)를 동시에 결정할 수 없게 된다. 분광 ellipsometry가 상용화되기 이전에는 반사율(R)을 가능한 넓은 파장 영역에서 측정한 다음 그 외의 파장범위에서는 외삽법을 이용하여 적절히 값을 만들어 붙였다. 이를 이용하여 측정하지 못한 미지수 $\boldsymbol{\theta}$는 다음과 같이 K-K relation을 통하여 구하였다.

$$\Theta = \frac{\omega}{\pi} P \int_0^{\infty} \frac{\ln R(\omega') - \ln R(\omega)}{\omega^2 - \omega'^2} d\omega'. \tag{3-41b}$$

이 식에서 P는 principal value를 의미한다(Wooten 1972). 반사율에 있어 모든 파장 영역을 다 측정하지 못하였기 때문에 당연히 상당한 오차를 포함하게 된다. 요즘 상용되는 UV-Visible spectrometer 라는 장비는 시편에 따라 반사율과 투과율을 동시에 측정한다든지(부록 참조), 분광측정이 가능한 경우는 dispersion relation과 regression 분석법을 이용하고 있다. 참고로 반사율 측정법은 ellipsometry에 비해 표면 위의 얇은 산화막 등으로부터는 영향을 덜 받는 대신 scattering을 발생시키는 표면거칠기에 있어서는 큰 영향을 받게 된다.

물론 K-K relation은 (ϵ_1, ϵ_2) 또는 (n, k) 간에도 사용할 수가 있는데, 외부자극인 전자기장에 대한 물질의 반응인 분극에 대해 다시 한번 살펴보자. 식 (3-1)로부터

$$\vec{P}(t) = \epsilon_0 \int_{-\infty}^{\infty} \chi(t-t') \vec{E}(t') dt' \tag{3-42}$$

로 표현이 된다. 여기서 전기감수율(χ)이 그 물질의 반응함수가 되는데 물론 causality에 의해 자극이 있기 전에 반응은 없으므로 t⟨t'인 경우에 이 값은 0이 된다. 이를 Fourier transform시키면 유전함수에 관한 K-K relation을 얻게 된다. 즉,

$$\epsilon_1(\omega) - 1 = \frac{2}{\pi} P \int_0^{\infty} \frac{\omega' \epsilon_2(\omega')}{\omega'^2 - \omega^2} d\omega', \tag{3-43a}$$

$$\epsilon_2(\omega) = -\frac{2\omega}{\pi} P \int_0^{\infty} \frac{\epsilon_1(\omega') - 1}{\omega'^2 - \omega^2} d\omega'. \tag{3-43b}$$

앞으로 소개되는 몇 분산모델에 있어서는 이 K-K 관계식을 잘 활용하고 있다. 즉, 흡수특성으로부터 ϵ_2를 먼저 정의하고 ϵ_1은 K-K 관계식을 사용하여 구하는 것이다.

3. 그 밖의 유용한 분산모델

3.1 Forouhi–Bloomer 모델

Forouhi와 Bloomer는 양자 역학적 흡수이론을 바탕으로 소광계수(k)를 유도해 내고 Kramers-Kronig dispersion relation을 이용하여 굴절률(굴절함수) n을 계산해 내어 전자가 interband transition을 보이는 파장 영역에서의 dispersion relation을 개발하였다. 반도체뿐만 아니라, 비정질 반도체, 절연체, 일부 금속에까지 적용하고 있는데 본인들의 dispersion을 주로 이용하는 transmission- reflection spectrophotometer를 상품화하여 판매하고 있다(Forouhi 1986, 1988). 다음에 나오는 표현에서 알게 되겠지만 oscillator 모델에 비해 광학적 갭(optical gap, Eg)이 fitting 변수에 포함되어 있다는 장점이 있는데, 여러 transition이 있는 물질에 대한 연구를 할 때, fitting 변수가 너무나 많은 것이 단점이고 물론 적용이 잘 되지 않는 물질로 많다.

소광계수는 물질의 흡수를 나타내는 광학상수 임을 이미 배웠다. 즉,

$$k = \frac{c}{2\omega}\alpha = \frac{c}{2\omega}\frac{1}{I_0}\Phi\Theta. \tag{3-44}$$

여기서 c는 빛의 속도이고 α는 흡수계수인데, 입사한 빛의 세기 I_0에 대해 흡수된 빛의 세기의 비를 나타낸다.

$$\alpha = \frac{\Phi\Theta}{I_0}. \tag{3-45}$$

여기서 Φ는 특정 에너지의 빛($\hbar\omega$)을 흡수할 확률(즉, transition이 일어날 확률)인데 양자역학적 perturbation 이론에서 구한다. Θ는 특정 에너지의 빛을 흡수할 수 있는 방법의 총 수를 뜻하는데 valence band와 conduction band에 있어 해당 에너지 상태의 상태밀도(density of state)의 곱으로 표시된다. 따라서, 하나의 direct transition 뿐인 비정질 반도체 물질의 소광계수를 표현해 보면,

$$k_a(\omega) = 상수 \times |\langle\sigma^*|x|\sigma\rangle|^2 \times \left[\frac{\gamma}{(E_{\sigma^*} - E_\sigma - \hbar\omega)^2 + \frac{\hbar^2\gamma^2}{4}}\right](\hbar\omega - E_g)^2. \tag{3-46}$$

여기서 맨 뒤의 제곱항이 Θ에 해당한다는 것은 대부분 잘 알고 있으리라고 생각한다. 그리고 나머지 항은 Φ에 해당하는데 $\langle\sigma^*|x|\sigma\rangle$는 두 에너지 상태의 dipole matrix element를 뜻하고 γ의 역수는 excite state에서의 전자의 life time에 해당한다. 전체적인 모양에서 보았을 때 Lorentz oscillator와 비슷함을 알 수 있다.

광양자 에너지, $E(=\hbar\omega)$를 사용하여 소광계수에 대한 표현을 간단히 만들어 보면 비정질 물질의 경우 k_a, 결정질 반도체나 절연체의 경우 k_{sc}, 그리고 금속의 경우 k_m 각각 다음과 같다.

$$k_a(E) = \frac{A(E-E_g)^2}{E^2 - BE + C}, \tag{3-47a}$$

$$k_{sc}(E) = \left[\sum_{i=1}^{N} \frac{A_i}{E^2 - B_i E + C_i}\right](E-E_g)^2, \tag{3-47b}$$

$$k_m(E) = \left[\sum_{i=1}^{N} \frac{A_i}{E^2 - B_i E + C_i}\right]E^2. \tag{3-47c}$$

이를 이용하여 분광 ellipsometry 스펙트럼을 fitting할 경우, 결정해야 할 변수가 {A, B, C, E_g}가 되는데 반도체에서처럼 transition이 여러 곳에서 일어날 경우 {A_i, B_i, C_i (i=1....N)} 각각에 대한 값을 결정해야 한다. 그리고 금속의 경우 transition은 intraband transition이고 band gap이 없는 것이 특징이다. 여하튼 분광 data를 fitting 한 후 결정할 수 있는 상수 중 광학적 갭(E_g) 외에는 직관적으로 그 물리적인 양이 무엇인가를 기대하기는 어려우나 다음 표현에서 알 수 있듯이 A_i가 개략적으로 흡수 peak의 세기를 나타내고 $\frac{1}{2}B_i$가 peak의 위치를 보여준다.

$$A_i = 상수 \times \left|\left\langle k_{crit}^c | x | k_{crit}^v \right\rangle\right|_i^2 \times \gamma_i, \tag{3-48a}$$

$$B_i = 2\left[E_c(k_{crit}) - E_v(k_{crit})\right]_i, \tag{3-48b}$$

$$C_i = 2\left[E_c(k_{crit}) - E_v(k_{crit})\right]_i^2 + \frac{\hbar^2\gamma_i^2}{4}. \tag{3-48c}$$

여기서 첨자 (c, v)는 conduction band와 valence band를 뜻하며, 첨자 (crit)는 반도체의 경우는 interband transition이 발생하는 각 임계에너지(critical point)을 의미한다. 이제 Kramers-Kronig relation(Hilbert transformation)을 이용하여 굴절률 n(E)에 대한 표현을 구해보자. 즉,

$$n(E) - n(\infty) = \frac{1}{\pi} P \int_{-\infty}^{\infty} \frac{k(E') - k(\infty)}{E' - E} dE'. \tag{3-49}$$

여기서 P는 Cauchy의 principal value이다. 따라서 앞에서의 소광계수 때처럼 굴절률에 대한 표현을

얻을 수 있다. 비정질 물질의 경우 n_a, 결정질 반도체나 절연체의 경우 n_{sc}, 그리고 금속의 경우 n_m 각각 다음과 같다.

$$n_a(E) = n_a(\infty) + \frac{B_a E + C_a}{E^2 - BE + C}, \tag{3-50a}$$

$$n_{sc}(E) = n_{sc}(\infty) + \sum_{i=1}^{N} \frac{B_{sc,i} E + C_{sc,i}}{E^2 - B_i E + C_i}, \tag{3-50b}$$

$$n_m(E) = n_m(\infty) + \sum_{i=1}^{N} \frac{B_{m,i} E + C_{m,i}}{E^2 - B_i E + C_i}. \tag{3-50c}$$

전체적인 모양(즉, 분모)이 소광계수의 표현과 비슷한데, 소광계수에서 결정할 계수인 E_g와 {A_i, B_i, C_i (i=1....N)}외에 n(∞)를 fitting하여야 한다. 여기서 {$B_{x,i}$, $C_{x,i}$}는 E_g와 {A_i, B_i, C_i (i=1....N)}의 함수인데 물론 금속의 경우 E_g=0임으로 {A_i, B_i, C_i (i=1...N)}의 함수이다.

$$B_{x,i} = \frac{A_i}{Q_i}\left(-\frac{B_i^2}{2} + E_g B_i - E_g^2 + C_i\right), \tag{3-51a}$$

$$C_{x,i} = \frac{A_i}{Q_i}\left[\left(E_g^2 + C_i\right)\frac{B_i}{2} - 2E_g C_i\right]. \tag{3-51b}$$

그리고 상기 식들에서,

$$Q_i = \frac{1}{2}\left(4C_i - B_i^2\right)^{\frac{1}{2}}. \tag{3-51c}$$

대부분의 반도체의 경우에 interband transition에 의한 영향이 대부분인데 4개항(즉, N=4)으로 fitting을 하면 잘 맞는 것으로 알려져 있다. 이 경우 결정할 계수의 수는 E_g와 n(∞) 그리고 {A_i, B_i, C_i (i=1....4)}이므로 총 14개가 된다. 금속의 경우는 3개의 항이면 대부분 만족스러운데, E_g=0이므로 10개의 미지수가 된다(Forouhi 1991). 하지만 미지의 물질의 광특성을 연구할 때는 미지수 설정에 시행착오를 거쳐야 하며 때로는 더 많은 항이 요구될 때도 있다. 저자의 경험으로는 일단 그 계수의 값을 아는 물질이나 또는 비슷한 물질을 연구할 때는 fitting 시 그 초기 값 설정에 문제가 없는데 그렇지 않을 경우에는 비교적 긴 시간과 경험이 요구되는 것 같았다. 그리고 모든 물질의 광학적 성질을 다 구사할 수 있는 dispersion relation이 없고 일부 물질의 경우 fitting을 하더라도 그 결과가 그렇게 좋지 않는 경우도 많았다.

3.2 Tauc–Lorentz 모델

앞의 Forouhi Bloomer dispersion를 사용할 때 몇 가지 문제점이 지적되고 있다. 그 중 fitting에 문제가 되는 것은 E<E_g인 경우에 소광계수 k>0이 되는 것이다. Interband transition에서 허용이 되지 않는 사항인데 특히 유리와 같이 가시광선 영역에서 투명한 물질을 연구할 때는 문제가 된다. 또 하나는 E→∞ 될 때, 소광계수 k가 상수가 되는 것이다. 최소한 k 값이 E^{-3}으로 떨어지는 것이 실험이나 이론적으로 보이고 있다(Pelik 1985, 1991, Wooten 1972). 따라서 이를 보완하기 위해 앞에서 배운 바 있는 Lorentz model에다가 Tauc의 joint density of state의 개념을 덧붙인 모델을 제안하였는데 비정질 물질을 위해 개발한 것이다(Jellison 1996a, b). 다음 식은 앞에서 소개된 Lorentz oscillator 모델의 허수부(흡수와 관련)인 식 (3-31b)를 분자와 분모에 $\hbar^2$을 곱하여 energy의 함수로 표현한 것이다.

$$\epsilon_2(E) = E_p^2 \frac{\Gamma E}{\left(E_0^2 - E^2\right)^2 + (\Gamma E)^2}. \qquad (3\text{-}31b')$$

이 경우 optical bandgap 이하에서 흡수가 좀 높게 나오는데 그 이유는 앞에서 이 식을 유도할 때 최대 흡수 에너지점(E_0)에만 관점을 두어 이 식 속에 bandgap 관련 변수가 없기 때문이다. Tauc 모델은 band edge 근처에서의 흡수 표현이 우수하여 비정질 반도체의 optical gap을 구하는데 많이 사용된다(Tauc 1966). Optical gap에 대해서는 바로 다음에 설명이 되는데, Tauc의 표현인 식은 다음과 같음을 알 수 있다.

$$\epsilon_2(E) \propto \frac{(E - E_g)^2}{E^2}. \qquad (3\text{-}52)$$

따라서, 식 (3-31b')에 식 (3-52)를 곱하면 다음과 같은 Tauc-Lorentz 모델은 얻을 수 있다. 이 모델이 band edge 부분의 흡수를 많이 줄여 주기는 하지만 bandgap 이하에서는 오히려 커지는 단점이 있어 강제로 0을 만들어 흡수를 없애야 한다.

$$\epsilon_2 = \frac{A E_0 C (E - E_g)^2}{\left(E^2 - E_0^2\right)^2 + C^2 E^2} \frac{1}{E} \qquad E > E_g, \qquad (3\text{-}53a)$$

$$= 0 \qquad E \leq E_g. \qquad (3\text{-}53b)$$

E_0는 peak transition energy, C는 broadening을 나타내는 항, E_g는 optical bandgap, A는 transition

확률에 비례하는 값이 된다. 그리고 유전함수의 실수부는 Kramers-Kronig relation으로 구한다.

$$\epsilon_1(E) = \epsilon_1(\infty) + \frac{2}{\pi} P \int_{E_g}^{\infty} \frac{E' \epsilon_2(E')}{E'^2 - E^2} dE'. \qquad (3\text{-}53c)$$

3.3 Cody-Lorentz 모델

Tauc-Lorentz 모델에 비해, bandgap 이하에서 약한 지수함수적으로 감소하는 흡수가 있음을 추가하였고(Urbach 1953), interband transition에 있어 constant dipole을 가정하였는데 원래는 비정질 반도체의 bandgap이하를 좀 더 잘 표현하기 위해서 개발되었다(Ferlauto 2002).

$$\epsilon_2 = G(E) \frac{A E_0 C E}{\left(E^2 - E_0^2\right)^2 + C^2 E^2}, \quad G(E) \frac{(E - E_g)^2}{(E - E_g)^2 + E_p^2} \qquad E > E_t, \quad (3\text{-}54a)$$

$$\epsilon_2 = \frac{E_1}{E} exp\left[\frac{E - E_t}{E_\mu}\right] \qquad E \le E_t. \quad (3\text{-}54b)$$

여기서, G(E)는 constant dipole을 가정한 joint density of state, E_t는 Urbach energy(E_u)와 band-to-band transition 사이를 특정하는 energy, E_1은 $E=E_t$에서 $\epsilon_2(E)$함수가 연속적으로 표현되기 위해서 삽입한 조정변수이고, E_p는 E_t에 이은 두 번째 transition energy로서 Tauc-Lorentz 모델보다 유동성을 부여하고 있다. 마찬가지로, 유전함수의 실수부는 Kramers-Kronig relation으로 구한다.

$$\epsilon_1(E) = \epsilon_1(\infty) + \frac{2}{\pi} P \int_0^{E_t} \frac{E' \epsilon_2(E')}{E'^2 - E^2} dE' + \frac{2}{\pi} P \int_{E_t}^{\infty} \frac{E' \epsilon_2(E')}{E'^2 - E^2} dE'. \qquad (3\text{-}54c)$$

Tauc-Lorentz 모델이나 Cody-Lorentz 모델은 원래의 Lorentz 모델에 대하여 약간의 변화를 부여하였다. 하지만 일반적인 박막의 두께 등을 구할 때는 어느 모델을 사용하더라도 결과에 큰 차이를 보이지는 않는다. 다만, 광특성을 구함에 있어서 특히 band edge 부분에서 조금씩의 차이를 보일 수는 있다(Sanchoparramon 2008).

그 밖에 Leng(1998)이 제시한 결정질 실리콘에 대한 해석적인 표현이나 적외선 영역에 적용한 Gaussian oscillator 모델도 제한적이긴 하지만 유용하게 사용이 되고 있다(De Sousa Meneses 2006, Gautam 2016).

4. 반도체 물질의 광학적 갭(optical gap)

앞에서 반도체적인 특성을 가진 물질의 광학적 특성은 밴드 구조와 관계가 있음을 알았다. 하지만 많은 물질의 경우에 있어서는 band gap을 직접 측정해야 할 필요가 있는데, 일반적으로 광학흡수 스펙트럼으로부터 찾아낸다. 물론 광학적으로 측정하고 정의하는 band gap (즉, optical gap)이 전자적으로 측정하는 band gap과 차이가 날 수가 있다. 하지만 태양전지나 LED 등 광전자 소자에 관련된 물질연구에 있어서는 band edge 근처의 특성이 매우 중요하다. 하지만 광학 흡수 스펙트럼에서 직관적으로 optical gap을 찾기는 어렵다. 그림 3.13(왼쪽)의 결정질 silicon의 광학스펙트럼(n, k)을 식 (2-25)를 사용하여 흡수 스펙트럼으로 표현해보면 오른쪽 그림과 같이 된다.

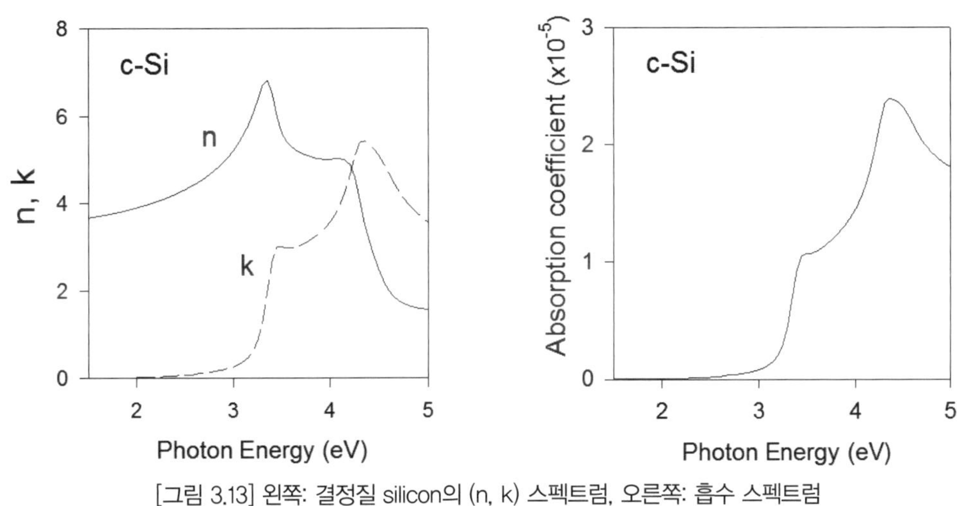

[그림 3.13] 왼쪽: 결정질 silicon의 (n, k) 스펙트럼, 오른쪽: 흡수 스펙트럼

우선 흡수계수나 소광계수나 그 모양에 있어 큰 차이가 없음은 그 관계식에서 짐작을 할 수가 있다. 흡수가 개략적으로 2 eV 근처에서 시작이 되었으나 많이 흡수되기 시작하는 것은 3 eV를 넘어서 발생한다. 즉, 전자가 약 3 eV 이하의 빛은 거의 흡수하지 않는다는 말이다.

문 결정질 silicon의 실온에서의 band gap은 1.12 eV 이다. 그런데 silicon의 광학함수의 1.12 eV 근처에서 결정적인 흡수의 흔적이 없다. 왜 그런가?

답 결정질 silicon(c-Si)과 게르마늄(c-Ge)은 indirect band gap물질이다(그림 3.8 참조). 빛의 경우 전자에다가 에너지를 전달하고 운동량은 거의 전달하지 못하기 때문에 direct transition에 대한 현상만 관측이 가능하다. Silicon의 밴드구조를 살펴보면 silicon의 band gap 1.12 eV는 indirect transition임을 알 수 있다. 그림 3.13에서 direct transition이 3 eV 근처부터 많이 있음을 알 수 있다. 반면 direct band gap을 가진 반도체 물질들은 이 흡수가 시작되는 에너지가 그 물질의 실제 band gap에 비슷한데 이를 경우 광학적 갭이라고 부른다.

비정질 반도체의 경우 결정질이 가진 주기성의 부재로 band gap이 정확히 정의가 되지 않지만 다음 그림 3.14의 비정질 silicon(a-Si)의 흡수 스펙트럼의 예에서 짐작할 수 있듯이 약 1.7 eV 근처에서 흡수가 시작됨을 짐작할 수 있다. 따라서 a-Si도 어느 정도의 반도체적 특성을 지니게 되는데 direct gap을 가진 반도체라 가정하면 되고 광학적 gap을 정의할 수가 있다.

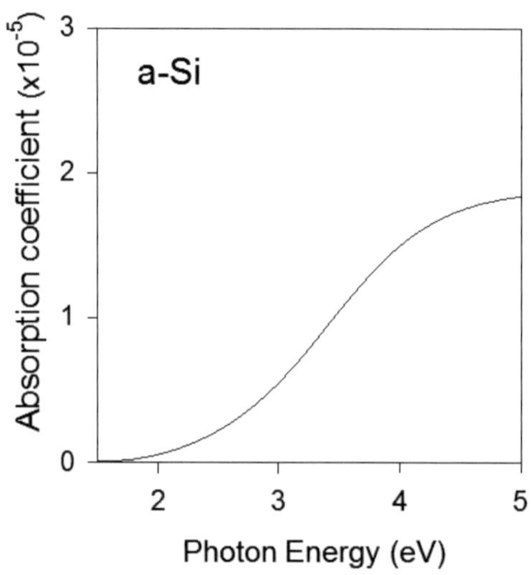

[그림 3.14] 비정질 silicon(a–Si)의 흡수 스펙트럼

물질의 흡수스펙트럼, $\alpha(E)$은 valence band로부터 conduction band로의 transition 되는 양을 나타내므로 band gap에 해당하는 에너지(E_g)와 그 transition에 관련되는 상태밀도(density of state)에 관계된 물리량이다. 식 (2-25)에서 정의된 흡수계수는 다음과 같다.

$$\alpha = \frac{4\pi k}{\lambda} = \frac{\omega}{nc}\epsilon_2 \tag{3-55a}$$

여기에 앞에서 Tauc이 제안한 복소유전상수의 허수부 ϵ_2에 관한 표현식 (3-52)을 이용하면 다음과 같은 관계식을 구할 수 있다.

$$\alpha(E) = \frac{E}{\hbar nc}\frac{(E - E_g)^2}{E^2}. \tag{3-55b}$$

여기서, 굴절률 $n(E)$이 E_g 근처에서 광양자 에너지($E = \hbar\omega$)따라 크게 변하지 않는 값이라고 가정하면 다음과 같은 관계식을 얻는다(C는 상수).

$$\{\alpha(\hbar\omega)\hbar\omega\}^{\frac{1}{2}} = C(\hbar\omega - E_g) \quad (3\text{-}55c)$$

이 선형적 관계식에서 구한 광학적 갭(E_g)을 Tauc gap이라고 한다(Tauc 1966). 가장 많이 사용되는 gap 방정식이기는 하지만 물질에 따라 실험적을 구한 데이타에서 선형성이 부족한 경우도 있다. 이를 보완하기 위해 Cody는 transition에 있어서 dipole matrix element가 광양자 에너지에 무관하다고 제안하였고, 이로부터 다음과 같은 관계식을 유도하였다(Cody 1982, 1984). 여기서도 굴절률 $n(E)$이 E_g 근처에서 광양자 에너지($E=\hbar\omega$)따라 크게 변하지 않는 값이라고 가정하였다.

$$\epsilon_2(E) \propto (E-E_g)^2 \text{ 또는 } \epsilon_2^{1/2}(E) = C'(E-E_g) \quad (3\text{-}56)$$

이 선형적 관계식에서 구한 광학적 갭(E_g)을 Cody gap이라고 부른다. 비정질 실리콘 등에서는 Cody gap이 Tauc gap보다 좀 더 잘 맞는다(Mok 2007). 그림 3.15에서 Cody gap이 그 선형성에서 약간 나음을 볼 수 있다. Tauc gap의 경우와 같이 선형성이 떨어질 경우 fitting에 사용하고자 하는 data의 범위에 따라 그 절편, 즉, gap 값이 달라질 수 있음도 감안해야 할 것이다.

분광 ellipsometry를 이용하여 구한 $\alpha(\hbar\omega)$ 또는 $\epsilon_2(\hbar\omega)$를 관계식 (3-55c)나 (3-56)을 이용하여 그린 후 E_g 근처의 data들을 직선으로 fitting하면 E-축 절편값이 바로 E_g가 된다.

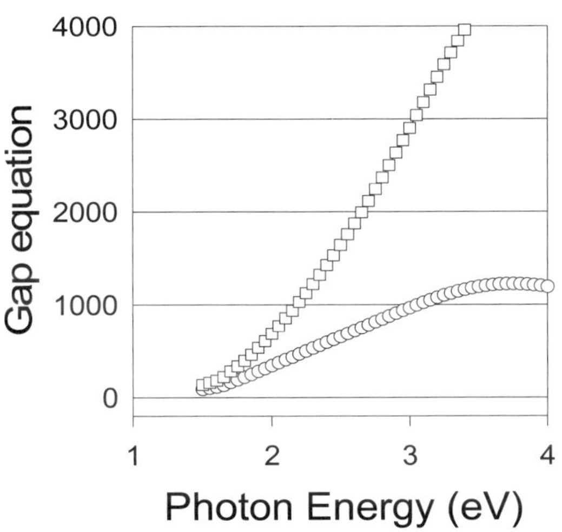

[그림 3.15] 비정질 silicon에 있어서 Tauc(사각형) 및 Cody gap(원). 세로축의 값은 식 (3–55c)와 식 (3–56)을 이용하여 구하였다.

제4장 Ellipsometry 에 사용되는 광학부품

이 장에서는 ellipsometer 그 자체나 측정에 있어 필요한 구성 부품에 대해서 이야기 하고자 한다. 혹 장비를 직접 개발하고자 하는 경우나 현재 보유하고 있는 장비를 이해하고 보수 유지하는데 도움이 될 것이다. Ellipsometry는 그 역사가 오래된 만큼이나 다양한 구조와 원리로 작동이 되고 있으며 최근에도 계속 새로운 형태가 개발되고 있다. 좀 더 빠르고 좀 더 확장된 에너지 영역을 보는 근본적인 방향 외에도 정밀도나 정확성을 높이는 노력도 계속되고 있다. 또한 새로운 기능을 가진 ellipsometer 제작에도 많은 연구를 하고 있다. 여기서는 일반적으로 많이 사용되는 광부품들의 특징을 ellipsometer에의 사용을 염두에 두고 살펴보기로 한다. 각 광학 부품에 대한 더욱 자세한 설명이 필요할 경우 미국 광학회가 발간한 Handbook of Optics가 좋은 참고서적이 될 것이다(Driscoll 1978). 많은 종류의 ellipsometer를 개발해 본 저자의 경험에 따르면, 다음에 소개하고자 하는 모든 광학 부품이 ellipsometer용으로는 완벽한 것이 없다는 것이다. 즉, 약간 모자라는 부품의 기능을 보완하려고 다른 종류를 선택하면 반드시 얻고자 한만큼 잃게 되는 다른 것이 있다는 것이다. 혹, 독자들 중에 스스로 ellipsometer를 제작해 보고자 한다면 이를 염두에 두고 부품 선택에 신중을 가하여야 할 것이다.

1. 광원 및 detector

광원과 detector는 일반 광학 실험에서도 필수적으로 사용되는 광부품인데 ellipsometer에 적용할 경우 특히 편광에의 영향을 고려해야 한다. 그리고 사용하는 광원에 있어 파장의 선택은 단색 laser의 경우가 아니면 백색광원과 분광기의 조합이 된다.

1.1 광원

Ellipsometer에 사용되는 광원의 선택을 위해서는 다음의 사항들을 고려해야 한다.

- 밝기(intensity): 측정치에서 S/N 비를 높이기 위해서는 시편에 영향을 주지 않고 detector가 수용 가능한 범위 내에서 충분한 밝기를 확보해야 한다. Polarizer나 analyzer를 지날 때마다 광량이 이론적으로 절반씩 줄고, 또한 시편에서 일부만 반사가 되며, 분광기에서는 일차 회절(first order diffraction)만 사용하고 나머지는 버리며, 또한 detector의 quantum efficiency가 100%가 되지 않는다. 즉, 광원에서 나온 빛 중에 극히 일부분만 측정에 기여함을 알 수 있다. 백색광의 경우 대부분 30 W deuterium 이나 75 W 제논 방전(Xe-arc) 램프를 사용하는데 각종 condensing lens나 거울이 복합적으로 사용된다. 폭이 좁은 slit이나 광섬유(optical fiber) 등을 사용할 경우 그만큼의 밝기 손실을 또 고려해야 한다.

- collimation: 자연의 이치에 의해 빛을 흐트러지게 하기는 쉬우나 모으기는 어렵다. 일반 광원을 이용하여 laser의 경우처럼 단면 밝기가 균질하고 직선 형태로 진행하는 빔을 만들기는 매우 힘들다. Collimation이 중요한 이유는 일단 빛을 모아 그 밝기를 키우기도 하지만 모든 광부품으로의 입사각이 정의가 되어야 하기 때문이다. Polarizer의 경우 완전편광을 위한 acceptance 각이 있으며, 분광기의 경우 f-number가 있다. 또한 시편의 경우 편광 반사특성이 입사각에 따라 다름은 이미 알고 있다. Ellipsometer의 총 광경로가 짧을수록 이 문제에 신경을 써야 할 것이다. 일반적인 collimation system은 그림 4.1과 같은데 광원이 무한히 먼 곳에 있지 않으므로 실제로 평행광은 아니며 또한 구면 수차, 색수차 등에 따른 광의 균질도의 문제가 있기는 하지만 pin hole의 크기를 줄여 어느 정도 개선이 가능하다.

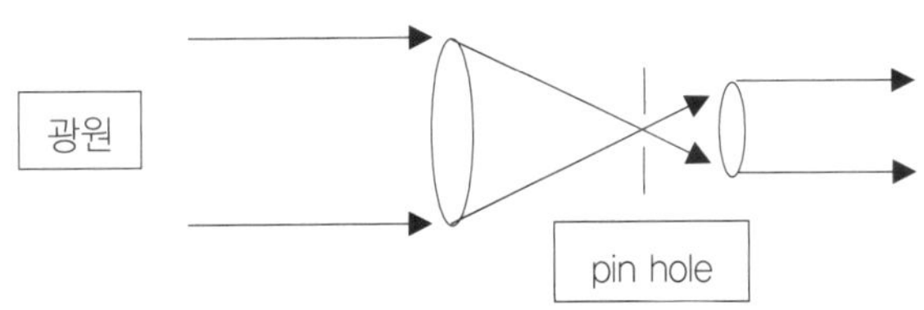

[그림 4.1] Collimation system. 두 개의 초점거리가 다른 렌즈와 pin hole로 구성이 되어 있다.

- 안정성(stability): Ellipsometry가 빛의 밝기 측정을 통해 편광 상태의 변화를 알아내므로 아주 짧긴 하지만, 측정 주기 동안 광원의 밝기의 안정성이 매우 중요하다. 특히 (Δ, Ψ)와 함께 반사율을 이용하는 3-parameter ellipsometry를 운용하려고 하면 밝기를 비롯한 모든 시스템 반응의 안정성에 신경을 써야 한다. 다행히 상당수의 ellipsometry가 밝기에 대해 normalized 된 측정치를 사용하기 때문에 reflection/transmission 측정 기술보다는 밝기 변화에 따른 영향이 덜한 편이다. 밝기 변화의 주기가 측정주기, 즉, rotating polarizer, rotating analyzer 등에 있어서 회전주기와 가까울 때는 바로 측정 오차를 유발한다. 아주 주기가 짧은 random error의 경우는 다수의 측정값을 평균함으로써 그 영향을 줄일 수 있다. 특히, ac power를 사용하는 텅스텐 할로겐램프 등은 60Hz의 밝기 변화가 있다.

- 파장의 범위: 분광 ellipsometry에서 고려해야 할 사항이다. 〈표 4.1〉에서 보듯이 대부분 제논 방전(Xe-arc) 램프, 텅스텐 할로겐 램프, deuterium(D_2) 램프 등을 사용한다. 특히

D_2-램프를 이용하여 deep UV나 vacuum UV영역의 측정을 고려할 경우 광원뿐만 아니라, lens, polarizer, 분광기, detector 등도 그 파장 영역에 맞는 것으로 교체해야 한다. 때로는 두 광원을 섞어 파장영역을 넓히고자 할 때가 있다. 회전 거울을 이용하여 두 광원을 교대로 사용하는 방법도 있으나 고정적으로 사용하는 방법도 있다. 그림 4.2와 같이 see-through deuterium 램프와 텅스텐 할로겐 램프를 직렬로 사용하거나, see-through deuterium 램프와 제논 방전 램프를 직렬로 사용한다. 또는 가지가 있는 optical fiber를 이용해도 되고 저자의 경우는 integrating sphere를 이용하여 두 광원에서 나온 빛을 합하여 사용하기도 했다.

〈표 4.1〉 대표적인 광원의 파장 범위인데 제작사와 power 용량에 따라 그 범위가 약간씩 다름

광 원 명	사용 가능 파장 영역
Xe-arc lamp	200~2500 nm
Deuterium lamp	160~400 nm
Tungsten Halogen lamp	350~2700 nm
Mercury lamp	200~2500 nm (line)
IR source(globar)	1~25 ㎛

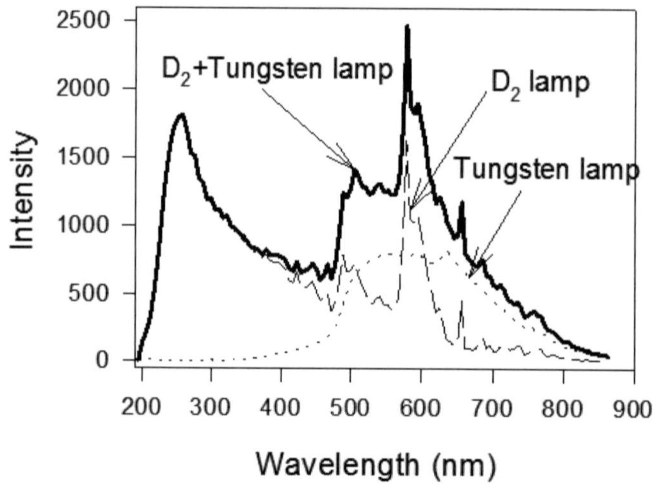

[그림 4.2] 저자의 연구실에 있는 see-through deuterium(D_2) 램프와 텅스텐 할로겐 램프가 직렬로 연결된 광원에서 측정한 스펙트럼들로 점선은 텅스텐 할로겐 램프만 켰을 경우를, 마디선은 deuterium 램프만 켰을 경우를, 그리고 짙은 실선은 두 램프를 동시에 켰을 경우이다. 각 램프의 파장 영역의 특성을 엿볼 수가 있다. Deuterium 광원의 짧은 파장 영역이 200 nm근처에서 끝이 난 것은 detector의 감도 때문이다.

☞ **주의:** 제논 방전(Xe-arc) 램프나 deuterium 램프 또는 수은 램프를 사용할 경우 자외선에 노출되지 않도록 극히 주의를 하여야 하는데, '자외선(UV) 주의' 표시를 실험실 주변에 하여야 하며 동시에 오존(O_3)제거를 위한 환기 시설을 해야 한다. 가능한 사용하지 않는 빛의 경로는 보이지 않게 차단하고 긴소매의 옷과 보안경 등을 착용하는 것이 안전하다.

- beam의 질: 잘 collimation이 된 빛이라도 빛의 단면에서의 밝기나 파장의 균질도가 또한 중요하다. 특히 detection 부분에 slit 등을 사용할 경우 입구가 매우 작다. 따라서 빛의 균질도가 낮은 경우 rotating polarizer 등과 같이 회전하는 부품이 있을 때 그 기계적 움직임에 따라 빛의 밝기가 다른 부분이 detector에 들어가 밝기의 변화를 초래할 수도 있다. 또한 rotating polarizer형의 경우 광원이 가진 부분편광(partially polarized)이 문제가 된다(그림 4.3 참조). 대부분의 방전 램프가 약간씩의 부분적인 편광을 가졌고 laser의 경우도 편광이 있는 것이 일반적이다. 광원의 형태나 위치에 따라 이 부분편광의 정도가 다르므로 이를 잘 이용하거나 아예 잔류편광의 영향이 없도록 해야 한다.

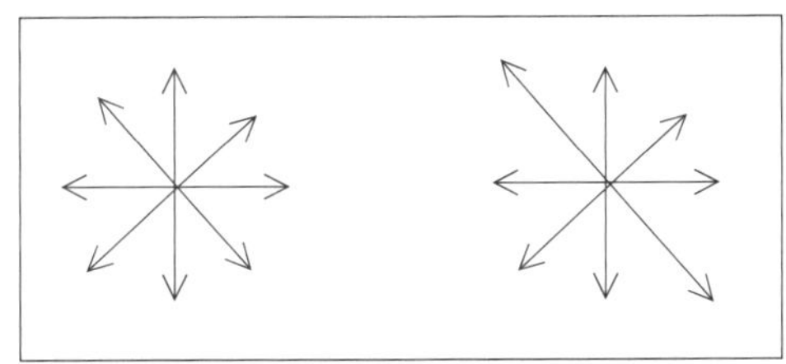

[그림 4.3] (왼쪽) 편광이 되지 않은 자연광(randomly polarized)과 (오른쪽) 부분적으로 편광이 있는 경우의 전자기장의 모습 (앞에서 쳐다본 모습)

그 밖에 수은 램프는 분광기나 array detector에 있어 위치에 따른 파장값을 지정하는데 필요하고 (wavelength calibration), 파장 영역을 아예 바꾸어 synchrotron radiation(Garriga 1989, Logothetidis 1993)이나 klystron에서 발생하는 microwave를 사용하는 곳도 있다(Sakurai 1975).

1.2 분광기

영어로 spectrometer, spectrograph, monochromator(스펠링 주의)라 구분을 하는데 마구 혼용하여 사용하고 있다. 원리가 같으나 사용처에 따라 구분해서 사용할 필요가 있다. Spectrometer란 분광기란 뜻의 일반적 용어이고 array detector 앞에 위치시키고 분광된 빛이 동시에 펴져 나오도록 된 것을 spectrograph, 분광된 빛을 slit으로 막아 단파장만 나오도록 하였을 때 monochromator라 부른다. 프리즘 등을 회전시켜 각기 다른 파장의 빛이 slit을 통해 나오도록 만들었을 때, spectrometer

또는 automated monochromator라 부른다. 분광기와 detector의 조합, 때로는 광원까지 갖춘 완벽한 시스템을 spectrometer라 부르는 경우도 종종 있다. 분광기 선택에 있어서 우선 분광방법을 선택해야 하는데 적외선 영역에서는 FTIR에 있어서처럼 interference를 이용하기도 하는데 가시 광선 영역 근처에서는 프리즘이나 grating을 사용하며 후자가 월등히 많다. Grating에 대해 관심이 있는 독자는 Hutley (1982)의 저서를 참조하기 바란다. Grating을 선택할 경우, efficiency, blaze wavelength, 스펙트럼 범위, 해상력, stray light 등을 고려하여야 한다. 특히, array detector의 경우는 그 길이가 일정하므로($\frac{1}{2}$인치, 1인치 등) 그에 맞는 분광을 찾는 것이 중요하다.

- 분광기의 형태: 프리즘이나 grating을 어떻게 배열하는냐에 따라 여러 가지 분광기 형태가 있다. Ellipsometer에는 그 중 Littow 형, Czerny-Turner 형, Rowland Circle 형이 많이 사용되고 있다.
- Array detector 용: 화소 위에 초점이 맺히는 imaging spectrograph를 사용하며, array 크기가 제한되어 있으므로 원하는 분광범위가 확보되는지를 확인하여야 한다.
- stray light(산란광): 주어진 파장에 해당하는 빛의 경로에 다른 파장의 빛이 들어오는 경우인데 분광기마다 명시되어 있으므로 구입시 참고로 하되 사용자 역시 f-number를 준수한다든지, 필요없는 파장은 아예 filter로 제거한다든지 하여 주의를 기울여야 한다. 참고로 grating 분광기에서 0차는 분광이 안 된 백색광 그대로인데 밝기가 상당하므로 분광기 안에서 stray light을 발생시켜 오차를 유발할 수 있다(An 1991).

1.2.1 Grating을 이용한 분광

프리즘의 경우 재질과 모양에만 의존하기 때문에 분광능력이 거의 고정된 데 비해 grating의 경우 groove 밀도로 dispersion의 파장 범위를 쉽게 조절할 수 있고, blaze angle을 조절하여 파장에 따른 효율을 임의로 조절할 수 있다. 또한 대량생산이 가능하고 특히, array detector와 함께 사용할 경우에 모든 파장에 따른 초면이 detector 표면이 되게 할 수 있으며 소형 제작이 가능하다. 반면 프리즘 분광에 비해 단점이 있다면 high order diffraction의 발생이다. 위치에 따른 빛의 분산을 나타내는 grating 방정식은 다음과 같다.

$$n\lambda = d(\sin\theta_i \pm \sin\theta_r). \qquad (4\text{-}1)$$

여기서 n은 회절(diffraction)의 차수, d는 grating의 홈의 간격, 그리고 θ_i와 θ_r은 각각 입사각과 회절각(그림 4.4에서 1차 회절각)이다. 그리고 α는 blaze 각이다. 식 (4-1)에서 알 수 있듯이 분광된 빛의 간격은 파장에 비례함을 알 수 있다.

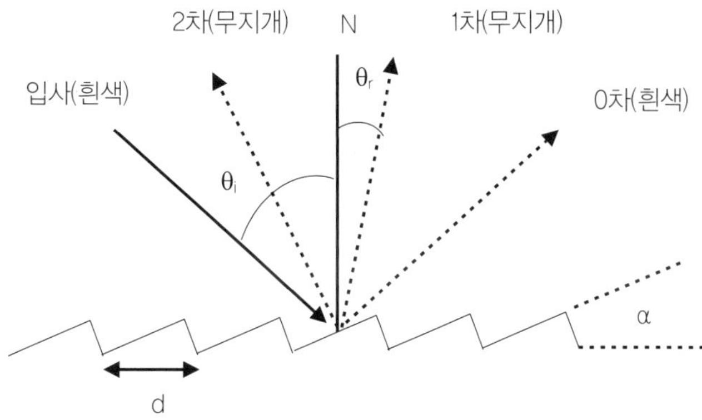

[그림 4.4] 반사형 Grating에서의 회절 현상(다른 차수에 대한 그림은 일부러 생략하였음)

우선 그림에서처럼 백색광이 입사하면 격자에 의해 회절현상이 생기는데 격자면을 거울로 보고 입사와 반사의 법칙에 의해 수직선 N에 대해 대칭으로 반사되어 나가는 빛이 0차이고 백색광이다. 이는 compact disk에 얼굴을 비치면 좀 흐리긴 하지만 얼굴이 그대로 보이는 경우이다. 그 다음에는 그림에서와 같이 1차, 2차. 3차... 그리고 0차 오른편으로 -1차... 등이 생긴다. 분광학에서는 대부분 1차 회절에 의해 생긴 스펙트럼을 이용하는데, 문제는 파장영역이 넓은 광원을 사용할 경우 2차 회절에 의해 생긴 스펙트럼과 일부 겹친다는 것이다. 그리고 나머지 차수에 의한 영향은 일반적으로 미미한 편이다. 1차 회절에 의해 생기는 스펙트럼에 비해 2차 회절에 의해 생기는 스펙트럼의 밝기가 약하긴 하지만(1차의 수 %정도) ellipsometry data에 미치는 영향은 치명적이다.

다시 한번 식 (4-1)을 보자. 특정 회절각 θ_r의 방향으로 오는 파장의 빛을 측정한다고 하면 이 식의 우변은 상수가 된다. 예를 들어, 이 상수값을 만족시키는 좌변 값으로 500 nm의 1차(n=1) 회절과 250 nm 의 2차(n=2)가 있을 수 있다. 즉, 두 개의 서로 파장이 같은 방향(검출기)으로 진행한다는 것이다. 결국 200 nm에서 800 nm의 파장영역을 가진 광원을 분광을 시키면 400 nm에서 800 nm 사이의 1차회절 스펙트럼이 200 nm에서 400 nm의 2차회절과 겹쳐지는 것이다(order-overlap). 즉, 그림 4.5에서 알 수 있듯이 우리가 사용하고자 하는 1차 스펙트럼의 긴 파장 영역(붉은색 부분)에 2차 스펙트럼의 짧은 파장 영역(푸른색)이 겹치게 된다. 그림 4.6은 360 nm의 준단파장 빛을 grating 분광기를 장착한 array detector에 입사시켰을 때의 반응을 보여 주고 있다. 1차 회절에 의한 360 nm 파장 그 자체뿐만 아니라 그것의 2차 회절이 720 nm에서 검출되고 있음을 알 수 있다. 또한 식 (4-1)에서 짐작할 수 있듯이 2차 회절에 의한 스펙트럼이 영향을 미치는 공간적 범위가 1차 회절에 의한 영역보다 2배가 됨을 알 수 있다. 이를 그림 4.6에서 1차와 2차 회절의 반값폭(FWHM: full width at half maximum)를 비교해 보면 과연 그러함을 알 수 있다.

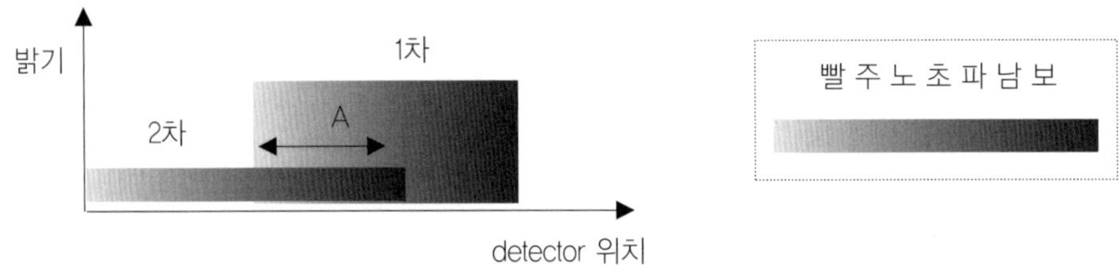

[그림 4.5] 1차 회절과 2차 회절에 의해 생긴 분광 스펙트럼의 겹치기(A영역). 이 그림에서 2차 회절의 밝기 및 겹치는 범위는 편의상 과장된 것임.

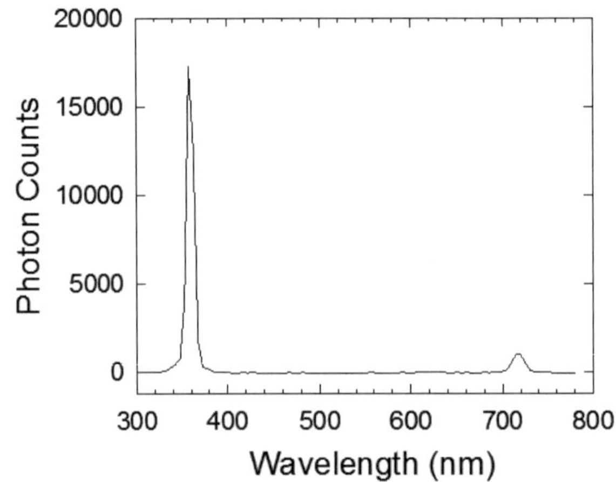

[그림 4.6] 분광기를 장착한 array detector에 360 nm의 준단일 파장의 빛을 입사시켰을 때의 반응으로 360 nm 뿐만 아니라 720 nm에 2차 회절광이 상당량 발생하였음을 보여 준다.

1.2.2 Grating 분광기에서 Order-sorting(2차 회절 제거)

우리가 사용할 1차 회절스펙트럼과 일부 겹쳐진 2차 회절 스펙트럼을 제거하기 위한 방법으로는 가장 쉬운 것이 회절 제거용 filter(order sorting filter, cutoff filter)를 사용하는 것이다. 즉, detector가 1차 회절의 긴 파장 영역을 측정할 때 겹쳐 들어오는 2차 회절의 짧은 파장을 선택적으로 제거할 수 있는 filter를 광경로에 삽입하는 것이다. 또 다른 방법은 분광된 빛을 한 번 더 분광하는 것인데 두 개의 분광기를 연결하여 사용하는 것이다(double monochromator). 이 두 가지 방법은 stepping motor를 사용하는 monochromator식 분광기에는 사용이 가능하나 array detector에 부착하는 spectrograph에는 사용이 어렵다. 왜냐하면 array detector를 사용하는 이유는 모든 파장의 스펙트럼을 동시에 측정하기 위함인데, 광원에 filter를 끼우면 2차회절의 짧은 파장뿐만 아니라 사용하고자 하는 1차회절의 짧은 파장도 차단해 버리기 때문이다.

☏ **이야기:** 대학원생 시절 array detector를 이용한 분광 ellipsometer를 개발할 때였다. 지도교수가 grating spectrograph를 선호하는 바람에 order-sorting 문제에 봉착하였는데 그의 제안은 filter 삽입 전후의 스펙트럼을 각각 측정하여 order-overlap의 문제가 없는 부분만 다시 합성하라는 것이었다. 하지만 그럴 경우 광학 filter를 넣고 빼는 시간과 함께 2회 측정을 하여야 하기 때문에 측정시간이 상당히 느려져 실시간 측정을 위해 도입한 array detector의 사용 의미가 없어진다. 장고 끝에 한 방법을 찾아내었는데, array detector 표면에 cutoff filter 역할을 하는 물질로 코팅(또는 얇은 filter 부착)하는 방법이었다. 즉, 2차 회절의 영향을 받는 채널만 filter로 덮는 것이다. 요즈음 판매되는 많은 분광기가 이 기술을 따르고 있다.

Array detector를 위한 order-sorting의 경우 사용하고자 하는 파장 영역에 적합한 filter가 없는 경우가 많다. 이 경우는 저자가 개발한 또 다른 방법을 사용해보기 바란다. 이는 software적으로 2차 회절을 제거하는 방법으로 'numerical filter'라 명명하였다(An 1997, Kim 1998). 이 방법은 나중에 저자가 array detector를 이용한 진공자외선 분광 ellipsometer를 개발할 때 매우 유용하게 사용한 바가 있다. 또한 사용하는 파장의 범위가 넓을 때에는 여러 개의 filter가 동시에 필요한데 이때도 아마 이 방법이 큰 도움이 될 것으로 기대한다. 그림 4.7은 결정질 silicon(c-Si)의 ellipsometry 스펙트럼을 보여주고 있는데 grating 분광기를 사용한 경우이다. 긴 마디선은 2차 회절에 의한 중복을 제거하지 않은 결과를 보여 주고 있는데 약 2.5 eV 이하의 data가 상당히 영향을 받았음을 알 수 있다. 이는 사용한 광원의 광양자 에너지가 최고 약 5.0 eV 정도가 됨을 말해 준다. 이 때 약 2.2 eV 까지만 투과시킬 수 있는 cut-off filter를 이용하여 2차 회절을 제거함으로써 정상적인 스펙트럼을 얻을 수 있음을 본다(원). 또한 저자의 numerical filter도 광학 filter처럼 잘 작동하고 있음을 알 수 있다(실선).

Grating 분광기를 array detector와 결합하여 사용할 때 발생하는 또다른 유의점은 파장별 간격이다. 식 (4-1)에서 짐작할 수 있듯이 파장별로 분산이 이루어지므로 array detector로 측정한 data의 파장별 간격이 파장별로 거의 일정하다. 반도체 물질의 특성은 광양자 에너지별 특성이 중요하므로 파장별로 측정된 스펙트럼을 광양자 에너지로 변환하면 data가 낮은 광양자 에너지 쪽으로 쏠리게 된다(그림 4.7에서 원으로 표시된 data 참조-이 그림에서는 보기에 편하게 일부러 밀도를 줄였음). 나중에 분광 ellipsometry data를 분석할 때 낮은 에너지 쪽으로 분석의 무게가 쏠려 결과에 영향을 초래할 수도 있다.

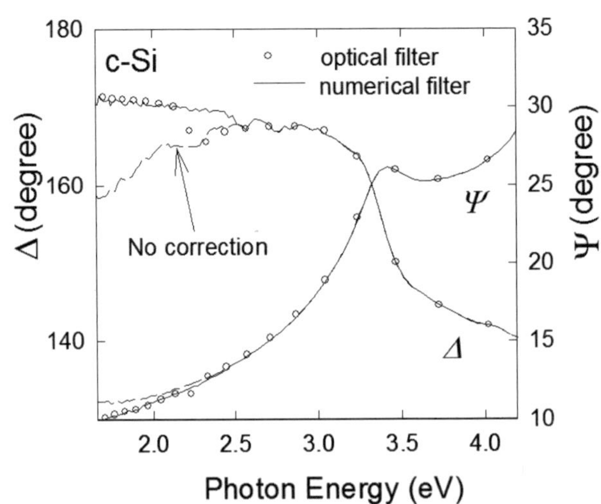

[그림 4.7] Grating 분광기를 장착한 array detector로 측정한 silicon 스펙트럼. 마디선은 2차 회절을 제거하지 않은 상태를 보여 주고 원은 cut-off 용 광학 filter를 끼웠을 때의 스펙트럼을 보여 주고 있다. 실선은 numerical filter를 사용하여 수학적으로 제거한 경우를 보여 주고 있다. 광학 filter의 경우 약 2.4 eV 근처에서 수정이 안 되다 볼 수 있는데 이는 원래 광원이 4.8 eV에서도 밝기가 있음을 말해주며 cut-off 에너지가 좀 더 높은 filter를 사용해야 됨을 알 수 있다.

1.2.3 프리즘을 이용한 분광

최근에는 grating 분광 방법에 밀려 널리 사용되지는 않는데 grating 분광의 단점인 high order diffraction의 겹침이 문제가 될 경우 사용하면 좋다. 그리고 분광능력을 높이고 또한 order sorting까지 겸비한 이중분광기(double monochromator)에서는 프리즘과 grating에 의한 분광을 연결하여 사용하고 있다. 프리즘의 유리 재질로는 UV 영역까지 원하면 fused silica, CaF_2, 그리고 quartz 등이 좋은데 가시광선 영역이나 IR 정도면 flint glass(납유리)를 사용하는 것이 가격도 싸고 분광능력도 좋다. 프리즘의 경우 분광된 빛의 간격은 grating 분광에서와는 달리 파장에 대해 비선형적인데 파장의 역수인 광양자 에너지 공간에서 보면 grating에 의한 분광보다는 좀 더 균일한 편이다.

마지막으로, 분광기는 그 내부 광학계에서 수직이 아닌 입사로 인한 굴절이나 반사가 필연적이므로 편광상태의 변화가 발생하며 입사하는 빛의 편광상태에 따라 출력되는 빛의 밝기가 변한다. 즉, 어떤 구조의 ellipsometer를 제작하든지 간에 분광기 전후에 편광을 modulation시키는 광부품의 설치는 피하는 것이 좋다(제5장 참조).

1.3 Detector

일반적으로 많이 사용되는 detector로는 PMT(photomultiplier tube)와 silicon detector가 있다. Detector도 감지할 수 있는 광양자 에너지에 제한이 있기 때문에 선택에 있어 주의를 하여야 한다. PMT의 경우 진공관 tube의 유리 재질과 광전자를 발생시키는 물질에 따라 그 사용파장 영역이 제한되는데 보통 100 nm에서 1000 nm사이에서 선택해 사용한다. 그리고 적외선을 사용할 경우 $Hg_xCd_{1-x}Te$(2~14 ㎛)나 InSb(2.5~5.5 ㎛) 등으로 된 detector를 사용한다. Detector 선택에 있어 고려해야 할 또 다른 사항은 반응속도인데 ellipsometer의 modulation 속도보다 훨씬 빨라야 파형을 따라 잡을 수 있다.

- PMT: 민감도가 뛰어나 빛의 밝기가 낮은 경우에도 사용이 가능하고 측정 가능한 파장의 범위도 비록 튜브를 바꾸어야 하나 상당히 넓다. PMT의 구조 및 원리는 그림 4.8과 같은데 그 구조상 side-on 형태와 head-on 형태가 있다. Head-on 형이 크기와 설치 방향에 있어 작은 실험공간에는 적합지 않으나 side-on형에 비해 편광에 덜 민감하고 또한 반응면적의 위치에 따른 반응도가 어느 정도 균질한 장점이 있다. 그 원리는 그림의 예에서 보듯이 광전효과에 의해 photocathode에서 발생한 전자가 각 dynode 사이에 걸린 전압에 의해 가속이 되는데 연속된 dynode를 충돌할 때마다 더 많은 2차 전자를 발생시켜 결국 증폭의 효과가 나타나는데 보통 10^6배 이상의 증폭도 할 수 있다.

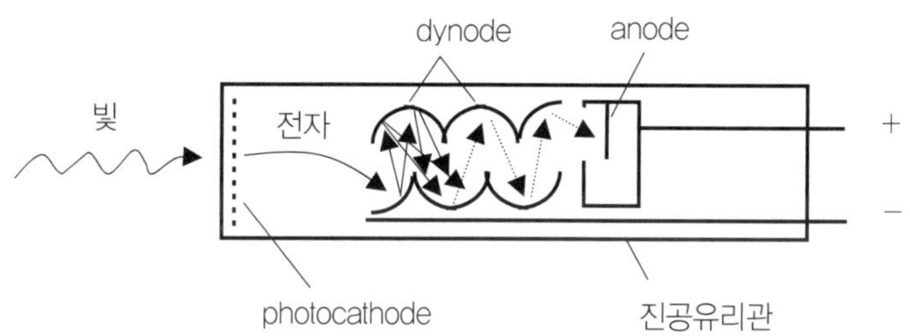

[그림 4.8] Head-on 형의 PMT를 보여주고 있는데 편의상 전극은 생략하였다. 연속적으로 마주보는 dynode 사이에 전기장이 인가되어 있어 전자는 다음 dynode를 칠 때까지 가속이 되도록 되어 있다.

- Silicon detector: silicon detector의 경우 일단 가격이 저렴하고 간단한 장점이 있으나 반응속도가 느리고 또한 silicon의 band gap 보다 작은 광양자 에너지(긴 파장)에 해당하는 빛은 감지를 할 수가 없다. 또한 PMT보다는 밝은 빛을 요구하나 편광에 따른 감도차이가 거의 없는 편이다.

- Multichannel detector : 고속 분광 ellipsometer를 위해서 photodiode array나 CCD array를 사용하기도 한다. 대부분 적분형 detector이고 각종 error를 가지고 있으니 이를 감안해야

한다(An 1991). 즉, PMT 등이 밝기 측정용 detector인 반면 적분형 detector는 노광량 측정용이다(노광량=밝기×노광시간). 실시간 측정용으로 사용하고자 할 때는 array를 읽는 시간(readout time)이 점점 빨라져서 보통 수 μs에서 수 ms 정도 되니 광원의세기와 함께 적정 노광량을 설계하면 된다. 그 구조는 그림 4.9(왼쪽)에서 보듯이 array head가 진공 용기 속에 위치하고 이면에 열전효과를 이용하는 냉각기가 부착되어 열전자가 급히 누적되는 것을 지연시켜 준다. 보통 온도가 0℃이하를 유지하기 때문에 이슬이 생기는 것을 방지하기 위해 진공을 유지하고 광학창을 통해서 감지하게 되는데 이 창은 stray light을 발생시키는 원인이 되기도 한다. 대부분의 경우 내장된 시계를 이용하여 array에 축적된 빛의 밝기에 해당하는 전기신호를 순차적으로 읽어 나가는 scanning type이고 일부에서는 전체 array를 동시에 읽는 완전한 parallel system으로 운영하고 있다. 또한 그림 4.9(오른쪽)에서와 같이 진공 용기 대신에 array가 window로 덮여 있는 구조로 된 경우도 있다. 분광된 빛이 window에 사입사하므로 window의 양면에서 반사된 빛이 이웃한 pixel에 입사되어 분광된 색이 혼합되는 효과를 발생시켜 분광해상도를 저하시킨다.

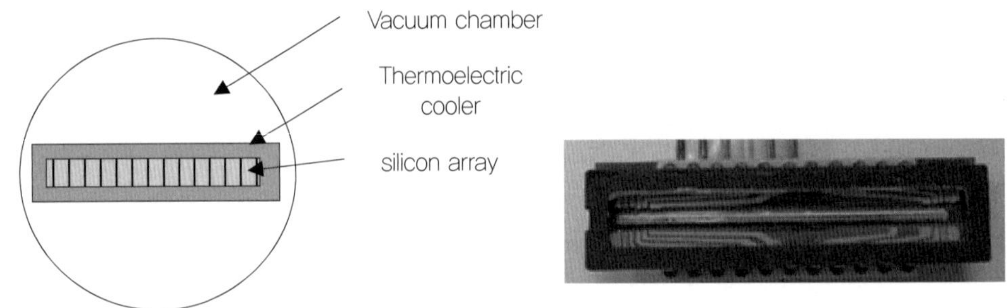

[그림 4.9] 왼쪽: Photodiode array detector의 구성과 오른쪽: package화된 CCD array

Detector로 측정한 빛의 밝기에 해당하는 전기적 신호는 실제로 detector 표면에 입사한 빛의 양을 정확하게 표현하는 것이 아니다. 그 이유로는 우선 detector 표면에서의 반사가 있는데 그 정도가 파장에 따라 다르고 또한 입사한 빛의 양에 대한 전자의 발생 양이 detector의 파장별 quantum efficiency에 따라 다르기도 하다. 단지 우리가 바라는 것은 입사한 빛과 측정된 전기신호간의 관계가 선형적이기를 바라는 것이다. 즉, 빛의 밝기가 두 배, 세 배 증가하면 전기 신호의 크기도 정확히 두 배, 세 배로 커지기를 바라는 것인데 그렇지가 못한 경우도 많다(non-linearity). Multichannel detector의 경우도 이와 같은 검출 오차가 있는데 그것들을 확인하여 정량화시키고 또한 교정할 수 있는 방법들이 개발되었고 제7장에 약간 언급하였다(An 1991c, 1992). 최근에 생산되는 검출기의 경우 전자적으로 오차를 줄이고는 있으나 여전히 남아 있으므로 이 방법으로 확인해보기 바란다.

2. 편광 관련 부품

2.1 Polarizer(편광기)

Polarizer는 ellipsometer에서 가장 중요한 부품으로 선편광을 발생시키는 광학 부품이다. 'Analyzer'란 polarizer가 구성상 놓인 위치와 역할에 따른 명칭이다. 편광을 발생시키는 방법으로는 dichroism(Land 1946, 1951), Brewster각을 이용한 reflection, 복굴절 prism 이용 등이 있는데 가시광선 영역대 근처에서는 대부분 맨 후자를 사용하고 적외선에서는 dichroic film이나 wire grid(Bird 1960, Larsen 1962) 등을 사용하고 진공 UV(vacuum UV)에서는 반사형을 이용하기도 한다. Dichroism은 전기석(電氣石, tourmaline)에서와 같이 한 방향으로의 전기장을 다른 방향에 비해 더 많이 흡수하는 광학적 성질로 흔히 폴라로이드라고 불리는 편광판의 원리이기도 하다. 폴라로이드는 일종의 폴리머를 한 방향으로 잡아당겨 고분자의 선형적 배열을 형성한 다음 요오드 등을 염색하여 제작하는데 가격은 저렴하나 소광비(extinction ratio, 뒤에 설명이 나옴)가 좋지 않고 사용할 수 있는 파장 영역이 제한적이다. 하지만 imaging ellipsometer 등에서는 상의 왜곡을 줄이기 위해 편광판을 사용하기도 한다. 마찬가지 원리로 wire grid를 사용하는 경우 일반적으로 wire의 배열 방향에 수직으로 입사한 빛의 방향이 편광방향이 되는데(Hertz효과) 그 반대가 되는 경우도 있다(Dubois 효과, Larsen 1962). 복굴절 물질인 calcite crystal을 사용한 polarizer가 나온 지가 300년이 넘었고(Swindel 1975) 또한 1828년에 Nicol에 의해 제작된 Nicol polarizer는 아직도 많이 사용하고 있다(Nicol 1828, Ives 1927). 대부분의 ellipsometer에서는 이와 같은 복굴절 prism 편광기를 사용하는데 그 구조 및 원리는 그림 4.10 및 4.11과 같다.

그림 4.11에서 복굴절 물질로 된 직각삼각형 프리즘에서 입사면을 기준으로 보았을 때 두 성분(평행, 수직)의 편광은 각기 다른 굴절률을 경험한다. 따라서 그림에서처럼 적당한 각으로 입사할 때 한 성분은 굴절이 되어 바깥으로 나가고 다른 성분은 이미 임계각을 넘어 전반사를 하게 된다. 이 때 오른쪽 삼각 프리즘을 적당한 간격을 두고 붙이면 바깥으로 굴절된 빛이 원래 진행방향으로 회복이 된다. 결과적으로 편광되지 않은 빛이 편광기를 지나면 편광축을 따라 진동하는 전기장 성분은 통과하고 나머지는 방향이 바뀐다. 꼭 전반사가 일어나지 않더라도 굴절률만 달라도 계면에서 꺾이는 정도가 다르므로 두 성분은 분리가 된다. 실제는 사용하는 물질과 그 결정 방향, 사용한 프리즘의 개수, 그리고 간격 사이에 접합물질 사용 등에 따라 아주 다양한 종류의 polarizer를 만들 수 있고 그 특성도 제각기 다르다. 이와 같이 두 개 또는 그 이상의 프리즘이 접합된 편광기를 사용하지 않고 한 조각으로 된 긴 beam displacer를 사용해도 훌륭한 복굴절 편광기가 된다.

광물 중에 cubic crystal구조를 가지지 않으면 복굴절 현상을 보이는 경우가 많은데 calcite, crystalline quartz, magnesium fluoride, sodium nitrate 등이 이에 속하며 각기 투과할 수 있는 파장의 범위가 다르다(〈표 4.1〉).

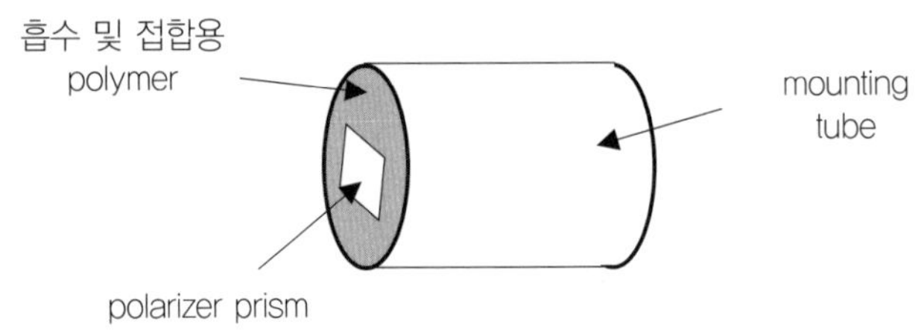

[그림 4.10] 전형적인 프리즘 polarizer의 구조

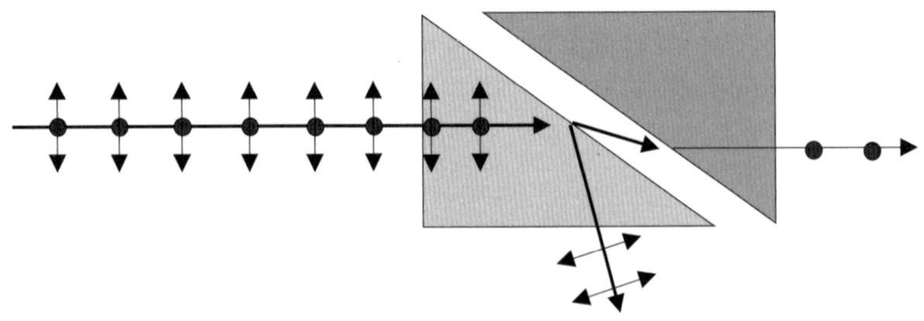

[그림 4.11] 복굴절 프리즘에서 굴절률 차이에 의해 경로가 분리되는 모양. 실제 두 프리즘의 간격은 매우 작아 오른 쪽으로 투과한 빛은 입사한 빛의 진행방향과 거의 겹친다(일부러 과장되게 그렸음). 그리고 사용한 물질에 따라 두 굴절률의 차가 작거나 프리즘 각이 맞지 않으면 두 빛 모두 투과하는데 그 중 하나는 입사한 방향과 평행하지 않게 진행한다.

〈표 4.1〉 여러 복굴절 물질의 589 nm에서의 굴절률. $n_{(e)o}$는 (extra)ordinary beam에 대한 굴절률을 의미한다.

물 질	n_o	n_e	n_e-n_o
Calcite	1.658	1.486	−0.172
Crystal quartz	1.544	1.553	0.009
MgF_2	1.378	1.390	0.012
Sapphire	1.768	1.760	−0.008
Mica	1.598	1.593	−0.005

Ellipsometer에 사용할 수 있는 복굴절 프리즘 편광기의 종류는 무수히 많은데 그 중 몇 개만 소개하고자 한다. 우선 크게 Glan형과 beam-splitter형이 있는데 맞붙인 두 조각의 직각삼각형 프리즘의 광축의 방향이 다르다. 우선 프리즘 편광기를 설명하기 전에 편광기 선택에 있어 고려해야 할 점과 그에 따르는 용어를 먼저 설명하고자 한다. 완벽한 편광기는 없으니 사용자의 용도에 맞는 것

을 잘 선택하여야 한다. 그리고 가격도 중요한 선택요인이 될 것인데 참고로 말하자면 재료와 크기 그리고 제작의 정밀도 등에 따라 수십 만원 대부터 천만 원 대까지 다양하다.

- beam deviation과 beam separation: 제품 카탈로그를 보면 용어를 혼돈하여 사용하고 있는 경우를 종종 볼 수 있는데 본 저서에서는 다음과 같이 정의하여 사용하고자 한다. 즉, 편광기를 그대로 지나는 빛(즉, 편광축을 통과한 빛)과 꺾인 빛 사이의 벌어짐을 beam separation (분리)이라 하고 그 사이 각을 separation 각이라고 부르고자 한다. 일부에서는 deviation angle이라고 부르는데 이는 다음에 정의할 beam deviation과 혼동이 된다. 그림 4.11에서 보았듯이 편광축을 통과한 빛도 원래 경로와 완벽하게 겹쳐지게 하기는 어렵다. 이는 두 직각 삼각형 프리즘 사이에 간격이 존재하고 또한 마주보는 결정면이 완벽하게 배열되지 않기 때문에 입사한 빛의 경로와 투과한 빛의 경로사이에는 각이 생기게 되는데 이를 beam deviation으로 정의하고자 한다. 우선 서로 직각으로 편광된 두 빛의 분리각(separation angle)이 커야 하는데 Rochen polarizer 등을 detector에 가까운 analyzer로 사용할 경우 거리가 충분하지 않기 때문에 주의를 해야 한다. 그리고 일반적인 광학 실험에서는 beam deviation이 크게 문제가 되지 않는데 ellipsometry에서와 같이 회전을 시킬 경우 가능한 그 값이 작은 것을 사용해야 한다.

- acceptance angle (field angle α, 그림 4.12): 편광기 표면에 입사하는 빛이 투과 후에 완전 편광이 보장되는 최대 입사각으로, 편광기의 종류와 파장에 따라 다르며 또한 편광기의 축을 기준으로 회전했을 때 대칭이 아닌 경우도 있으니 rotating polarizer로 사용할 경우 빛의 collimation에 상당한 주의를 기울이어야 한다.

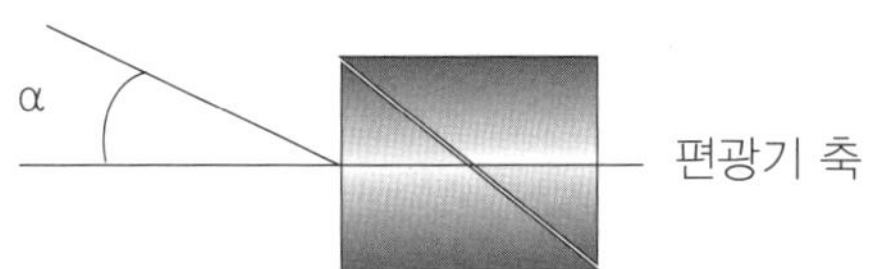

[그림 4.12] Acceptance angle

- 파장 범위: 사용하는 각종 유리 재질과 두 프리즘의 접합면에 굴절률 보상용 접착제 사용여부에 따라 투과시킬 수 있는 파장의 범위가 다르다. 개략적으로 이야기하자면 약 350 nm이하를 원하면 MgF_2나 quartz로 된 편광기를 사용해야 하고 그렇지 않으면 calcite로 된 것을 많이 사용한다.

- 소광비(extinction ratio): 이상적인 선편광기는 두 개의 편광기를 서로 수직이 되게 놓으면 투과하는 빛이 없어야 하는데 실상은 그러하지 못하다. 이는 polaroid 편광판을 겹쳐 놓고 밝은 불빛을 관찰하면 금방 어느 정도가 투과되는지 짐작이 갈 것이다. 프리즘 편광기의 경

우도 이 값이 10^{-3}에서 10^{-5}에 걸쳐 있다.

- optical activity: Quartz의 경우 단단하며 UV 투과율도 좋고 가격도 MgF_2에 비하면 적당한 편인데 optical activity가 있어 편광에 영향을 미치게 된다. 복잡하긴 하지만 이것에 의해 발생한 오차를 수정할 수도 있는데 제8장에 설명해 두었으니 참고 바란다.

- power 또는 자외선 흡수: 강한 laser나 UV 등을 사용하게 되면 분리된 빛이 편광기 내부의 폴리머에 흡수되면서 발생한 기체가 두 프리즘 접촉 공간에 스며들어가 편광기를 손상시킬 수가 있다. 이 경우는 폴리머 대신 기구적으로 장착을 하고 또한 분리된 빛이 빠져나갈 수 있는 출구가 있는 것을 사용할 수 있다. 접촉공간에 매개물질이 없는 optical contact도 가능한데, 이 경우 역시 vacuum UV 등에 노출되면 프리즘 자체에서 outgassing이 되면서 편광기능이 손상된다.

☏ **이야기:** 자연과학에서 'symmetry(대칭)'란 말을 많이 사용하는데 어떤 면에서는 인문과학에서 사용하는 음양설도 같은 맥락에서 사용되는 것이 아닌가 여겨진다. 이를 바탕으로 지구상에 존재하는 남녀의 성비가 어떠하냐고 물으면 1:1 정도가 될 것이라는 것은 쉽게 나올 수 있는 대답이다. Optical activity는 주로 결정질 광물에서 입사한 선편광의 편광방향을 회전시키는 광특성을 지칭하는데 회전시키는 방향에 따라 left-handed형과 right-handed형이 있다. 생명과 관련이 있는 유기물질도 이런 광특성을 보이는 것이 있는데 자연산 설탕이라든지 단백질을 이루는 아미노산이 그러하다. 1969년 호주에 떨어진 운석에서 아미노산이 발견되었는데 left-handed형과 right-handed형이 절반씩이었다고 한다. 그런데 지구의 생명체나 오래된 암석에서 발견되는 아미노산은 거의 left-handed형이라고 한다. 왜 대칭성이 없을까? 우주 어딘가에 우리의 다른 반쪽이 있는 것은 아닐까? 생명의 기원과 관련이 있음직도 하다(Hecht 1987).

2.1.1 Glan형 프리즘

대부분 calcite를 재료로 사용하는데 광축이 편광기의 표면과 평행하다. 따라서 입사한 빛의 두 성분이 겪는 굴절률차가 최대가 된다. calcite의 경우 가시광선 영역에서 투과도가 우수하고 또한 굴절률차가 커서 일찍이 편광기의 재료로 사용이 되었다. 유리보다 훨씬 약하기 때문에 편광기 표면을 잘 보호해야 하며 취급에 있어서도 상당한 주의가 필요하다. Glan형을 사용할 때 beam separation이 충분히 크기 때문에 그림 4.11의 예에서처럼 꺾인 빛은 편광기 옆면을 치고 나오는데 보통 검은색의 폴리머 재료로 감싸 흡수하도록 되어 있는데 power가 큰 laser 등을 광원으로 사용할 경우는 꺾인 빛을 흡수하는 대신 밖으로 나갈 수 있도록 출구(exit window)를 낸다. 그리고 Glan형을 사용할 경우 빛은 편광기면에 수직입사를 시키는 것이 좋다.

- Glan-Thompson: 그림 4.13과 같이 두 개의 직각삼각형을 붙일 때 중간에 n_e와 n_o의 중간

쯤 되는 굴절률을 가진 접착용 매질을 사용하여 다중반사라든지 beam deviation 등을 줄일 수 있도록 되어 있고 field angle도 접착용 매질이 없는 경우인 air-spaced 형에 비해 크다. 이 접착제들이 자외선 투과를 제한하므로 자외선 투과도를 높이기 위해서 그냥 간격만을 둘 때 Glan-Foucault(air-spaced Glan-Thompson)형이라고 한다. 일반적으로 extinction ratio가 크다. Field각은 L/A(폭 대비 길이) 값이 2.5인 경우 약 15°정도가 되며 더 긴 편광기의 경우(L/A=3.0) 25°이상이 됨을 볼 수 있다(Spindler & Hoyer 카탈로그).

- Glan-Taylor(air-spaced Lippich): Glan-Foucault보다도 일반적인 투과율이 높고 더 짧은 자외선 영역까지 사용이 가능하다. 그 이유는 그림 4.13에서 보듯이 extraordinary ray의 진동방향이 두 직각프리즘 경계에서 입사면에 평행하므로(즉, p-파) 입사면에 수직인 Glan-Foucault보다 반사율이 훨씬 떨어지므로 투과율이 높아진다. 이에 대해서는 이미 제2장에서 Brewster 각을 논할 때 배웠다. Glan-Taylor 편광기의 단점은 대칭이면서 완전한 편광을 발생시킬 수 있는 입사각, 즉, field 각이 파장과 L/A 값에 따라 다른데 보통 2~4°정도 밖에 안되므로 사용에 있어 주의를 해야 한다.

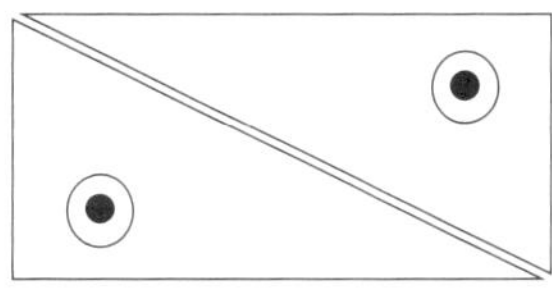
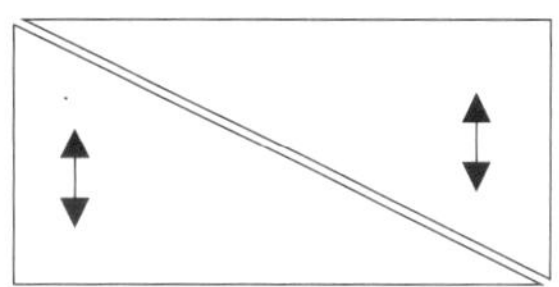

[그림 4.13] Glan-Thompsom 형(왼쪽)과 Lippich형. 화살표는 광축의 방향을 나타내는데 ◉의 경우는 광축이 지면에 수직임을 의미함.

2.1.2 Polarizing beam-splitter형

Crystal quartz처럼 굴절률차가 작은 물질을 주로 사용하기 때문에 두 삼각프리즘의 경계면에서 일반적으로 전반사가 일어나지 않아 편광기를 지난 후 두 빛의 진행방향의 차이(beam separation각, 그림 4.14에서 δ)가 Glan형에 비해 매우 작다(보통 1°이내). 따라서 두 빛을 다 사용하고자 하는 간섭 실험에 많이 사용되었고 'polarizer'라는 명칭보다는 'beam-splitter'라는 명칭을 지니게 되었다. 하지만 Glan형에 사용하는 calcite보다는 자외선 투과도가 좋다. 또한 그림 4.14에서 보듯이 Rochon이나 Senarmont 편광기에서는 한 쪽 직삼각형 프리즘 면이 Glan형과는 달리 그 광축이 편광기면과 수직이다.

- Rochon: Glan형 편광기보다 더 나은 자외선 투과를 위해 가장 많이 사용하는 편광기인데 Glan형보다 약 100년 앞 선 1783년에 처음 제작된 것으로 알려져 있다(West 1951). 현재 crystal quartz로 된 것을 가장 많이 사용하고 있는데 그 구조 및 원리는 그림에서 알 수가 있

으리라 생각한다. 편광기면에 수직으로 입사한 빛의 진행방향과 광축이 첫 프리즘에서는 같으므로 ordinary 빛과 extraordinary 빛의 진동방향은 광축에 수직이 되어 같은 굴절률 n_o를 가진다. 둘째 프리즘을 지날 때 ordinary 빛은 그 진동 방향이 여전히 광축에 수직이 되어 같은 굴절률 n_o를 가지므로 같은 매질이라 여기고 직진하게 된다. 반면 extraordinary 빛은 이제 그 진동방향이 광축과 평행하게 되므로 굴절률 n_e를 가지게 되므로 두 프리즘을 다른 매질로 여기게 된다. 따라서 입사각이 (90°-s)가 되고 Snell의 법칙에 따라 그림처럼 꺾이게 된다. Glan형과는 그 원리가 완전히 다름을 알 수 있다. Calcite로도 제작할 수 있으나 광축이 편광기면, 즉, 절단면이 되어야 하는데 이 방향으로는 잘 부스러져 제작이 힘들다. 하지만 제작된 경우 〈표 4.1〉에서 보듯이 복굴절의 정도가 다른 물질에 비해 크기 때문에 여전히 10° 정도의 beam separation각을 가질 수 있다.

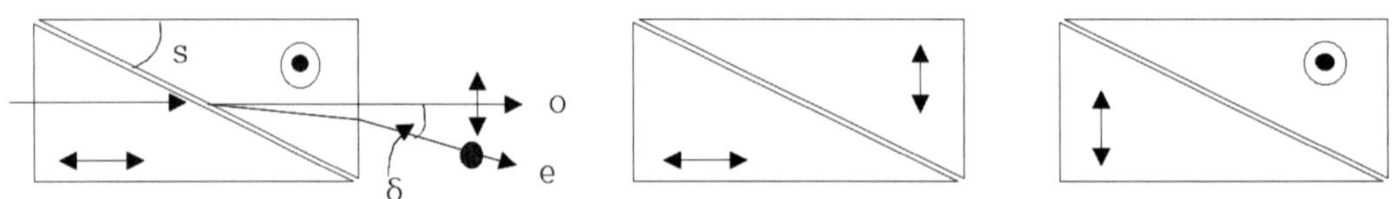

[그림 4.14] 왼쪽: Rochon 형, 가운데: Senarmont, 오른쪽: Wollaston의 광축의 방향을 보여 주고 있다. Rochon에서 각 s는 절단각(cutting angle)이고 δ는 분리각(separation angle)이다.

문 만약 crystal quartz로 Glan형의 편광기를 만들면 어떨까?

답 두 굴절률의 차가 작아 전반사 조건으로 넓은 파장 영역에서 사용이 가능하도록 분리하기가 힘들다.

Rochon 편광기에서 분리각이 작기 때문에 ellipsometer에 사용할 경우 detector와의 거리를 멀게 하여야 원치 않는 extraordinary 빛이 들어오는 것을 방지할 수 있다. 일반적으로 분리각(δ)은 다음과 같이 편광기 재료 및 그 구조와 관계가 있다(Steinmetz 1967).

$$\tan s = \frac{n_o - n_e}{\sin\delta} + \frac{\sin\delta}{2n_e}. \tag{4-2}$$

오른쪽 둘째 항이 상당히 작은 값이므로 무시하면 결국 분리각을 크게 하기 위해서는 절단각(s)를 작게 만들 수밖에 없어 결국 편광기가 길어진다. 이것이 왜 Rochon 편광기의 L/A가 큰 이유이다. Crystal quartz나 magnesium fluoride 등은 재료의 가격이 고가이기 때문에 분리각을 크게 하기 위해선 그만큼의 대가를 지불해야 한다. 하지만 다음 식에서 보듯이 field 각(α)에 있어서 이득이 있다(Steinmetz 1967).

$$\tan\alpha = \frac{1}{2}(n_e - n_o)\cot s. \tag{4-3}$$

2.2 Compensator

편광상태에 따라 진행파의 위상을 다르게 바꾸는 광학부품으로 'retarder' 라고 한다. Quartz, mica, MgF_2 등의 복굴절 물질로 만들어지는데 대부분 uniaxial 결정체로(mica의 경우 biaxial) 광축이 판 모양의 retarder의 면과 평행하다. 따라서 선편광된 빛이 면에 수직으로 입사할 때 편광의 방향이 광축과 평행할 때와 수직일 때 두 방향에 대한 굴절률이 각각 n_e와 n_o로 다르므로 투과하는 전자기파의 두 성분은 각각 v_e=c/n_e와 v_o=c/n_o의 다른 속도를 가지게 된다. 따라서 위상변화가 한 쪽이 상대적으로 느려지게 된다. 이런 현상을 'retardation'이라고 부르며 이 때 굴절률이 큰 방향(속도가 느린 방향)을 'slow axis' 그리고 굴절률이 작은 방향을 'fast axis'라고 한다. 두께 d의 retarder 판을 지나는 동안 이들 두 성분이 가지게 되는 위상차 δ는 다음과 같이 표현될 수 있다. 이는 retarder 판 양면에서의 다중반사로 인한 효과를 무시한 것인데 좀더 관심이 있는 사용자는 문헌을 참조하기 바란다(Holmes 1964, Archer 1967, Yolken 1967)

$$\delta = \frac{2\pi d}{\lambda}(n_o - n_e). \tag{4-4}$$

이 식에서 보듯이 파장(λ)에 따라 위상의 바뀌는 정도(retardation angle)가 다른데 임의의 파장에 대해 90°또는 180°만큼의 위상을 바꿀 때 'quarter waveplate($\frac{1}{4}$파장)', 'half waveplate($\frac{1}{2}$파장)'라고 부른다. 식 (4-4)에서 알 수 있듯이 retarder 판 제작시 두께 조절이 매우 중요함을 알 수 있다. 파장에 따라 요구되는 retardation 각을 맞추는 방법은 결국 두께를 조절하는 방법뿐이데 가시광선이나 IR영역에서 사용할 수 있는 mica waveplate의 경우 판의 두께가 0.01에서 0.1mm밖에 안 된다. 따라서, 이 경우에는 다음에 소개되는 두께차 방식을 사용한다. 물질의 birefringence(즉, n_e와 n_o의 차)가 클수록 두께는 더 얇아져야 하는데 기술적으로 어려워진다. 나중에 분광 ellipsometry 등에 적용할 때 retardation각을 조절할 수 있게 제작하여 파장이 바뀌어도 항시 'quarter waveplate' 등으로 사용이 가능할 때 'compensator'라고 부르기도 하는데 기능상 시편에서 바뀌어 나온 위상을 보상(compensating)하는데 사용하기 때문이다(Driscoll 1978). 그 대표적인 예가 Babinet-Soleil compensator인데 그림 4.15에서와 같이 두께가 고정된 retardation plate와 두 개의 쐐기형으로 된 두께 조절형 retardation plate가 그 광축이 서로 90°가 되게 놓여 있어 그 두께차로 위상차를 조절하게 된다.

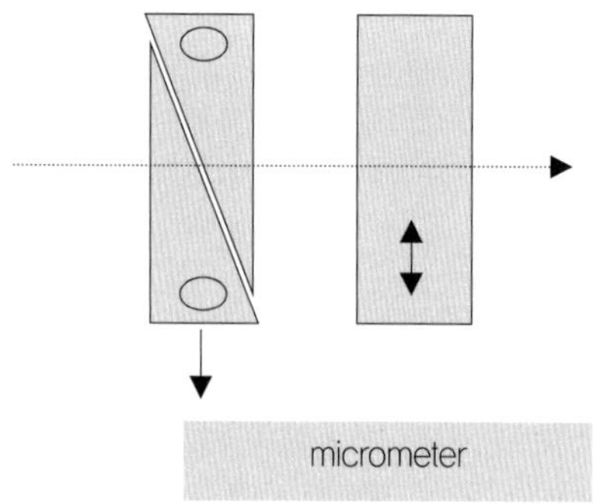

[그림 4.15] Babinet-Soleil compensator로 왼쪽의 쐐기형으로 된 retardation plate를 부착된 micrometer를 이용하여 움직임으로써 그 두께를 임의로 조절할 수가 있다. 왼쪽(○)과 오른쪽(↔) retardation plate의 광축이 서로 수직으로 놓여 있다.

또한 그림 4.16과 같이 전반사를 이용하여 파장에 무관하게 일정한 위상변화를 보이는 'achromatic compensator'를 사용하는 경우도 있다(King 1969, Chindaudom 1991, 1993).

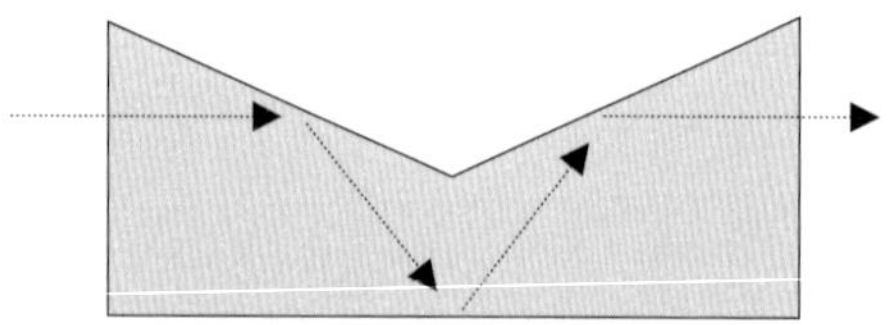

[그림 4.16] 세 번의 전반사를 통하여 위상이 90°차가 나게 된다.

☞ **참고:** 앞에서 편광판의 편광축을 쉽게 찾아내는 방법을 설명한 적이 있다. 하지만 retarder에 있어서 fast-axis와 slow-axis를 찾아내는 방법은 어떨까? 아는 시편을 놓고 null ellipsometry 측정을 해보면 찾을 수 있겠지만 mica quarter waveplate의 경우 Tutton's test를 사용할 수 있다(Strong 1938).

㉠ 백색광 앞에서 편광판 두 개를 서로 직각이 되게 하여 가장 어둡게 만든 다음 quarter waveplate를 사이에 넣고 돌린다(이 때 회전축은 빛의 진행방향이다). 가장 어둡게 되었을 때가 slow-axis와 fast-axis가 각각 수직의 두 편광축과 평행이 되었을 때이다. 여전히 두 축의 구분은 안 되지만 quarter waveplate 상에 두 편광축에 해당하는 곳에 ⓐ-ⓐ'과 ⓑ-ⓑ'으로 표시하면 이 중에 하나가 fast-axis이고 나머지가 slow-axis이다.

㉡ 이 상태에서 quarter waveplate를 45°돌리면 가장 밝은 위치가 된다. 이 위치에서 이번에는 ⓐ-ⓐ'또는 ⓑ-ⓑ'을 회전축으로 하여 약간씩 돌린다. 이렇게 함으로써 빛이 지나가는 판

의 두께가 두꺼워지는 효과가 발생하는데, 만일 회전축이 fast-axis였다면 색깔이 푸른색을 띤 회색에서 진한회색으로 변하다가 마침내 검게 변한다. 반면 회전축이 slow-axis였다면 색깔의 변화가 흰색에서 노란색을 거쳐 간섭에 의한 여러 가지 색깔로 무늬로 된다.

Compensator 또는 waveplate는 null ellipsometry 시절부터 사용해 왔는데 목적은 약간 다르지만 최근에는 분광 ellipsometry에도 사용하는 경향이 있다.

2.3 Phase modulator (또는 polarization modulator)

Phase modulation ellipsometry(PME)나 reflection difference spectroscopy(RDS) 등에서 편광을 변조시키는데 사용하는 광학부품이다. 그 원리는 그림 4.17과 같이 fused quartz 조각과 crystal quartz 조각을 접합시킨 후 piezoelectric 성질을 지닌 crystal quartz(A)에 ac 전압을 걸어 진동하는 strain을 발생시킨다. 이 strain은 다시 fused quartz(B)에 전달되어 진동하는 복굴절(birefringence)을 발생시켜 마치 linear retarder처럼 작동하게 만드는데 그 retardation 각의 크기가 시간에 따라 변하게 된다(Jasperson 1973).

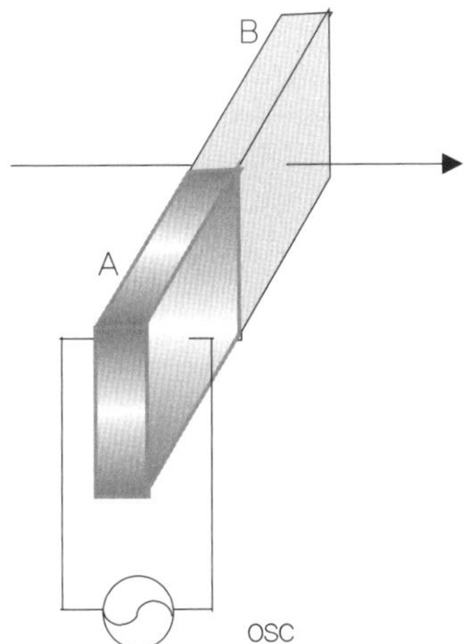

[그림 4.17] Phase modulator의 구조. 진동자인 crystal quartz(A)와 fused quartz로 구성이 되어 있다.

자기장에 의해 발생되는 circular polarization(Faraday 효과)을 이용하는 Faraday cell, 광전자적으로 복굴절(birefringence)을 발생시키는 ADP($NH_4H_2PO_4$) cell, 또한 광전자적으로 retardation을 일으키는 KDP(KH_2PO_4) cell 등도 자주 사용되는 modulator이다.

2.4 Depolarizer

Ellipsometry에 있어 편광발생장치와 편광분석장치 그리고 측정하고자 하는 시편 이외에는 어떤 광학부품도 편광상태에 영향을 끼쳐서는 안 된다. 만일 불가피할 경우는 기술적인 방법을 사용하여 물리적으로 제거하거나 이론적으로 보정을 하여야 한다. Polarizer가 변조되는 ellipsometry에서 광원에 잔류편광(residual source polarization)이 있는 경우나 analyzer가 변조되는 ellipsometer에서 detector가 편광민감도(polarization sensitivity)가 있을 경우가 이에 해당한다. 이들 경우에 이론적으로 보정하는 경우는 그 영향을 찾아내어 소프트웨어적으로 보상을 하게 되는데 대부분 1차 보정이다. 저자의 경우 가능한 원천적으로 이런 요인을 없애는 방향을 선호하는데 이 역시 쉽지는 않다. 광원의 잔류편광을 없애거나 detector의 편광민감도를 없애기 위해서는 depolarizer를 광원 바로 다음 또는 detector 바로 앞쪽에 설치 사용하면 되는데 여러 가지 종류가 소개되고 있다(Lyot 1929, Billings 1951, Lu 1975, Takada 1986, 1988). 그 중 많이 사용하는 것의 원리는 삼각 프리즘 형태의 quartz를 통과하게 함으로써 공간적으로 크기가 있는 빛이 각기 다른 경로를 지나게 되어 quartz의 optical activity에 의해 각기 다른 각도로 편광의 방향을 바꿔 전체적으로 randomly polarized되게 하는 방법이다. Detector의 크기가 작을 때는 별로 효과가 없는데 실제로 편광을 없애는 방법은 아니기에 가성(pseudo) depolarizer라 부른다. 또한 광섬유를 통과시킴으로 해서 편광을 제거할 수도 있는데(Takada 1986, 1988) 저자의 경험으로는 가늘고 긴 것일수록 이런 효과가 컸고 짧고 굵은 경우에는 오히려 편광을 발생시킴을 관찰하였다. 후자의 경우는 광섬유를 휘는 방향에 따라 그 편광의 크기와 방향이 변하는 것을 관찰하게 된다. 저자가 적용한 방법으로 완전히 편광을 없애는 것은 integrating sphere를 사용하는 것인데 아직 넓은 파장 영역에서는 사용할 수 없고 출력효율이 크게 떨어지는 것이 약점이다.

3. 기타 부품

- goniometer: 각종 광학부품을 설치하도록 양쪽 팔을 가진 광학대로 회전이 가능한데 그 회전 중심에 시편이 놓이게 된다. 입사각 설정을 위한 눈금이 있는데 총연장이 길수록 유리하다. 광학대의 회전을 수평으로 할 경우 시편은 수직으로 설치되고 클립이나 진공척의 지지를 받게 된다. 만일 회전을 수직 방향으로 할 경우 시편은 자연스럽게 수평 방향으로 놓여 별도의 지지 장치가 필요가 없게 된다. 특히, 진공 장비 속이나 화학용 cell 속에 시편을 설치할 경우 다른 부품과의 조화를 위해 시편의 설치 방향을 잘 고려해야 한다.
- 시편장착대: 시편이 수평으로 놓인 경우, 수직이동장치와 앞뒤 및 좌우 기울기 장치가 필요하다.

- 회전 장치: polarizer, analyzer, compensator 등을 일정 각속도로 연속적으로 돌리는 경우와 stepping motor를 사용하여 일정각을 움직이는 경우가 있다. 전자의 경우는 속도의 안정성이 중요한데 만일 속도가 변할 경우 amp의 증폭률이 변하여 측정 error를 초래할 수도 있고, 적분형 detector의 경우는 속도의 변화는 곧바로 노광량에 영향을 주므로 측정 error가 되고 또한 calibration 값의 변화를 일으킨다. Stepping motor를 사용할 경우 정확한 각의 제어가 중요한데 기계적이거나 또는 소프트웨어적으로 공차(backlash)를 보정해야 한다.

- shutter: detector 자체가 지니고 있는 noise나 in situ 측정에서 플라즈마 등에 의한 background 신호를 제거하기 위해 광원 쪽에 설치하여 매 측정시 또는 필요시마다 광원을 막고 dark cycle을 측정하여 실제 측정값에서 그 만큼을 제거하여야 한다.

- optical window(광학창): 진공 chamber나 액체 cell을 사용한 in situ 작업에 있어서는 빛이 입사되거나 반사된 빛이 나올 수 있는 광학창이 필요하다. 각종 유리를 사용할 수 있는데 특히, 투과할 수 있는 파장의 범위, optical activity의 유무, 그리고 장착시 스트레스에 의한 복굴절의 발생 여부 등을 따져 봐야 한다. Crystal quartz, sapphire, MgF_2 등은 자외선 투과율은 좋으나 광학적으로 등방성이 아니기 때문에 ellipsometry용 광학창으로는 적합하지 않다. 약 350 nm보다 짧은 파장 영역에 관심이 없다면 BK7(borosilicate crown glass) 등이 괜찮은데 자외선 영역을 측정하고자 하면 fused quartz나 fused silica를 많이 사용한다. 이들은 다결정인 물질이고 광학적으로 등방성인데 인공적으로 합성한 fused silica에 비해 fused quartz의 경우 불순물 때문에 자외선(253.7nm)에 대한 fluorescence가 있다. 이들을 이용하여 광학창을 제작할 경우 stress가 생기는 것에 주의하여야 한다. 진공용 viewport의 경우 일반적으로 금속에의 접합과정에서 스트레스가 엄청나게 발생하기 때문에 유리에 비등방성이 생겨 ellipsometry 용 광학창으로는 사용하기 힘들다(제8장 참조). Chemical cell의 경우 제작비가 많이 들지 않기 때문에 원하는 입사각대로 만들어 사용하면 되는데 진공 chamber의 경우는 그러하지 못하다. Chamber 제작시 여유 port(주로 2$\frac{3}{4}$인치 flange)를 하나 정도 더 만들어 넣을 수도 있는데 chamber 크기에 따라 그런 여유 공간이 없을 가능성도 많다. 필요하다면 광학창을 bellow(주름관)가 부착된 flange에 장착함으로써 어느 정도(1~3°)의 미세 조절을 가능하게 할 수도 있다. 이 경우 pumping과정에서 진공도에 따라 bellow가 휘지 않도록 잘 고정을 시켜야 한다.

- 그 밖에도 optical fiber, collimating lens, iris, cutoff filter 등이 있는데 모두 중요하다.

제5장 Ellipsometry: 종류 및 원리

Ellipsometry 관련 논문들을 읽다가 보면 너무나 종류가 많은데 놀라지 않을 수 없다. 우리들이 사용하고 있는 측정 기술들 가운데 명칭이 백 가지가 넘는 것이 있겠는가? 일단 분류를 하고 나면 그렇게 복잡하지는 않다. 이 교재에서는 가장 많이 사용되는 것들을 중심으로 설명하고 그 밖에 것들에 대한 것은 그 특징만을 묘사하고자 하니 필요한 경우 소개한 참고문헌을 이용하기 바란다. 응용분야에 따라 그에 맞는 특성을 강조하다 보니 각기 기능과 특성이 다른 ellipsometry가 생겨나게 된 것이다. 한마디로 말하자면 아직 완벽한 ellipsometry가 없다는 것인데 여기서 완벽하다는 것은 측정 스펙트럼의 범위가 원하는 만큼 넓고, 측정 속도가 매우 빠르며 또한 어떤 경우에 있어서도 측정값의 정확성이 높다는 것이다. 여기에 욕심을 부리자면 물질에 관계된 광학적 정보를 빠짐없이 측정 분석할 수 있어야 하며, 어느 경우에나 사용이 가능하고 또한 운용이 편리해야 하겠다. 여기서, 'ellipsometer의 종류'라는 표현 대신에 'ellipsometry의 종류'라는 표현을 쓰는 이유는 종류에 따라 기기적인 측면에서의 차이뿐만 아니라 측정원리, 운용방식, 측정된 data의 종류, 분석 방법 및 분석된 정보, 그리고 적용분야에 있어서도 차이가 수반될 수 있기 때문이다.

1. Ellipsometry의 종류

Ellipsometry를 분류하자면 크게 측정원리에 따른 명칭과 기능에 따른 명칭으로 나누어 볼 수 있는데 이들이 복합하여 수많은 종류가 탄생하게 된다(Hauge 1980, Azzam 1988, Collins 1990). 즉, 'Dual rotating compensator 형 실시간 다중채널 Mueller matrix 분광 ellipsometry'와 같은 복합적인 명칭이 생기게 된다.

1.1 작동원리에 따른 분류

분석 장비 중에서 ellipsometer 만큼이나 그 작동원리가 다양한 것은 없으리라 본다. 이는 이 장비를 응용한 역사가 100여년이 지났음에도 불구하고 계속적으로 새로운 작동원리를 가진 모델이 발표되는 것을 보아서도 그러하다. 저자가 개발한 것만도 벌써 십여 가지가 된다. 주된 이유는 응용할 수 있는 범위가 지속적으로 확대되고 있고 그에 따른 성능이라든지 측정치에 대한 신뢰도를 향상시킬 필요가 발생하기 때문이다. 이 저서에서는 널리 사용되었거나 현재 많이 사용하고 있는 모델을 중심으로 그 작동원리를 설명하고자 한다.

측정형식에 따라 반사형이나 투과형으로 나눌 수 있고, 또 파형을 얻는 방식이 시간적인지 또는 공간적인지에 따라 active형과 passive형으로 분류할 수도 있다. 하지만, 대부분의 경우 반사형이고 active형이기 때문에 data를 얻는 광학적인 방법에 따라 나누면 다음과 같다.

㉠ **Null ellipsometry**: 수동식, 기계적인 회전방식, electro-optic을 이용한 방식 등이 있는데 polarizer, compensator, 또는 시편의 입사각 등을 움직여 detector에 들어오는 빛을 없도록 하여 (Δ, Ψ)를 구한다.

㉡ **Photometric ellipsometry**: null 방식의 경우 빛을 없애는데 반해 빛의 밝기 변화로부터 (Δ, Ψ)를 구하는 방법이다. Phase modulation 방식과 rotating element 방식이 있는데 후자의 경우 사용하는 광학 부품의 개수와 어떤 부품이 회전하느냐에 따라 종류가 매우 많다.

㉢ **Interferometric ellipsometry**: Laser광원이나 적외선 ellipsometry에서 사용하는 방식인데 간섭현상을 이용하는데 그 구조는 그림 5.1과 같다(Hazebroek 1973).

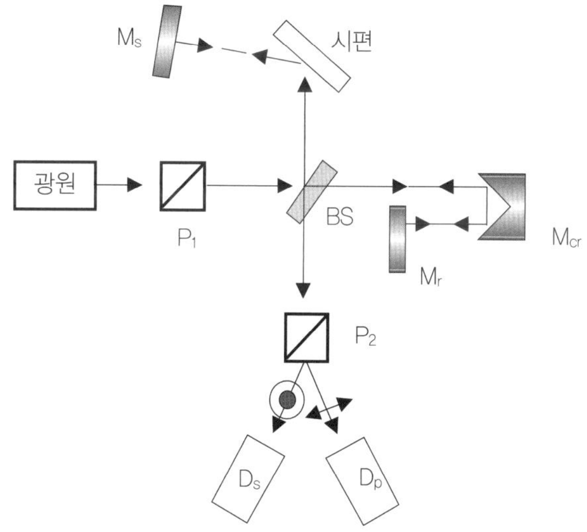

[그림 5.1] Interferometric ellipsometer의 구조 P_1: polarizer, BS: beam splitter, M_s: 시편 쪽 거울, M_{cr}: 역반사용 corner reflector, M_r: reference 쪽 거울, P_2: Wollaston polarizer, D_s: s−파용 detector, D_p: p−파용 detector

Corner reflector(M_{cr})를 속도 v로 움직임으로 해서 두 detector에서 측정하는 빛의 밝기 변화는 다음과 같이 표현이 된다.

$$I(D_p) = C_p(r_p)^2\cos(\omega t - 2\delta_p), \tag{5-1a}$$

$$I(D_s) = C_s(r_s)^2\cos(\omega t - 2\delta_s). \tag{5-1b}$$

따라서,

$$2\Delta = 2(\delta_p - \delta_s), \tag{5-2a}$$

$$(C_p/C_s)\tan^2\Psi = (C_p/C_s)\{r_p^2/r_s^2\}. \tag{5-2b}$$

에서 두 ellipsometry 각을 추출해 낼 수가 있다. 여기서 $C_{p(s)}$는 상수로 시편을 수직으로 비추게 함으로써 결정할 수가 있다. 이 두 식에 나타나는 숫자 2는 빛이 시편을 두 번 치기 때문에 나타난다. 이들 중 중점적으로 설명해야 할 것은 null 형, rotating element 형, 그리고 phase modulation 형인데 최근에 가장 많이 사용하는 것은 rotating element 형이다. 여기서 element란 polarizer, analyzer, 또는 compensator와 같은 광부품을 지칭하는데 이중 하나 이상을 회전시키기 때문에 무엇을 어떻게 회전시키느냐에 따라 그 특성이 달라진다. Cahan과 Spanier(Cahan 1969)가 처음으로 개발한 형태는 analyzer가 회전하는 것이었는데 앞으로 이런 구성에 대해서 PSA_R형이라고 부르기로 한다. 여기서 P는 측정시 그 편광축의 위치각이 고정된 polarizer를 의미하고 S는 시편 그리고 A_R은 회전하는 analyzer를 의미한다. 마찬가지로 PC_RSC_RA형은 시편을 중심으로 양쪽에 있는 compensator가 모두 회전하는 방식이다. 이렇게 조합을 만들다 보면 rotating element 방식만으로도 무수히 많은 ellipsometer가 탄생하게 되는데 놀랍게도 그 특징들이 서로 다르다. 현재에 가장 많이 사용되는 rotating element 형은 PSA_R형과 P_RSA형인데 그 측정원리가 서로 같으므로 이 저서에서는 후자에 대해 자세히 설명하고자 한다. 그리고 최근에는 compensator를 회전시키는 PC_RSA나 PSC_RA형이 나오고 있는데 이에 대해서도 언급하고자 한다. 그 밖의 형태에 관해서는 각각의 특징만을 소개하고자 하니 더욱 자세한 정보가 필요한 독자는 소개된 참고문헌을 이용하기 바란다. Phase modulation의 경우도 각기 다른 modulator를 이용하기도 하고 다른 data 추출 방법을 사용하기도 한다.

1.2 기능에 따른 분류

다음의 기능들은 서로 독립적이기 때문에 한 장비가 여러 가지 기능을 복합적으로 갖출 수 있다. 그리고 그 작동원리는 이론적으로는 앞에서 설명한 어느 것에나 적용이 가능하다.

㉠ 사용하는 파장 영역에 따른 구분

측정 에너지의 범위에 따른 구분이다. 현재 synchrotron radiation 영역에서 microwave 영역까지가 사용되고 있다.

단파장(single wavelength) ellipsometry

파장을 하나만 사용하는데 주로 6328 Å의 He-Ne laser를 많이 사용한다. Laser는 앞에서 언급한 바가 있는데 밝기가 세고 또한 collimation이 잘되어 있기 때문에 사용이 용이하다. 반면 백색광과 분광기를 사용하면 특정 파장을 선택할 수 있다. 단파장 ellipsometry의 경우 측정값이 한 쌍의 (Δ, Ψ) 뿐이지만 구성이 간단하기 때문에 광특성 연구보다는 산업체에서 silicon oxide 등 투명 박막의 두께 측정에 routine하게 사용해 왔고 지금도 실시간 모니터링용으로 많이 사용하고 있다.

분광(spectroscopic) ellipsometry

원리상 단파장 ellipsometry와 대부분 같되 단지 백색광과 분광기를 사용하여 파장별 측정이 가능하도록 한 경우이다. 대부분의 경우 파장 영역이 약 250~800 nm 사이를 일컫는다(근자외선부터 근적외선). 광학스펙트럼을 측정하므로 물질의 밴드구조 등 광전자적인 특성 연구를 할 수 있고 또한 data 양이 많으므로 다층 박막의 두께나 void 함량 등의 구조적 특성 연구에도 더 효과적으로 활용이 가능하다(Vedam 1985).

근적외선(near infrared) 분광 ellipsometry

InGaAs linear array detector 등을 사용하여 근적외선 영역의 분광스펙트럼(900~2500 nm)을 측정할 수 있다. 밴드갭이 작은 반도체 물질 연구나 depth profiling이 중요한 multi-junction 태양전지 분석 등에 활용을 하고 있다.

Infrared ellipsometry

대부분의 분광 ellipsometry는 빛에 대한 물질의 전자적 반응을 측정한다고 할 수 있다. 반면 적외선 영역은 화학적인 결합에 대한 정보를 준다는 점에서 FTIR(Fourier transform infrared spectroscopy) 등과 같은 적외선 spectroscopy와 같다고 하겠다. 하지만 ellipsometry의 장점을 가진 점에서 이들보다 유리한 점이 있다. 즉, monolayer 스케일에서 기판에 부착된 물질의 vibrational state를 측정하여 화학적인 결합에 관한 정보를 측정해 낼 수 있고 또한 적외선 영역에서의 물질의 광학함수를 이끌어 낼 수 있다는 것이다(Drevillon 1988, Roeseler 1981, 1990, 1993, Barth 1993, Canillas 1993, Dittmar 1993, Gombert 1993, Zalczer 1993, Ossikovski 1993). 그리고 사용하는 부품들도 전부 적외선 영역에 적합한 것들로 바뀌어야 하는데 예를 들자면 광원은 제논 방전(Xe-arc) 램프 대신에 SiC globar를, 프리즘 polarizer 대신에 BaF_2판 위에 형성된 금속 grid polarizer를, 그리고 PMT 대신에 $Hg_xCd_{1-x}Te$(2~14 ㎛)나 InSb(2.5~5.5 ㎛)로 제작된 detector를 사용해야 할 것이다. 물론 분광기를 비롯한 다른 부품들도 적외선 영역에 맞는 것으로 바꾸어야 한다. 그 구조에 있어서는 일반 ellipsometer와 비슷한 PP_RSA형(Stobie 1975)이나 ZnSe modulator를 사용한 phase modulation형(Benferhat 1988)도 있고 FTIR과 같은 원리를 사용한 경우도 있다(Roseler 1981). 이들 infrared ellipsometry는 다른 적외선 장비에서와 마찬가지로 적분시간이 길다는 단점이 있다.

진공자외선(Vacuum UV) ellipsometry

Synchrotron radiation(Schledermann 1971, Barth 1991)이나 deep UV, vacuum UV(5~10 eV)영역에서 작동하기 위해서는 모든 광부품의 성능이 이 광양자 에너지 영역을 감당할 수 있어야 한다. 광원에 있어서는 deuterium 램프를 사용하든지 밝기가 부족할 경우는 입자 가속기에서 발생하는 방사광(synchrotron radiation)을 이용할 수 있다. Johnson의 경우 synchrotron radiation을 이용하여 (40~250 nm) 반도체와 유전체의 내각 전자의 transition을 연구하는데 사용하였다(Johnson 1989). 일반인들은 이런 광원을 접할 기회가 적고 또한 모든 광부품이 높은 광양자 에너지를 가진 빛에 퇴화되기가 쉽다. 편광기의 경우, MgF_2로 제작된 것이 적합하나 불순물 등에 의한 흡수가 클 수가 있다. 따라서 투과형 polarizer 대신에 그림 5.2와 같이 다중반사형 polarizer를 사용하기도 한다(Hamm 1965, Horton 1969).

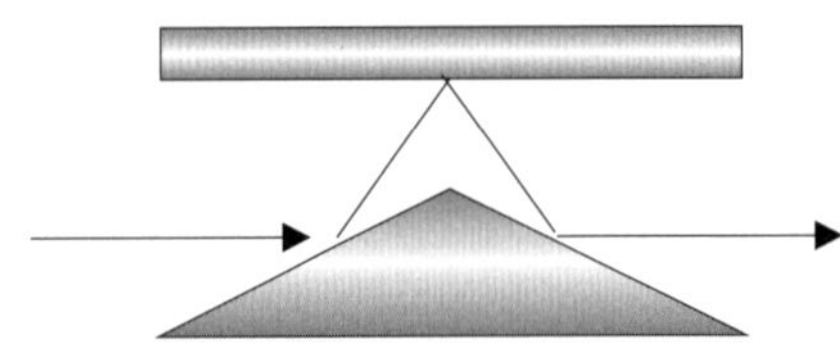

[그림 5.2] 금으로 코팅이 된 삼중반사형 UV용 polarizer인데 프리즘 꼭지각은 135°이다(Barth 1991).

Detector의 경우 silicon diode detector나 GaAsP, GaP Schottky diode detector를 사용할 수 있는데 silicon detector의 경우 quantum efficiency는 좋으나 안정도가 떨어진다. 최근에 개발된 inversion layer silicon photodiode는 두 특성이 모두 좋은 것으로 평가되고 있다(Barth 1986, Krumrey 1988, Korde 1988). 190 nm이하의 자외선은 공기 중의 산소와 수증기 등에 의해 급격히 흡수가 되므로 진공자외선 ellipsometer는 공기 중에서 작동이 불가능하다. 따라서, 진공환경이나 고순도 질소 purge 장치를 갖춘 glove box 속에서 운용을 한다. 저자의 경우 back-thinned CCD를 이용하여 세계 최초로 실시간 vacuum UV 분광 ellipsometer를 개발한 바가 있다(그림 5.3). 그림에서 검은색 스펙트럼은 c-Si 기판 위에 'ZrO_2(3 nm)/Al_2O_3(0.4 nm)/ZrO_2(5.5 nm)' 다층박막이 형성된 경우이고, 흰색 스펙트럼은 상하 ZrO_2의 두께가 바뀐 'ZrO_2(5.5 nm)/Al2O_3(0.4 nm)/ZrO_2(3 nm)'의 경우이다. 일반 분광 ellipsometry의 측정영역인 약 5.5 eV 이하의 스펙트럼에서는 이 두 경우에 구분이 되지 않음을 알 수가 있다. 즉, 이 경우 bandgap보다 높은 광양자 에너지 영역의 data가 중요하다. 따라서, 진공자외선 ellipsometry는 ArF 엑시머 레이저(193 nm)를 이용하는 deep UV 반도체 노광공정 물질연구, 반도체 메모리의 집적도를 높이는데 필요한 high-k, low-k 물질 개발연구, wide bandgap 반도체 연구에 아주 유용하게 사용할 수 있다(Licitra 2011, Kamineni 2011).

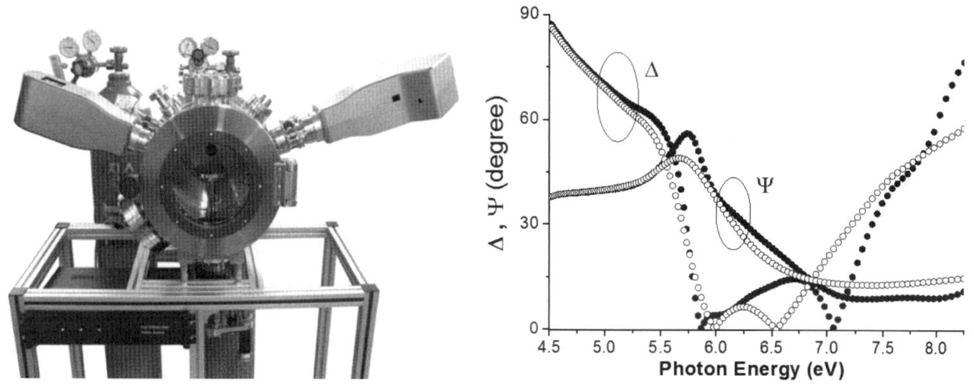

[그림 5.3] 왼쪽: 저자가 개발한 실시간 진공자외선 분광 ellipsometer. 모든 광부품이 질소 purge box 속에 장착이 되어 있다. 오른쪽: 왼쪽 장비로 측정한 high-k 다층박막의 스펙트럼. (검정색 점) ZrO_2(3 nm)/Al_2O_3(0.4 nm)/ZrO_2(5.5 nm)/c-Si, (흰색 점) ZrO_2(5.5 nm)/Al_2O_3(0.4 nm)/ZrO_2(3 nm)/c-Si

광학 영역 이외에도 teraherz, microwave, 그리고 X-ray 영역으로의 확장도 시도되었다(Sakurai 1975, Hofmann 2011, Domanski 1979, Doyle 1978, Hart 1978)

㉡ 측정 속도에 따른 구분

측정 속도의 빠른 정도를 가지고 분류하는 것인데 표면이나 박막의 변화 속도를 기준으로 하기 때문에 절대적인 속도의 기준은 없다. 측정속도가 빨라 실시간 측정이 가능할 경우 실시간(real time) ellipsometry가 되겠고 일반적으로 정적인 시편을 측정하는 ellipsometry는 ex situ ellipsometry가 되겠다. 대부분 진공증착을 이용한 박막 성장에 이용한다고 보면 성장률에 따라 다르긴 하겠지만 최소 1초에 1번 측정은 가능해야 할 것이다. 이 기준으로 보면 작동 원리면에서 수동식 null ellipsometry 빼고는 전부 실시간 측정이 가능하다고 볼 수 있다.

실시간 단파장 ellipsometry (real-time single wavelength ellipsometry)

Stepping motor로 분광기를 돌려 파장을 선택하는 경우 상당한 시간적 지체가 유발된다. 즉, 이런 방식으로 100개 정도의 파장을 가진 스펙트럼을 측정하려면 적어도 수 분내지 십수 분은 걸린다. 따라서 이런 분광 및 측정 방식으로는 단일 파장에 고정시켜 빠른 측정을 할 수밖에 없다(Yamaguchi 1969, Auston 1974, Theeten 1979, Jellison 1985, Collins 1988). Ellipsometry에 있어서 측정속도의 제한은 우선적으로 시간적으로 변하는 편광상태의 측정방식에 있다. 이것은 앞의 분류에서 소개했듯이 능동적인 형태(active type)로 시간적으로 무엇인가를 변화시키면서 측정하기 때문이다. Phase modulation ellipsometry의 경우 한 쌍의 (Δ, Ψ)를 측정하는데 4 ㎲를 기록하기도 했다. 이에 반해 수동적인 형태(passive type)를 사용하기도 했는데 Auston(1974)의 경우 pulsed laser 광원을 사용하여 picosecond 시간대에 측정을 시도하였다. 물론 움직이는 광부품이 없었기 때문에 부분적인 편광상태의 변화만을 측정하였을 뿐이다.

실시간 분광 ellipsometry (real-time spectroscopic ellipsometry)

분광 스펙트럼의 측정속도가 시편의 변화속도에 비해 충분히 빨라 실시간 측정도 가능한 경우가 되겠다. 1984년 Muller와 Farmer가 interference filter를 회전시키는 방법으로 400 nm에서 700 nm사이에 400 개의 data를 가진 스펙트럼을 3초에 측정을 하였다(Muller 1984). 이 장비의 단점은 filter의 제한적 투과도 때문에 분광범위가 좁은 게 단점이다. 특히 3.1 eV 이하까지만 측정이 가능하기 때문에 그 보다 높은 에너지 영역에서 transition이 많은 반도체 물질 연구에는 부적합하다. 그 뒤에 OMA(optical multichannel analyzer) detection system이 개발됨에 따라 이를 이용함으로써 약 1.5~5.0 eV 사이에 128개의 data를 가진 스펙트럼을 약 1초 또는 수 msec에 측정이 가능하게 되었다(Talmi 1980, Kim 1990, An 1991~1999). 그림 5.4는 일반 분광 ellipsometry와 array detector를 이용하는 실시간 분광 ellipsometry에서 분광 스펙트럼을 측정하는 방법을 보여 주고 있다. 그 뒤 저자에 의해 OMA detector가 지니고 있는 많은 error를 찾아내게 되고 그 보정방법을 개발함에 따라 정밀도에 있어서 큰 개선을 보게 되었다(An 1991). 정밀도의 향상은 누적 평균을 내는 횟수를 줄이는데 기여하게 되어 저자에 의해 당시 최고 측정속도인 16 ms를 기록하였는데 측정속도 향상을 위해 1.5~5.0 eV 사이에 64개의 data를 취하였다(An 1994). 그리고 그 후 저자에 의해 개발된 장비는 측정속도 가 약 15 ms로 약 1.5~5.0 eV 사이에 512개의 data를 측정하게 되고 그 정밀도도 과거에 발표된 것과 비슷한 수준이라 논문발표 시점 세계에서 가장 빨랐다고 하겠다(An 1998, 1999). 더 빠르게 변화하는 표면상태를 연구하기 위해 앞으로 분광측정속도 개선이 더욱 기대되고 있다.

[그림 5.4] 왼쪽: monochromator를 이용하는 일반 분광 ellipsometry, 오른쪽: spectrograph를 이용하는 실시간 분광 ellipsometry의 분광측정 방식

☞ **참고:** 'real-time'이란 용어 속에 'in situ'란 의미가 내포되어 있다. 그리고 'ex situ'에 대비되는 용어는 'in situ'이다.

㉢ Multi angle ellipsometry

Multiple-Angle-of-Incidence 또는 variable angle of incidence ellipsometry라고도 불린다. Brewster 각을 측정할 수 있기도 한데 일부 상용 ellipsometer에서는 stepping motor로 시편과 goniometer의 한 축을 각각 θ와 2θ만큼 자동으로 움직이게 하여 입사각 조절을 용이하게 하였다. 하지만 대부분의 ellipsometer의 경우 광학부품이 회전이 가능한 goniometer 위에 장착이 되어 있어 입사각을 수동이나마 임의로 바꿀 수 있게 되어 있으므로 필요할 경우 여러 입사각에서 측정을 할 수 있다. 입사각을 바꾸는 이유는 입사각을 (pseudo) Brewster 각에 놓음으로써 ellipsometry 각 Δ이 90°가 되어 측정의 민감도가 높아지기 때문이다. 대부분의 반도체 물질은 굴절률이 크기 때문에 사용 입사각이 70°이상이 되고 유리와 같은 유전체는 60°근처가 된다. 또한 입사각을 바꾸어 가며 여러 번 측정함으로써 미지수에 비해 측정 횟수를 높이게 되어 통계적으로 미지수 추출에 도움이 된다 (Ibrahim 1971, Azzam 1975, Hunderi 1976, Pieterse 1979). 특히 투명한 박막을 측정할 경우 입사각을 바꿈으로 해서 빛의 투과 길이가 바뀌게 되어 독립적인 측정값을 얻게 된다. 그 유용성의 예는 나중의 분석부분에서 언급할 예정이다. 하지만 진공 chamber나 chemical cell 등을 이용하여 in situ 측정을 할 경우는 입사각 변경이 용이하지 않으므로 제작시 자주 측정할 물질의 광특성에 맞추어 입사각을 결정하는 것이 좋다.

☞ **참고:** 입사각을 바꾼다고 해서 측정 횟수가 꼭 증가되는 효과가 있는 것은 아니다. 구하고자 하는 미지변수간의 correlation(상호 의존도)이 줄어들어야 한다. 예를 들어 '공기/SiO_2(20 Å)/c-Si'의 구조를 가진 박막시스템을 단파장(5461 Å) ellipsometer로 측정하는 경우 입사각을 50°에서 80°까지 변화시키더라도 SiO_2 박막의 굴절률(n)과 두께(d)간의 correlation이 너무 커서 입사각 변경 효과가 없다. 즉, 입사각을 어느 정도 바꾸더라도 [n=1.47-0.053×(d-20), d의 단위: Å]로 표현할 수 있는 상호 의존도때문에 파장을 바꾼다든지 아니면 두께 등의 환경을 바꾸어 측정 횟수를 증가시켜야 n과 d의 correlation을 줄일 수 있게 된다(Ibrahim 1971, Azzam 1988).

㉣ Imaging ellipsometry

Spatially resolved ellipsometry 또는 micro imaging ellipsometry 등으로 불리는데 beam의 크기를 최소화하여 표면을 scan하며 측정함으로써 박막 두께의 균질성이라든지 미세패턴의 image화 하는데 사용을 하였다 (Mishima 1982, Erman 1986, Barsukov 1988, Beaglehole 1988, Cohn 1988, Meng 2011). Erman의 경우 광노광 후 etching된 반도체 표면이나 박막 증착 후의 표면을 10 ㎛×10 ㎛의 해상력으로 보여 주었는데 현재의 submicron 해상도를 요구하는 메모리 공정에는 못 미치나 wafer 위에 산화막이나 photoresist막 등을 성장시킨 후 전체적인 두께의 균질도 등을 조사하기에는 충분하다고 하겠다(Erman 1986). 한편 Cohn의 경우 CCD(charge coupled device) detector를 사용하여 이차원적 ellipsometry 상을 얻었다. 속도는 빠른 편이나 CCD detector가 지닌 pixel 해상력에 한계가 있다(Cohn 1988~1990). 하지만 최근 2차원 이미지 센서가 측정속도 및 pixel 해상도 측면에서 급격한 발전을 보이고 있어 그 활용도가 더 커질 것으로 기대된다. 넓은 면적의 경우 일반 ellipsometry를 이용하여 mapping함으로써 이차원상을 얻을 수 있는데 측정 속도가 매우 느리다. 이를 극복하기 위해, 2차원 이미지를 센서를 이용한 매크로 imaging ellipsometry에 대한 연구도 진행 중이다(Fried 2011).

Imaging ellipsometry는 하나의 파장으로 측정한 값으로 이차원 상을 만들기 때문에 단파장 ellipsometry이다. 즉, 단파장 ellipsometer 광학구조에다가 상을 형성하는 렌즈와 검출기 대신 2차원 이미지 센서를 도입한 경우라고 보면 된다. 물론 파장을 바꾸어가며 측정함으로써 한 부분에 대한 분광 data를 구할 수도 있으나 사용하는 광학부품 및 측정원리 상 분광 data의 질이 매우 낮아 실효성이 적다. Imaging ellipsometry의 작동원리로 null 방식을 사용하면 하나의 상을 얻을 수 있는데, null 조건을 만족시킨 영역과 만족시키지 못한 영역(off-null 영역)의 구분이 상으로 나타나다. 즉, 측정된 상에서 null 조건이 만족된 부분은 까맣게 나타나고 off-null 영역은 null 조건에서 벗어난 정도에 따라 밝기차로 나타나게 된다. 만일 이것이 두께분포에 의한 것이라면 null 부분의 두께는 분석이 가능하나 off-null 영역은 일일이 전부 null 상태를 만들어 보지 않는 한 두께 분석이 어렵다 (뒤에 나오는 측정원리 참조). 반면, 작동원리로 photometric 방식을 채택하면 (Δ, Ψ) 상을 얻으므로 어느 정도 분석이 가능하다.

그림 5.5 (왼쪽)은 오래 전에 저자가 개발한 imaging ellipsometer를 보여주고 있다. 그리고 우측은 이 장비로 측정한 ellipsometry상(Δ)으로 비정질실리콘 박막(어두운 부분)을 laser annealing을 통하여 다결정화한 것을 보여주고 있다(밝은 부분).

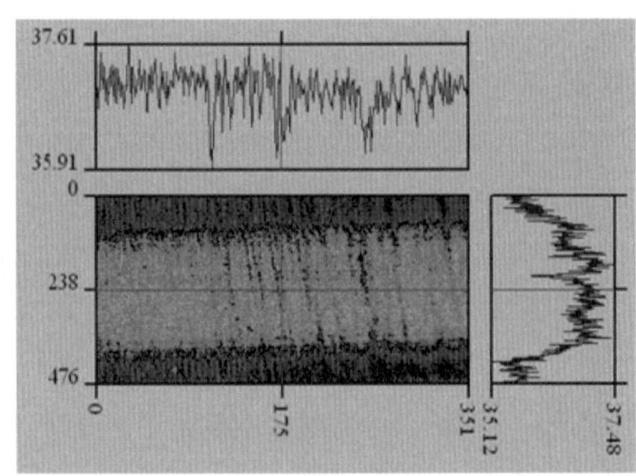

[그림 5.5] 왼쪽: 저자가 개발한 imaging ellipsometer, 오른쪽: 측정된 (Δ) image. 가운데 밝은 부분이 laser annealing이 된 곳이다. 상에서 가로 세로 숫자는 화소번호를 나타내고 있는데 이 실험에서 한 화소의 크기는 약 5 ㎛에 해당한다.

㉤ Mueller matrix ellipsometry

시편을 표현한 Jones matrix(식 (2-72))에서 비등방 시편에 나타나는 nondiagonal 성분을 측정할 수 있는 경우 generalized ellipsometry라고 한다(Azzam 1972). 이 경우, 보통 많이 사용하고 있는 rotating analyzer ellipsometer를 이용하여 다수의 polarizer 각에서 측정하여 구할 수도 있고 (Schubert 1996, 1998) 또는 rotating compensator ellipsometer를 이용하여 다수의 polarizer 및 compensator 각에서 측정한 값으로부터 구할 수도 있다(Thompson 1998). 하지만, Mueller matrix ellipsometry를 이용하면 비등방 시편뿐만이 아니라 시편의 구조적 특성 등으로 인하여 depolarization이 발생하는 경우나 표면거칠기로 인하여 scattering이 심한 경우에도 적용이 가능한데 다양한 원리로 작동이 가능하다(Hauge 1978, Compain 1998, Collins 1999, Laskarakis 2004, Podraza 2004, Arteage 2012). 그림 5.6은 dual rotating compensator 원리의 실시간 Mueller matrix ellipsometer를 이용하여 결정질 실리콘 (110) 표면을 측정한 것으로 저자가 장비제작과 실험에 참여하였다(Chen 2004). 시편에 대한 16개의 Mueller matrix 요소 중에서 m_{11}으로 규격화하였기 때문에 그림 5.6에는 15개의 요소를 보여주고 있다. 제2장의 식 (2-72) 또는 〈표 2.4〉에서 보았듯이 등방성 시편을 측정하면 그림 5.6에서 오른쪽의 8개 요소는 전부 0이 되어야 하는데 이 경우 0이 아닌 것은 실리콘이 비등방성을 지닌 것이 아니라 (110) 표면이 비등방성이기 때문이다.

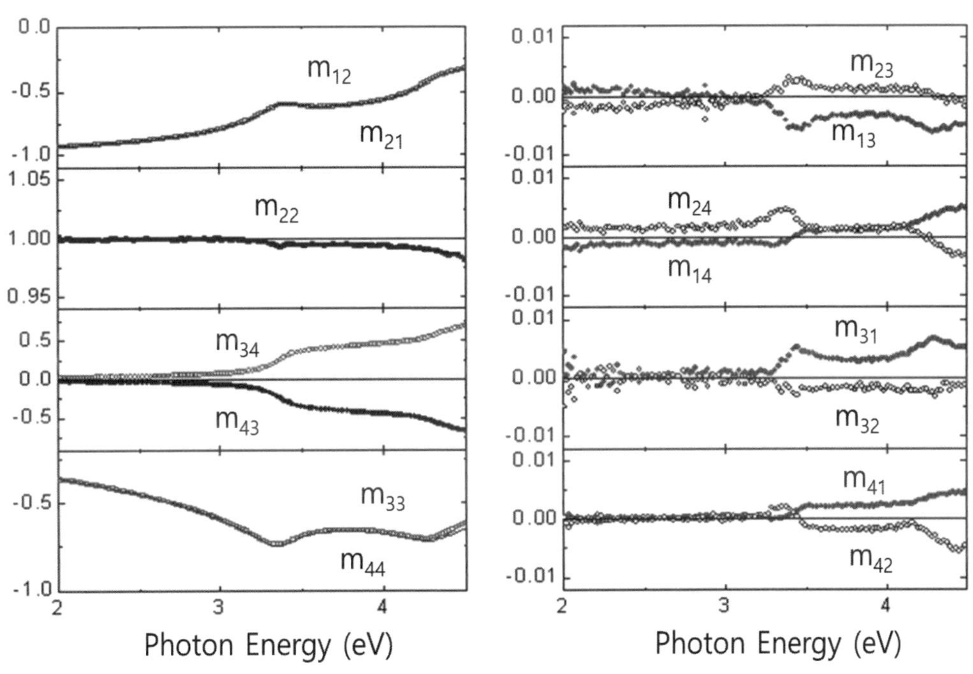

[그림 5.6] 결정질 실리콘 [110] 표면을 측정하여 얻은 Mueller matrix 스펙트럼

1.3 그 밖의 ellipsometry

Kerr spectrometry

작동원리는 phase modulation ellipsometry와 같고 입사를 거의 수직으로 하는 측면에서는 RDS와도 같은데 자성물질의 표면에서 반사될 때 편광의 변화, 즉, Kerr 효과를 측정하는 기술이다. 반사된 타원편광의 장축의 회전각과 타원의 ellipticity를 측정하는데 결국 ellipsometry라고 할 수 있고 단지 물질의 특성을 magneto-optics의 차원에서 분석한다는 차이가 있다(Philippart 1993).

Comparison ellipsometry

그 광학적 구성은 광원-polarizer-표준시편-test 시편-analyzer-camera 순으로 되었는데 polarizer는 표준시편의 입사면에 대해 45°로 놓여 있고 test 시편의 입사면은 표준시편에 대해 90°로 놓여 있게 되고 analyzer는 polarizer와 다시 90°되게 놓여 있다. 만일 두 시편이 동등한 것이라면 두 시편에 의해 발생한 편광의 변화는 서로 상쇄가 되어 결국 polarizer에 의해 발생한 선편광이 유지가 되고 이는 수직으로 놓인 analyzer를 투과할 수 없게 되어 null 상태가 된다. 만일 두 시편이 다르다면 예상할 수 있듯이 null 상태를 파괴하게 되어 camera에 밝은 신호가 잡힌다. 우선 움직이는 부분이 없는 장점이 있고 제작한 시편들이 표준시편과 같은지를 확인하는데 유용하게 사용될 수 있을 것 같다(Stenberg 1980).

RDS(reflection difference spectroscopy)

표면의 anisotropy를 측정하는 입사각 0°(즉, 수직입사)의 ellipsometry라고 할 수 있는데 RAS(reflection anisotropy spectroscopy)라고도 부른다. 그 작동원리나 아직은 해석면에서 상용의 ellipsometry보다 단순한 점이 있으나 앞으로 많은 발전이 기대되는데 ellipsometry에 비해 거의 겉표면에서만의 정보를 인식하기 때문에 표면의 anisotropy를 연구하는데 매우 유용하다. 최근에 GaAs 등 결정질 박막의 연구가 활발해지면서 그 응용분야가 커지고 있다(Aspnes 1992, 1993, Berkovits 1993, Wormeester 1993, Mueller 1993, Borensztein 1993, Wijers 1993, Reza 2011). Self assembled monolayer 등 표면화학 분야에 응용이 기대가 된다. Azzam의 perpendicular-incidence null ellipsometry(PINE)나 McIntyre의 differential reflection spectroscopy 등 그 기원은 제법 오래 되었다고 볼 수 있겠다(Azzam 1977, 1981, McIntyre 1971). 아주 작은 변화를 측정하기 때문에 대부분의 경우 phase modulation ellipsometry의 구조를 이용하고 있는데 modulator가 없는 rotating sample형이나 rotating analyzer형(Aspnes 1985, 1987) 또는 beam splitter를 이용하여 두 방향으로의 반사율을 동시에 측정함으로써 움직이는 부분이 아예 없는 원리를 이용하기도 했다(Briones 1990). 측정하는 물리량은 표면에서 수직인 두 결정 방향에서의 Fresnel 반사계수의 차가 된다. 즉,

$$\frac{\delta r}{r} = \frac{r_p - r_s}{r} = \frac{r_p - r_s}{(r_p + r_s)/2}. \tag{5-3}$$

RDS의 경우 수직입사이므로 입사면이 결정되지 않는다. 따라서 여기서 사용한 아래첨자(p, s)는 결정의 방향을 의미한다. Anisotropy가 크지 않을 경우 이 값은 ellipsometry 측정변수 (Δ, Ψ)와 다음과 같은 관계를 가진다.

$$\frac{\delta r}{r} \sim 2\Psi' + i\Delta'. \tag{5-4}$$

여기서 $\Psi' = \Psi + \pi/4$, $\Delta' = \Delta - \pi$ 의 관계에 있다(Acher 1992). 그림 5.7은 저자가 개발한 RDS로 각기 다른 선폭을 가진 mask 패턴을 측정한 값이다. Line-and-space 패턴이 비등방성을 보임을 알 수가 있고 또한 방향에 따른 위상차(Δ)가 선폭에 매우 민감함을 알 수 있다.

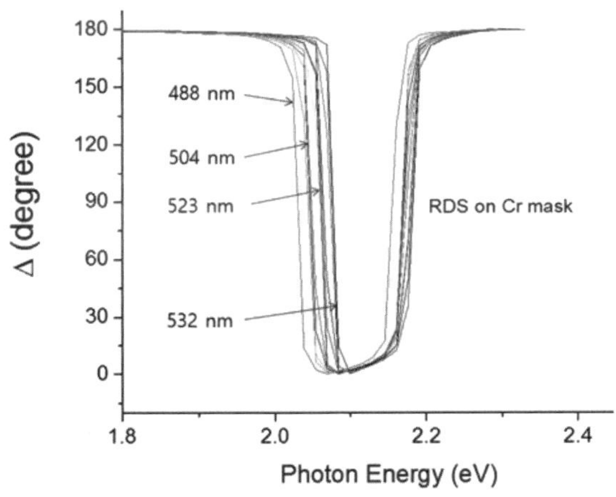

[그림 5.7] 다양한 선폭으로 제작된 line–and–space 마스크 패턴의 RDS 측정값

Psi meter

Rotating polarizer(analyzer) ellipsometer에서 polarizer나 analyzer 중 하나를 제거하고 나머지 하나만을 사용하는 경우를 생각해 보자. 회전하는 편광기 하나만 사용하기 때문에 간편한 점은 있으나 Jones matrix를 풀어보면 오직 Ψ값만 측정이 가능함을 알 수 있다. 물론 회전시키는 대신 phase modulation 방법을 사용할 수도 있다. Δ값이 측정이 안 되므로 물질에 대한 완전한 광학적 정보는 얻지는 못하고 또한 얇고 투명한 박막층에 대한 감도가 부족하다. 하지만 표면에 있어 어느 정도 이상의 변화나 차이는 감지할 수가 있다(Zaghloul 1977, 1980, Yoshino 1984).

Return-path ellipsometry

Psi meter처럼 편광기가 하나뿐인데 그림 5.4에서처럼 거울을 이용해 시편에 두 번 입사하게 되므로 polarizer가 analyzer의 구실도 하게 된다. 그림에서 편광기를 modulation시키기도 하고 입사각과 편광축을 변화시켜 nulling시키기도 한다(O'Bryan 1936, Yamamoto 1974, Azzam 1977, Hauge 1980). 일반 ellipsometer에서는 편광을 발생시키는 쪽과 편광을 분석하는 쪽을 위해 두 개의 벤치가 필요한데 진공 chamber나 실험실 구조상 양쪽을 다 설치하기가 어려운 경우에 응용해 보면 편리하다. 또한 진공 용기에 설치할 경우 광학창도 한 쪽만 설치하면 되고 시편을 두 번 측정하여 민감도도 높다. 저자의 실험실에서 실제 제작하여 사용해 본 결과 광학 부품과 시편의 정렬이 다른 종류에 비해 까다로웠으며 시편에서 두 번 반사되는 관계로 detector 쪽에서 감지하는 빛의 밝기가 그 만큼 약해졌다.

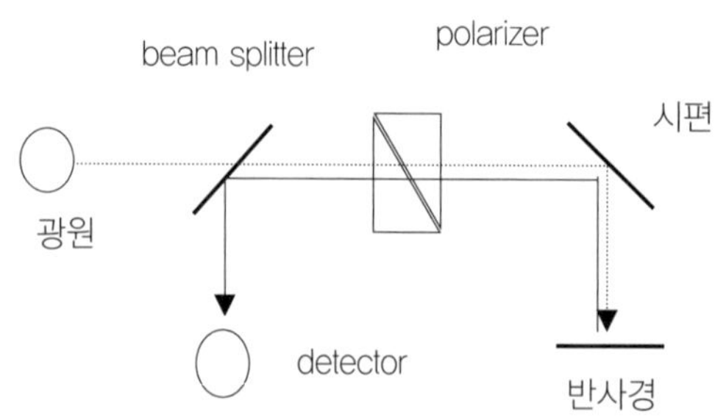

[그림 5.8] Return–path ellipsometer의 구조

Passive ellipsometry

앞에서 잠시 언급을 했는데 대부분의 ellipsometer의 구조에는 기계적이거나 광전자적으로 시간에 따른 변화를 부여하는 장치가 있다. Polarizer를 회전시킨다든지 modulator에 진동을 야기시키는 것들이 그것이다. 아직 정밀도나 정확도 등에 대해 잘 알려진 바가 없지만 시간보다는 공간적인 측정을 하는 ellipsometry들이 몇 소개된 바가 있는데 그 중 하나는 시편에서 반사된 빛을 평행하게 두 갈래로 나눈 다음 그 중 하나는 achromatic quarterwave retarder를 지나게 한다. 그런 뒤 이 두 빛을 각각 beam displacer를 지나게 하여 각각에서 서로 수직으로 편광된 성분을 측정하게 된다. 즉, 네 개의 다른 위치에 있는 analyzer가 동시에 시편에서 반사된 빛의 편광상태를 측정하게 되는 것이다(Jellison 1987). 또 하나는 시편에서 반사된 빛을 세 개의 silicon detector로 반사시키면서 동시에 측정을 실시하고 네 번째의 detector가 세 번째 detector에서 반사되어 오는 빛을 측정하게 된다. 첫 세 개의 detector의 위치를 조절함으로써 각 detector는 편광의 다른 방향의 성분을 측정하게 된다. 즉, 이들 세 detector는 analyzer의 구실을 동시에 수행하는 것이다(Azzam 1985). 이들 ellipsometer

에는 움직이는 부분이 없으므로 측정속도는 결국 detector의 반응속도에 의해 결정될 정도로 매우 빨라질 가능성이 있다. 예를 들어, rotating analyzer ellipsometry의 개념인데 analyzer를 회전하는 대신 각기 다른 방위각으로 다수의 analyzer를 설치하고 그 뒤에는 각각의 detector를 부착함으로써 측정속도가 약 1000배정도 향상이 되었다고 한다(NanoPhotonics 1999).

그 밖에도 rotating detector ellipsometry(Nick 1989), interferometric ellipsometry(Hazebroek 1973), pulse ellipsometry(Auston 1974), Stokes parameter ellipsometry(Azzam 1982, 1985) 등이 있다.

2. 주요 ellipsometry의 측정원리

여기서는 최근 주변에서 가장 많이 사용하고 있는 몇몇 ellipsometry의 측정원리를 간단히 설명하고자 한다. 여러 가지로 변형된 ellipsometry들도 그 측정의 근본원리는 유사하다고 하겠다.

2.1 Null ellipsometry

2.1.1 수동식 null ellipsometry

가장 먼저 사용된 기술로 측정속도가 너무 느린 점이 있으나 그 정확성 때문에 아직도 이용하고 있다. 하지만 일반 사용자가 사용하기에는 너무 불편하여 구체적으로 알 필요는 없다고 생각하나 역사적인 의미가 있고 또한 자동화에 대한 연구도 계속되고 있기 때문에 잠시 소개하고자 한다. 우선 그 구성을 보면 polarizer-compensator-sample-analyzer(PCSA)로 되었는데 시편을 제외한 광부품의 위치각 또는 입사각을 detector에 빛이 들어오지 않을 때까지 조절하여 그 때의 광부품의 위치로 ellipsometry 각 (Δ, Ψ)을 찾아내는데 이와 같이 detector에 들어오는 빛을 없도록 하는 것을 'null(또는 nulling, 소광)'시킨다고 한다. 즉, 시편에서 반사된 빛이 선편광이 되도록 polarizer와 compensator의 위치각과 retardation 각이 조합을 이루어야 하고 (때로는 입사각을 바꿀 때도 있으며 compensator의 경우 위치각은 일반적으로 고정) 이 때 analyzer의 편광축을 이 선편광에 수직이 되도록 돌려보면 null 점을 찾을 수 있게 된다. 처음에는 빛의 감지를 육안에 의존하였으나 점차 PMT 등의 detector를 이용하여 그 불편을 크게 줄이게 되었고 정확성도 향상시켰다. 또한 nulling 시키는 작업이 수동이었기 때문에 한 파장(또는 광양자 에너지)에서 한 쌍의 (Δ, Ψ)를 측정하는데 수 분에서 십수 분은 족히 걸리고 눈의 피로가 심하여 이 원리를 이용하는 분광 ellipsometry는 생각도 못하였다. Nulling하는 방법은 여러 가지가 있는데 Azzam의 저서를 참고하기 바란다(1987).

☏ **이야기:** 박사과정 시절 연구그룹에 다양한 종류의 ellipsometer가 있었는데 그 중 하나가 수동식 null ellipsometer이었고 암막 속에 있었다. 이 장비를 주로 사용하던 여학생은 한번 암막 속에 들어가면 이삼십 분은 있었고, 암막에서 나올 때 눈은 항시 충혈되어 있었던 것이 기억이 난다. 그나마 null 이란 기술이 있었기에 육안측정이 가능했지 만일 빛의 밝기를 구분해야 하는 방식이었다면 아마 ellipsometry의 시작은 안정된 광원과 신뢰성 있는 detector 개발된 이후로 미루어졌을 것이다. 인간의 시각이나 좋지 않은 detector의 경우 밝기 변화에 대해서는 정확하지 못하지만 on-off에 대해서는 민감하다.

그 구성은 그림 5.9와 같은데 일반적으로 compensator의 위치각은 입사면에 대해 45°로 고정을 시킨 채 polarizer와 analyzer만의 위치각을 조절하여 null점을 찾는다. 만일 polarizer, compensator, analyzer의 3개의 광부품을 손으로 회전시켜가며 약 0.01°의 정밀도로 null점의 위치각을 구한다고 생각하면 얼마나 고통스럽겠는가?

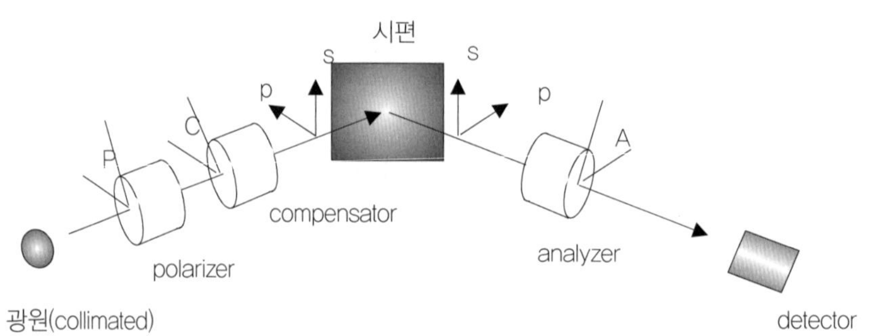

[그림 5.9] Null Ellipsometer의 구성. 주로 compensator의 fast axis(C)를 입사면에 대해 45°로 두고 polarizer를 움직여 시편에서 반사된 빛이 선편광이 되도록 하고 이 때 analyzer를 선편광과 90°가 되게 하여 null 점을 찾는다. 물론 실제에 있어서는 analyzer를 지속적으로 돌려보지 않고는 시편에서 반사된 빛이 선편광이 되었는지를 알 수가 없다.

Null ellipsometer의 광학계를 Jones matrix를 사용하여 표현해 보면 다음과 같다.

$$E=\begin{pmatrix}1&0\\0&0\end{pmatrix}\begin{pmatrix}\cos A&\sin A\\-\sin A&\cos A\end{pmatrix}\begin{pmatrix}r_p&0\\0&r_s\end{pmatrix}\begin{pmatrix}C_1&C_2\\C_3&C_4\end{pmatrix}\begin{pmatrix}\cos P&-\sin P\\\sin P&\cos P\end{pmatrix}\begin{pmatrix}E_0\\0\end{pmatrix}. \qquad (5\text{-}5a)$$

여기서,

$$\begin{pmatrix}C_1&C_2\\C_3&C_4\end{pmatrix}=\begin{pmatrix}\cos C&-\sin C\\\sin C&\cos C\end{pmatrix}\begin{pmatrix}1&0\\0&e^{-i\delta}\end{pmatrix}\begin{pmatrix}\cos C&\sin C\\-\sin C&\cos C\end{pmatrix}. \qquad (5\text{-}5b)$$

Rotation matrix가 각 광부품을 지날 때마다 사용이 되고 있는 것을 보는데 이는 앞의 그림에서 알 수 있듯이 각 광부품의 기준점이 다르기 때문이다. 즉, Jones matrix에서 보았듯이 특별한 경우를 제외하고는 ellipsometry에 사용된 각 광부품(시편포함)의 반응은 진동방향이 서로 수직인 전기장의 두 성분에 대해 서로 다르게 작용한다. 즉, polarizer는 한쪽 성분(편광축 방향)은 통과시키고 다른 쪽 성분(소광축 방향)은 흡수하며, compensator는 fast axis방향과 slow axis방향으로 진동하는 전자기파에 대해 속도차(위상차)를 유발시키고, 시편의 경우 입사면에 수직성분과 평행성분에 대한 반사율이 다르다. 따라서 polarizer나 analyzer의 경우 편광축의 위치각(P, A)이, compensator의 경우 fast axis의 위치각 (C)이 상대적으로 어디에 놓여 있는가를 고려해 주어야 한다. Ellipsometry 운영에 있어서는 항시 시편, 즉, 입사면을 기준으로 한다. 예를 들어 polarizer나 analyzer와 같은 광부품의 회전축에는 그 위치각을 나타내는 눈금이 매겨져 있거나 encoder를 통한 각위치가 설정되어 있는데 이는 상대적인 위치 파악의 지표만 되지 절대적인 위치각으로서의 의미가 없다. 이는 시편을 align할 때마다 입사면이 조금씩 바뀔 수 있기 때문인데 calibration과정을 통해 절대적인 위치각을 찾아내게 된다.

Null ellipsometry의 원리를 좀더 구체적으로 설명해 보기 위해 식(5-5a)의 matrix의 맨 오른쪽부터 순서대로 살펴보자.

㉠ $\begin{pmatrix} E_0 \\ 0 \end{pmatrix}$는 polarizer를 통과한 뒤 발생한 선편광을 나타낸다. 이 때 선편광의 방향은 입사면에 대해 P만큼 기울어져 있다.

㉡ $\begin{pmatrix} \cos P & -\sin P \\ \sin P & \cos P \end{pmatrix}$는 polarizer에 의해 발생한 선편광의 성분을 입사면을 기준으로 표현하기 위하여 -P만큼 회전을 시키는 것이다.

㉢ $\begin{pmatrix} C_1 & C_2 \\ C_3 & C_4 \end{pmatrix} = \begin{pmatrix} \cos C & -\sin C \\ \sin C & \cos C \end{pmatrix} \begin{pmatrix} 1 & 0 \\ 0 & e^{-i\delta} \end{pmatrix} \begin{pmatrix} \cos C & \sin C \\ -\sin C & \cos C \end{pmatrix}$는 compensator의 기준점인 fast axis가 입사면에 대해 C만큼 기울어져 있으므로 C만큼 회전하여 위상차(δ)를 발생시킨 후 입사면 기준으로 표현하기 위하여 다시 -C만큼 역회전시킨다.

㉣ $\begin{pmatrix} r_p & 0 \\ 0 & r_s \end{pmatrix}$는 ㉢의 결과가 입사면 기준이므로 p-파와 s-파에 대한 반사계수를 적용시킨다.

㉤ $\begin{pmatrix} 1 & 0 \\ 0 & 0 \end{pmatrix} \begin{pmatrix} \cos A & \sin A \\ -\sin A & \cos A \end{pmatrix}$는 시편에서 반사된 p-파와 s-파를 analyzer의 기준으로 판단하기 위해 analyzer의 편광축이 있는 위치각 A로 회전시킨 후 편광축 방향의 성분만을 통과시킨다.

이 matrix들을 차례로 계산하면 전기장의 세기 E를 구할 수 있다.

$$E = E_0 r_s [\rho\cos C\cos(P-C)\cos A - \rho\rho_c\sin C\sin(P-C)\cos A + \sin C\cos(P-C)\sin A + \rho_c\cos C\sin(P-C)\sin A]. \quad (5\text{-}6)$$

여기서 E_0는 polarizer를 투과한 전기장의 세기이고 r_s와 ρ는 반사계수이다. 그리고 ρ_c는 compensator와 관계있는 변수이다. 즉, compensator의 s-파와 p-파에 대한 투과계수 (t_{cp}, t_{cs})로 표현이 가능하데 이상적인 compensator의 경우 그 비의 크기가 1이 되고 두 성분에 대해 위상차(δ)만 발생시킨다. 즉,

$$\rho_c = \frac{t_{cs}}{t_{cp}} \equiv T_c\exp(i\delta) \simeq \exp(i\delta). \quad (5\text{-}7)$$

전기장 E로부터 detector가 인식하는 빛의 밝기 I_d에 관한 표현을 구할 수 있는데 null이 되는 조건에서 그 값이 0이 된다. 즉,

$$I_d \propto |E^* E| = 0 \quad (at\, null). \quad (5\text{-}8)$$

이 관계식으로부터 ellipsometry 각과 관계가 있는 복소반사계수비(ρ)를 구할 수 있다.

$$\rho = -\tan A\left[\frac{\tan C + e^{i\delta}\tan(P-C)}{1 - e^{i\delta}\tan C\tan(P-C)}\right]. \quad (5\text{-}9)$$

여기서 compensator의 retardation 각 δ은 이미 아는 것이므로 ellipsometry 각은 순수하게 null이 되는 조건에서 광학부품의 위치(A, P, C)로 표현됨을 알 수 있다. 당연지사이다. Detector에 들어오는 신호가 하나도 없는 상황인데 어디서 정보를 얻겠는가? 다음의 비교적 단순한 경우를 살펴보자. Compensator로 quarter waveplate($\delta=-\frac{1}{2}\pi$)를 사용하고 fast axis가 입사면에 대해 놓인 위치각(C)이 $\pm\frac{1}{4}\pi$라고 하자. $C=+\frac{1}{4}\pi$의 경우 (A', P')에서 null이 되었다고 가정하면 식 (5-9)는

$$\rho = -\tan A'\left[\frac{\tan(\pi/4) + (-i)\tan(P' - \pi/4)}{1 - (-i)\tan(\pi/4)\tan(P' - \pi/4)}\right] = -\tan A' e^{-i2(P' - \frac{\pi}{4})}. \quad (5\text{-}10)$$

또한 A''=π-A', P''=P'+$\frac{1}{2}\pi$에서 null이 됨은 이 값을 식 (5-9)에 대입함으로써 알 수 있다. $C=-\frac{1}{4}\pi$에서도 마찬가지로 두 개의 null 점을 찾을 수 있게 된다. 따라서 전체적으로 4개의 null 영역(zone)이 있게 되는데 이상적인 경우 ellipsometry 각은 이 중 하나의 null점으로 충분하다. 예를 들어 two zone에서 null 점을 찾았을 경우 다음과 같이 ellipsometry 각은 광부품의 위치로써 결정이 된다.

$$\Delta = -2P_2 + \frac{\pi}{2} = \frac{3\pi}{2} - 2P_1, \tag{5-11a}$$

$$\Psi = A_1 = -A_2. \tag{5-11b}$$

부록에서는 Mueller matrix를 사용하여 (Δ, Ψ)를 유도하는 과정을 자세히 설명해 두었으니 참고하기 바란다.

하나의 null점을 찾는데 숙련된 자도 수 분 이상이 걸리지만 여러 영역에서 얻은 값을 평균을 취하면 상당한 이득이 생긴다. C=$\frac{1}{4}\pi$(또는 C=-$\frac{1}{4}\pi$)에서 찾은 두 개의 null점에서 얻은 (P, A)값을 평균을 취할 경우 two zone average라고 부르고 네 개의 null 점에서 얻은 (P, A) 값을 모두 평균을 낼 때 four zone average라고 부르는데 각종 광학부품의 각 설정에 따른 실험오차나 광학부품의 결점에 의한 오차에 덜 영향을 받게 되는데 four zone average의 경우 그 면제의 범위가 넓다(Azzam 1987). 즉, polarizer나 analyzer 각 설정에 따른 offset이나 optical activity, 불완전한 compensator 등의 영향을 받지 않게 된다. 더욱이 detector의 non-linearity나 편광민감도, 광원의 부분편광 등에도 무관하다. 이는 아마도 아직 많은 사람들이 null ellipsometry를 사용하고 있는 이유이기도 하다.

수동식 null ellipsometer의 경우 rotating element ellipsometer와는 달리 그 정밀도가 (Δ, Ψ)값에 무관하다. Shot noise나 detector 반응의 유동 등으로 그 정밀도를 $2\delta\Psi \simeq \delta\Delta \simeq 0.01°$정도로 보고 있는데 이는 polarizer나 analyzer눈금의 해상도 정도이다(Aspnes 1976).

Null ellipsometry에서의 calibration(영점보정)

Ellipsometer 운용에 사용되는 모든 광부품의 위치각은 시편의 위치에 의한 입사면이 기준이 된다. 따라서 시편을 교환할 때마다 조금씩 변동될 수 있는 입사면을 찾아내어 이를 보정하는 과정이 필요한데 이를 'calibration'이라고 부른다. 여러 가지 calibration 방법이 소개되었는데 대부분 광학부품을 탈부착을 시킨다든지 입사각을 변화시킨다든지 하는 과정이 따르기 때문에 나중에 소개되는 rotating element 형에 비해 불편한 점이 많다. 몇 가지 방법이 Azzam(1987)에 의해 소개되었는데 그 중 간단한 것을 소개하면 다음과 같다.

㉠ Polarizer와 analyzer의 영점(입사면에 해당하는 눈금)을 찾기: compensator를 일시적으로 goniometer에서 제거하여 사용하는 시편(S)의 Brewster 각 근처로 입사각을 놓아 PSA의 구조를 이룬다. Analyzer(의 투과축)를 입사면에 대해 90°근처에 놓고(A) polarizer를 0° 근처를 움직이며(swinging) 빛의 밝기가 최소가 되는 polarizer의 눈금(P_m)을 기록한다(그림 5.10의 위 그림). 다시 analyzer를 조금 움직인 뒤(0.1°정도) 같은 과정을 반복한다. 이런 과정을 반복하면 (A, P_m) 값이 좌표상에서 선형적인 변화를 보여주게 된다. 이번에

는 polarizer를 0°근처에 두고(P) analyzer를 90°근처를 움직이며 밝기가 최소가 되는 analyzer 눈금(A_m)을 기록한다(그림 5.10의 아래 그림). 이 역시 analyzer각과 polarizer각의 좌표상에서 선형적인 변화를 이루는데 두 선의 교차점이 입사면이 된다(그림 5.11). 즉, 교차점에 해당하는 polarizer의 눈금이 입사면(즉, 영점)이 되고 analyzer의 눈금은 입사면+90°인 지점이 된다. 여기서 polarizer와 analyzer의 역할을 바꾼 대신에 입사각을 바꾸는 방법도 있다.

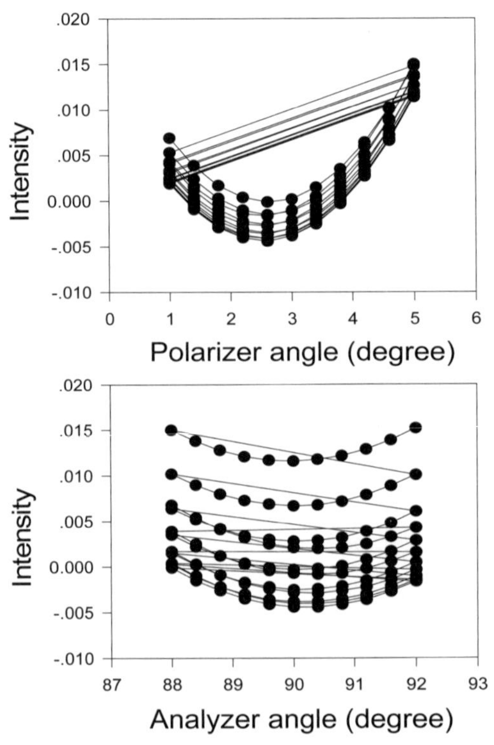

[그림 5.10] 위: 주어진 analyzer 각에 대해 polarizer를 swing시키면서 측정한 밝기 신호의 변화. 아래: 주어진 polarizer각에 대해 analyzer를 swing시키면서 측정한 밝기 신호의 변화. 실선은 연속된 측정의 순서를 보여주고 있다. 사용한 시편은 표면이 잘 연마된 스테인리스강이다.

ⓛ Compensator의 영점 찾기(입사면에 해당하는 fast axis의 눈금): compensator를 goniometer에 원위치시키고 일직선 형을 만들거나(straight through 또는 입사각이 90°) 또는 시편이 있는 상황에서 polarizer의 방위각을 정확히 입사면에 둔다. 이렇게 하면 analyzer에 입사하는 빛이 선편광이 되므로 analyzer의 방위각을 수직이 되게 놓으면 null 조건이 형성된다(즉, ㉠의 결과를 이용한다). 이 때 compensator의 fast axis를 입사면 근

처를 움직이면서 밝기가 null이 되는 곳을 찾으면 compensator의 영점이 된다. 즉, null이 되는 곳에서는 polarizer의 편광축과 compensator의 fast axis가 평행하게 되기 때문이다.

☞ **참고:** ㉠에서 밝기의 최소점은 polarizer 또는 analyzer를 swing하면서 생기는 밝기변화를 포물선으로 fitting하여 구하게 된다.

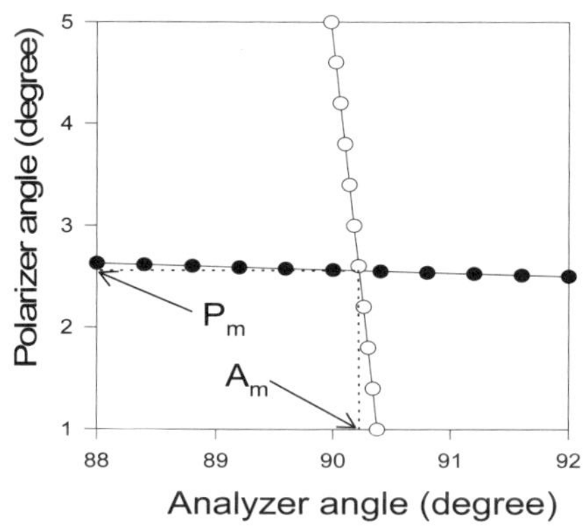

[그림 5.11] Analyzer를 0.4°씩 움직이면서 polarizer를 scan하여 찾은 최소밝기점에 해당하는 polarizer눈금각과(검은 원), polarizer를 0.4°씩 움직이면서 analyzer를 scan하여 찾은 최소밝기점에 해당하는 analyzer의 눈금각(흰 원)으로 직선으로 fitting한 뒤 그 교차점으로부터 입사면에 해당하는 polarizer의 눈금각(P_m)과 입사면+90°에 해당하는 analyzer눈금각(A_m)을 찾아낸다.

이외에도 다양한 calibration 방법들이 개발되어 있으니 참고하기 바란다(McCrackin 1963, Aspnes 1971, Azzam 1971, Steel 1971,).

2.1.2 자동식(self compensating) null ellipsometry

수동식 null ellipsometry의 경우 정확성이 좋으나 nulling 속도가 너무 느린 것이 큰 단점이었다. 따라서 이를 자동화시키는 방법이 개발되었는데 그 중 가장 손쉬운 방법은 polarizer와 analyzer에 stepping motor를 장착시켜 null점 근처에서 시계 또는 반시계 방향으로 왔다 갔다 하면서 최소 밝기 점을 찾아가게 되는데 이를 'swinging'한다고 한다. 이렇게 함으로써 측정시간을 빠르게는 몇 초대로 단축시킬 수가 있다. 사실 그림 5.10과 5.11은 저자가 servo motor가 장착된 기계식 null ellipsometer를 이용하여 얻은 결과인데 자동식임에도 불구하고 상당한 시간에 걸쳐 얻은 값들이다. 또다른 방법으로는 두 개의 Faraday cell(Winterbottom 1964, Layer 1969, Mathieu 1974))이나 ADP(ammonium dihydrogen phosphate) cell(Takasaki 1966)을 이용하는데 polarizer 바로 다음과 analyzer 바로 전에 위치하게 된다. Mathieu의 경우 약 1 ms의 측정시간을 실현시킴으로 수동식에 비해 약 10^5배의 속도 향상을 이루었다. 이 자동식 null ellipsometry의 경우 그 정밀도가 $2\delta\Psi \simeq \delta\Delta$

$\simeq 0.001°$로 수동식의 경우보다 나은데 대부분 zone-average를 취하지 않기 때문에 정확성에 있어서 four-zone average보다는 못하다(Aspnes 1976). 'Self nulling ellipsometry'라고도 한다.

2.2 Phase modulation ellipsometry

표면반사에 수반되는 편광상태의 변화 속에 함유된 시편의 정보를 이끌어 내기 위해서는 측정장비의 편광 발생 또는 인식 상태를 공간 또는 시간적으로 변화시켜야 하는데 이를 변조(modulation) 시킨다고 한다. Rotating polarizer형이나 rotating analyzer형에서는 편광기의 회전이 이에 해당한다. 하지만 이렇게 기계적인 방법을 사용하지 않고 polarization-modulator를 사용하여 광전자적으로 변조시킬 수가 있다(Jasperson 1969, 1973). 그 구성은 그림 5.8에서 볼 수 있듯이 PMSA로 compensator를 사용하는 PCSA 구성과 같은데 compensator에 있어 retardation 각 δ가 시간의 함수가 되는 차이가 있다. 즉,

$$\delta_C(t) = \delta_0 \sin\omega t. \tag{5-12}$$

여기서 진폭 δ_0는 변조기(modulator)의 작동전압과 파장의 함수가 된다. 변조 frequency $\omega/2\pi$는 보통 50 ㎑ 정도인데 그 구조는 그림 4.17에서 소개한 바가 있다. 따라서 측정속도가 빠르고(μsec~msec) Δ값이 0°에서 360°까지 연속이며 rotating polarizer나 rotating analyzer ellipsometry의 경우와는 달리 0°나 180°근처에서의 민감도의 문제점이 없다. 변조기의 광특성이 온도에 민감한 것이 단점인데 O'Handley(1973)가 systematic error에 대한 연구를 하였다.

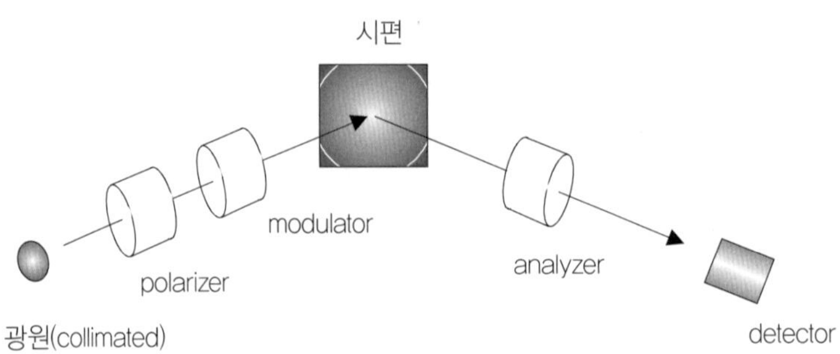

[그림 5.12] Phase modulation ellipsometry의 구조

Null ellipsometry에서와 마찬가지로 Jones matrix를 정리하면, detector가 인식하는 빛의 밝기는 다음과 같이 표현이 된다.

$$I_d(t) = I_0 + I_s \sin\delta_C(t) + I_c \cos\delta_C(t), \tag{5-13a}$$

$$I_d(t) = I_{00}\left[\left(1+\tan^2\Psi\right)+\left(1-\tan^2\Psi\right)\cos\delta_C(t) - 2\tan\Psi\sin\Delta\sin\delta_C(t)\right]. \quad (5\text{-}13b)$$

여기서,

$$\cos\delta_C(t) = \cos(\delta_0 \sin\omega t) = J_0(\delta_0) + 2\sum_{m=1}^{\infty} J_{2m}(\delta_0)\cos(2m\omega t), \quad (5\text{-}14a)$$

$$\sin\delta_C(t) = \sin(\delta_0 \sin\omega t) = 2\sum_{m=1}^{\infty} J_{2m+1}(\delta_0)\sin[(2m+1)\omega t] \quad (5\text{-}14b)$$

이 된다. J_m은 차수 m의 Bessel 함수(first kind)이다. 이 때 변조기에 걸리는 전압을 적절히 조절하여(δ_0가 137.8°일 때) $J_0(\delta_0)$항을 0으로 만들면 식 (5-13)은 다음과 같이 전개될 수 있다.

$$I_d(t) = I_{dc} - I_\omega \sin\omega t + I_{2\omega}\cos\omega t + \cdots. \quad (5\text{-}15)$$

여기서,

$$I_{dc} = I_{00}\left(1+\tan^2\Psi\right), \quad (5\text{-}16a)$$

$$I_\omega = I_{00}(2\tan\Psi\sin\Delta)\left[2J_1(\delta_0)\right], \quad (5\text{-}16b)$$

$$I_{2\omega} = I_{00}\left(1-\tan^2\Psi\right)\left[2J_2(\delta_0)\right]. \quad (5\text{-}16c)$$

따라서, 우리가 구하고자 하는 ellipsometry 각 (Δ, Ψ)는 다음 관계식에서 계산되어 나온다. (M, P, A)를 각각 변조기, polarizer, 그리고 analyzer의 위치각이라고 할 때,

- M-P=45°, M=-45°, A=-45°(Bermudez 1978)에서

$$R_\omega = I_\omega / I_{dc} = 2\sin 2\Psi \sin\Delta J_1(\delta_0), \quad (5\text{-}17a)$$

$$R_{2\omega} = I_{2\omega} / I_{dc} = 2\cos 2\Psi J_2(\delta_0). \quad (5\text{-}17b)$$

- M-P=45°, M=0°, A=-45°에서

$$R_\omega = I_\omega / I_{dc} = 2\sin 2\Psi \sin\Delta J_1(\delta_0), \quad (5\text{-}18a)$$

$$R_{2\omega} = I_{2\omega} / I_{dc} = 2\sin 2\Psi \cos\Delta J_2(\delta_0). \quad (5\text{-}18b)$$

따라서, 식 (5-18)의 경우 ellipsometry 각은 다음과 같이 얻어지게 된다.

$$\sin 2\Psi = \frac{1}{2}\left(\{R_{\omega}/J_1(\delta_0)\}^2 + \{R_{2\omega}/J_2(\delta_0)\}^2\right)^{1/2} \times \left(1 - \{R_{2\omega}J_0(\delta_0)/2J_2(\delta_0)\}\right)^{-1} \tag{5-19a}$$

$$\tan\Delta = \{R_{\omega}J_2(\delta_0)\}/\{R_{2\omega}J_1(\delta_0)\}. \tag{5-19b}$$

이 두 측정 configuration에 있어 전자에서는 Δ 그리고 후자에서는 Ψ의 상한을 결정지을 수 없음을 본다. Jasperson(1973)의 디자인에서는 두 대의 lock-in amplifier를 사용하여 ω와 2ω성분을 각각 따로 잡아내고 dc-성분은 low-pass filter를 사용하였는데 (Δ, Ψ)에 있어서 그 정밀도가 약 0.001°정도가 되었다. 최근에는 빠른 A/D converter를 이용하여 digital processing을 하고 있는데 한 쌍의 (Δ, Ψ)를 약 20 ㎲에 측정하였다(Drevillon 1982, Duncan 1993). 각 광학 부품의 위치각이라든지 Bessel 함수값은 calibration 과정을 통하여 이루어지는데 rotating polarizer(또는 rotating analyzer)형에 비해 좀 복잡하다. Polarizer와 analyzer의 눈금보정(calibration)은 null ellipsometry 방식을 취하게 되고 modulator에 대한 보정은 polarizer의 위치각 P=0일 때 modulator의 위치각(M)이 M=0, $\pi/2$에서 detector 신호의 시간적 변화가 사라지는 것을 이용하면 된다. Rotating 형 ellipsometer 보다 속도가 빠른 장점이 있는 반면 전자적으로 조절해야 할 부분이 많은데 특히 modulator의 modulation 진폭 유지라든지, multiple harmonics 보상 등을 잘 관리해야 한다(Drevillon 1989). 특히 Duncan(1993)의 경우는 phase modulation 형에다가 multichannel detector를 이용하여 실시간 분광에 사용하기도 했는데 그 파장영역이 약 450~750 nm로 너무 제한된 것이 흠이다. 이상적인 작동 환경에서 phase modulation ellipsometry와 rotating analyzer의 정밀도는 서로 비슷한 것으로 판단이 된다(Aspnes 1976).

2.3 Rotating element 형 ellipsometry

Rotating element 형 ellipsometry는 그 회전속도가 개략적으로 10~100 Hz 정도가 되므로 phase modulation 보다는 측정 속도가 느리다. 하지만 아주 빠른 비율(msec 스케일)로 성장하거나 변하는 표면을 관측하지 않는 이상 rotating element 형도 나름대로의 특징이 있다. 즉, phase modulation ellipsometry나 self-compensating ellipsometry에서는 modulator나 compensator가 파장에 의존하는 특성이 있기 때문에 측정을 통하여 calibration 하여야 하므로 정확도가 저하될 수 있다. 반면 rotating polarizer나 rotating analyzer 형에 있어서는 파장에 무관한 편광기만 사용하므로 비교적 넓은 광양자 에너지 영역에서 정확도가 높은 data를 얻을 수 있고 또한 구조가 단순하여 가장 많이 사용되고 있다. 하지만 이 장비 역시 단점을 지녔는데 시편에서 반사된 빛이 선편광일 경우 그 측정 정확성이 떨어진다는 것이다. 이 경우는 compensator를 도입하기도 하는데 그 사용목적은 null ellipsometry의 경우와는 달리 감도를 향상시키기 위해 Δ 값을 0°나 180°근처에서 멀리하여 선편광을 피하자는 데 있다.

2.3.1 Rotating polarizer ellipsometry

우선 그 구성은 그림 5.13에서 보듯이 collimation이 된 광원, 십 수에서 수십 Hz로 회전하는 polarizer(P_R), 미세조절이 가능한 시편(S) 장착 장치, stepping motor로 구동되는 analyzer(A), 그리고 분광기와 detector 등의 순으로 되어 있다(P_RSA).

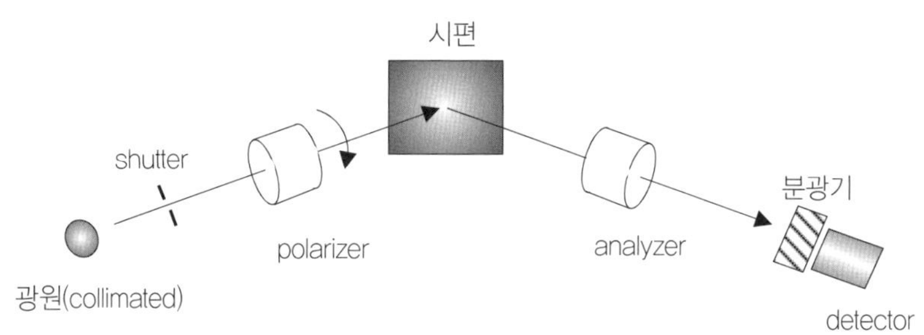

[그림 5.13] Rotating polarizer ellipsometer의 개략적인 구성

Rotating polarizer ellipsometer에서 어떻게 두 ellipsometry 각 (Δ, Ψ)를 측정해 내는지를 살펴보자. 우선 앞 그림에서 편광에 영향을 주는 것은 polarizer, 시편, 그리고 analyzer 뿐임을 알 수 있다. 이 세 개의 광요소에서 편광축이 임의로 놓여 있으므로 다음 그림 5.14와 같이 시편에서 입사면을 정의하면 나머지 polarizer와 analyzer의 편광축의 상대적 위치를 정의할 수 있다(즉, P와 A). 앞에서 정의한 바가 있듯이 입사면은 입사광과 반사광이 놓여 있는 면으로 시편 표면과 서로 수직이다.

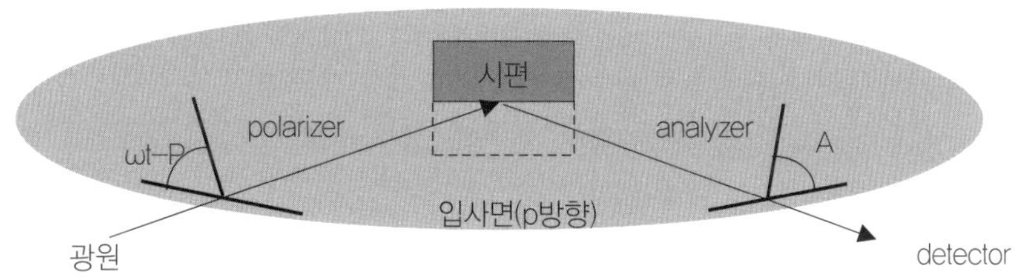

[그림 5.14] 입사면을 기준으로 본 좌표계

따라서 그림 5.14를 이용하면 detector에 입사되는 빛의 전기장의 세기를 다음과 같이 Jones matrix로 표현이 가능하다.

$$E=\begin{pmatrix}1 & 0\\ 0 & 0\end{pmatrix}\begin{pmatrix}\cos A & \sin A\\ -\sin A & \cos A\end{pmatrix}\begin{pmatrix}r_p & 0\\ 0 & r_s\end{pmatrix}\begin{pmatrix}\cos(\omega t-P) & -\sin(\omega t-P)\\ \sin(\omega t-P) & \cos(\omega t-P)\end{pmatrix}\begin{pmatrix}E_0\\ 0\end{pmatrix}. \quad (5\text{-}20)$$

이 matrix에서 맨 오른쪽 항은 polarizer를 지나 선편광된 전자기파를 뜻하고 그 다음 항은 시편에서의 기준을 따르기 위한 rotational matrix이다(즉, frame of reference를 바꾸기 위한 작업이다). 그리고 $r_{p(s)}$는 앞에서 정의한 바 있는 반사계수인데 유일하게 시편에 대한 정보를 포함하고 있는 항이다. 그런데 입사면은 시편에 의해 결정이 되므로 시편을 조금이라도 건드리게 되면 기준면이 바뀌게 된다. 따라서 (P, A)값도 그 때마다 변하게 되는데 측정을 하기 전에 이를 찾는 과정이 필요하게 된다. 이를 calibration과정이라 부르는데 나중에 상세히 다루기로 한다. 여기서 ellipsometry가 측정하는 양은 전기장의 세기(E)가 아니라 빛의 밝기(I), 즉, 에너지이므로 matrix를 계산하여 복소수인 전기장의 세기 E와 그 conjugate E^*를 구하고 한참 정리를 하면 다음과 같은 표현을 얻는다.

$$|E^*E| \propto I(t)=I_0[1+\alpha\cos2(\omega t-P)+\beta\sin2(\omega t-P)], \quad (5\text{-}21)$$

여기서

$$I_0=\frac{1}{2}|r_s|^2|E_0|^2\cos^2A(\tan^2\Psi+\tan^2A), \quad (5\text{-}22a)$$

$$\alpha=\frac{\tan^2\Psi-\tan^2A}{\tan^2\Psi+\tan^2A}, \qquad \beta=\frac{2\cos\Delta\tan\Psi\tan A}{\tan^2\Psi+\tan^2A} \quad (5\text{-}22b)$$

이 된다. 물론 (Δ, Ψ)는 이미 배웠듯이 (r_p, r_s)의 다른 표현이다. 즉,

$$r_p=\frac{E_{rp}}{E_{ip}}=|r_p|e^{i\delta_p}, \qquad r_s=\frac{E_{rs}}{E_{is}}=|r_s|e^{i\delta_s}, \quad (5\text{-}23a)$$

$$\Delta=\delta_p-\delta_s, \qquad \Psi=\tan^{-1}\left|\frac{r_p}{r_s}\right|. \quad (5\text{-}23b)$$

결국 detector가 측정하는 빛의 밝기는 식 (5-21)에서의 표현에서 알 수 있듯이 삼각함수파가 되는데 그 각진동수가 polarizer의 각속도 $\boldsymbol{\omega}$의 2배가 됨을 알 수 있다. 이는 두 장의 편광판을 겹쳐 놓고 그 중 하나를 회전시켜 보면 금방 이해할 것이다. 여기서 polarizer(또는 analyzer)의 일회전을 '기계적 주기(mechanical cycle)' 그리고 빛신호의 한 주기를 '광학적 주기(optical cycle)'라고 부르는데 물론 '1 기계적 주기=2 광학적 주기'가 됨을 알 수 있다.

그리고 시편에 대한 정보 (r_p, r_s) 즉, (Δ, Ψ)는 식 (5-22b)에서 보듯이 두 개의 normalized 된 Fourier 계수 (α, β)속에 들어 있는 것이다. 따라서 측정한 빛의 파형을 구해냄으로써 ellipsometry

각의 측정이 이루어지는 것이다. 즉,

$$\Delta = \cos^{-1}\left\{ \frac{\beta}{\sqrt{1-\alpha^2}} \right\}, \quad \Psi = \tan^{-1}\left\{ \sqrt{\frac{1+\alpha}{1-\alpha}}\, tanA \right\}. \tag{5-24}$$

여기서 Δ의 경우 측정값인 $\cos\Delta$로부터 구해지기 때문에 부호의 모호함이 있음을 알 수 있다. 이것은 rotating polarizer(analyzer) ellipsometry가 지니고 있는 단점 중 하나인데 일반적인 분석에 있어서는 크게 어려움을 초래하지는 않는다. 여기서 normalized Fourier 계수라 함은 ellipsometry 각이 반사 후 발생하는 편광상태(타원편광)의 모양에서 얻어지는 것이지 타원의 크기에는 관계가 없다는 것이다. 즉, 그림 5.15의 예에서와 같이 일반적으로 시편에서 반사된 전자기파의 전자기장이 타원 편광을 보일 때 이 편광 상태의 모양은 타원의 모양을 나타내는 장축과 단축의 비(ellipticity, $a=B/A\leq 1$)와 장축의 방위각(ψ)으로 표현이 가능하다. 하지만 타원의 절대적 크기, 즉, 전체적 빛의 밝기는 A^2+B^2에 비례하는데 ellipsometry각에 영향을 주지 않는다. 반면 reflection 측정에서는 이 크기만을 측정한다. 저자의 3-parameter 분광 ellipsometry에서는 이 크기까지 이용하는데 나중에 자세히 설명이 된다.

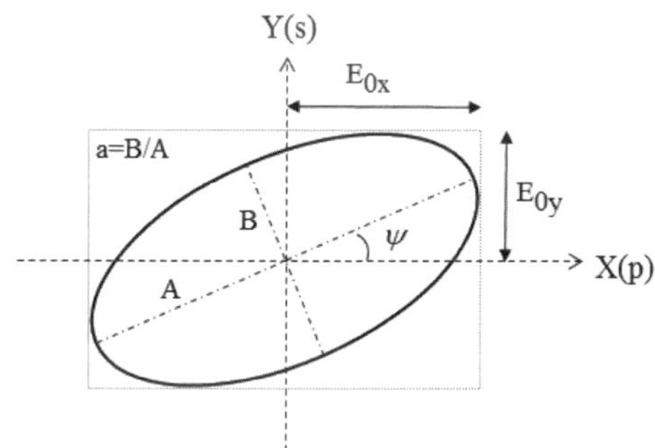

[그림 5.15] 타원편광의 요소로 (a, ψ)는 각각 단축과 장축의 비와 장축의 경사각을 나타낸다.

우리는 여기까지 ellipsometry 각 (Δ, Ψ)를 빛의 밝기와 시간의 함수관계에는 나오는 파형, (α, β)에서 쉽게 이끌어 내었다. 그런데 (α, β)는 그림 5.15와 같은 타원을 측정한 것이므로 궁극적으로 (Δ, Ψ)를 타원편광을 나타내는 변수인 (a, ψ)로도 표현이 가능한데, 관심이 있는 독자는 제8장의 optical activity 계산 부분을 참조하기 바란다. 참고삼아, 그림 5.15에서 z-방향으로 진행하는 빛의 전기장 E는 다음과 같이 각각의 성분으로 나누어 표현을 할 수 있다.

$$E_x = \hat{\imath}E_{0x}\cos(kz - \omega t + \delta_x), \tag{5-25a}$$

$$E_y = \hat{\jmath} E_{0y} \cos(kz - \omega t + \delta_y). \tag{5-25b}$$

여기서 (δ_x, δ_y)는 시간 t=0와 위치 z=0에 있어서의 전기장 (x, y)-성분의 위상이다. 따라서 이 빛의 편광 상태는 전기장 E가 시간에 따라 그려나가는 궤적으로 판단할 수 있다. 그림 5.15에서 보듯이 일반적으로 그 궤적이 타원이 됨을 알 수 있는데 그 모양을 나타내는 두 값 (a, ψ)는 전기장과 다음 관계를 가지고 있다.

$$\tan 2\psi = \frac{2E_{0x}E_{0y}\cos(\delta_y - \delta_x)}{E_{0x}^2 + E_{0y}^2}, \tag{5-26a}$$

$$\frac{2a}{1+a^2} = \frac{2E_{0x}E_{0y}\sin(\delta_y - \delta_x)}{E_{0x}^2 + E_{0y}^2}. \tag{5-26b}$$

이 두 식 모두 분모, 분자에 전기장의 크기의 제곱이 들어 있기 때문에 그 크기에 대한 정보는 약분이 되어 없어진다. 즉, 빛의 밝기에 대한 정보는 들어가지 않게 된다. 이 식들에서 δ_y-δ_x〉0 인 경우 오는 빛을 쳐다보면 전기장이 반시계 방향으로 회전함을 보게 된다(left-handed). 물론 부호가 바뀌면 시계방향으로 회전한다(right-handed). δ_y-δ_x=+π/2 인 경우는 ψ=0가 되어 장축이 x-축 상에 놓이게 되고 ellipticity는 $a = E_{0y}/E_{0x}$로 간단히 표현이 된다. 그리고 식 (5-25)에서 짐작이 되듯이 원편광은 δ_y-δ_x=±π/2이고 E_{0y}=E_{0x} 일 때이고 선편광은 δ_y-δ_x=0 일 때 일어남을 볼 수 있다.

☞ **참고:** 많은 서적이나 참고자료에서 그림 5.15의 값 E_{0y}/E_{0x}를 시편 측정값 tanΨ 라고 하는데 이는 잘못된 것이다. 시편에서 반사된 타원편광은 시편의 정보뿐만 아니라 시편에 입사하는 빛의 편광 정보도 함께 포함하고 있기 때문이다.

2.3.2 Rotating analyzer ellipsometry

Rotating analyzer ellipsometry(RAE, PSA_R)는 그 구동원리 및 data 산출과정이 rotating polarizer ellipsometry(RPE)와 동일하므로 운용상의 차이점만 설명하고자 한다(그림 5.16 참조). RPE의 경우 polarizer가 회전하므로 광원에 부분편광이 없어야 한다. 그런데 분광기는 내부에 거울이나 grating 등의 광부품들이 있고 빛이 이들 표면에서 반사하는 과정에 (부분)편광을 발생시킨다. 따라서, RPE의 경우 분광기를 광원 쪽에 두면 분광된 빛이 부분편광이 되어 polarizer에 입사하므로 polarizer를 통과한 빛의 광량은 polarizer의 회전위치에 따라 그 값이 변하게 된다. 따라서, RPE의 경우 분광기는 analyzer 뒤쪽, 즉 detector 앞에 설치가 되어야 한다. 이에 반해 RAE 경우에는 analyzer가 회전하므로 detector의 반응이 밝기에만 의존해야지 편광상태에 의존을 하면 안 된다. 따라서 RAE 경우는 편광에 따라 그 출력이 달라지는 분광기는 광원 쪽으로 설치해야 하고 detector도 편광을 타지 않는 것을 사용해야 한다(즉, polarization sensitivity가 없는 detector를 사용). RAE의 경우는 분광기를 통과한 빛이 부분편광이 되어 있더라도 polarizer가 고정이 되어 있으므로 polarizer를 통과한 빛의 광량은 일정하다. 광원이 지닌 부분편광이나 detector 반응의 편광의존도가 심하다면 polarizer와 analyzer 모두 고정되어 있고 제3의 polarizer(analyzer)가 회전하는 PP_RSA 형태를 도입할 수도 있다(Bertucci 1998).

여하튼 일반적으로 RPE의 경우 분광기가 detector 쪽에 설치되어 있으므로 시편에 도달하는 빛은 백색광으로 매우 밝다. 반면 RAE의 경우는 광원 쪽에서 이미 분광이 되어 나오므로 시편에 도달하는 빛이 단색광이다. 따라서, 사용자가 실험실의 조명 아래서 육안으로 작업을 하기가 힘들며 또한 주변의 밝은 빛들이 직접 detector로 들어가기 때문에 실험실을 어둡게 해야 한다. 이런 면에서 RPE가 유리하다고 하면 또한 불리한 점도 있다. 즉, polarizer가 가진 beam deviation이나 회전축에 align이 완벽하지 않는 것 때문에 일단 회전하는 polarizer를 지난 빛은 진동(wobbling)을 보이는데 polarizer와 detector사이가 멀기 때문에 detector가 그 진동에 의한 밝기 변화를 크게 본다. 이 현상은 detector의 입구 크기가 작을수록 심각한데 rotating analyzer의 경우 detector와 가깝기 때문에 그 영향이 덜하다.

실험실의 불빛이나 진공에서의 in situ 작업시 플라즈마 등에 의한 외부의 빛이 detector에 들어가는 경우를 생각해 보자. RAE의 경우 단일파장의 약한 신호에 외부 빛 전부가 섞이므로 영향을 크게 받는다. 반면 RPE에서는 이들 외부 빛도 분광기를 통과하여 분광이 되므로 단일파장에 미치는 영향이 그만큼 감소한다. 이런 경우에 RPE를 사용해야 하고 또한 shutter를 광원 가까이 설치하여 광원을 막은 채 dark cycle을 측정한 뒤 그 값을 shutter를 열고 측정한 값에서 빼주는 것이 좋다. 그리고 감광제(photoresist)와 같이 특정 파장의 빛에 민감한 물질을 측정할 경우는 가능한 노광량을 줄여야 하므로 RAE가 유리하다고 하겠다. Photoresist의 경우는 나중 분석의 예에서 볼 수 있다.

상기 기술한 RPE와 RAE의 차이점을 표 5.1에 정리하여 두었다. 구성 광부품과 작동원리가 같음에도 불구하고 실제 사용에 있어서는 상당한 차이가 있음을 볼 수 있다. 여타 분석장비들과는 달리 유독 ellpsometer의 종류가 많은 이유이기도 하다. 즉, 구성 광학계와 운용방식을 조금씩 변화시키면 그 특성이 상당히 다른 ellipsometer가 된다.

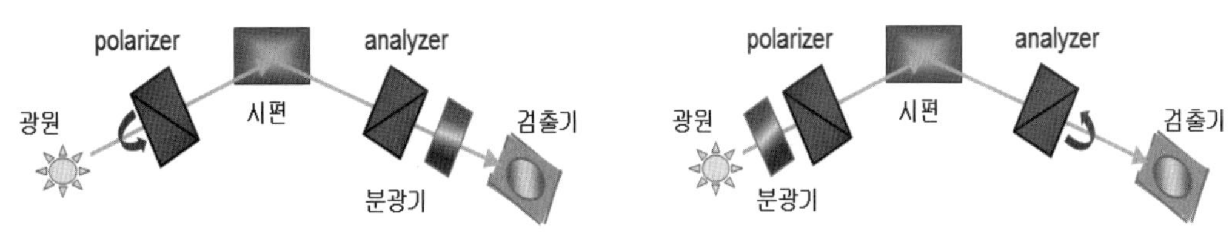

[그림 5.16] Rotating polarizer ellipsometer와 rotating analyzer ellipsometer

〈표 5.1〉 특성 비교: Rotating polarizer ellipsometer(RPE)와 rotating analyzer ellipsometer(RAE)

종류 / 비교항목	RPE	RAE	참 고
입사광	백색광	단색광	RPE : 반사 후 분광 RAE : 반사 전 분광
분광기 위치	검출기 앞	광원 뒤	이유 : 분광기의 편광의존도가 큼
시편주변 밝기 영향 (예:플라즈마 증착)	작음	큼	광원을 차단하여 측정한 background 값을 제거함
측정실 밝기 영향	대부분 상관없음	암실화 필요	RPE : 외부광이 분광되어 파장별 영향 작음 RAE : 외부광이 모든 파장에 같은 영향
회전체 wobbling 영향	큼	작 음	회전하는 polarizer(analyzer) 때문에 빛의 진행방향이 약간 흔들리는 현상으로 검출기까지의 거리가 긴 RPE가 불리
Photosensitive 시편측정에 사용	좋지 않음	약간 나음	예 : photoresist 측정
편광 오차 원인	(a)광원의 부분편광	(b)검출기의 편광의존도	(a) polarizer의 회전각에 따라 선편광된 빛의 밝기가 변함 (b) analyzer의 회전각에 따라 검출기의 반응이 다름

☞ **참고:** 분광기의 위치가 항시 회전하는 편광기가 놓인 반대편 광학대임을 알 수가 있다(모든 회전형 ellipsometer에서도 마찬가지). 왜 분광기를 피해야 할까? 이는 분광기 내부 구조를 보면 알 수가 있는데, 분광 및 빛의 방향을 조절하기 위해 grating(prism)과 다수의 거울에서 반사과정을 거친다. 제2장에서 배웠듯이 빛이 표면에서 비스듬히 반사하면 p-파와 s-파의 반사율이 다르다. 따라서, 분광기를 통과시키면 두 가지 현상이 발생한다. 첫째, 분광기를 통과시킨 빛은 부분편광이 된다. 둘째, 편광기를 통과한 빛의 밝기는 편광기에 입사한 빛의 편광상태에 따라 다르다.

RPE나 RAE는 다른 종류의 ellipsometer에 비해 우선 그 광학적 구성 및 원리가 비교적 간단하다는 장점이 있다. 하지만 시편에서 반사된 빛이 선편광을 이룰 때 측정한 Δ가 0°나 180°근처에 놓이는데(유전체 덩이의 경우) 이에 대한 감도가 낮아 오차가 크게 나타나므로 나중 data를 해석할 때 주의를 해야 한다. 이를 피하고 싶으면 compensator를 부착해 사용하면 된다. 또 하나의 단점은 시편에서 반사된 타원 편광의 회전방향을 알 수 없다는 것인데 이미 Δ의 부호결정이 안 되는 것에서 짐작할 수가 있으며 일반적인 data 분석에는 크게 지장이 없다.

이쯤에서 가장 많이 사용되고 있는 ellipsometry들의 특성을 비교해 보자. 〈표 5.2〉의 내용은

Aspnes(1976)의 발표자료에서 발췌한 것인데 그 뒤 많은 개선이 있었지만 개략적인 차이는 잘 보여주고 있다. 그리고 실제에 있어 측정시간은 속도가 문제가 되지 않는 범위 내에서 S/N 비를 높이기 위해 여러 번 반복하여 평균을 내기 때문에 일반적으로 표에 주어진 것보다는 더 소요된다.

〈표 5.2〉 주요 ellipsometry의 특성 비교

구분 / 비교내용	Null 형		Photometric 형	
	수 동 식	자동식 (modulator 형)	rotating analyzer형	Polarization modulation
측정시간	1 min	10 ms~10 s	5 ms~25 s	20~100 µs
정밀도 한계 요인	기계적	전기적/통계적	통계적	전기적
정확도 한계 요인	기계적	전기적/통계적	detector의 linearity	detector의 linearity
반사율 측정 가능	불가능	비실용적	가능	가능
최적의 반사표면	모든 것	모든 것	금속	금속
분광 범위	비실용적	compensator에 의해 제한됨	광원과 detector에 의해 제한됨	modulator에 의해 제한됨
단점	작동과정이 지겨움 S/N가 좋지 않음	dark current 잡음에 민감	linear detector 필요 cosΔ=±1: 저민감도	linear detector 필요 측정치가 많음
장점	기계적으로 간단한 구조	정확도가 높음 어떤 ρ도 측정함	고정밀도, 파장에 관계된 부품이 없음	고정밀도 빠른 측정속도

☞ **참고:** 실험실에서 ellipsometer를 직접 제작하고자 할 때는 RPE나 RAE가 적당하다. 파장별 고분해능과 아주 정밀한 data가 필요한 경우는 stepmotor를 장착한 분광기(monochromator)를 사용하고 감도가 좋은 PMT 등의 검출기를 사용하면 좋을 것이다. 반면, 적절한 파장 분해능이면 충분한 경우는 분광기와 array detector 일체형을 사용하되 RPE를 채택해야 한다. 단지, 후자의 경우 측정속도는 빠르나 정밀도 및 파장 분해능은 제한이 있다.

2.3.3 Rotating compensator ellipsometer

반사를 이용한 achromatic compensator를 이용한 경우도 있으나 최근에는 zero-order quarter waveplate를 회전시키는 rotating compensator 형을 많이 개발하고 있는 중이다(Lee 1998, Opsal 1998). 그 구성은 그림 5.17과 같은데 rotating polarizer 또는 rotating analyzer 형에 비해 광학 부품을 하나 더 사용하기 때문에 그 운영이 더욱 복잡해진다. 하지만 그만한 대가를 치를 분명한 장점이 있는데,

첫째, polarizer와 analyzer가 data를 얻는 동안 그 위치가 고정되어 있으므로 광원이 가지고 있는 잔류편광(또는 부분편광)이나 detector가 가지고 있는 polarization sensitivity의 문제가 전혀 없다.

둘째, 반사된 후 생기는 타원편광의 부호를 알 수 있다. 즉, 측정값이 cosΔ이 아니라 Δ가 된다. 따라서, 반사된 후의 편광이 선편광일 때 실험오차가 커지는 경향이 없다.

셋째, depolarization을 발생시키는 시편에 대해 그 정도를 알아낼 수 있다.

결국 rotating polarizer(analyzer) ellipsometry가 지니고 있는 단점을 상당히 제거한 ellipsometry가 되겠는데, ellipsometry에서는 어떤 목적을 위해 광부품을 하나 더 도입하게 되면 반드시 반대급부가 발생한다. Compensator의 도입으로 인하여 각 파장에 따른 retardation 각을 찾아내어야 하는 것과, calibration을 할 경우 analyzer와 polarizer 외에 compensator의 fast axis(또는 slow axis)의 영점위치를 찾아내는 것이다. Compensator의 retardation 각은 장비제작단계에서 한 차례 실시하고, 영점위치는 RPE/RAE와 유사한 방법으로 시편 측정에 앞서 실시하게 된다.

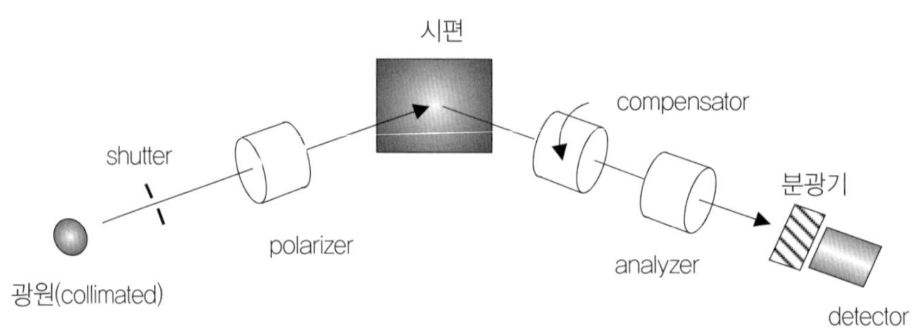

[그림 5.17] Rotating compensator ellipsometer의 구성도

단파장 ellipsometry에 사용하는 compensator의 경우 그 파장에 대한 retardation 각이 $\frac{1}{4}$파장 또는 $\frac{1}{2}$파장 등으로 고정되어 있기 때문에 별 문제가 없다. 주로 많이 사용하는 것이 quartz와 mica인데 mica의 경우는 파장에 따른 retardation 각의 차이가 그렇게 심하지 않으므로 분광 ellipsometry용으로 사용이 적합하나 자외선 영역에 대한 흡수가 큰 것이 결점이다. Quartz의 경우 넓은 파장 영역에서 투과성이 좋으나 한 조각의 판으로 된 경우 multiple-order에 의한 retardation이 되는데 파장에 따라 그 값이 크게 변하므로 실험오차의 소지가 매우 크다. 분광 ellipsometry에는 비싸지만 retardation 각이 서로 반대로 작동하는 두 개의 quartz 판을 붙여 그 차이에 의한 retardation을 이용하는 zero-order 형을 사용해야 한다. 또한 zero-order형은 그 retardation 각의 크기가 온도라든지 입사각 변화에 덜 민감한 장점도 있다. Quartz를 사용할 경우 optical activity가 문제가 되는데 이를

피하자면 더 고가의 MgF_2를 이용하면 된다. 여하튼 분광 ellipsometry에 이용하자면 각 파장에 대한 retardation angle을 정확히 찾아내어야 하는 것도 개발하는 사람의 몫이다.

Jones matrix로 이 시스템을 표현하여 보자.

$$E = \begin{pmatrix} 1 & 0 \\ 0 & 0 \end{pmatrix} \begin{pmatrix} \cos A & \sin A \\ -\sin A & \cos A \end{pmatrix} \begin{pmatrix} C_1 & C_2 \\ C_3 & C_4 \end{pmatrix} \begin{pmatrix} r_p & 0 \\ 0 & r_s \end{pmatrix} \begin{pmatrix} \cos P & -\sin P \\ \sin P & \cos P \end{pmatrix} \begin{pmatrix} E_0 \\ 0 \end{pmatrix}. \tag{5-27a}$$

앞의 rotating polarizer형의 광부품의 구성과 그에 대한 표현 식 (5-20)과 비교해 보면 이 표현에 대한 이해가 쉽게 가리라 믿는다. 즉 compensator에 해당하는 부분만 첨가가 되었는데 다음과 같다.

$$\begin{pmatrix} C_1 & C_2 \\ C_3 & C_4 \end{pmatrix} = \begin{pmatrix} \cos(\omega t - C) & -\sin(\omega t - C) \\ \sin(\omega t - C) & \cos(\omega t - C) \end{pmatrix} \begin{pmatrix} 1 & 0 \\ 0 & e^{-i\delta} \end{pmatrix} \begin{pmatrix} \cos(\omega t - C) & \sin(\omega t - C) \\ -\sin(\omega t - C) & \cos(\omega t - C) \end{pmatrix}. \tag{5-27b}$$

아주 긴 계산이긴 하지만 앞에서와 같이 전기장에 대해 풀고 그 conjugate를 곱하여 에너지를 구한 후 정리를 하면 다음과 같은 파형을 얻게 된다.

$$I(t) = I_0\{1 + \alpha_2 \cos 2(\omega t - C) + \beta_2 \sin 2(\omega t - C) + \alpha_4 \cos 4(\omega t - C) + \beta_4 \sin 4(\omega t - C)\}. \tag{5-28}$$

입사면에 대한 polarizer, analyzer, 그리고 compensator의 fast axis의 위치각인 (P, A, C)를 찾는 calibration 과정은 앞에서 소개한 것들에 비해 매우 복잡하기 때문에 생략하고 식 (5-28)의 normalized 된 Fourier 계수로부터 (Δ, Ψ) 값을 유도해 내는 과정만을 소개하고자 한다.

$$Q = \frac{1}{2} tan^{-1}\left(\frac{\beta_4}{\alpha_4}\right) - A, \qquad \chi = \frac{1}{2} tan^{-1}\left[\frac{\alpha_2 \cos 2(A+Q) \tan(\delta/2)}{2\alpha_4 \sin 2A}\right]. \tag{5-29}$$

이 두 변수를 이용하면 다음과 같이 (Δ, Ψ) 값을 구할 수 있다.

$$\cos 2\Psi = \frac{\cos 2P - \cos 2Q cos 2\chi}{1 - \cos 2Q cos 2\chi \cos 2P}, \tag{5-30a}$$

$$\sin \Delta = \frac{\sin 2\chi (\cos 2\Psi \cos 2P - 1)}{\sin 2\Psi \sin 2P}, \tag{5-30b}$$

$$\cos \Delta = \frac{\cos 2\chi \cos 2Q(1 - \cos 2\Psi \cos 2P)}{\sin 2\Psi \sin 2P}. \tag{5-30c}$$

이 시스템에서는 sinΔ과 cosΔ을 동시에 측정하게 되므로 Δ의 부호에 대한 염려가 없다. 회전하는

compensator가 시편을 지나기 전에 놓인 PC_RSA형에 관해서는 관련 논문을 참조하기 바란다(Aspnes 1975b, 1976b, Hauge 1975, 1976, 1976b)

2.3.4 Dual rotating element 형 ellipsometer

Rotating element형의 경우 앞에 소개한 것 외에도 PP_RSA, PSA_RA, PC_RSA, P_RCSA_R, PC_RSC_RA 등 무수하다. 여기서는 두 개의 광부품이 회전하는 경우를 간단히 소개하고자 한다. 회전비에 따라 독특한 특성이 있어 직접 제작하여 활용할 만한 가치도 있다.

P_RSA_R: 회전비가 1:2인 경우

이 시스템의 경우 Jones matrix 표현은 rotating polarizer나 rotating analyzer ellipsometry와 완전히 같음을 금방 알 수 있다(Chen 1987). P=2A로 두면 다음과 같은 밝기 신호를 쉽게 구할 수 있을 것이다.

$$I(A) = \alpha_0 + \alpha_1 \cos A + \alpha_2 \cos 2A + \alpha_3 \cos 3A. \tag{5-31}$$

그리고 (Δ, Ψ) 값은 다음과 같이 세 ac 성분$(\alpha_1, \alpha_2, \alpha_3)$만을 사용하여 구할 수 있다.

$$\cos\Delta = \frac{\alpha_1 - \alpha_2 - \alpha_3}{[(\alpha_1 + \alpha_3)(\alpha_1 + \alpha_3 - 2\alpha_2)]^{1/2}}, \tag{5-32a}$$

$$\tan\Psi = \frac{(\alpha_1 + \alpha_3 - 2\alpha_2)^{1/2}}{(\alpha_1 + \alpha_3)^{1/2}}. \tag{5-32b}$$

P=2A로 두어 소거하였으므로 rotating polarizer나 rotating analyzer ellipsometry에서 요구되는 P의 위치각을 찾는 calibration이 필요없는 것처럼 보인다. 하지만 P=2A라는 말은 회전비 2:1인 동시에 두 편광축의 회전 시작 지점이 정확하게 입사면이 되어야 가능하다. 따라서, calibration 과정이 필요한 system이다. 이 system의 가장 큰 장점은 측정각 (Δ, Ψ)가 빛신호의 dc-성분, 즉 식 (5-31)에서 α_0 값에 무관하므로 외부의 빛이나 detector가 가진 dark current 등에 의한 영향이 없다는 것이다. 따라서 phase-locking detector를 사용하여 세 ac 주파수 성분만 찾아내면 되므로 파형을 분석하는 과정을 생략할 수도 있다. 단점은, 양쪽 편광기가 모두 움직이고 있기 때문에 광원이 가지고 있을 부분편광과 detection system이 가지고 있는 polarization sensitivity를 모두 해결해야 한다.

P_RSA_R: 회전비가 1:1인 경우

저자가 개발해 분광 ellipsometer에 사용하던 방식으로 이 시스템의 경우 항시 P=A이다(An 2002). 따라서 Jones matrix를 사용하면 손쉽게 회전에 따른 밝기 함수를 구할 수 있을 것이다.

$$I(A) = I_0(1 + \alpha_2\cos 2A + \alpha_4\cos 4A). \tag{5-33a}$$

그리고 두 ellipsometry 각은 다음과 같이 구하게 된다.

$$\cos\Delta = \frac{1 - 3\alpha_4}{\{(\alpha_4 - \alpha_2 + 1)(\alpha_4 + \alpha_2 + 1)\}^{1/2}}, \tag{5-33b}$$

$$\tan\Psi = \left(\frac{\alpha_4 + \alpha_2 + 1}{\alpha_4 - \alpha_2 + 1}\right)^{1/2}. \tag{5-33c}$$

이 system에서는 두 편광축의 회전 시작 지점에 무관하게 항시 A=P이므로 입사면을 찾는 calibration이 아예 필요가 없어 상당히 편하다. 하지만 앞에 소개한 system과 마찬가지로 양쪽 편광기가 모두 움직이고 있기 때문에 광원이 가지고 있을 부분편광과 detection system이 가지고 있는 polarization sensitivity 문제를 모두 해결해야 한다. 이 경우 광원과 검출기 쪽에 depolarizer를 장착하면 이론적으로 이런 문제를 해결할 수 있어야 하지만 이상적인 depolarizer가 없기 때문에 완벽한 해결책은 아니다.

PC$_R$SC$_R$A: 회전비가 5:3인 경우

Collins그룹에서 개발한 장비로 실시간 Mueller matrix 측정이 가능한 시스템이다(Collins 1999, Chen 2003, Li 2011). 두 개의 compensator의 retardation 값을 측정을 통해 구하여야 하기 때문에 이 과정에서 발생하는 실험 오차는 영구히 이 장비의 다른 측정 오차에 포함된다(Broch 2011). 여기서, 다른 회전비도 가능한데 두 모터간 회전비의 차가 크면 그 중 한 모터는 회전속력이 낮아야 하므로 회전안정성이 떨어지는 단점이 있다. 저자도 개발에 참여하였는데 연속회전 모터의 이런 단점을 피하기 위해 나중에 스테핑모터 구동방식으로 제작하여 사용한 바가 있다. 스테핑모터의 경우 원리상 회전 관련 오차는 걱정할 필요가 없었으나 측정속도가 느린 것이 단점이었다. Array detector의 비교적 느린 측정속도에 맞추되 최대한 두 모터의 속도를 높여 안정성을 유지하기 위한 선택이 5:3이었다. 복잡한 시스템이기 때문에 여기서는 회전에 따른 밝기 함수만을 소개하고자 한다. 파형분석은 다음에 소개되는 다른 시스템과 동일하고 Mueller matrix 원소 추출과정은 참고문헌을 활용하기 바란다. 모터가 5ω와 3ω의 속도로 회전한다고 하면 측정되는 밝기 함수는 다음과 같다.

$$I(t) = I_0\left[1 + \sum_{n=1}^{16}\{\alpha_{2n}\cos(2n\omega t - \phi_{2n}) + \beta_{2n}\sin(2n\omega t - \phi_{2n})\}\right]. \tag{5-34}$$

여기서, ϕ_{2n}은 측정시작 시점(t=0)에서 2nω 성분의 위상각으로 calibration 과정에서 구할 수 있다.

3. Rotating polarizer(analyzer) ellipsometer를 이용한 측정

앞에서 각종 ellipsometry의 측정원리를 잘 이해하였으리라 믿는다. 이제는 가장 많이 사용되는 것 중의 하나인 rotating element 형 ellipsometry의 실제 측정과정에 대해서 알아보기로 하자. 데이터 추출과정이 거의 유사하기 때문에 rotating polarizer ellipsometer의 경우를 예를 들기로 한다. 물론 rotating analyzer ellipsometer와는 완전히 같다. Rotating element 형 ellipsometer의 경우 그 회전 특성 때문에 detector가 인식하는 빛의 밝기 신호는 삼각함수파형을 보이게 된다. 따라서 이 삼각함수파를 분석함으로써 우리가 원하는 시편에 대한 정보를 이끌어 내게 되는 것이다. 하지만 실제의 측정은 다음의 단계를 거쳐 이루어진다.

㉠ 광학시스템의 정렬(system alignment): 모든 광학 시스템이 완벽하게 정렬이 되어 있어야 하는데 처음 설치를 할 때 가장 힘든 과정 중의 하나이다.

㉡ 시편정렬(sample alignment): 일단 광학시스템이 잘 정렬이 되어 있다면 측정시 마다 시편을 시편장착대(sample holder)에 부착시킨 뒤 광경로가 잘 형성되도록 정렬을 해야 한다. 보통 alignment telescope 등을 사용하기도 하는데 숙달된 경우는 detector의 신호를 육안으로 관찰하는 것만으로도 충분히 해결할 수 있다. 시편장착대에는 시편면의 기울기 조절을 위해 두 방향 기울기 조절장치(tilter)와 시편면의 수직이동을 위한 장치(translator)가 있다. 그리고 시편장착대는 시편을 수평으로 놓는 방식과 수직으로 놓는 방식이 있는데, 후자의 경우 시편을 고정시킬 수 있는 클립 장치나 진공흡착 장치가 필요하다.

㉢ Calibration: 시편을 정렬할 때 시편의 두께나 크기가 달라 매번 같은 위치에 정확하게 부착시키기는 매우 힘들다. 일반적으로 detector가 가진 크기가 있기 때문에 detector의 신호만을 가지고 시편의 정렬상태를 판단하는 것도 그렇게 정확하지가 않다. 여하튼 detector의 신호나 임시로 측정한 ellipsometry 각 등을 가지고 판단하여 시편이 평소처럼 잘 정렬이 되었다고 할 때 평소에 비해 두 가지에 있어 차이를 가질 수가 있다. 즉, 시편의 가진 두 개의 회전 자유도 때문에 발생하는 것인데, 입사각과 입사면이 달라지는 것이다. 그림 5.18에서 좌우 기울기 차에 의해 입사각이 달라지는 경우를 보여주고 있는데 상하 방향으로 기울게 되면 입사면이 달라진다. 이 것 자체로는 실험오차가 아니나 나중에 이를 고려하지 않으면 실험오차가 된다. 즉, 입사각은 그림 5.19에서처럼 분석할 때 고려해야 하고 입사면은 모든 광학계의 기준이 되므로 ellipsometry 각을 측정할 때 고려해야 한다. 이와 같이 입사면을 찾고 각 광학부품의 위치를 파악하는 과정을 calibration이라고 한다.

㉣ Ellipsometry 각 측정: 일단 calibration과정이 끝나면 그 결과를 기준으로 광학계(예, analyzer)의 위치를 재조정하고 원하는 ellipsometry 각 (Δ, Ψ)를 측정한다.

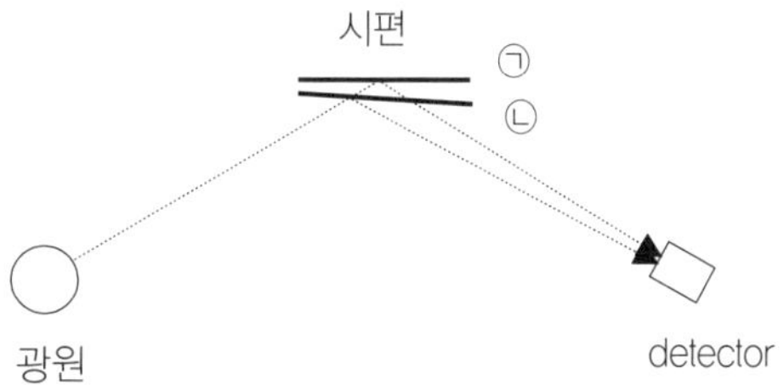

[그림 5.18] 시편을 위쪽에서 본 모양인데 ㉠이나 ㉡의 위치에 관계없이 detector에 빛이 잘 들어가는 경우이다. 이 두 경우에 있어 입사각이 서로 다르다 (그림은 과장된 것임).

☞ **참고:** Ellipsometry 운용에 있어 가능한 한 알 수 있는 값들은 미리 고정을 시키는 것이 분석과정에 있어 불확실성을 줄일 수 있다. 입사각도 그 중 하나인데 그림 5.19에서 보듯이 c-Si의 경우 입사각 0.5° 차이가 굉장히 큼을 알 수 있다. 저자의 경험으로는 일단 goniometer로 원하는 입사각을 설정한 후 시편정렬을 통해 0.05° 또는 그 이하까지 그 설정값에 근접할 수 있었다. 따라서 대부분의 경우 분석과정에서 입사각을 설정값으로 고정을 시켰다. 하지만 그 설정의 정밀도는 goniometer의 총연장이라든지, 회전장치의 원리, 그리고 detector의 크기 등에 따라 다르므로 사용자가 판단하여야 한다. 입사각을 알기에는 c-Si이 좋은 시편이니 활용하기 바란다. 예를 들어 진공 chamber에 부착된 ellipsometer의 경우 그 입사각 결정이 매우 힘들다. 이런 경우 c-Si을 넣고 측정하여 그림과 같이 비교하면 상당히 정확한 입사각을 찾아낼 수 있다.

보통의 시편측정은 ㉡에서 ㉣의 과정으로 이루어진다.

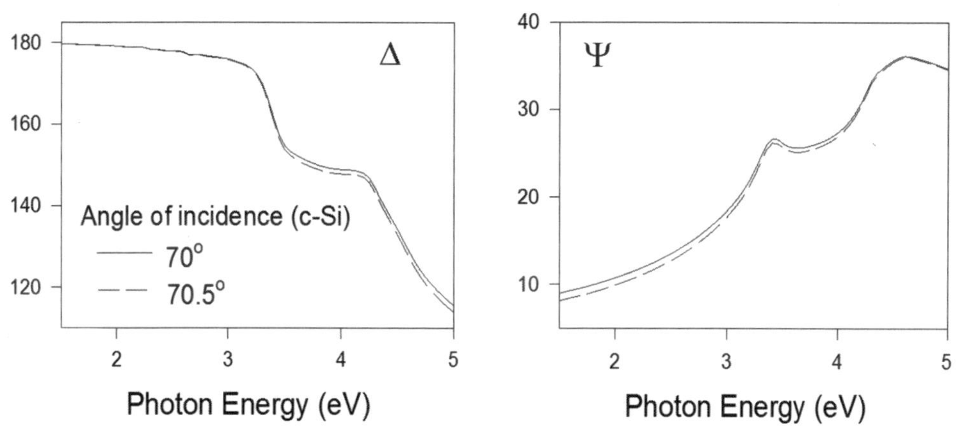

[그림 5.19] 결정질 silicon의 입사각에 따른 ellipsometry 스펙트럼의 변화(실선 70°, 마디선 70.5°)

3.1 파형분석

Rotating element형 ellipsometry의 경우 detector가 측정한 신호로부터 ellipsometry 각 ($\varDelta$, $\varPsi$)를 추출해내기 위해서는 시간변화(회전각)에 따른 빛의 파형을 분석하여야 한다. 만일 노광용 detector를 사용할 경우 적분법을 주로 사용하는데 이에 대해서는 나중 실시간 분광 ellipsometry 부분에서 설명이 되고 여기서는 보편적으로 사용하는 Fourier transform에 대해 살펴보기로 한다.

Discrete Fourier transformation

Rotating polarizer ellipsometer의 경우 측정신호의 파형은 이미 앞에서 보았듯이 2개의 Fourier 성분으로 구성되어 있다. 즉, 각속도 ω인 polarizer의 회전에 따른 밝기 신호는,

$$I(t) = I_0[1+\alpha\cos 2(\omega t - P) + \beta\sin 2(\omega t - P)], \qquad (5\text{-}35a)$$

또는

$$I(t) = I_0[1+\alpha'\cos 2\omega t + \beta'\sin 2\omega t] \qquad (5\text{-}35b)$$

로 dc-성분인 I_0와 ac-성분인 $I_0\alpha$, $I_0\beta$로 구성이 되어 있다. 여기서 P는 파형 측정 시작 순간(t=0)의 polarizer 투과축의 위치각인데 입사면으로부터 측정한 각이다. 이 식을 다시 표현하면 2개의 Fourier 성분뿐임이 명백해 진다.

$$I(t) = I_0[1+\gamma\cos 2(\omega t - P + \phi)]. \qquad (5\text{-}35c)$$

즉, 물질의 광학적 성질은 평균적 빛의 밝기(I_0)에 대한 2ω-성분의 크기인 진폭 γ와 그 위상 ϕ 속에 함유되어 있는 것이다. 규격화된(normalized) Fourier 계수 (α, β)를 구하기 위해선 우선 빛의 밝기의 변화를 detector로 측정하여 수치화하여야 하는데 A/D 변환기(analogue-to-digital converter)를 사용하여 전기신호를 수치화한다. 이 때 샘플링은 그림 5.20과 같이 polarizer 회전축에서 발생하는 encoder pulse를 이용함으로써 polarizer 위치와 밝기 신호를 일대일 대응을 시킬 수 있게 된다. Encoder에서는 회전함에 따라 두 종류의 pulse가 발생하는데 하나는 A상(또는 encoder pulse, clock pulse)이라 부르는데 polarizer 위치에 따라 data를 뽑기 위한 sampling pulse이고 다른 하나는 한번 회전할 때 하나씩 발생하는 Z상(또는 reference pulse, trigger pulse)인데 측정시작 시점을 확인하는데 사용된다. 즉, sampling의 시작을 알리는 trigger로 사용되며 식 (5-35a)에서 P 값과 관계가 있다. 물론 absolute 형 encoder를 사용하면 이런 수고를 할 필요는 없다. 따라서 data 측정의 시작은 Z상 pulse에 의하고 실제 측정은 A상에 동기화하여 발생한다. 결과적으로 그림 5.21과 같은 data를 얻을 것이 기대된다.

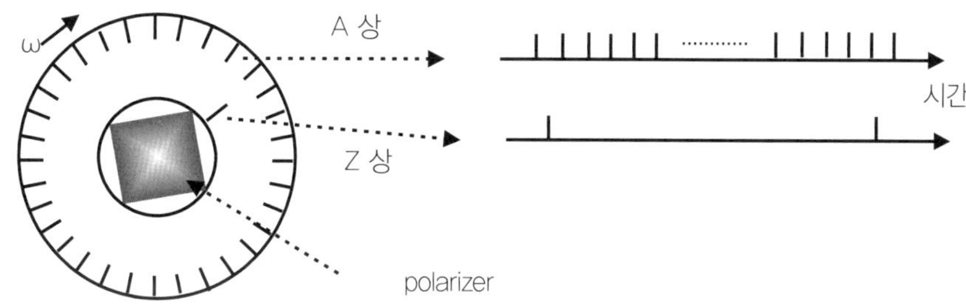

[그림 5.20] Polarizer와 encoder

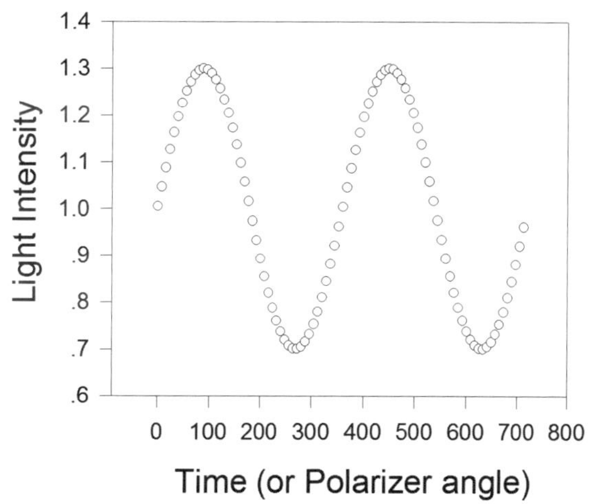

[그림 5.21] Polarizer가 회전하면서 측정한 빛의 밝기 변화

이 그림과 같은 data에서 Fourier 계수는 discrete Fourier transform으로부터 구해낼 수 있다. Polarizer가 1 회전할 때 2N개의 data를 샘플링한다고 하면,

$$\alpha' = \frac{2}{NI_0} \sum_{i=0}^{N-1} I_i \cos \frac{2\pi i}{N}, \tag{5-36a}$$

$$\beta' = \frac{2}{NI_0} \sum_{i=0}^{N-1} I_i \sin \frac{2\pi i}{N}. \tag{5-36b}$$

여기서 I_i는 A/D 변환기에서 인식된 빛의 밝기에 상응하는 전압인데 polarizer의 각 위치에서의 빛의 세기를 나타내며 평균적 밝기에 해당하는 dc 항(I_0)은 다음과 같다.

$$I_0 = \frac{1}{N}\sum_{i=0}^{N-1} I_i. \tag{5-36c}$$

여기서 N은 한 광학주기 동안 샘플링하는 data 개수인데 이론적으로 많을수록 좋은데 50 Hz로 회전하는 경우 최소한 30 번 이상 하는 것이 좋다(Aspnes 1975).

그런데 광원을 차단하였을 때 detector가 인식하는 값이 0이 되지 않고 일반적으로 특정값을 지니게 되는데 'background'라 부르며 이를 측정하는 주기를 'dark cycle'이라고 부른다. 그 크기는 shutter로 빛을 차단한 뒤 측정할 수가 있다. 그 원인은 실험실 주변에서 들어오는 빛일 수도 있고 detector 자체가 가지고 있는 thermal noise나 dc offset일 수도 있다. 따라서 여기에 사용된 I_i는 이 값을 뺀 나머지 값이다. 그리고 normalized Fourier 계수를 식 (5-35a)에서처럼 (α, β)로 쓰지 않고 식(5-35b)에서처럼 (α', β')로 표시한 것은 삼각함수파의 측정시점이 polarizer가 입사면에 대해 P 만큼을 회전한 상태이기 때문이다. Ellipsometry 각 (Δ, Ψ)는 식 (5-24)에서 보듯이 위상이 고려된 (α, β)에서 유도된다. 다른 말로 하자면 (α, β)는 polarizer가 입사면을 지나는 순간부터 측정한 sine 파에서 구한 Fourier 계수가 된다. 하지만 정확하게 입사면을 지날 때 측정을 시작하는 것은 사실상 매우 어렵다. 대신 앞의 encoder에서 보았듯이 항시 Z상이 발생하는 각도에서 측정을 시작하고 나중에 이 Z상의 위치가 입사면에서 얼마나 떨어졌는가를 찾아 보상해주면 된다. 이 과정을 calibration 이라고 하는데 측정 시작시 polarizer의 위치각 P 뿐만 아니라 analyzer의 위치각 A를 찾아내게 되는데 바로 뒤에 상세히 설명이 되어 있다. 따라서 calibration 과정을 통하여 P 값을 찾게 되면 위상이 보정된 Fourier 계수는 다음과 같이 얻을 수 있다.

$$\begin{pmatrix}\alpha\\ \beta\end{pmatrix} = \begin{pmatrix}\cos 2P & \sin 2P\\ -\sin 2P & \cos 2P\end{pmatrix}\begin{pmatrix}\alpha'\\ \beta'\end{pmatrix}. \tag{5-37}$$

시편 정렬시마다 입사면이 약간씩 다르고 회전하는 polarizer에 있어 측정 시작 각도 P는 이 입사면을 기준으로 측정되므로 calibration을 하여 정확히 입사면을 찾지 않으면 그만큼의 오차가 바로 식 (5-35a)을 통해 ellipsometry 각 (Δ, Ψ)에 전달이 되는 것이다. 반면 analyzer의 위치각 오차는 앞에서 소개한 식 (5-24)를 통하여 ellipsometry 각, Ψ에 전달이 된다.

$$\Psi = \tan^{-1}\left\{\sqrt{\frac{1+\alpha}{1-\alpha}}\, tanA\right\}. \tag{5-24}$$

여기서 하나 짚고 넘어 갈 것은 결국 측정값이 (α, β)이므로 앞의 식 (5-22)에 넣으면 직접 구하는 양은 (Δ, Ψ)가 아니라 ($\cos\Delta$, $\tan\Psi$)임을 알 수 있다. 따라서 위상차의 의미가 있는 Δ을 구하기 위해 arc-cosine을 취할 때 그 상한을 결정할 수 없다는 것이다. 따라서 통상 0°와 180°사이에 있는 값으로 변환시켜 사용하고 있는데 분석용 software에서 이를 감안해 주면 사용에 큰 불편은 없다.

Compensator를 사용하거나 phase modulation을 이용하는 ellipsometry에서는 이런 문제가 없다.

3.2 Calibration

Ellipsometry에서 'calibration'이라는 용어를 사용하는 경우가 다수 있다. 별다른 형용사가 붙지 않으면 시편을 놓을 때마다 조금씩 변할 수 있을 입사면을 찾고 이 입사면을 영점으로 polarizer나 analyzer의 편광축의 위치각을 찾는 과정을 지칭한다. 분광기에서 grating의 회전 위치와 출력된 파장과의 관계를 찾는 행위는 'wavelength calibration'이라고 하고 compensator에서 파장에 따른 retardance를 찾을 경우는 'retardance calibration' 등으로 부른다. 여기서는 rotating polarizer ellipsometry(P_RSA)에서의 calibration 대한 설명을 하기로 한다. 앞에서 소개한 바 있는, 두 편광기가 동시에 회전하는 P_RSA_R 시스템은 원리상 아예 calibration이 필요 없는 경우(self-calibration)이다. 하지만 이 시스템은 calibration 과정이 필요없는 대신 polarizer와 analyzer가 모두 회전하므로 광원이 지닌 부분편광과 분광기를 포함한 detector의 polarization sensitivity 문제에 모두 노출되어 있어 이를 해결하기 위한 또 다른 노력이 필요하다(Azzam 1978, Chen 1987).

3.2.1 Calibration의 필요성

Ellipsometer를 사용해본 사람들은 잘 알겠지만 실제 측정을 하기 전에 대부분 calibration을 하는데 여기에 소요되는 시간이 실제 측정시간보다 길다. 그렇다면 calibration은 꼭 해야 하는가? 이에 대한 답은 나중에 찾기로 하고 우선 rotating polarizer 형 ellipsometry를 표현하는 Jones Matrix를 다시 살펴보자. 앞에서 detector에 입사하는 전자기파의 전기장의 세기 E는 다음과 같이 표현하였다.

$$E=\begin{pmatrix}1&0\\0&0\end{pmatrix}\begin{pmatrix}\cos A&\sin A\\-\sin A&\cos A\end{pmatrix}\begin{pmatrix}r_p&0\\0&r_s\end{pmatrix}\begin{pmatrix}\cos(\omega t-P_S)&-\sin(\omega t-P_S)\\\sin(\omega t-P_S)&\cos(\omega t-P_S)\end{pmatrix}\begin{pmatrix}E_0\\0\end{pmatrix} \qquad (5\text{-}38)$$

측정한 전기장의 세기(E)로부터 시편의 정보(r_p, r_s)를 추출하기 위해서는 polarizer와 analyzer의 위치는 알아야함을 알 수 있다(즉, A와 P_S). 입사면은 시편 표면에 수직인 면이므로 그림 5.22에서 시편을 앞뒤방향으로 약간 기울인 경우 입사면도 기울어짐을 짐작할 수 있다. 시편을 시편장착대에 놓을 때마다 이와 같이 입사면이 조금씩 달라질 수 있다는 것이다. 하지만 detector의 입구가 작기 때문에 시편을 조금만 기울여도 반사된 빛의 경로가 바뀌어 detector로 빛이 들어가지 않는다. 따라서, calibration에서는 육안이나 검출기의 밝기 신호 등으로는 찾아 낼 수 없는 정도의 기울기(0.1~0.2°)를 찾는다. 시편이 기울어지면 영점이 바뀌는 꼴이 되므로 측정시작시점(t=0)에서의 회전하는 polarizer 편광축의 위치각 P_S와 analyzer의 편광축의 위치각 A를 새로운 영점을 기준으로 측정하여 앞의 식에 대입하여야 한다.

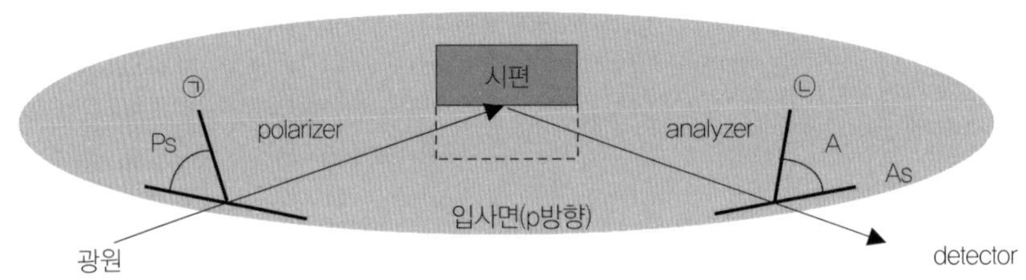

[그림 5.22] 시편과 입사면, 그리고 polarizer(㉠)와 analyzer(㉡)의 편광축의 위치를 보여 주고 있다. P_S는 측정순간(t=0)의 입사면에 대한 polarizer 편광축의 위치를 그리고 A는 고정된 analyzer 편광축의 위치를 나타내고 있다. 그리고 A_S는 입사면에 해당하는 analyzer 눈금값이다.

왜 시편을 놓을 때마다 입사면이 변하는가? 시편장착대에는 기본적으로 두 방향 기울기 장치와 앞뒤 이동장치(그림 5.22 기준)가 있다. 대부분의 경우 ellipsometer를 공용으로 사용하고 있으며 측정하는 시편도 각기 다르다. 즉, 기판의 두께와 편평도 그리고 반사율이 다르기 때문에 setting을 건드리게 되는 것이다. 만일 오늘 측정할 시편의 두께(기판의 두께)가 어제 것과 같고 시편장착대의 setting을 건드리지 않았다면 어제 calibration으로 구한 (A, P_S)값을 그대로 사용해도 좋을 것이다. 이런 경우에 있어서도 작은 차이나 정확한 값을 측정하고자 할 때는 calibration을 실시하는 것이 좋고, 아주 정확한 결과를 요구하지 않을 경우에는 한 번 calibration하여 얻은 (A, P_S) 값을 그냥 써도 좋다는 것이다. 그리고 polarizer의 회전속도에 drift가 있을 때는 측정 전에 calibration을 하는 것이 나으며 상용제품 중에는 무조건 하도록 되어 있는 제품도 있다. 또하나 고려해야 할 점은 완벽한 calibration 방법이 없다는 것이다. 즉, calibration 자체가 측정행위이기 때문에 각종 실험오차를 포함할 수 있으며, 또한 이론적으로는 calibration 결과로 얻는 (A, P_S)값이 사용하는 파장과 측정하고자 하는 시편의 종류와는 무관해야 하는데 어느 정도의 의존성을 보일 수 있다는 것이다.

3.2.2 주요 calibration 방법들

① Alignment telescope를 사용하는 방법

육안으로 시편을 정렬하는 경우 0.1~0.2° 정도의 편차는 발생할 가능성이 있는데 반사를 이용하는 alignment telescope가 장착된 경우는 거의 정확하게 시편의 표면을 반복적으로 같은 위치에 놓을 수 있게 된다. 이 경우 입사면이 늘 일정함으로 한 번 calibration 하여 얻은 값을 그냥 사용하면 된다. 물론 이 경우 data 측정시점에서의 회전하는 편광기의 위치각은 항시 일정함을 가정한 경우인데 array detector의 경우는 모터의 회전속도까지 안정적이어야 한다.

Alignment telescope를 사용하더라도 가끔은 calibration을 하여야 하므로 대부분 상용의 ellipsometer에서는 이 부가적인 장치를 장착하지 않는다. 그러면 이제 실제로 많이 사용하는 calibration 방법을 설명하도록 하자. 편의상 rotating polarizer 형 ellipsometry(RPE)의 경우를 설명하고자 하는데 그대로 rotating analyzer 형 ellipsometer(RAE)의 경우에 적용할 수 있다.

② Residual calibration

RPE의 경우 polarizer는 연속적으로 회전하는 반면 analyzer는 측정시 그 편광축의 위치가 고정이 되어 있다. 하지만 analyzer 역시 광축을 변화시킬 수 있도록 stepping motor가 장착이 되어 있다. 그리고 analyzer의 회전축 둘레로 눈금이 매겨져 있든지 아니면 현재 편광축의 위치를 알려주는 디지털 카운터가 부착되어 있는데 그 절대적 값은 의미가 없다. 왜냐하면 앞서 언급했듯이 그 영점이 시편을 놓을 때의 입사면이 되기 때문이다. 그렇더라도 시편을 놓는 위치가 놓을 때마다 그리 크게는 변하지 않기 때문에 analyzer의 눈금의 영점(또는 편광축)을 가능한 평소 입사면 근처에 놓이도록 장착을 시켜 놓으면 편하다(보통 1~2°범위 내로 장착이 가능함). 즉, analyzer에 매겨진 눈금의 영점을 기준으로 했을 때 ±1~2°범위 안에 입사면이 놓이게 되는 것이다. 이렇게 개략적으로 analyzer의 눈금의 영점과 시편의 입사면을 맞추어 놓으면 analyzer 눈금 영점 근처에서 쉽게 입사면을 발견할 수 있다는 이점이 있다. 실제에 있어서 보통 analyzer 각(A)을 analyzer의 눈금 영점을 기준으로 -5°에서 +5° 사이를 stepping motor를 이용하여 일정 간격씩 움직여 가면서(보통 0.5° 내지 1° 간격) 측정한 polarizer의 회전에 따른 파형으로부터 다음의 residual 함수(R)와 phase 함수($\boldsymbol{\theta}$)를 측정하게 된다(Aspnes 1974).

☞ 주의: 여기서 analyzer각 A는 analyzer눈금에 매겨진 각이지 입사면으로부터 측정된 각이 아님에 유의하기 바란다.

$$R(A) = 1 - (\alpha'^2 + \beta'^2), \tag{5-39a}$$

$$\Theta(A) = \frac{1}{2} tan^{-1} \frac{\beta'}{\alpha'}. \tag{5-39b}$$

여기서 (α', β')은 ellipsometry 측정시 얻은 normalized Fourier 계수로서 (′)이 붙은 이유는 식 (5-35b)에서처럼 polarizer의 위상이 고려되지 않은 값을 뜻한다. 여기서 residual 함수(R)는 polarizer가 연속적으로 회전하는 상황에서 시편에서 반사된 빛이 가지는 파형의 dc-성분과 ac-성분의 차이(residual)를 측정한 값으로 analyzer의 위치각 A에 따라 변한다. 즉, R(A)의 크기가 analyzer의 입장에서 보았을 때 입사면을 기준으로 대칭인 점을 이용하면 입사면에 해당하는 analyzer의 영점(그림 5.22에서 A_S)을 찾아낼 수 있다. 즉, polarizer가 회전하여 입사면($P=A_S+90°$)을 지날 때 선편광을 발생시키므로 $A=A_S$일 때 투과한 빛이 0, 즉, dc-성분이 소멸되는 특성을 이용하는 것이다. 다음 그림 5.23을 보자.

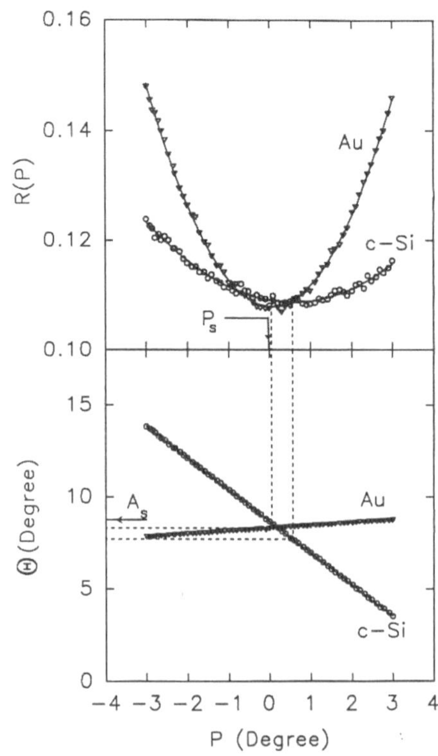

[그림 5.23] 결정질 silicon(c-Si)과 금(Au)을 측정하여 얻은 residual 함수(위)와 phase 함수(아래)

이 그림에서 residual 함수는 예상했듯이 주어진 analyzer의 위치각의 범위 내에서 좌우 대칭의 포물선이고 phase 함수는 직선임을 알 수 있다. 이 함수들 속의 Fourier계수를 시편이 지닌 물리량인 (Δ, Ψ)로 바꾸어 표현하면 이들 함수는 입사면 근처에서 다음과 같은 근사식이 된다.

$$R(A) \sim \{2\sin\Delta\cot\Psi\}^2 (A - A_S)^2, \qquad |A - A_S| \ll 1, \tag{5-40a}$$

$$\Theta(A) \sim P_S + \cot\Psi\cos\Delta(A - A_S), \qquad |A - A_S| \ll 1. \tag{5-40b}$$

따라서 우리가 찾는 입사면에 해당하는 analyzer 눈금(A_S)은 residual 함수, 즉, 포물선의 대칭점에서 찾을 수 있고, 또한 측정시점(t=0)의 polarizer 편광축의 위치 P_S는 phase 함수에서 analyzer각 A가 A_S 되는 값에서 얻을 수 있음을 알 수 있다. 즉, 그림에서 화살표로 표시한 곳이 이에 해당한다. 실제에 있어서는 측정 간격이 0.5°정도밖에 안되기 때문에 정확히 $A=A_S$에서의 두 함수값은 측정할 수가 없다. 따라서 이 두 측정값들을 각각 2차 함수와 1차 함수로 fitting 한 뒤 그 함수값에서 구한다(그림 5.23에서 실선).

참고로, residual 함수는 이상적인 경우 완전제곱꼴로 표현이 되어 $A=A_S$ 되는 지점에서 $R(A_S)= 0$

이 되어야 한다. 이는 polarizer가 회전할 때 대부분의 위치에서는 시편에 입사한 선편광은 입사면을 기준으로 보았을 때 p-성분(입사면에 평행인 성분)과 s-성분(입사면에 수직인 성분)이 동시에 존재하기 때문에 반사 후 위상차(Δ)와 반사율차(tanΨ)로 인하여 타원편광이 된다. 하지만 polarizer는 한 번 회전할 때 반드시 두 번은 p-성분 또는 s-성분만 가진 파를 시편에 입사시킨다. 이를 경우 반사파도 그 성분뿐이기 때문에 타원 편광이 아니라 선편광이 된다. 따라서 calibration을 할 때 analyzer의 편광축이 정확히 입사면에 놓여 있을 경우($A=A_S$), polarizer의 편광축이 입사면에 수직인 면을 지나는 순간은 s-파만을 발생시키고 시편에 반사 후 역시 s-파만 나오므로 입사면에 광축을 두고 있는 analyzer를 통과할 수 없게 된다. 그리고 polarizer가 입사면을 지나는 순간은 p-파만을 발생시키고 시편에서 반사된 파도 역시 p-파가 되므로 analyzer를 통과하는 빛의 양은 최대가 된다. 즉, 이 경우($A=A_S$) polarizer가 돌면서 내놓는 파형은 최대의 밝기와 최소의 밝기(밝기=0) 사이를 진동하는 삼각함수파가 되어 그 dc-성분과 ac-성분의 진폭이 같게 되어 residual 함수가 0이 되게 된다. 이 때 analyzer를 A_S로부터 시계 또는 반시계 방향으로 움직이면 다시 타원편광이 되어 dc-성분이 커지는데 이 값이 두 방향에 대해 대칭인 것을 알 수 있다. 이것이 residual calibration에서 입사면(A_S)을 찾는 원리인데, 포물선의 기울기 값이 급할수록 A_S를 더 정확히 찾아낼 수 있음을 짐작할 수 있다. 그런데 식 (5-40a)에서 알 수 있듯이 포물선의 기울기는 $(2\sin\Delta\cot\Psi)^2$에 비례하므로 시편종류나 사용하는 파장에 따라 그 차이가 난다. 즉 Δ값이 0°나 180°에 가까운 시편이나 파장 영역을 사용하면 포물선 형태를 찾아내기가 힘들다(보통 시편의 Δ값이 30°~150°일 때 사용). 그림 5.23의 예에서는 residual calibration 방법이 금에 대해 더 잘 작동함을 알 수가 있다. 결정질 silicon의 경우 포물선의 굴곡이 너무 완만하여 정확하게 A_S를 정의하기가 쉽지 않다. 특히 시스템의 정밀도가 떨어지거나 오차가 심한 경우 residual calibration으로 측정하는 것은 거의 불가능하다(그림 5.25에 그 예가 있다). 특히 측정 시스템에 noise가 있을 경우에는 기울기가 큰 파장 영역을 사용하는 것이 중요한데 그렇다고 자외선 영역과 같이 빛이 약한 부분을 사용하면 오히려 noise에 의한 효과가 기울기보다 더 크게 된다. 따라서 측정하고자 하는 시편의 광특성을 미리 알고 또한 사용하는 장비의 특성을 감안하여 적절한 파장을 선택할 수 있어야 하는데 주어진 파장 영역에서 calibration이 잘 되지 않을 때(즉, 포물선의 중심을 찾기 어려울 때)는 입사각이나 시편의 형태 등을 바꿀 수도 있지만 다른 calibration 방법을 이용해야 할 것이다.

Phase 함수, $\Theta(A)$,의 경우는 analyzer각이 AS 에 놓였을 때 측정값인 (α', β')의 비에서 알 수 있는데 그 이유는 명백하다. 우리가 원하는 값은 (α, β)인데 이 값은 polarizer의 편광축이 입사면을 지나는 순간부터 측정한 파형의 (규격화된) Fourier 계수이다. 만일 이렇게 측정이 되었다면 측정시작이 polarizer의 편광축이 입사면에 놓이게 되므로 analyzer의 편광축을 AS에 두고 측정을 하면 무조건 cosine 함수가 된다. 왜냐하면 측정시작 순간 polarizer가 입사면에 놓이므로 시편에서 반사된 파도 선편광(p-파)이므로 일반적으로 최소 밝기점이 된다. 하지만 측정시작 순간에 놓인 polarizer의 편광축의 위치가 입사면에서 멀어짐에 따라 파형에는 위상의 변화가 발생하여 sine 성분이 생기게 된다. 따라서 A=AS에서 측정한 파형에서 cosine과 sine 성분비를 조사함으로써 측정순간 polarizer 편광축의 위치 즉, 식 (5-40b)에서 값 PS를 찾아내게 되는 것이다. Phase 함수, $\boldsymbol{\theta}$(A) 역시 기울기가 시편의 (Δ, Ψ)값에 의존함을 유의하기 바란다.

그러면 측정시 analyzer 각 A는 어디에 두는가? 이론적으로 아무 위치든 관계가 없는데 측정오차를 줄이기 위해 보통 30°근처를 선호하는데 자세한 논의는 뒤의 측정오차 부분에서 다룬다. 여기서 30°는 입사면을 기준으로 놓은 analyzer 편광축의 위치이므로 A를 A_S+30°에 두어야 실제로 30°가 된다. 예를 들어, A_S 값은 residual 함수 R(A)를 포물선 식으로 fitting하여 그 최솟값의 위치에서 얻으므로, A_S=0.478°과 같은 값을 얻을 수 있다. 이 경우, 각 A가 30.478°가 되도록 analyzer를 돌려야 한다. 고분해능을 가진 stepping motor가 아니면 이렇게 정밀도가 높은 값의 설정은 불가능하다. 따라서 이를 경우 analyzer를 눈금 기준으로 30°가 되는 곳 위치시키고 측정한 뒤 식 (5-24b)의 A 값에 30°대신에 (30°-A_S)를 대입하면 된다.

☞ **주의:** Residual calibration 방법을 사용할 경우 가능한 한 {R(A) 대 A} 그리고 {$\boldsymbol{\theta}$(A) 대 A}의 그림과 그리고 이들을 각각 포물선과 직선으로 fitting 한 그림을 그려보는 것이 좋다. 왜냐하면 식 (5-40a), 식 (5-40b)에서의 포물선 및 직선적인 경향이 제한된 analyzer 위치각 A의 범위 내에서만 성립하기 때문에 무조건 fitting 결과만을 사용하면 가끔 엉뚱한 결과를 가질 수도 있다.

AC-DC 증폭률 (ac-dc gain ratio)

또하나 언급할 것은 A=A_S에서 residual 함수값의 최솟값에 대한 것인데 이론적으로는 R(A_S)=0이 되어야함은 이미 설명하였다. 하지만 PMT 나 silicon detector의 경우 사용하는 amp의 증폭률이 주파수에 따라 달라 residual 함수의 최솟값이 0이 되지 않는 경우가 있다. 즉, ellipsometry 신호는 그 파형이 dc-성분과 2ω의 각주파수를 가진 ac-성분으로 구성되어 있음을 보았는데, amp의 증폭률이 이 두 성분에 대해 다르므로 그 교정이 필요한데 ellipsometry의 경우 이론적인 교정이 가능하다. 즉, 다음 관계식은 이론적으로 calibration을 할 때 A=A_S일 경우(rotating analyzer ellipsometry의 경우는 P=P_S)나 ellipsometer가 시편이 없이 일직선으로 놓인 경우(straight through)에 해당한다.

$$R(A = A_S) = 1 - (\alpha'^2 + \beta'^2) = 0. \tag{5-41}$$

만일 그림 5.23에서처럼 R(A_S)=0이 되지 않을 경우 수학적으로 dc-성분에 비해 η만큼의 상대적 증폭률로 ac-성분에 보강시켜 이론적인 결과값인 0이 되도록 한다. 즉,

$$R(A = A_S) = 1 - \{(\eta\alpha')^2 + (\eta\beta')^2\} = 0. \tag{5-42}$$

따라서 이 관계식으로부터 운용하고 있는 ellipsometer의 특성인 η값을 구해낼 수가 있다. 즉, $A=A_S$에서 측정한 (α', β')로부터 구할 수 있는데 실제 calibration을 할 경우 stepping motor를 사용하여 0.5°정도의 간격으로 analyzer를 움직여 가며 측정을 하므로 analyzer 각(A)이 정확히 A_S를 지나는 경우는 없다. 따라서 residual 측정값 R(A)을 포물선으로 fitting하여 얻은 최솟값 $R(A_S)$값을 이용하면 된다. 식 (5-42)를 η에 관해 정리하면,

$$\eta = \frac{1}{\sqrt{\alpha'^2 + \beta'^2}} = \frac{1}{\sqrt{1 - R(A = A_S)}}. \tag{5-43}$$

이렇게 수학적으로 구한 상대적 증폭률비 η는 나중에 측정한 모든 Fourier 계수의 ac-성분에 곱하여 보상해 주어야 된다(Chindaudom 1993).

끝으로 이들 calibration 값들은 광원의 부분편광이라든지, polarizer의 optical activity 등의 error가 있으면 영향을 받게 되므로 그에 대한 보정이 필요하다(Nguyen 1991). 참고로 이 residual calibration은 일반적으로 시편이 금속인 경우에 적용하면 잘 듣고 c-Si에 사용할 경우는 가능한 광양자 에너지가 3.5 eV 이상인 빛을 이용하면 좋다. 하지만 보유하고 있는 system의 S/N 값이나 입사각 그리고 측정환경에 다라 다르므로(예를 들어 공기가 아니라 액체 등을 사용할 경우) simulation을 통해 최적의 calibration 방법이나 광양자 에너지를 선택하는 것이 좋다.

③ Phase calibration

De Nijs(1988b)에 의해 개발된 방법으로 residual calibration과는 서로 보완적인 방법이 된다. 앞에서 어떤 시편에서 측정한 Δ 값이 0°또는 180°에 가까워짐에 따라 포물선의 곡률이 완만해서 꼭짓점을 찾기가 어려워지고 더욱이 잡음까지 겹쳐지면 입사면($A=A_S$)을 정의하기가 어려워짐을 논의하였다. 이를 극복하기 위해 두 영역에서 측정한 phase함수의 차를 이용하였다. 즉, phase 차 함수를 다음과 같이 정의하였다.

$$\Phi(A) = \Theta(A) - \Theta(A + \frac{\pi}{2}). \tag{5-44}$$

Residual calibration에서 analyzer 각 $A=A_S$ 근처에서 phase 함수 Θ(A)는 각 A에 대해 선형적이라 직선식으로 fitting하여 사용하였다. 이 phase 함수를 $A=A_S+90°$근처에서 구하면 마찬가지로 선형적임을 알게 된다. 따라서 이 두 영역에서 측정한 phase 차 함수는

$$\Phi(A) \sim 2\cot(2\Psi)\cos\Delta(A - A_S), \qquad |A - A_S| \ll 1. \tag{5-45}$$

으로 A에 대한 일차함수로 표현이 되는데 그 x-축(A축) 절편이 바로 A_S가 됨을 알 수 있다. 다른 말

로 두 phase 함수가 교차하는 지점이 A_S가 된다. Polarizer의 측정시작 위치를 나타내는 P_S는 residual calibration에서처럼 $\Theta(A_S)$ 또는 $\Theta(A_S+\pi/2)$에서 바로 얻을 수가 있다. 그림 5.24에서 보듯이 결정질 silicon에 대해 앞의 residual calibration에서 보다 더욱 명확하게 A_S의 위치를 찾을 수 있음을 본다. 그리고 이 일차함수의 기울기가 급할수록 x-절편(즉, $A=A_S$)을 정확하게 구할 수 있는데 기울기가 $\cos\Delta$에 비례하므로, Δ값으로 말하자면 0°나 180°에 가까울수록 calibration이 잘 되고 90°근처에서는 오히려 절편점을 찾기 어려워지므로 residual calibration과 서로 보완적임을 알 수 있다. 즉, Δ〈30°, Δ〉150°일 때 사용하면 좋은데 c-Si을 비롯한 반도체 물질을 광양자 에너지가 낮은 파장으로 calibration 할 때 사용하면 잘 듣는다. A_S 근처와 A_S+90°두 영역에서 calibration을 해야 하므로 residual calibration에 비해 시간적으로 손실이 있다. 그리고 시편에 따른 calibration 특성을 따질 때 Δ값만 거론하는 것은 앞의 광학이론부분에서 논의하였듯이 Ψ값은 일반적으로 적당한 크기를 가지고 있기 때문에 큰 영향을 미치지 않기 때문이다. 하지만 다층박막이나 두꺼운 투명박막이 있는 경우 등에 있어서는 Ψ값도 크게 변하므로 광simulation을 해보든지 아니면 평상시 사용하는 (A_S, P_S)값을 이용하여 일단 시편을 측정하여 개략적인 (Δ, Ψ)를 구해보고 이를 바탕으로 calibration 방법이나 파장을 선택한 후 calibration을 하면 된다.

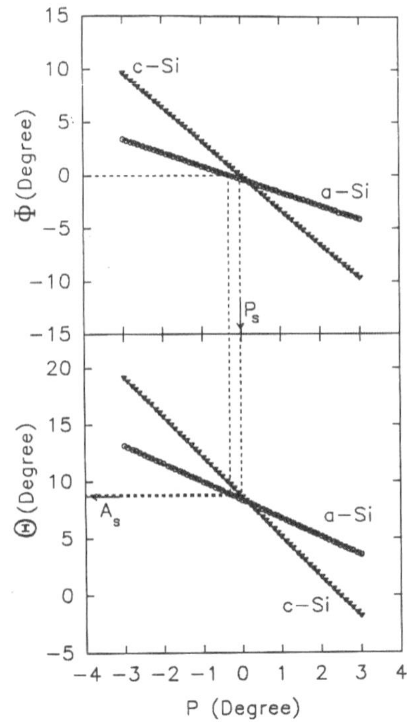

[그림 5.24] 비정질 silicon(a–Si)과 결정질 silicon(c–Si)에서 측정한 phase 차함수(위)와 phase 함수(아래)

④ Reflection calibration

저자가 개발한 방법으로, null ellipsometry에서 polarizer, analyzer, 그리고 quarter waveplate의 영점을 잡는데 빛의 밝기를 이용하는 것을 rotating element 형 ellipsometry에 응용한 것이다. Rotating polarizer(또는 analyzer) ellipsometry에서 사용하지 않고 버렸던 dc-성분을 이용한 것으로 저자의 3-parameter 분광 ellipsometry의 응용분야 중 하나이다. 다이아몬드 박막 증착 등에 있어 scattering으로 인한 depolarization이 있는 경우에 유용하게 사용하였다. Null ellipsometry의 경우 그 calibration에 있어 polarizer를 고정시키고 analyzer를 입사면+90°근처를 swing 하게 되는데 이 때 측정되는 빛의 밝기는 특정한 analyzer각을 중심으로 대칭성을 보인다. 하지만 polarizer의 편광축이 입사면에 놓여 있지 않는 한, 이 대칭점이 입사면이 아님은 이미 앞에서 배웠다. 반면, reflection calibration에서는 polarizer가 연속으로 회전하여 얻게 되는 밝기 신호이므로, 측정된 값은 식 (5-22a)에서 빛의 밝기에 해당하는 항으로

$$I_0(A) = \frac{1}{2}|r_s|^2|E_0|^2\left[(\tan^2\Psi - 1)\cos^2(A - A_S) + 1\right] \tag{5-46}$$

이 되어 입사면(A_S)에 대한 대칭성을 보인다. 여기서 A_S는 앞에서와 마찬가지로 입사면에 해당하는 analyzer의 눈금값인데 이 식을 $A=A_S$ 근처에서 전개해보면 다음과 같이 포물선 꼴이 된다.

$$I_0(A) = a(A - A_S)^2 + b \tag{5-47}$$

따라서 residual calibration에서처럼 포물선의 대칭 중심에서 A_S를 찾을 수 있게 된다. 식 (5-46)에서 볼 수 있듯이 이 방법은 시편의 Δ 값에 대한 의존도가 없는 것이 특징이고 Ψ가 45° 근처일 때는 사용하지 않는 것이 좋음을 쉽게 알 수 있다. 물론 P_S 값은 A_S가 확정된 다음 residual calibration에서처럼 phase 함수로부터 구하면 된다. 이 phase 함수는 식 (5-39b)에서 보듯이 두 계수의 비를 이용하므로 식 (5-39a)의 residual 함수보다는 depolarization에 의한 영향이 작은 편이다. 그림 5.25는 오차가 심한 시스템에서 결정질 silicon에 대해 reflection calibration과 residual calibration을 실시한 결과를 보여주고 있다. 우선 residual calibration의 경우 2.0 eV에서 거의 포물선의 형태를 알아볼 수가 없고(원) 3.6 eV의 경우 잡음이 심하나 어느 정도의 형태를 가지고 있음을 볼 수 있다(사각형). 그 이유는 전자의 경우 Δ값이 180°에 가깝기 때문이다. 반면, reflection calibration의 결과는 매우 깨끗하며 그 대칭점을 잘 보여주고 있다(삼각형).

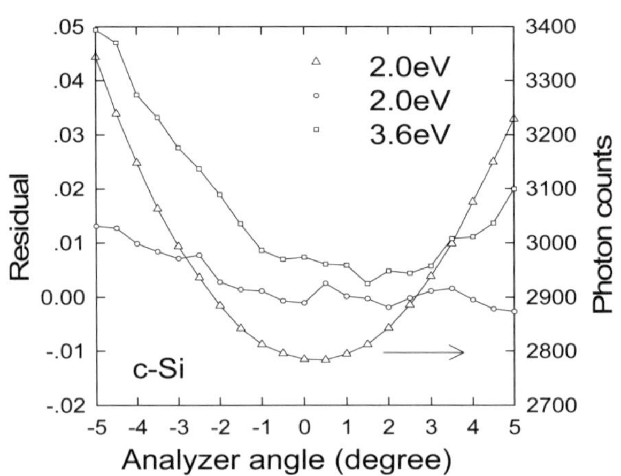

[그림 5.25] 결정질 silicon에 대해 각기 다른 두 광양자 에너지로 residual calibration을 실시한 경우(사각형: 3.6 eV, 원: 2.0 eV)와 2.0 eV에서 reflection calibration을 실시한 경우(삼각형). 시편은 스트레스로 인한 복굴절이 있는 광학창을 내부에 놓여 있다.

⑤ Regression method

Residual이나 phase calibration 방법들은 대충 알고 있는 입사면(0°) 또는 그로부터 90° 떨어진 지점을 중심으로 polarizer 또는 analyzer를 약 10°~20°를 스캔하여 광학적인 대칭점을 찾는 작업이다. 이 때 광학적 성질은 입사면(0°) 또는 입사면+90°를 중심으로 한 근사식으로 표현이 되었는데, residual calibration의 경우는 포물선으로, phase calibration의 경우는 교차하는 직선으로 나타났다. 더욱이 시편의 Δ값이 0°나 180°에 가까워지면 residual calibration의 경우 포물선의 곡률이 사라지게 되어 대칭의 중심을 찾기 어려워지고 반대로 Δ값이 90°에 가까워지면 phase calibration에서 직선의 기울기가 감소하여 교차점을 찾기가 불가능하게 된다. 다행히 이들이 상호 보완적이기 때문에 사용자가 잘 알아서 적용을 하면 된다. 그런데 이렇게 0° 또는 90°근처가 아니라 polarizer 또는 analyzer로 더 넓은 영역을 측정해보면 어떻겠는가? 우선 stepping motor를 사용해야 하기 때문에 시간이 많이 걸리는 것은 당연한 것이다. 하지만 시간이 문제가 되지 않는다면 앞의 calibration 방법에 비해 몇 가지 장점이 있다(Johs 1993).

첫째, 거의 모든 시편에 사용이 가능하다. 즉, residual이나 phase calibration에 있어서처럼 시편의 Δ 값에 따른 민감도를 걱정할 필요가 없으므로 어떤 파장이나 입사각에서도 사용이 가능하다.

둘째, 매우 정확한 ellipsometry 각 (Δ, Ψ)가 calibration 과정 중에 동시에 결정이 된다. 따라서, 다른 calibration 방법에서는 calibration이 끝난 후 다시 측정을 위해 각을 바꾸어야 하는데 이 시간까지를 고려하면 이 calibration 방법이 속도가 느린 것이 어느 정도 보상이 된다.

셋째, regression 중 얻게 되는 fitting의 질로부터 시스템의 정확도를 진단할 수 있다.

측정을 많이 해야 하는 것을 제외하고는 그 원리가 비교적 간단하다. 앞에서 rotating polarizer ellipsometry의 경우 detector가 인식하는 빛의 파형은 다음과 같이 표현이 됨을 보았다(rotating analyzer의 경우 P대신 A를 넣으면 된다).

$$I(t) = I_0\left[1 + \alpha\cos2(\omega t - P_S) + \beta\sin2(\omega t - P_S)\right], \quad (5\text{-}49a)$$

여기서,

$$\alpha = \frac{\tan^2\Psi - \tan^2 A}{\tan^2\Psi + \tan^2 A}, \quad (5\text{-}49b)$$

$$\beta = \frac{2\cos\Delta\tan\Psi\tan A}{\tan^2\Psi + \tan^2 A}. \quad (5\text{-}49c)$$

그런데 여기서 (P_S, A)는 입사면을 확인한 뒤 그로부터 측정한 t=0일 때의 polarizer 편광축과 측정시 설정한 analyzer의 편광축의 위치이다. 그런데 아직 calibration을 하기 전이므로 미리 (P_S, A)값을 알기란 불가능한데 왜 이렇게 표현을 했는가? 그 이유는 이렇게 위상을 보상한 뒤에 얻은 (α, β) 값으로만이 ellipsometry 각 (Δ, Ψ)을 구해낼 수 있기 때문이다. 이미 앞에서 이야기한 바가 있는데 우리가 실질적으로 측정할 때는 encoder의 Z 상에 의해 파형의 측정이 시작되고 이를 Fourier transform하여 얻은 계수는 (α, β)와는 위상이 다르므로 (α', β')로 표현하였다. 즉, 실제 측정에서의 빛의 밝기에 대한 표현은 다음과 같다.

$$I(t) = I_0\left[1 + \alpha'_{\exp}\cos2\omega t + \beta'_{\exp}\sin2\omega t\right]. \quad (5\text{-}50)$$

이 calibration 방법의 요지는 이렇게 실험적으로 얻은 $(\alpha'_{\exp}, \beta'_{\exp})$를 이론적으로 구한 $(\alpha'_{cal}, \beta'_{cal})$과 비교하는 과정에서 우리가 필요로 하는 값들, 즉, (η, P_S, A_S, Δ, Ψ)등을 찾아낸다는 것이다. 여기서 A_S는 입사면에 해당하는 analyzer angle 눈금이고 η는 앞에서 설명한 ac-dc gain 비이다. 따라서 우리가 analyzer의 각을 눈금을 기준으로 A'으로 놓았을 때 실제 입사면을 기준으로 하였을 때 놓인 위치 A=A'-A_S가 된다. 따라서, 앞의 식 (5-37)을 이용하면,

$$\alpha'_{cal} = \frac{1}{\eta}\left[\alpha\cos2P_S - \beta\sin2P_S\right] = \alpha'_{cal}(\eta, P_S, A_S, \Delta, \Psi), \quad (5\text{-}51a)$$

$$\beta'_{cal} = \frac{1}{\eta}\left[\alpha\sin 2P_S + \beta\cos 2P_S\right] = \beta'_{cal}(\eta, P_S, A_S, \Delta, \Psi) \tag{5-51b}$$

이 된다. 따라서 rotating polarizer system의 경우 analyzer 눈금 A'를 residual calibration에서 보다 훨씬 넓은 영역에서 측정하여 얻은 값($\alpha'_{\text{exp}}, \beta'_{\text{exp}}$)들을 식 (5-49)와 (5-51)을 이용하여 fitting함으로써 (η, P_S, A_S, Δ, Ψ)를 구해낼 수 있다. Regression은 실험 data와 이론치를 맞추어 가는 fitting 과정으로 나중에 data 분석편에 설명이 되겠다. Johs(1993)의 경우 약 90 군데에서 측정을 하였고 detector가 지닌 두 개의 polarization sensitivity를 나타내는 변수까지 구할 수 있었다(Russev 1989). 많은 측정량과 regression 과정이 귀찮은 변수이다. 측정횟수를 줄인 방법도 소개가 되고 있다(Muenz 2011).

4. 실시간 분광 ellipsometer

Interference filter를 회전시키는 self nulling 방식의 실시간 분광 ellipsometry가 Muller(1984)에 의해 최초로 개발이 되었는데 1.8에서 3.0 eV 사이에 있는 ~400 개의 ellipsometry data를 약 3초에 측정하였다. 하지만 그 에너지 영역이 너무 제한적이고 분광기 대신에 interference filter를 사용했기 때문에 분광 resolution이 좋지 못하고 또한 더 빠른 측정시간의 실현이 어려워 큰 각광을 받지 못하였다. 여기서는 array detector를 이용하는 실시간 분광 ellipsometer 운용에 관해 잠시 언급하고자 한다. 아직 전 세계적으로 사용하는 곳이 몇 군데밖에 없으나 장기적 안목으로 보았을 때 상당히 전파가 될 것으로 보인다. 약 1.5에서 5.0 eV 사이에 있는 128개의 ellipsometry data를 약 32 ms에 측정하였고 64개의 data를 측정할 경우 16 ms에 측정하였다(Kim 1990, An 1990~1994). 저자의 경우 이 분야에 있어 많은 연구를 하였는데 세계에서 가장 빠른 장비를 자체 제작한 바가 있다(An 1999). 아직 측정속도가 스펙트럼당 최대 수~십수 ms정도밖에 안되기 때문에 더욱 빠른 kinetics를 연구하기 위해서는 더 개선의 여지를 두고 있고, 또한 정확도가 일반 ellipsometry보다는 약간 떨어지는 문제도 지속적으로 해결해야 할 것이다. 하지만 대부분의 박막의 성장이나 표면변화 등을 실시간으로 측정하기에는 충분하기 때문에 많은 응용분야가 있다. 근본적 구성은 rotating element type 또는 phase modulation ellipsometer를 바탕으로 하고 있고 detector에 있어서만 array를 사용한다는 것이 다르다. Duncan(1993)의 경우 phase modulation 형에다가 array detector를 장착하였는데 이 경우에 측정속도는 detector에 의해 제한이 되기 때문에 phase modulation 형이 가진 빠른 측정 속도의 장점은 가질 수가 없게 된다. 그리고 이 장비의 경우 S/N 비도 좋지 않고 또한 그 광양자 에너지 영역이 1.7~2.7 eV 로 너무 제한적인데 rotating polarizer형에 비해 장점이 있다면 기계적으로 움직이는 부분이 없다는 것이다. 현재 파장범위는 계속 확장이 되고 있다.

Array detector를 사용할 경우가 그 detector의 특성 때문에 실제에 있어 여러 가지 오차요인이 발생하게 된다. 또한 실시간 측정과 분광 측정이 동시에 되기 때문에 발생하는 엄청난 양의 data가 발생하고, 또한 박막이 성장하는 진공챔버나 화학변화가 발생하는 chemical cell 등에 부착하여 사용하기 때문에 실험오차가 큰 편이다. 여기서는 기본적인 운용의 차이점만 설명하고자 한다.

4.1 파형분석

PMT나 silicon detector는 순간의 밝기를 측정하는 반면 상당수의 array detector나 photon count detector는 노광량을 측정한다. 따라서 이 경우 측정량의 크기는 빛의 밝기뿐만 아니라 노출시간에도 비례하게 되는 것이다. 이럴 경우 detector가 측정하게 될 파형은 그림 5.26의 경우와 같은데 array detector의 경우 그 측정량은 세로축 값인 빛의 밝기가 아니라 노광량에 해당하는 빗금친 면적이 되는 것이다. 노출시간의 조절은 detector의 최소 노출시간 이상으로 작동해야 하는데 그림에서는 노광량 S1을 측정하는데 걸린 시간이 노출시간에 해당한다. 물론 노출시간을 임의로 고정시키면 PMT처럼 밝기를 측정할 수 있지만 그 속도가 느리므로 측정에 이를 고려하여야 할 것이다.

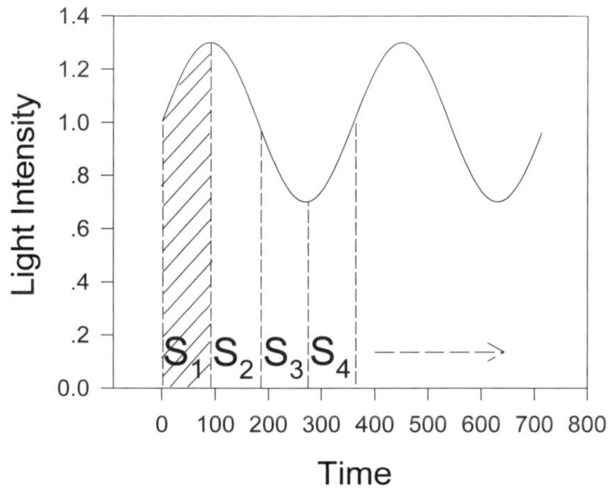

[그림 5.26] Detector array에서 한 pixel에서의 빛의 밝기변화와 노광량(빗금친 면적).

적분법

따라서 이 경우에는 앞에서 배운바 있는 (discrete) Fourier transform이 아니라 노광량을 측정하여 Fourier 계수를 결정해야 하는데 ellipsometry 측정에서 결정해야 할 값이 (I_0, α', β')의 세 개이므로 한 광학 주기 동안 최소한 세 번의 측정값을 구하여야 한다. 그림 5.26에서는 네 번을 측정하여 노광량 (S_1, S_2, S_3, S_4)을 구하는 경우를 보여 주고 있는데 다음과 같은 측정량을 보여주는 것이다.

$$S_i = \int_{\frac{(j-1)\pi}{4\omega}}^{\frac{j\pi}{4\omega}} I(t)dt, \qquad j = 1,..,4. \tag{5-52}$$

이를 'Hadamard transform'이라고 하고 많이들 사용해 왔는데 네 번 측정하는 것은 나중 계산 결과의 깨끗한 표현과 consistency 확인 등의 이점이 있고 또한 기계적인 정렬오차에 의해 발생하는 polarizer의 회전주기에 해당하는 오차를 제거할 수 있기 때문이다. 이 식 (5-52)에 빛의 밝기에 해당하는 식 (5-49a)을 대입하여 계산을 하여 얻은 4 개의 노광량(S_i)을 이용하여 다음과 같이 Fourier 계수를 구할 수 있게 된다.

$$\alpha' = \frac{S_1 - S_2 - S_3 + S_4}{2I_0}, \tag{5-53a}$$

$$\beta' = \frac{S_1 + S_2 - S_3 - S_4}{2I_0}, \tag{5-53b}$$

$$I_0 = \frac{S_1 + S_2 + S_3 + S_4}{\pi}, \tag{5-53c}$$

$$S_1 - S_2 + S_3 - S_4 = 0. \tag{5-53d}$$

여기서 마지막 식은 시스템의 반응을 확인(consistency check)하는데 사용한다. 지금까지 보여준 과정은 detector array 중 한 pixel(또는 channel)에서의 측정값에 대한 것이다. 그림 5.27은 실제 100여 개의 pixel로 구성된 array detector로 측정한 S값(다른 말로, 노광 스펙트럼)을 보여 주고 있다. 각 광양자 에너지 점에서의 4 개 값이 S_1~S_4에 해당한다. 이 그림에서 두 개의 시편에 대한 노광 스펙트럼을 보여주고 있는데 숙련된 사람은 분석과정 없이도 이미 이 속에 포함된 많은 정보를 엿볼 수 있다. 금(Au)의 경우 1.5~2,5 eV에서의 광양자 에너지별 상대적인 반사율(노광량)이 c-Si에 비해 높다는 것을 알 수가 있다. 또한 c-Si의 경우 2.5 eV 이하에서 흡수성이 낮은 것을 알 수 있는데, 이 특성은 일반 사용자들에게는 잘 보이지 않을 것이다.

☞ **참고:** 여기서 array detector의 문제점 하나를 소개하고자 한다. 그림 5.27에서 금(Au)의 노광 스펙트럼에서 1.5~2,5 eV 영역의 노광값이 다른 광양자 에너지 영역에 비해 상당히 크다. 여기서 S/N 비를 높이기 위해 광량을 더 높이면 이 영역의 측정값이 포화가 될 것이다(array detector는 노광량 측정기이기 때문에 측정 가능한 최대 노광량이 정해져 있음). 따라서, 이 영역의 측정값을 포화상태 이하로 제한하면 그림에서처럼 2.5~5.0 eV 영역의 S_1~S_4 스펙트럼 값은 매우 제한된 범

위 내에 있다. 즉, PMT에서처럼 파장별 증폭이 되지 않기 때문에 S/N 비가 낮다.

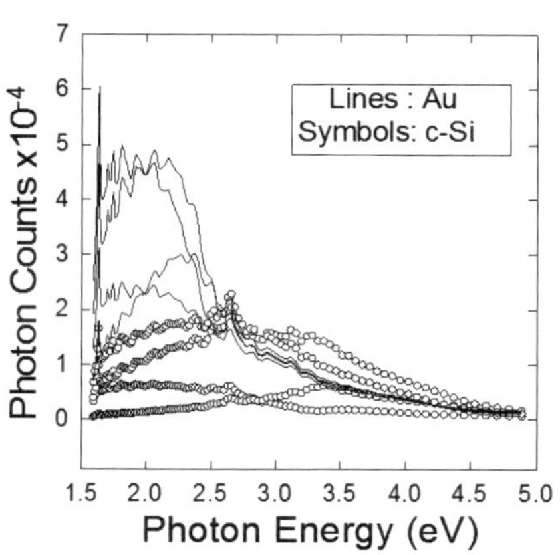

[그림 5.27] Array detector를 이용했을 때 얻게 되는 노광 스펙트럼으로 한 광양자 에너지에서의 네 개의 값들이 각각 S_1~S_4가 된다. 실선은 시편이 금인 경우이고 흰 점은 c-Si인 경우를 보여주고 있는데 이 그림만으로는 노광 스펙트럼의 순서를 알 수가 없다.

실제에 있어 누적된 노광량을 읽어내는 짧은 시간동안은 detector가 반응을 하지 않기 때문에 이를 고려하지 않으면 (readout 시간, 노출시간)에 해당하는 오차가 발생하며 또한 detector 자체가 non-linearity나 image-persistence 등의 오차를 가지고 있는지도 잘 확인하여 교정을 하여야 한다(An 1991c, 1994).

☞ **참고**: Non-linearity는 측정한 노광량과 입사한 광량 사이에 관계가 정확하게 선형적이지 않음을 말하는데 대부분의 detector가 이런 특성을 가지고 있다. 그리고 image-persistence는 연속적인 측정에 있어 앞에 측정한 값의 잔상이 뒤에 측정한 값에 영향을 미치는 경우인데 저자에 의해 그 측정법 및 교정법이 개발되었는데 제8장에서 일부를 소개하고 있다.

4.2 Calibration

Array detector를 이용하여 수십 내지 수백 개의 channel(또는 pixel)에서 각기 다른 파장의 신호를 동시에 측정하는 경우 역시 앞에서 언급한 calibration 방법을 선택하여 사용하면 된다. 하지만 이 경우 array로부터 data 추출방법이 serial형인지 parallel형인지에 따라 그 처리 방법이 다른데 parallel일 경우 data 추출이 모든 pixel(따라서, 파장)에 대해 동시에 일어나므로 (A_S, P_S)의 값이 그 원리상 파장의 함수가 아니다. 하지만 대부분의 photodiode array나 CCD array의 경우 아주 짧은 시간이지만 data collection이 serial하게 이루어진다. 따라서 rotating polarizer ellipsometry의 경우 A_S 값은 파장에 무관하나(A_S는 입사면에 해당하는 analyzer 눈금이므로 파장에 무관), 회전하고 있는 polarizer

에 있어 측정초기위치 P_S는 array로부터 serial하게 data를 추출하는 동안 변하게 된다. 보통 수백 개의 pixel로 구성된 array를 scan하는데 걸리는 시간(readout time)이 수 msec는 되므로 polarizer가 그 동안 얼마만큼 회전할지는 독자가 계산할 수 있으리라. 우선 전자와 같이 완전하게 parallel일 경우는 이론적으로 모든 파장에서 똑같은 (A_S, P_S)값을 얻어야 하나 앞의 각종 calibration 방법에서 논의하였듯이 Δ값의 크기를 기준으로 사용한 calibration에 맞는 data들만을 골라 평균을 내어 사용하든지, S/N비가 좋은 파장에서 산출한 (A_S, P_S)값 하나만을 사용하면 된다. 반면 후자와 같은 serial detector의 경우 모든 파장에서 P_S값을 산출해야 되므로 이론적으로 모든 channel에서 얻은 data가 필요하다. 하지만 S/N 비가 모든 channel에서 다 좋을 리 없고 또한 모든 파장의 Δ 값이 특정 calibration에 적합할 리도 없다. 하지만 다행히 channel을 하나하나 읽어 가는 속도(readout time)가 거의 일정하므로 특정 스펙트럼 영역만을 가지고도 모든 파장에 대한 P_S값을 유추하여 산출할 수 있다. 즉,

$$A = \frac{1}{N}\sum_{i=1}^{N} A_i, \qquad P_{Si} = \delta P \times i + P_0. \tag{5-54}$$

여기서 i는 channel 번호에 해당하며 δP는 pixel readout time 동안 polarizer가 회전한 각인데, calibration에서 얻은 각각의 channel에서의 P_S값을 직선으로 fitting하여 얻은 기울기에 해당하고 P_0는 그 절편에 해당한다.

제6장 Data 분석

Ellipsometry는 일단 광학적 측정기술이기 때문에 물질의 광학적 특성을 조사하는 것이 우선이다. 하지만 공학 분야 및 산업체 등에서 두께 중심의 미세 구조적 특성연구에 많이 활용하고 있는 것이 현실이기도 하다. 따라서 대부분의 경우 data 분석을 위해서는 측정하고자 하는 시편에 대한 광학 및 구조적 모델을 설정해야 하는데, 시편에 대한 정보를 미리 많이 확보해 두면 분석에 큰 도움이 된다. 다른 말로 하자면 광학이나 ellipsometry 그 자체에 대해 아무리 잘 알아도 시편제작 방법이나 기술에 대한 지식이 없으면 분석 능력이 크게 제한된다. PVD(physical vapor deposition)나 CVD(chemical vapor deposition) 등으로 증착시킨 시편이나 플라즈마 처리로 변화시킨 시편에 대한 분석을 위해서는 진공이나 플라즈마 공정을 잘 이해하고 있어야 하고, 마찬가지로 화학용액을 이용한 경우는 나름대로 측정이나 분석에 영향을 미칠 요인들을 잘 파악하고 있어야 한다. Ellipsometry 분석의 성공여부는 결국 시편구조를 잘 예상하여 그에 맞는 모델을 세우는데 달렸다.

Ellipsometry에 있어서 그 data 분석은 응용분야가 다양한 만큼 그 분석방법도 다양한데, 여기에서는 가장 많이 사용하는 분석방법을 몇 가지 소개하기로 한다. 나머지 경우에 대해서는 이미 제1장에서 응용분야를 많이 소개해 두었으니 해당 연구논문을 참조하거나 사용자 자신이 개발해 나가야 할 것이다. 그림 6.1을 참조하여 일반적인 분석과정의 흐름을 먼저 이해하면 이후에 소개되는 내용별 분석방법도 쉽게 이해할 것이다.

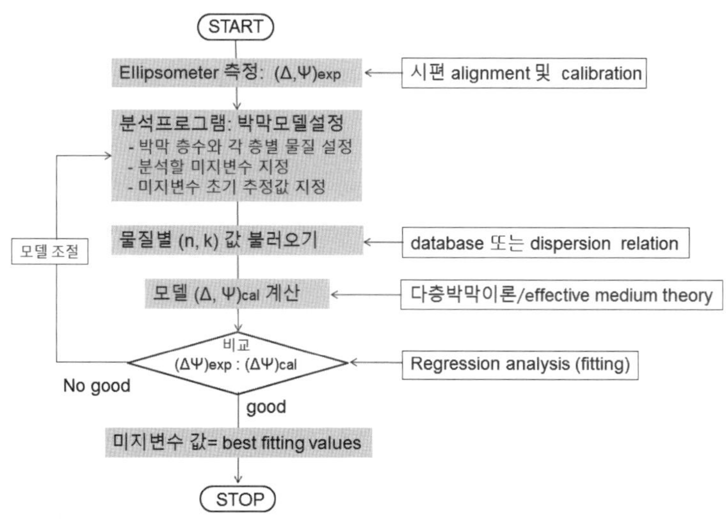

[그림 6.1] 분광 ellipsometry data의 일반적인 분석의 흐름도

1. 시편의 미세 구조적 특성 분석

여기서 미세 구조(microstructure)라 함은 두께뿐만 아니라 표면거칠기, 구성 성분비 등을 지칭한다. 따라서, 두께 측정의 원리와 분광 ellipsometry data 분석에 있어 가장 많이 사용하는 fitting 과정인 regression analysis와 그리고 물리적인 혼합 물질을 연구하는데 사용할 수 있는 effective medium 이론에 대해 설명하고자 한다. 구조적 특성을 조사하는 경우, 대부분에 있어 분석에 필요한 모든 물질의 광학상수를 미리 알고 있어야 하는데, 일부는 분석 프로그램과 함께 제공되는 data base에 있다. 그렇지 못할 경우는 문헌을 통해 확보하든지 아니면 실험을 통해 측정해 내어야 한다. 일부 물질에 대한 정보는 이 책의 부록편에 수록해 두었으니 참조하기 바란다. 광학적 성질을 알 수 없는 새로운 물질의 경우는 바로 뒤에 소개되는 광특성 분석편의 내용을 활용하기 바란다.

1.1 두께 측정

제2장에서 단층 및 다층박막에서 반사계수를 구하는 방법을 배웠다. 그 과정에서 이미 두께 측정 원리를 짐작하였을 것인데 다시 한 번 정리해 보자. 단층 박막이 있는 경우 p-파와 s-파에 대한 반사계수는 다음의 이론 식(Drude 공식)으로 표현이 되었다.

$$r_p = \frac{r_{p,12} + r_{p,23} e^{-i2\beta}}{1 + r_{p,12} r_{p,23} e^{-i2\beta}}, \tag{6-1a}$$

$$r_s = \frac{r_{s,12} + r_{s,23} e^{-i2\beta}}{1 + r_{s,12} r_{s,23} e^{-i2\beta}}. \tag{6-1b}$$

여기서 rp(s),12는 p(s)-파에 있어서 측정환경(예, 공기)과 박막의 경계에 있어서의 Fresnel 반사계수이고 rp(s),23는 박막과 기판 사이에서의 Fresnel 반사계수이다. 즉,

$$r_{p,12} = \frac{N_2\cos\theta_1 - N_1\cos\theta_2}{N_2\cos\theta_1 + N_1\cos\theta_2}, \qquad r_{s,12} = \frac{N_1\cos\theta_1 - N_2\cos\theta_2}{N_1\cos\theta_1 + N_2\cos\theta_2}, \tag{6-2a}$$

$$r_{p,23} = \frac{N_3\cos\theta_2 - N_2\cos\theta_3}{N_3\cos\theta_2 + N_2\cos\theta_3}, \qquad r_{s,23} = \frac{N_2\cos\theta_2 - N_3\cos\theta_3}{N_2\cos\theta_2 + N_3\cos\theta_3}. \tag{6-2b}$$

그리고 β는 위상에 관련된 항임을 이미 알고 있다. 즉,

$$\beta = 2\pi\frac{d}{\lambda}N_2\cos\theta_2 = 2\pi\frac{d}{\lambda}\left(N_2^2 - N_1^2\sin^2\theta_1\right)^{1/2}. \tag{6-3}$$

이들 식에서 기판(N_3), 박막(N_2), 그리고 공기(N_1)의 광학적 성질과 입사각(θ_1)은 이미 아는 것이므로 이를 대입하면 두께(d)만의 함수가 된다. 물론 나머지 각들은 Snell의 법칙에서 계산된다. 따라서, 식 (6-1a)와 (6-1b)로부터 다음과 같이 (Δ, Ψ)를 미지수인 두께(d)의 함수로 표시할 수 있다.

$$\rho(d)_{계산} = \frac{r_p(d)}{r_s(d)} = \tan\Psi(d)e^{i\Delta(d)}(계산). \qquad (6\text{-}4)$$

Ellipsometer로 측정한 (Δ, Ψ)를 참값으로 두고 이를 식 (6-4)의 계산치와 비교하는 과정에서 두 값이 같아질 때의 두께(d)값이 구하고자 하는 두께이다. 즉,

$$\tan\Psi e^{i\Delta}(측정) = \tan\Psi(d)e^{i\Delta(d)}(계산). \qquad (6\text{-}5)$$

그런데 두께(d)는 위상변화를 나타내는 β 속에 들어 있는데, 문제는 투명박막의 경우 그 굴절률(N_2)이 실수가 되므로 두께(d)를 변화시킴에 따라 그 값이 반복이 된다는 것이다. 따라서 박막이 얇을 때는 아직 위상이 한 주기를 채우지 않아 해가 하나임을 알지만 두꺼울 경우 식 (6-5)는 여러 해를 가질 수 있으므로 단파장의 경우 사용자가 어디쯤이 정답인가를 알아야 한다. 그림 6.2는 c-Si 위에 SiO_2가 성장할 때 단일파장을 이용한 ellipsometry 측정치를 simulation 한 것이다. 이미 위상식 (6-3)에서 짐작할 수 있듯이 두께가 변함에 따라 반복적인 값을 가질 수 있음을 볼 수 있다. 즉 식 (6-3)은 두께 d 대신 식 (6-6)과 같은 조건을 만족시키는 또다른 두께 d'에 대해서도 같은 값을 보임을 알 수 있다.

$$d' = d + \frac{m\lambda}{2}\left(N_2^2 - N_1^2\sin^2\theta_1\right)^{-1/2}, \quad m: 자연수. \qquad (6\text{-}6)$$

그림 6.3은 그림 6.2에서 두께가 변함에 따른 광학적 성질의 변화를 ($<\epsilon_1, \epsilon_2>$) 공간상에서 표현한 것으로 실제 실험에서 얻는 data의 형태이다. 결국 이 박막이 자람에 따라 측정되는 ellipsometry 각은 이 그림에서 보듯이 두 개의 원을 따라 돌게 되어 각기 다른 두께임에도 불구하고 같은 ellipsometry 측정치를 가지게 되는 것이다. 따라서 투명박막이 있는 상황에서 단일 파장 data 만을 가지고 두께를 찾을 때는 어느 해가 맞는지는 박막에 대한 사전지식으로 판단을 하든지 추가적인 측정을 해야 한다. 그리고 투명박막의 경우 식 (6-3)에서 보듯이 (N_2d)의 곱을 분해하기는 힘들다. 다른 말로 투명박막의 경우 굴절률이 약간 크고 두께가 약간 작더라도 그 반대의 경우와 구분이 힘들다는 것이다. 이 역시 경험이나 환경을 바꾼 측정으로 해결을 해야 한다. 분광 ellipsometry를 사용하면 식 (6-3) 또는 (6-6)에서 파장별로 굴절률이 다르므로 반복 주기도 달라 이런 걱정이 상당 해결이 된다.

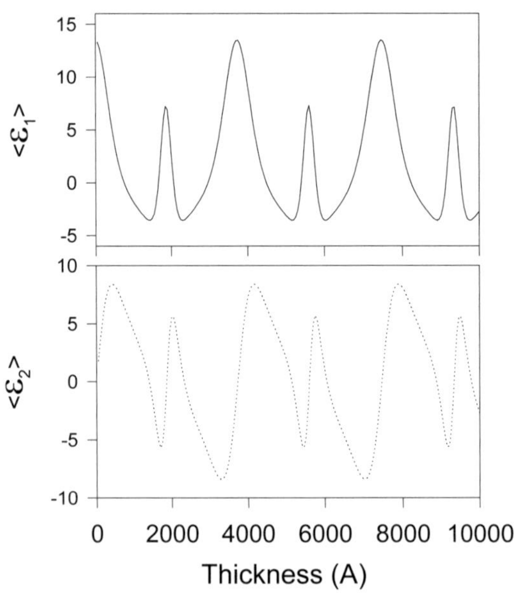

[그림 6.2] c–Si 위에 투명한 SiO_2 박막이 성장할 때 ellipsometry 측정치의 변화를 1.5 eV에서의 두 물질의 광학상수와 입사각 70°로 simulation 한 결과. 여기서 (⟨ε_1⟩, ⟨ε_2⟩) 는 앞에서 배운 바 있는 가성유전함수 (pseudodielectric function)로 (Δ, Ψ)의 또 다른 표현이다.

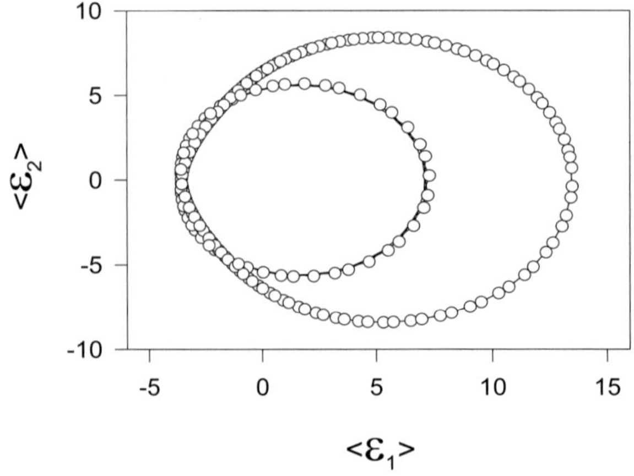

[그림 6.3] 그림 6.2의 다른 표현으로 SiO_2 박막의 성장과정을 (⟨ε_1⟩, ⟨ε_2⟩) 공간에서 표현한 것이다. 두 개의 원은 실제로 각각 여러 개의 원이 반복적으로 중복되어 그려진 것임.

분광 ellipsometry에서의 두께 측정

예로, 그림 6.4에서와 같은 모델을 설정하고 기판과 박막의 광학적 특성, 즉, 측정에 사용하는 파장(영역)에서의 광학함수를 식 (6-1)~(6-5)에 대입하면, 이론적으로 (Δ, Ψ)를 두께(d)의 함수로 구할 수 있다. 다층박막의 경우도 두께 측정은 단층박막의 경우와 동일하다. 즉, 제2장에서 다층박막이론으로부터 구한 반사계수(식 (2-65))가 각 층의 두께(d_i, i=1,..N층)의 함수가 되므로 그로부터 Δ (d_1,d_2,..)와 Ψ(d_1,d_2,..)의 계산치가 나온다. 뒷부분에 소개될 regression 방식에서는 식 (6-1)~(6-5)에 있어 두께(d)를 미지수로 지정하면, d 값을 조절하면서 계산한 (Δ, Ψ) 값이 측정한 (Δ, Ψ) 값에 최근접할 때의 d값을 구하고자 하는 두께로 제시한다. 단파장 ellipsometry의 경우는 단층박막 두께에 대해 하나의 답이 기대되지만 분광 ellipsometry에서는 모든 파장에서 측정한 (Δ, Ψ) 값을 동시에 만족시키는 두께를 찾아내므로 통계적으로 신뢰도가 높은 결과를 얻을 수 있다. 물론, 다층박막의 경우는 미지수가 많으므로 분광측정을 이용하여야 할 것이다.

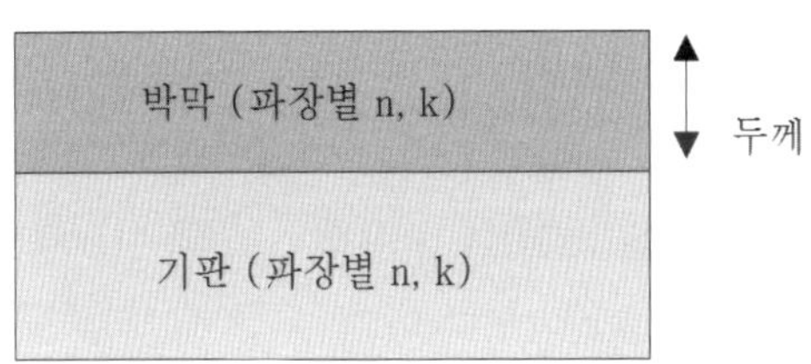

[그림 6.4] 기판과 박막의 광학적 특성을 아는 경우, 측정한 ellipsometry data로부터 찾아내어야 할 변수는 두께가 된다.

1.2 부피비 측정: Effective medium 이론

Ellipsometry에서 박막 두께를 구하기 위해서는 해당 박막의 광학상수(n, k)를 분석 계산식에 넣어야 하는데, 간혹 해당 박막이 두 가지 이상의 물질로 섞인 경우가 있다. 이 경우, 각 물질의 광학상수를 구성비에 따라 평균한 값을 해당박막의 광학상수로 사용함이 적합할 것이라고 추정할 수 있다. 그런데 3장에서 빛(전기장)에 대한 물질의 반응은 일차적으로 유전율 측면에서 관찰해야 함을 배운 바가 있다. 따라서, 광학상수의 단순한 산술평균이 아니라 전기장에 대한 각 물질의 반응값의 평균으로부터 시작해야 할 것이다. Effective medium 이론은 궁극적으로 이 혼합물의 평균적 광학상수(n, k)를 계산하는 방법을 제공하는데, 각 구성물질의 함유량, 저밀도 박막에서의 void 함유량, 표면거칠기, 계면 두께 등을 측정하는데 유용하게 사용이 된다(Abeles 1976, Aspnes 1979, 1981, 1982, Niklasson 1981). 여기서 함유량(부피비)을 알 수 있다고 했는데, 함유량에 대한 측정 감도와 정밀도는 크게 높지는 않다.

N개의 물질로 구성된 혼합물에 대한 유전적 표현은 다음과 같다.

$$\frac{\epsilon-\epsilon_h}{\epsilon+2\epsilon_h}=\sum_{i=1}^{N} f_i \frac{\epsilon_i-\epsilon_h}{\epsilon_i+2\epsilon_h}. \tag{6-7}$$

여기서 ϵ_i와 f_i는 i-번째 구성물질의 유전상수와 그 부피비이고, ϵ은 우리가 구하고자 하는 혼합물의 평균값, 즉, 유효유전상수(effective dielectric constant)이며, ϵ_h는 혼합물 중에서도 주체가 되는 물질(host material)의 유전상수이다. 이 식에서 유전상수로 표현된 각 항은 이미 제3장에서 배운 바 있는 물질의 분자 분극도를 표현한 Clausius-Mossotti 방정식이다. 즉, 식 (6-7)이 의미하는 바는, 혼합물질의 분자분극도(좌변)는 각 구성물질의 분자분극도의 산술평균값(우변)이라는 것이다. 여기서 하나 짚고 넘어갈 사항은 제3장에서 Clausius-Mossotti 방정식을 유도할 때 분자가 차지하는 공간을 구형으로 가정하였던 점이다. 따라서, 식 (6-7)은 구형의 구성물질들이 섞여있음을 내포하고 있다.

두 가지 물질이 물리적으로 섞인 경우를 보면 그림 6.5(왼쪽)처럼 주체가 되는 물질 속에 객체가 되는 물질이 섞여 있는 경우와 오른쪽 그림처럼 마구 섞여 그 구분이 어려운 경우가 있다.

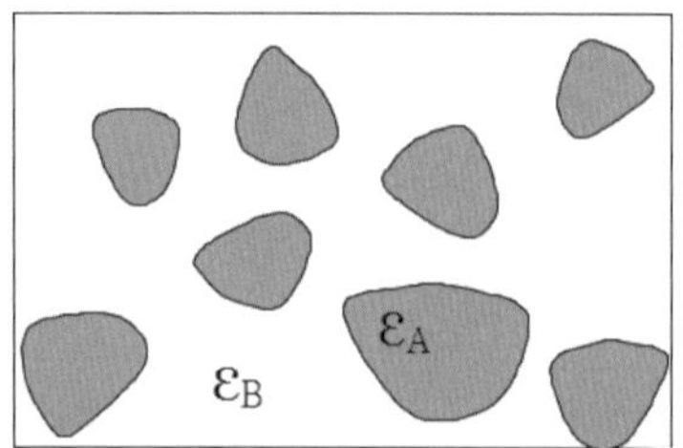

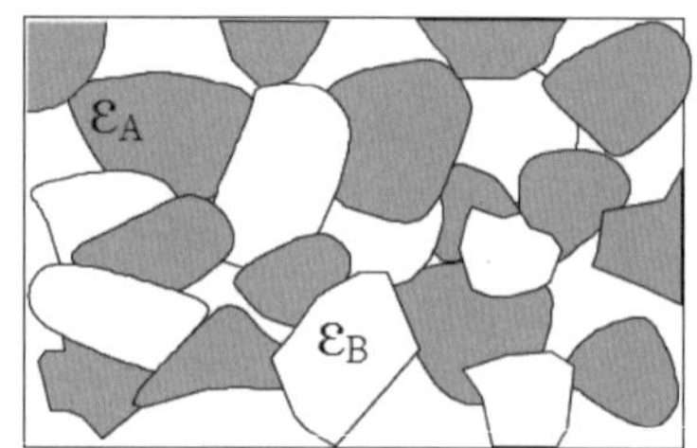

[그림 6.5] 왼쪽: B-물질 속에 A-물질이 알갱이(grain)형태로 파묻혀 있다. 오른쪽: 두 가지 물질이 주객의 구분이 없이 뒤섞여 있다.

이 두 가지의 경우를 모델화하면 그림 6.6처럼 나타낼 수가 있다. 왼쪽 그림은 그림 6.5의 왼쪽그림을 표현하고 오른쪽 그림은 그 오른쪽 그림에 해당한다. 왼쪽의 경우 Maxwell-Garnett 이론에 바탕을 둔 것이고 오른쪽의 경우 Bruggeman 이론을 기초로 하였다(Bruggeman 1935).

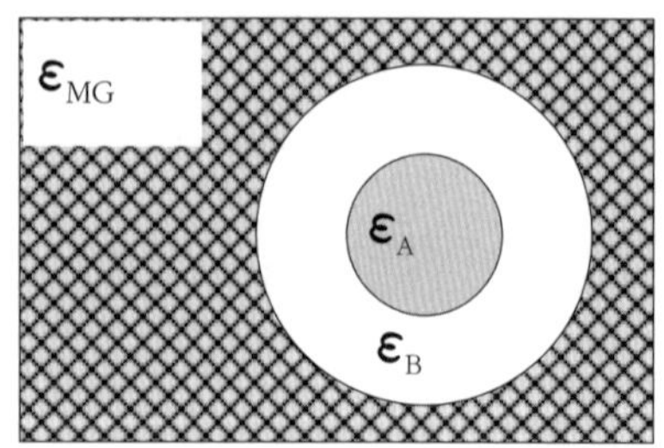

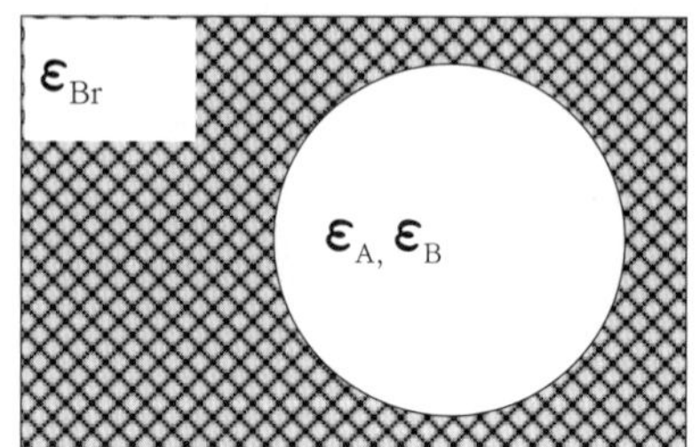

[그림 6.6] 그림 6.5의 구성물질을 도식화한 모습

따라서 식 (6-7)을 두 가지가 섞인 혼합물의 경우에 적용시켜보면 다음과 같다.

$$\frac{\epsilon-\epsilon_h}{\epsilon+2\epsilon_h}=f_A\frac{\epsilon_A-\epsilon_h}{\epsilon_A+2\epsilon_h}+f_B\frac{\epsilon_B-\epsilon_h}{\epsilon_B+2\epsilon_h}. \tag{6-8}$$

Maxwell-Garnett 이론의 경우 그림 6.6(왼쪽)에서처럼 B-물질이 주체 물질이 되므로 이 식에 $\varepsilon_h=\varepsilon_B$를 대입하면 다음과 같다.

$$\frac{\epsilon-\epsilon_B}{\epsilon+2\epsilon_B}=f_A\frac{\epsilon_A-\epsilon_B}{\epsilon_A+2\epsilon_B}. \tag{6-9}$$

여기서 f_A는 객체물질의 부피비인데, 이 식을 ε에 대해서 풀면 된다. 반면 Bruggeman 이론(EMA: effective medium approximation 이라고도 부른다)의 경우 오른쪽 그림에서 보듯이 주체와 객체의 개념이 없다. 따라서 이 경우 각 구성 알갱이의 입장에서 보았을 때 주변의 주체물질이 바로 구하고자 하는 유효물질(effective medium) 그 자체가 된다. 즉, $\varepsilon_h=\varepsilon$를 대입하면 다음과 같은 self-consistent 한 모양이 되는데 일반적으로 가장 많이 사용이 되고 있다.

$$0=f_A\frac{\epsilon_A-\epsilon}{\epsilon_A+2\epsilon}+f_B\frac{\epsilon_B-\epsilon}{\epsilon_B+2\epsilon}. \tag{6-10}$$

이 식을 ε에 풀면 되는데,

$$\epsilon=\frac{1}{4}\left\{z+\sqrt{z^2+8\epsilon_A\epsilon_B}\right\}. \tag{6-11a}$$

여기서,

$$z=(3f_B-1)\epsilon_B+(3f_A-1)\epsilon_A, \qquad f_A+f_B=1. \tag{6-11b}$$

상기 두 이론의 차이를 좀더 쉽게 설명하고자 다음과 같은 비유를 들 수가 있겠다. 플라스틱 통에 삶은 메추리알들이 빽빽하게 담겨있는 경우 노른자가 흰자에 둘러 싸여 있으므로 Maxwell-Garnett 이론이 적합하다. 반면, 통속의 메추리알들을 순가락으로 약간 으깬 장면을 상상해 보면 당연 Bruggeman 이론을 적용해야 할 것이다. 또한 식 (6-8)에 있어서 주체물질을 진공으로 보고(즉,ϵ_h=1) 각 구성 물질이 객체로 참여하고 있다고 볼 수 있는데 이 경우 Lorentz-Lorenz 모델이라고 부르며 다음 식과 같이 표현이 된다(Lorentz 1952, Schwarz 2011).

$$\frac{\epsilon-1}{\epsilon+2}=f_A\frac{\epsilon_A-1}{\epsilon_A+2}+f_B\frac{\epsilon_B-1}{\epsilon_B+2}. \tag{6-12}$$

사용자의 분석에 어떤 이론을 적용하는 것이 좋은가는 꼭 집어서 이야기 할 수가 없기 때문에 일단 적용하여 잘 맞는 것을 사용하도록 한다. 대부분의 비정질 물질의 경우 Bruggeman의 EMA를 사용하면 무난하다. 더 구체적인 내용은 참고 문헌을 활용하기 바란다(Landauer 1978, Niklasson 1981). 상기 표현식들에 있어서 부피비(f)는 분석모델에서 미지변수로 두면 fitting을 통하여 찾아낼 수 있다. 예를 들어 비정질 silicon의 경우 그 밀도가 증착방법 및 조건에 따라 다른데, ellipsometry 측정에서 EMA로 구한 부피비와 직접적인 중량측정법으로 구한 값이 서로 대응이 잘 됨을 보인 바 있다(Aspnes 1979).

Effective medium 이론을 적용함에 있어 다음 사항을 참고로 하면 좋을 것이다.

첫째, 일반적으로 물리적 혼합물에 적용 가능하고 화학적으로 결합되어 있는 경우는 적용을 하지 않는다. 화학적인 구성물질은 그 분자의 결합형태와 광특성과의 관계를 해석적으로 표현이 가능한 경우는 비슷한 이론을 적용할 수도 있다.

둘째, 구성물질 알갱이의 물리적 크기가 측정파장(λ)보다 작은 경우(~0.1λ)에 유효하다.

셋째, 식 (6-7)은 구성알갱이들의 모양이 구형이라고 가정하여 구하였다. 이에 대해서는 이미 제3장의 분자분극도 계산에서 언급한 바가 있다. 즉, 식 (6-7)에서 분모에 있는 숫자 '2'는 depolarization factor 또는 screening parameter와 관계가 있는 값으로 구성 알갱이의 모양에 따라 달라지는데, 이에 대한 설명은 너무 구체적이고 또한 분석에 있어서 다른 불확실성이 더욱 크기 때문에 일반적으로 이를 고려하지 않아도 된다. 참고로 두 성분이 합쳐진 경우의 screening 효과를 포함한 일반적인 표현을 해보면 다음과 같다.

$$\epsilon=\frac{\epsilon_A\epsilon_B+\epsilon_{h'}(f_A\epsilon_A+f_B\epsilon_B)}{\epsilon_{h'}+(f_A\epsilon_B+f_B\epsilon_A)}. \tag{6-13a}$$

여기서, $\epsilon_{h'}=(1-q)\epsilon_h/q,\ \ 0\le q\le 1$ 으로 q는 screening parameter이다(Aspnes 1982). 참고로 몇 가지 경우에 대해 살펴보자. Screen 효과가 최소인 q=0 일 때 식 (6-13a)은,

$$\epsilon=f_A\epsilon_A+f_B\epsilon_B. \tag{6-13b}$$

반면, screen 효과가 최대일 경우(q=1) 식 (6-13a)은,

$$\frac{1}{\epsilon} = f_A \frac{1}{\epsilon_A} + f_B \frac{1}{\epsilon_B}. \qquad (6\text{-}13c)$$

이 결과들은 두 개의 축전기(capacitor)가 있는 교류회로에서 축전용량(capacitance)의 합을 구하는 식과 형태가 같은데, 그 이유는 축전용량이 축전기를 채우고 있는 매질의 유전상수에 비례하기 때문이다. 식 (6-13b)는 병렬연결 그리고 식 (6-13c)는 직렬연결에 해당한다. 따라서, 축전기 연결방법에서 screening의 의미도 유추할 수 있는데, 병렬연결의 경우 두 축전지는 서로 방해하지 않고 각자의 양단에 최대의 전기장이 걸리는 반면, 직렬연결의 경우 각 축전지에 걸리는 전기장이 서로의 영향으로 인하여 줄어든다. 마지막으로, 식 (6-13a)에 q=1/3을 넣어보자 (단, $\epsilon_h = \epsilon$). 그 결과는 다름 아닌 Bruggeman 이론인 식 (6-10) 또는 (6-11a)이 될 것이다. 참고로, 회로에서는 전기장이 전류의 방향으로 인가되는 반면, 빛에 있어서는 전기장의 방향은 빛의 진행 방향에 수직이다. 따라서, 물질들이 방향성을 가지고 혼합된 경우 빛의 진행방향에 따라 q값이 다르게 나타날 수가 있다. 즉, 각 구성물질이 등방성 물질이더라도 그 물질들이 혼합된 형태에 따라 비등방성을 보이게 될 수도 있다.

넷째, void 계산으로 나온 양은 물리적 void, 즉, 물질이 없는 자유 공간일 수도 있고 전체적인 packing 밀도가 낮은 경우로도 해석이 가능하다. 계산에서 void의 광특성으로 진공의 유전율을 사용하면 된다.

다섯째, 구성알갱이의 크기의 최소 한계는 덩이 물질의 광학적 성질을 적용할 수 있을 만큼은 커야 한다. 구성알갱이의 크기가 너무 작아지면 표면에서의 전자의 충돌이 활발하게 되고, 여기된 전자의 lifetime이 짧아져 크기효과(size effect)가 발생하면서 광학적 성질의 변형이 유발된다. 그 크기의 최소한계는 물질의 종류에 따라 크게 다른데 금속이나 결정질 물질의 경우가 심하다. 일부 경우에서는 양자역학적인 효과나 원자나 화학적 성질의 변형이 발생하여 덩이일 경우의 광학적 성질과 크게 달라질 수도 있다.

여러 가지의 이론 중 일반적으로 Bruggeman effective medium 이론을 사용하면 무난한데, 다음과 같은 경우에 사용할 수 있다.

- 밀도가 낮은 물질의 광특성 (n, k)을 밀도가 높은 물질과 void(공기, 진공)의 광학적 성질로 혼합할 경우(7장에 예시가 나옴)
- 표면거칠기를 '덩이 물질'과 'void(공기)'의 광학적 성질로 혼합할 경우(다음 참조)
- 표면거칠기가 있는 기판에 박막을 증착했을 때 그 계면층을 '기판물질'과 '박막물질'로 혼합하여 표현하는 경우(다음 참조)

- 초기 박막 성장의 경우, 알갱이 형태의 island 박막을 덩이 물질과 void의 혼합물로 표현하는 경우
- 불완전한 다이아몬드 박막을 결정질 다이아몬드, graphite, void 등으로 혼합할 경우
- 신뢰도가 약간 낮긴 하지만 poly-나 micro-crystalline silicon을 a-Si(amorphous silicon: 비정질 silicon)과 c-Si(crystalline silicon), 그리고 void로 혼합하여 표현하는 경우 등

부피비 측정

Void 함량이나 성분별 부피비를 측정하고자 할 경우 다층박막 계산에 필요한 각 층의 광학상수 대입 과정에서 effective medium이론을 도입하고 거기에 부피비를 미지변수로 지정하면 된다. 즉, 그림 6.7의 경우 Bruggeman의 EMA(식 (6-10))를 적용하면 다음 식에서 f가 미지수가 된다. 이 경우 각 구성 물질의 광특성은 모두 알고 있는 값이다.

$$0 = f\frac{\epsilon_A - \epsilon}{\epsilon_A + 2\epsilon} + (1-f)\frac{\epsilon_B - \epsilon}{\epsilon_B + 2\epsilon}. \qquad (6\text{-}10b)$$

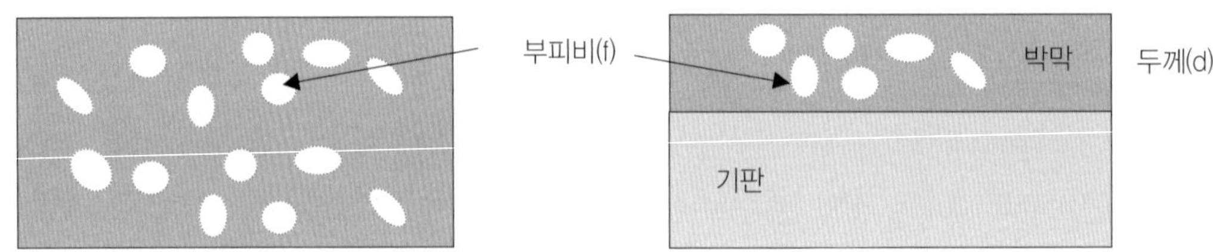

[그림 6.7] 왼쪽: 덩이물질(bulk)에서 섞인 물질의 부피비를 찾는 경우이고, 오른쪽: 기판과 박막 구성물질의 광학적 성질을 아는 경우로 ellipsometry data로부터 찾아내어야 할 변수는 박막 구성물질의 부피비와 박막의 두께가 된다.

표면거칠기(surface roughness) 및 계면거칠기(interface roughness) 측정

Sputtering 등의 PVD(physical vapor deposition)나 플라즈마를 이용한 PECVD(plasma enhanced chemical vapor deposition) 등으로 박막을 제작하면 기판물질과 흡착물질 상호간의 각종 에너지 차이 때문에 거의 nucleation과정을 거치고 또한 column형태의 성장을 하기 때문에 그로 인한 표면거칠기(micro surface roughness)의 발생이 필연적이다. 또한 기판의 표면은 성장시 기체에서 고체로의 입자의 전달이 이루어지는 계면이기 때문에 화학적 특성이 다를 수가 있다. 표면거칠기 층은 박막 그 자체보다도 밀도가 낮기 때문에 '저밀도층(less dense layer)'이라고도 한다. 덩이(bulk)의 경우에도 그 표면 가공상태에 따라 표면거칠기가 존재하게 된다. Ellipsometry data 분석에 있어 이들의 존재를 무시하면 오차가 발생하게 됨을 오래 전부터 인식하여 왔다(Fenstermaker 1969). 무시할 수 있

느냐의 판단은 역시 사용자가 판단하여야 할 사항인데 이는 구하고자 하는 정보의 정확성의 정도와 표면거칠기 층의 상태나 두께에 따라 다를 것이다. Ellipsometry 분석에서 논하는 표면거칠기 층의 두께는 작게는 수 Å으로부터 크게는 수십 Å까지 되는 미세(microscopic) 거칠기이기 때문에 수십 ㎛ 정도의 크기를 가지는 거시적(macroscopic)인 거칠기와는 구분이 되어야 한다. Ellipsometer에서 주로 사용하는 파장의 resolution으로는 이런 미세구조에 대한 해상력이 없으므로 빛의 입장에서는 그림 6.8에서와 같이 밀도가 낮은 층으로 인식을 하게 된다. Ellipsometry 분석에서는 이 층의 광학적 성질을 박막(bulk)보다 편의상 50% 정도 밀도가 낮은 층으로 계산을 하고 있는데 이렇게 부피비를 50%(0.5)로 고정함으로써 두께만이 이 층의 미지수가 된다(Fenstermaker 1969, Aspnes 1979b). 즉, 미세 표면층의 광학적 성질(ε)은 Bruggeman의 EMA를 사용하고, 박막물질(bulk)에다가 공기(또는 void)의 상대유전율(=1)을 50% 대입하면 구한다.

$$0 = 0.5\frac{\epsilon_{박막} - \epsilon}{\epsilon_{박막} + 2\epsilon} + 0.5\frac{1 - \epsilon}{1 + 2\epsilon}. \tag{6-14}$$

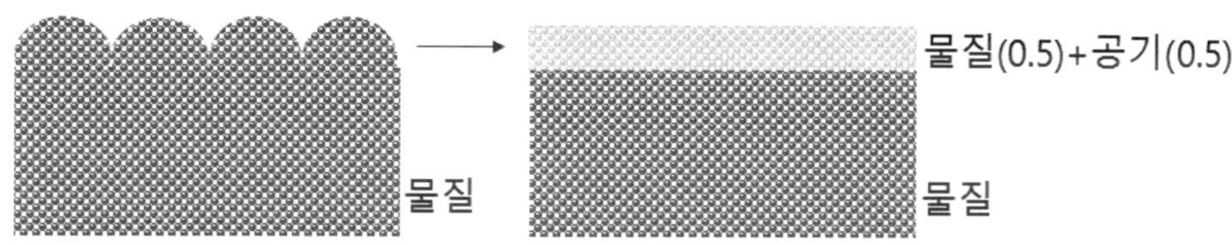

[그림 6.8] 표면거칠기에 대한 광학적 모델. 여기서 공기는 void의 개념으로 사용되었다.

☞ **참고:** 표면거칠기에서 굳이 void의 부피비를 미지수로 둘 필요는 없다. 물리적으로 크게 문제점이 없다면 미지수는 하나라도 줄이는 게 유리하다.

문 표면거칠기의 모양을 연속적으로 놓인 반구형이라 가정하고 포함하고 있는 void의 양을 계산해 보라.

답 약 50%

거시 거칠기의 경우 scattering으로 인한 빛의 손실을 가져오는데 그 양이 편광에 큰 영향을 주지 않는 한 ellipsometry 측정에는 별로 문제가 안 된다. Rotating compensator형이나 그 외 Stokes parameter를 측정할 수 있는 ellipsometry에서는 이 양도 측정이 가능하다. 약간의 실험 결과는 나중에 3-parameter ellipsometry에서 볼 수 있다.

마찬가지 이유로, 다층 박막을 성장시킬 경우에도 그림 6.9와 같이 그 계면에 발생될 수 있는 거칠기 층을 예상할 수 있다. 이런 경우 빛은 그 구조의 굴곡이 파장보다 짧을 경우에 대한 해상력이 없으므로 단일물질로 여기게 된다. 따라서 그림에서처럼 또 하나의 다른 광학적 특성을 가진 층으로 인식하는데, 이미 알고 있는 두 물질의 광학적 성질을 이용하여 표현하면 된다. 이 역시 부피비를 50% 씩으로 고정시키면 이 층에서의 미지수는 두께뿐이게 된다.

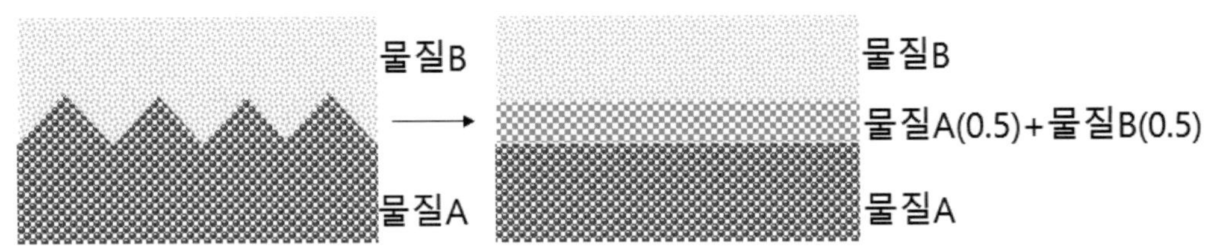

[그림 6.9] 계면거칠기에 대한 광학적 모델

비정질 silicon 박막의 경우 표면거칠기층의 광학적 성질을 비정질 silicon(0.5)+공기(0.5)로 보고 ellipsometry로 구한 두께와 AFM(atomic force microscopy)으로 구한 rms(root-mean-square) 두께를 비교한 결과 그 절대값에는 차이가 있었지만 두 값 사이에 선형적 관계가 있음이 발표되었다(Koh 1996). 즉,

$$d_s(ellipsometry) = 1.5d_s(AFM) + 4\,\text{Å}, \quad 10\,\text{Å} \le d_s < 100\,\text{Å}. \qquad (6\text{-}15)$$

하지만 사용자는 이 차이 때문에 고민할 필요가 없다. 같은 장비를 사용하더라도 표면거칠기의 정의에 따라 그 값이 약간씩 다를 수 있고 또한 effective medium이론이 절대적인 값을 산출할 만큼 완벽한 것이 아니기 때문이다. Ellipsometry를 이용한 표면거칠기에 대한 자세한 연구결과는 Nee(1988)의 논문을 참조하기 바란다.

1.3 Regression analysis

Ellipsometry를 이용하여 단일 물질의 깨끗한 표면을 측정하는 경우에 측정값 그 자체가 그 물질의 광학적 성질이 되므로 분석과정이 필요가 없다. 하지만 일반적으로는 다층 박막 모델 등을 설정하여 많은 계산과정을 거친 뒤 원하는 정보를 이끌어 내고 있는데, 특히 분광 ellipsometry가 등장하여 그 측정 data수가 많아짐에 따라 더욱 많은 미지변수를 분석하려고 한다. 최근 Mueller matrix ellipsometry를 이용하여 반도체 패턴에서의 CD(critical dimension)값이나 sidewall angle 측정 등을 위해 더욱 복잡한 모델을 제시함에 따라 그 계산량 또한 많아지고 있다. 아울러 분석 방법도 다양해지고 있는데 그 중에서 일반사용자들이 가장 많이 이용하고 있는 분광 ellipsometry data의 fitting 과정에 대해 설명해 보기로 한다.

분광 ellipsometry를 이용하여 N개의 data point를 가진 스펙트럼을 측정하였다 가정하자. 즉, 어느 정도의 에너지 영역에 걸쳐 N 쌍의 (Δ, Ψ) 각을 얻었다고 하자. 따라서 이 분석법에서는 (Δ, Ψ)가 지닌 물리적 의미는 무시하고 2N 개의 측정치로부터 최대 2N개의 미지변수를 구하는데 목적이 있다. 따라서 단파장 ellipsometry를 사용할 경우 단지 한 쌍의 (Δ, Ψ)만 측정하므로 최대 2개의 미지의 물리량을 구해낼 수 있다. 분광 ellipsometry에서 일반적으로 측정치 2N은 약 200개 정도가 되고, 구하고자 하는 미지변수는 10개 이하가 대부분이다. 결국 측정으로 구한 (Δ, Ψ)를 참값으로 보고 이론적 광학모델을 통해 계산된 (Δ, Ψ)를 비교치로 하여 모델 속에 들어 있는 변수값을 조절하여 그 차를 최소화하는 과정이 regression analysis인데 그냥 data fitting이라고도 한다. 즉, 다음 표현에서 보듯이 unbiased estimator, σ를 최소화시키는 과정에서 얻은 변수가 구하고자 하는 물리량이 된다(부록편 참조).

$$\sigma^2(a_1, a_2, ..., a_m) = \frac{1}{N-m-1}\sum_{i=1}^{N}\left[\left(\Delta_{i,\text{실험치}} - \Delta_{i,\text{계산치}}\right)^2 + \left(\Psi_{i,\text{실험치}} - \Psi_{i,\text{계산치}}\right)^2\right]. \quad (6\text{-}16)$$

여기서 (a_1, a_2,...,a_m)은 구하고자 변수들이며 m은 그 개수이다. 이 경우에 (Δ, Ψ) 값을 비교하는 예를 들었는데 ($\cos\Delta$, $\tan\Psi$), ($\langle\varepsilon_1\rangle$, $\langle\varepsilon_2\rangle$), ($\alpha$, β)등 다른 error function을 사용하기도 한다(Aspnes 1979b, Kim 1986). 이는 fitting 과정에서 두 측정치에 두는 비중과 또한 에너지 영역에 따른 비중에 관계된 문제이기 때문에 숙련된 사용자라야 선별의 능력이 있으리라고 본다. 일부러 가중치(baised estimator)를 둔 경우도 있고(Jellison 1991), 저자가 대학원생 시절 사용하던 장비는 Δ 값이 0°근처나 180° 근처가 좋지 않아 그 근처의 측정치에는 $\sin\Delta$ 또는 $\sin^2\Delta$등의 가중치를 곱하여 사용하기도 했다. 하지만 이런 것들은 실험치의 불확실성에 기준을 둔 것이다. 예를 들어 같은 에너지 영역을 같은 개수만큼 측정한 분광 ellipsometry 스펙트럼이라 하더라도 프리즘 분광기를 사용했는지, grating 분광기를 사용했는지에 따라 광양자 에너지에 따른 data의 분포가 다를 수 있다. 그림 6.10은 array detector를 사용하여 측정했을 때 두 가지의 분광기에서 data의 분포를 보여주는데 수학적 fitting은 아무래도 data 수가 많은 쪽을 잘 맞추려고 하므로 같은 측정값이더라도 계산결과는 다르게 나올 수도 있다. Data나 모델이 완벽하지 않으면 스펙트럼의 한 부분을 더 잘 fitting 하려는 경향이 생긴다. 즉, data의 밀도가 높은 부분을 더 중시하게 된다. 따라서 같은 실험 결과라도 regression 후 그 결과는 상당히 다를 수가 있다. 또한 구하고자 하는 물리량이 무엇이냐에 따라 (Δ, Ψ) 중 어느 하나에 더 민감하든지, 특정 광양자 에너지에 대해 더 잘 반응을 하기도 한다. 이럴 경우들에 있어서 어떻게 fitting과정을 유도해 가느냐는 숙련된 사용자가 판단을 해야 하는데 이 또한 ellipsometry가 어렵다고 하는 이유 중의 하나이다. Fitting 방법은 부록편에 소개된 Levenberg-Marquardt 알고리즘을 참고하기 바란다.

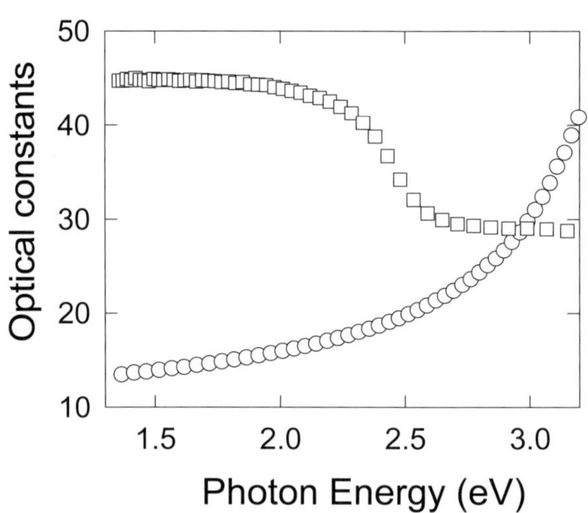

[그림 6.10] 프리즘 분광기 data(원)와 grating 분광기를 사용하여 얻은 data(사각형)인데 후자의 경우 낮은 광양자 에너지 쪽의 data가 매우 촘촘함을 알 수 있다.

Regression analysis에서는 각 변수의 초기값을 대입한 뒤 그 계산결과를 바탕으로 참변수 값을 향해 조금씩 나아가도록 되어 있다. 이 때 초기값은 추측할 수도 있는데 local minimum에 걸려 엉뚱한 값이 나올 경우도 있으므로 grid search를 해 주든지 미리 manual simulation을 통해 근사적인 초기값을 구해 보든지 하는 것이 좋다. Regression용 subroutine은 Newton-Rapson 방법 등 많이 개발되어 있고 또한 상용 패키지가 많이 있으니 이를 이용하면 된다.

☞ **참고:** Grid search란 구하고자 하는 변수를 일정범위 내에서 일정간격으로 변화시켜가며 그 중에서 unbiased estimator, σ 값을 최소화하는 변수를 찾아내는 과정으로 여기서 나온 최솟값을 regression analysis의 초기값으로 대입하여 계산과정이 local minimum으로 가는 것을 막는다. 예를 들어 잘 아는 박막을 적정시간 증착했을 경우 그 두께는 100에서 1000 Å사이에 있을 것이라고 짐작할 수가 있다. 따라서 강제로 100, 200, 300, ..,1000 Å 대입하여 그 중 가장 잘 맞는(최소의 σ 값을 보이는) 두께를 초기값으로 사용하면 낫다는 얘기다. 요즈음은 개인용 컴퓨터도 계산 속도가 엄청나게 빠르다. 이를 경우 굳이 regression analysis를 사용하지 않고 grid search만으로도 좋은 해를 찾을 수 있다. 방금 든 예에서 두께변화를 1 Å씩 변화시키면 되는데 계산 시간도 그리 많이 걸리지 않고 1 Å의 차이로 최적 두께를 찾을 수가 있을 것이다. 저자도 regression analysis를 사용할 때 해가 local minimum에 걸리는 경우 최적 예상치 근처에서 grid search로 답을 찾곤 했는데 매우 효과적이었다. 물론 이 방식으로 두께 등을 찾았을 경우에도 σ 값을 확인한다든지 아니면 찾은 변수를 이용하여 계산한 (Δ, Ψ) 스펙트럼을 측정한 스펙트럼과 비교하여 그 타당성을 확인하여야 한다.

분광 스펙트럼의 data 개수가 충분하므로 다층박막에서 각층의 두께라든지 분산식의 계수 등의 미지변수들이 섞여 있어도 변수상호간의 correlation이 크지 않으면 다 찾아 낼 수 있다. Regression (fitting)은 수치해석이 발달함에 따라 여러 가지 알고리즘이 개발되어 있는데 대부분 미지변수에 대한 초기값만 대입하면 컴퓨터가 알아서 수학적으로 최적값을 산출해 준다. 가장 많이 사용되는 것이 Levenberg-Marquardt algorithm인데 부록에 그 특성을 소개해 놓았다. 수학적으로 잘 맞더라도 정답이 아닌 경우가 종종 있고 그 반대의 경우도 있는데 이 경우 사용자의 물리학적인 또는 경험적인 판단이 필요하다. 장비나 시편의 특성을 잘 이해하고 이를 분석에 활용을 하면 분석결과에 대한 신뢰도를 높일 수 있다.

다음 사항들은 regression analysis에서 참고로 해야 한다.

- 시편 제공자로부터 최대한 많은 정보를 얻어내어 모델설정 및 결과해석에 참고한다.
- 물리적으로 맞는 모델을 설정하되 가능한 간단한 모델부터 시작하여 그 결과를 가지고 더 복잡한 모델의 사용여부를 판단한다.
- 가능한 알고 있는 물리량의 값은 고정시켜 변수간의 correlation(상호의존도)을 줄인다. 예를 들어 silicon 웨이퍼 위에 어떤 박막을 증착시켰을 때, 기판으로 사용하는 silicon 웨이퍼 위의 자연 산화막(SiO_2)의 두께는 미리 분석하여 고정하고 입사각 등도 가능한 정확히 설정하여 계산시 고정시킨다. 구하고자 하는 미지의 변수간의 correlation은 구한 값의 신뢰도와 관계가 크다. 따라서 부록에 소개한 Levenberg-Marquardt algorithm를 사용할 경우 각 변수간의 correlation이 어느 정도 되는지를 출력하여 보는 것도 바람직하다.
- fitting의 정도(quality of fit, goodness of fit) 이외에도 신뢰도 등을 확인해야 한다. 예를 들어 fitting 결과가 만족스럽더라도 박막의 두께가 100Å±100Å으로 나오면 모델을 바꾸든지 측정환경을 바꾸어 신뢰도를 높여야 한다.
- 계산결과가 물리적으로 타당성이 있는지를 확인한다. 예를 들어 다층박막에 있어 여러층의 두께를 동시에 구할 때 두께값이 음의 값이 나오는 경우라든지 구해낸 물질의 광학적 특성이 Kramers-Kronig 관계를 만족시키지 않는 경우들이 그 예가 되겠다.

그러면 여기서 식 (6-16)을 통하여 구하고자 하는 변수 (a_1, a_2,…,a_m)에는 어떤 것들인가? 다층박막의 경우 각 박막층의 두께가 될 수도 있겠고 앞에서 잠시 설명한 바 있는 effective medium 이론을 적용할 경우 부피비 등이 될 수 있다. 또한 나중에 얘기가 되겠지만 물질의 광학적 성질이 앞에서 배운 바 있는 dispersion 관계식으로 표현이 가능할 경우 그 식을 이루고 있는 항들의 계수가 될 수가 있다. 물론 다음의 예들에 있어서 사용하는 모든 물질의 광학적 성질은 이미 아는 것으로 가정을 하고 있다.

☏ **이야기:** 저자의 연구실에서는 시편분석 의뢰가 오면 시편에 대한 상세한 정보와 함께 사용한 기판도 함께 보내달라고 요구한다. 그 이유는 시편에 대한 더 나은 정보를 얻어 모델에 반영하고 미지수를 하나라도 더 줄이기 위함이다. 그냥 A라는 박막을 유리기판 또는 silicon 웨이퍼 위에 증착시켰다는 정보만 가지고 박막분석을 시도할 경우, 분석시간이 길어지기도 하고 때로는 잘못된 결과가 나오기도 한다. 왜냐하면, 유리는 종류에 따라 광특성이 다르고 silicon 웨이퍼 위에는 자연산화막이 있는데 구매처마다 그 두께가 조금씩 다르다. 그리고 기판은 세정여부에 따라 그 위에 오염된 유기막층이 남아 있을 수도 있다. 이런 정보까지 분석모델에서 미지수로 두면 미지수간의 의존성(correlation) 때문에 얇은 박막의 경우 두께조차 제대로 구할 수 없을지도 모른다.

1.4 Manual simulation

저자의 경우에는 regression을 이용한 분석은 최종적으로 한 번 사용하고 대부분은 일일이 변수를 바꿔가며 광학 simulation을 직접 해본다. 이를 통해 광특성의 특정 변수에 대한 의존도를 추정할 수 있고 또한 이를 바탕으로 추후의 실험에 대한 설계도 할 수 있기 때문이다. 그 뿐만 아니라 실험 그 자체에 대한 도움도 미리 얻을 수 있다. 예를 들어 그 광학적 특성을 개략적으로 아는 경우 입사각은 몇 도로 설정하는 게 좋은가? 증착률이 얼마 정도인데 특정 두께까지 성장하면 ($\varDelta$, $\varPsi$) 스펙트럼의 모양은 어떠한가? 처음 calibration은 어떤 방법으로 하는 게 유리한가? 기판은 어떤 종류를 사용하는 게 광학적으로 나은가? 또한 regression 분석 중 컴퓨터는 수학적으로 가장 좋은 fitting에만 의존하기 때문에 가끔 물리적으로 엉뚱한 결과를 산출할 때 이 manual simulation을 시행함으로써 원하는 변수의 값에서의 문제점이 무엇인가를 알아내거나 실험을 다시 실행해야 한다든지 또는 regression에 있어 사용하는 에너지 범위를 제한시킬 필요가 있는지의 판단을 내릴 수 있다. 그 밖에도 다양한 정보를 얻을 수 있기 때문에 manual simulation을 추천하고 싶다. 저자의 경우 window frame에서 마우스를 통해 쉽게 조작할 수 있도록 소프트웨어를 개발해 사용하고 있는데 변수 입력창의 모양이 〈표 6.1〉의 예에서와 같이 다층박막 광학 모델로서 마우스를 이용하여 시각적으로 변수를 변화시킬 수 있도록 되어 있다. 입력이 끝나면 곧바로 계산이 되고 그 결과가 그래픽으로 나타나게 된다.

Regression analysis에서도 계산이 주어진 algorithm에 따라 자동으로 한다는 것뿐이지 〈표 6.1〉에서와 같이 초기 사항을 입력시켜 주어야 한다. 단, 이 경우는 어떤 변수를 미지변수로 둘 것인지를 명시해야 하는데, 표의 예에서는 숫자 뒤에 'f'가 있는 경우는 해당 값이 고정되었다는 뜻이고, 'v'가 있는 경우는 regression 과정에서 유동적 변수로 인식한다.

Manual simulation의 예로는 그림 7.4, 7.6, 7.7을 들 수가 있는데, 참값에 대한 예측뿐만 아니라 미지변수 값의 변화에 따라 ($\varDelta$, $\varPsi$) 값이 어떻게 변하는가를 가늠할 수가 있다.

〈표 6.1〉 다층 박막 모델에서 각 변수의 입력 예. 여기서는 크롬(Cr) 기판 위에 비정질 silicon(a-Si)을 약 350 Å 성장시켰을 때의 (Δ, Ψ) 스펙트럼을 계산하는 경우이다. 첫째 층은 50 Å의 표면거칠기 층을 effective medium 이론 B형을 사용하겠다고 지정하는 것이다.

Layer 명	제1물질명	제2물질명	제2물질비	제3물질명	제3물질비	Effective Medium 이론 종류	두께(Å)
Ambient	air	-	-	-	-	-	-
1 layer	a-Si	air	0.5 f	-	-	B	50 f
2 layer	a-Si	-	-	-	-	-	350 v
기판	Cr	-	-	-	-	-	-
입사각(도)		70 f		분석함수종류		(Δ, Ψ)	

2. 시편의 광학적 특성 분석

새로운 물질을 개발하였을 때 그 물질에 대한 광학적 정보 그 자체가 필요한 경우가 발생하기도 하고 또한 ellipsometry data로부터 박막두께 등을 추출하기 위해서는 해당 박막 물질의 광학함수를 확보하고 있어야 한다. 상용 ellipsometer의 경우 분석프로그램과 함께 제공되는 database 속에 어느 정도의 물질에 대한 광학함수가 있는데 이를 보통 'reference(dielectric) function'이라고 부른다. 만일, 보유한 database 속에 원하는 물질이 없든지, 있더라도 파장영역이 충분하지 못한 경우는 우선적으로 참고문헌을 찾아봐야 할 것이다. 많은 물질에 대한 광학함수가 발표되어 있어 혹 원하던 물질을 연구한 자료를 발견하더라도 그것들을 그대로 분석에 이용할 수 있는 경우라면 운이 아주 좋다고 볼 수 있다. 물론, 대부분 그래프로 발표되기 때문에 digitize하는 수고와 외삽법 또는 내삽법을 이용하여 파장별로 촘촘히 구하는 수고는 필요하다. 하지만 논문 등에 발표되는 대부분의 광학함수는 물질 제작방식이 다르고 또한 표면의 산화막이나 표면거칠기 층의 처리문제가 불분명하여 ellipsometry data 분석에 사용하기에는 그 정확도가 매우 떨어진다.

다음에 열거된 것처럼 많은 경우에 있어서 일일이 그 광학상수가 database화 되어 있기는 불가능하기 때문에 사용자가 직접 구해야 할 가능성이 크다. 예를 들자면, 다음과 같은 경우들이다.

- 새로운 물질에 대한 연구: 완전히 새로운 물질에 대한 연구를 할 경우는 본인이 그 광학적 성질을 규명해야 한다.
- 성분이 화학적으로 바뀌는 경우: 성분이 유사한 물질이라도 그 화학적 구성이 다르면 적용할 수가 없다. 예를 들어, $Si_{1-x}Ge_x$ 나 $Al_xGa_{1-x}As$와 같은 반도체 alloy나 a-Si:H, a-SiC:H와 같은 수소화된 물질에 있어 성분비가 변하는 경우

- 실온이 아닌 온도에서의 측정: 물질은 온도가 변화함에 따라 phonon에 의한 영향으로 그 광학적 성질이 바뀌게 된다. 하지만 대부분의 측정이 실온에서 이루어지고 또한 참고 문헌에 발표되어 있는 광학함수들 대부분 실온에서 측정한 값으로 발표가 되어 있다. 만일 ellipsometry측정을 실온이 아닌 온도에서 수행하였다면 새로운 물질을 연구하는 경우와 온도의 영향이 크다. 따라서 온도에 따른 광학상수값도 직접 구하여 database화 해 두든지 아니면 온도에 따른 dispersion 함수를 만들어 두어야 한다(예, c-Si (Aoki 1991)).
- 다른 파장 영역에서의 연구: 광특성이 잘 알려진 물질이라도 그 파장 영역을 자외선이나 적외선 영역 등으로 확장시키게 되면 그 파장에 해당하는 광학 함수를 직접 구해야 하는 경우가 많다.
- 결정 및 크기 효과: 동일 분자로 이루어진 물질이라도 결정구조나 알갱이(grain)의 크기에 따라 그 광학적 성질이 다르다. 이런 경우 광학적으로 완전히 다른 물질이기. 특히 박막을 만들 때 사용하는 기술이나 조건 등이 다르면 미세구조의 변화가 크게 나타나는데 그 영향은 유전체보다는 반도체나 금속의 경우가 심각하다. 반도체(그림 6.11)의 경우 결정구조의 변화정도에 따라 밴드구조의 변형을 초래하는데 비해 금속의 경우는 금속알갱이에 의한 크기 효과(grain size effect)를 보이게 된다.

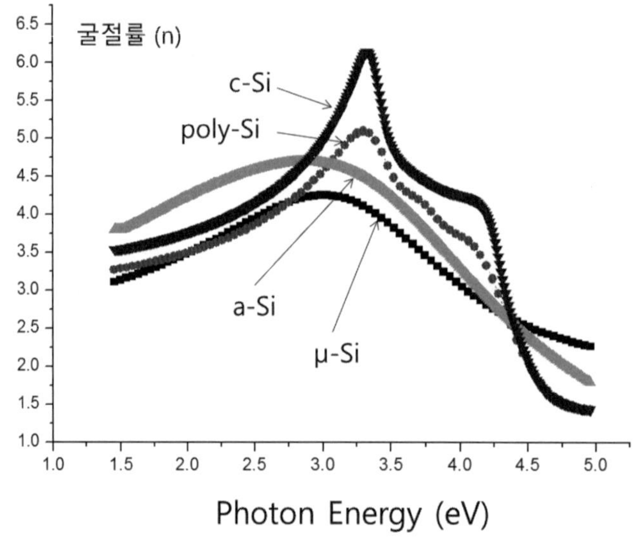

[그림 6.11] 실리콘의 결정구조에 따른 광특성

- 공기나 물이 아닌 투명환경에서의 연구: 일단 측정하고자 하는 물질은 공기 중에서 측정하여 그 광학적 특성을 찾아내면 되는데 특정 용액 속에서 측정을 해야 할 경우 그 용액에 대

한 광학적 성질을 먼저 찾아내어야 하는데 고체에 비해 그 측정이 쉽지가 않다(Synowicki 2004, Bang 2005, Daimon 2007, Kedenburg 2012).

이들 경우에는 ellipsometry data로부터 직접 광학적 성질을 찾아내거나 다른 방법을 동원하여야 하는데, 여기서는 ellipsometry를 이용하여 물질의 광학적 성질을 직접 측정하는 방법을 요약해 보고자 하는데 덩이의 경우와 박막의 경우가 있겠고 그 밖에 특수한 경우도 있다.

2.1 덩이 물질의 경우

덩이 물질(bulk)의 경우 표면에 오염층이나 거칠기층이 없으면 분석과정 없이 측정한 (Δ, Ψ)로부터 바로 광특성을 구할 수 있다. 우선, 앞의 식 (2-72a)에서 정의한 바가 있는 복소반사계수비(또는 ellipsometry 방정식)에 덩이물질에 대한 Fresnel 반사계수값 r_p와 r_s(식 (2-50ab))을 대입하면 다음과 같이 정리가 된다.

$$\rho = \frac{r_p}{r_s} = \tan\Psi e^{i\Delta} = \frac{\sin^2\theta - \left\{\dfrac{\epsilon}{\epsilon_a} - \sin^2\theta\right\}^{1/2}\cos\theta}{\sin^2\theta + \left\{\dfrac{\epsilon}{\epsilon_a} - \sin^2\theta\right\}^{1/2}\cos\theta}. \qquad (6\text{-}17)$$

여기서 θ는 입사각이고, ϵ_a와 ϵ는 각각 입사매질(공기 ϵ_a=1)과 덩이물질의 유전상수(상대유전율)이다. 식(6-17)을 유전상수에 대해 다시 정리하면 다음과 같다.

$$\epsilon = \epsilon_1 + i\epsilon_2 = \epsilon_a \sin^2\theta\left[1 + \tan^2\theta\left\{\frac{1-\rho}{1+\rho}\right\}^2\right], \quad \rho = \tan\Psi e^{i\Delta}. \qquad (6\text{-}18)$$

따라서, 측정한 (Δ, Ψ)값을 식 (6-18)에 대입하면 측정물질의 유전상수를 구할 수 있다. 또는 복소굴절률 N으로 표현을 할 수 있다.

$$N = n + ik = \sqrt{\epsilon} = \sin\theta\sqrt{1 + \tan^2\theta\left\{\frac{1-\rho}{1+\rho}\right\}^2} = \tan\theta\sqrt{1 - \sin^2\theta\frac{4\rho}{(1+\rho)^2}}. \qquad (6\text{-}19)$$

즉, 미지의 물질을 개발하였을 경우 덩이 형태로 만들고 그 표면이 매끈하도록 연마한 뒤 (Δ, Ψ)값을 측정하면 그 광학적 성질을 구할 수 있게 되는 것이다. 시료의 제작이 박막 공정일 경우 광투과깊이(optical penetration depth) 이상으로 충분히 두껍게 만들면 덩이(bulk)로 취급된다는 것은 이미 알고 있는 사실이다. 이 때 산화물 등의 overlayer, 유기물 등에 의한 표면 오염, 미세 표면거칠기 등을 없애야만 정확한 측정이 가능한데 산화물을 제거하는 방법으로 주로 화학용액을 사용하는데

silicon의 경우 표준 연마 용액인 CP-4(HNO_3:HF:CH_3COOH 5:3:3)을 사용하면 미세 거칠기(micro-roughness)를 남겨 ellipsometry측정에 다시 영향을 미친다. (111) 표면의 경우 HNO_3:HF 10:1 용액이 더 낫다고 한다(Aspnes in Pelik 1985). 물론 측정하는 동안 산화되거나 대기 중의 유기물에 의한 오염을 방지하기 위해 대부분 고순도의 건조질소를 지속적으로 표면 근처에 흘린다. 화학용액을 사용하는 대신 Ar 등을 이용한 ion bombardment를 실시하는 방법도 있는데 실시간 ellipsometer가 있으면 표면의 산화물이 제거되는 과정과 다시 산화되는 과정을 효과적으로 관찰을 할 수 있다(Aspnes 1981b, Cong 1991). 하지만 박막의 경우 진공 속에서 제작 후 in situ로 측정하는 것이 더 낫다고 볼 수 있겠다. 아무리 깨끗한 표면도 이론적으로 10^{-6}Torr의 고진공 속에서 약 1 초만 노출시키더라도 모든 표면이 잔류기체 분자에 의해 덮이고 만다(1 Langmuir, An 1999). Aluminum의 경우 10^{-8} Torr의 고진공 속에서 한시간만에 단일층의 산화막이 발생하였음이 보고되었다(Scott 1988). 따라서 측정환경이 초고진공(UHV, ultrahigh vacuum) 상태가 아니면 일반 분광 ellipsometer를 이용한 측정에 있어서 표면층 발생으로 인한 오차를 피할 수는 없게 되는데 어느 정도까지를 용납해야 하는지는 사용자가 판단을 해야 한다. 그리고 표면거칠기의 두께를 알고 있는 경우 수학적으로 제거가 가능한데 지금까지의 공부한 내용을 아는 사람이면 어렵지 않게 그 원리를 짐작할 수 있으리라.

☏ **이야기:** K 교수는 대학원생 시절에 ellipsometry를 이용한 polymer 초기성장 연구를 많이 하였는데 금을 기판으로 사용하였다. 표면거칠기를 없애기 위해 금덩이를 multistep 연마기로 연마하였는데 금은 무르기 때문에 표면이 c-Si 처럼 아주 매끈하게 될 리가 없었다. 결국 금덩이 다 갈아 없애고는 지도교수한테 혼이 났다. 그 후 반도체 공정실에 부탁하여 thermal evaporation의 방법을 택했는데 ellipsometry 측정을 해 보면 그 광학함수 값이 늘 일정치 않아 가장 잘 된 것만 사용하고 나머지는 폐기시켰다. 이후에는 진공 evaporator를 장만하여 직접 금박막을 제작을 하였는데, cryopump를 고진공 펌프로 사용하고 roughing pump 및 regeneration pump로 sorption pump를 부착하였다. 운용속도는 느리지만 가장 깨끗한 진공시스템이다. 이렇게 증착한 금박막은 backstream 오염이 없어 항시 원하는 광특성을 보였다. 그런데 증착한지 10여분이 지난 금박막은 대기 중 유기물이 흡착되어 표면이 hydrophobic 상태로 변하곤 하였다. 이 경우 수은등의 자외선과 오존을 이용해 유기물을 분해해 없애고 세정한 뒤 다시 hydrophilic 상태를 만든 뒤 ellipsometry 실험을 하였다. 기판 표면의 미세한 차이는 박막성장 특성을 변화시킬 뿐만 아니라 나중 ellipsometry를 분석을 어렵게 하므로 이 정도의 노력은 충분한 가치가 있는 것이다.

☞ **참고:** 표면이 깨끗한 덩이물질에서 측정한 (Δ, Ψ)값을 사용해야 식 (6-18)이 해당 물질의 유전상수가 된다. 만일 표면에 오염층이나 산화막이 있을 경우, 또는 아예 박막으로 덮인 시편을 측정한 (Δ, Ψ)값을 식 (6-18)에 대입하여 구한 ϵ은 어떤 의미가 있을까? 이 경우, 덩이의 경우와는 달리 빛이 박막과 기판을 동시에 보고 나오기 때문에 이 때의 ϵ값은 박막과 기판의 광학적 성질에다가

두께의 영향까지 포함하게 된다. 따라서 이 경우에는 ϵ대신 $\langle\epsilon\rangle$으로 표시하며 '가성유전상수'(pseudodielectric constant) 또는 분광일 경우 '가성유전함수'(pseudodielectric function)라 부른다. 이 값은 (Δ, Ψ), (cosΔ, tanΨ) 등과 함께 ellipsometry 값을 표현하는데 사용되고 덩이에 있어서처럼 특정물질의 유전율로서의 물리적 의미는 잃게 된다. 물론 식 (6-19)를 사용하면 '가성굴절률' $\langle N\rangle = \langle n\rangle + i\langle k\rangle$도 정의할 수 있는데 그 사용의 의미는 $\langle\epsilon\rangle = \langle\epsilon_1\rangle + i\langle\epsilon_2\rangle$와 마찬가지이다. 약간의 표면층(거칠기층 포함)이 있을 경우 가성유전상수(함수)로 표현하면 실제 유전상수와 차이가 있긴 하지만 어느 정도 그 물질의 광특성을 엿볼 수 있는 장점이 있다. 그 예로, 그림 6.12를 참조하면 우선 표면층 2 nm의 영향이 절대값에 있어서는 크게 영향을 미치는 것을 알 수 있다. 하지만 여전히 전체적인 모양은 유지하고 있어 어느 정도의 정보는 얻을 수 있다.

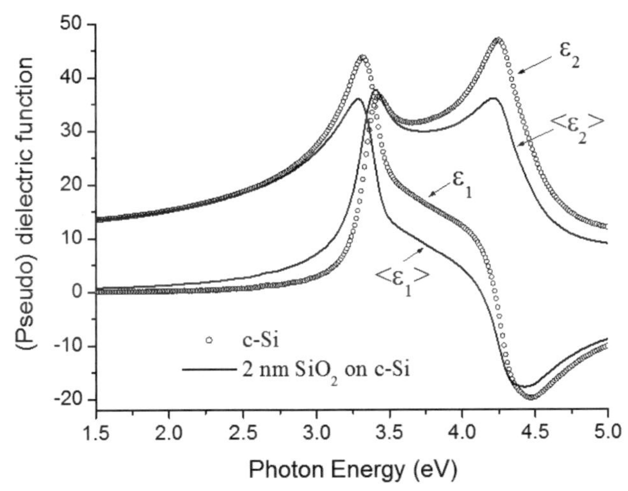

[그림 6.12] 결정질 실리콘의 유전함수와 2 nm의 산화막이 있는 실리콘의 측정값을 식 (6-18)을 이용하여 (가성)유전함수로 나타낸 경우

2.2 박막의 경우

많은 경우에 박막 물질의 광특성을 찾아야 할 필요가 생긴다. 앞의 덩이 물질의 경우, 측정한 data가 (Δ, Ψ)로 두 개이고 미지수가 덩이 물질의 (n, k)로 역시 두 개이므로 수학적으로 문제가 없었다. 반면 박막의 경우, 측정값 (Δ, Ψ) 속에는 기판의 광학적 성질, 박막의 광학적 성질, 그리고 박막의 두께 정보가 섞여 있다. 따라서, 미지수를 줄이기 위해 기판은 광특성을 이미 아는 것을 사용한다. 하지만 측정값은 (Δ, Ψ)로 두 개인데 미지수는 박막의 (n, k)와 두께(d)까지 최소한 3개이다. 여기서 '최소'라고 한 것은 박막의 표면거칠기 층 등이 있을 수 있기 때문이다. 분광 ellipsometry의

경우는 어떠한가? (Δ, Ψ)를 300 nm에서 800 nm에 걸쳐 약 100 쌍을 측정했다고 하자. 불행하게도 광학상수(n, k)가 파장별로 다르고 두께 또한 모르기 때문에 미지수가 201 개로 여전히 측정값 개수 200 개보다 많다. 이것을 ellipsometry에서는 '전통적인 n-k-d 문제'라고 일컫는데 완전히 해결할 수 있는 방법은 없으나 많은 사람의 노력으로 경우에 따라 사용할 수 있는 방법들이 개발되었는데 그 중 몇 가지를 소개하고자 한다.

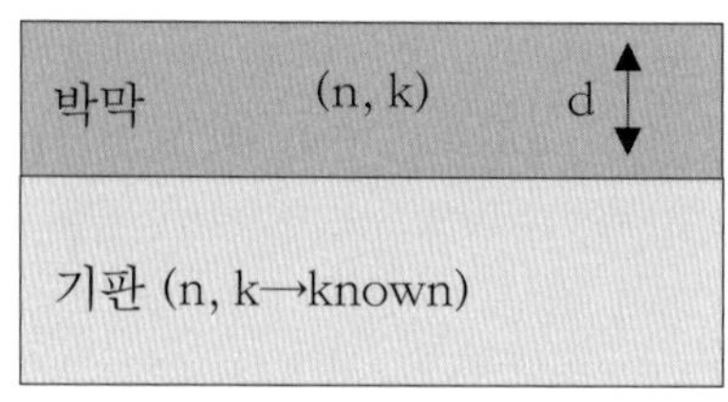

[그림 6.13] 세 개의 미지수를 가진 이상적인 박막의 구조

2.2.1 직접적인 inversion

Mathematical inversion이라고 하는데, 말 그대로 수학적인 방법으로 두 개의 측정값으로부터 두 개의 물리량 (n, k)를 유도해 내는 과정인데, 물론 측정한 시료가 이상적인 박막의 형태를 지녔다고 가정하고 두께(d)는 아는 것으로 간주해야 한다. 즉, 다음 식을 그냥 수학적으로 푸는 것인데 물론 실제 사용되는 식들은 식 (6-1)~(6-3)이다.

$$\{\Delta(n,k)_{\text{계산치}} - \Delta_{\text{실험치}}\} = 0. \tag{6-20}$$

여기서 계산치는 물론 앞에서 배운 단층 박막 모델로부터 계산되는 값인데 두께나 입사각은 아는 것이므로 단순히 박막의 (n, k)의 함수가 된다. 실험치를 참값으로 했을 때 이를 만족시키는 (n, k)가 바로 박막의 광특성이 되는데 실제에 있어서는 두 값의 차가 0인 것보다는 최소가 될 때를 찾는 것이 더 현실적일 것이다. 일반 사용자들은 사용할 기회가 적은데 비해 물리적 의미를 찾고자 하는 연구자들은 오히려 이 방법을 더 많이 이용하고 있다. 여기서 자연스레 발생하는 질문은 '어떻게 미리 두께를 아는가?' 이다. Ellipsometry하면 두께 측정기술만을 떠올리는 사람들에게는 두께를 미리 안다고 하니 의아한 일일 것이다. 이상하게 들리겠지만 다른 장비의 도움을 받는 경우가 아니라면 이 질문에 대한 답은 미리 아는 것이 아니라 나중에 알게 된다는 것이다. 박막에 대한 미지수를 (n, k)로 고정시키기 위해 두께(d)를 구하는 몇 가지 방법을 보자.

① 다른 분석기술을 이용하여 두께를 구한다.

Cross-sectional SEM(scanning electron micrograph)이나 surface profilometer(상표명인 알파 스텝으로 통하기도 함) 등으로 두께(d)를 구한 뒤 단층광학 모델에 대입하고 식 (6-20)을 이용하여 파장별로 point-by-point inversion을 취한다.

② 측정환경을 바꾼 다중 측정법

입사각, ambient, 기판의 종류, 박막의 두께 등을 바꾸어 측정치의 숫자를 증가시키는 방법이다. 그림 6.14에서와 같이 미지수는 (n, k, d)로 세 개인데 두 입사각에서의 측정값은 네 개가 되므로 이론적으로 가능하다. 여러 각을 측정할수록 더 신뢰도가 높은 결과를 얻을 수 있는데 때로는 어지간히 각을 바꾸었는데도 세 미지수(n-k-d)를 분리해 낼 수 없는 경우도 많다. 입사매질을 바꿀 경우는 공기에서 측정을 한 뒤 물이나 그 광학적 성질을 아는 용액 속에서 측정함으로써 측정 횟수를 증가시키는 것이다. 또한 기판의 종류를 바꾸는 경우는 진공증착 등을 이용할 때 그 광학적 성질을 잘 아는 두 종류 또는 그 이상의 기판을 함께 넣고 동시에 박막을 성장시키는 방법이다(그림 6.15). 이 경우 기판의 종류에 따라 박막의 성장과정이 다를 수 있음을 유의해야 한다. 그리고 박막의 두께를 바꾸는 방법은 박막의 두께가 d_1일 때 측정값과 박막의 두께가 d_2, d_3...일 때의 값을 이용하는 방법인데 이 때 측정치가 두 개씩 증가하는 반면 미지수(두께)도 하나씩 증가한다(그림 6.16).

전부 쉽지가 않은 방법들이지만 별 방법이 없을 경우에는 이런 방법들에 의존할 수밖에 없다. 이들 경우에 실험오차가 많기 때문에 수학적으로 자동으로 계산하지는 않는다. 일반적으로, 한 set의 측정값 (Δ, Ψ)에 대해 두께를 추정한 뒤 식 inversion으로 임시 (n, k)추측치를 구하고 이 값들 나머지 set에 적용하여 잘 적용되는지를 확인하는 방식을 취한다. 계속 추정 두께를 바꾸어 가면서 이 방식을 반복할 때, 모든 set의 data가 잘 맞는 시점의 추정 두께와 그 두께로 inversion한 (n, k)추측치가 구하는 답이 되는 것이다.

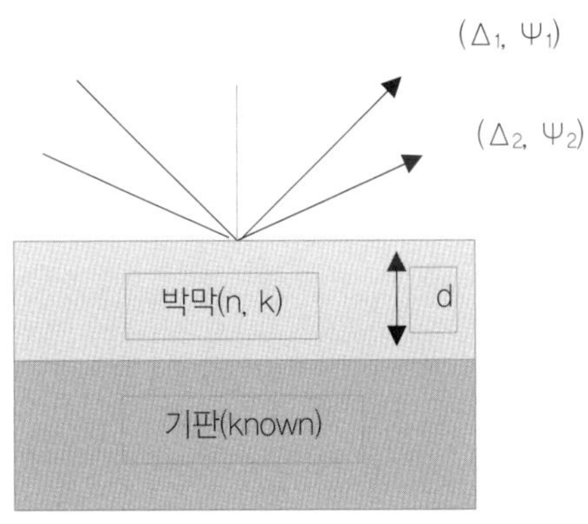

[그림 6.14] 입사각을 바꾸어 측정함으로써 미지수보다 측정 횟수를 증가시킨다.

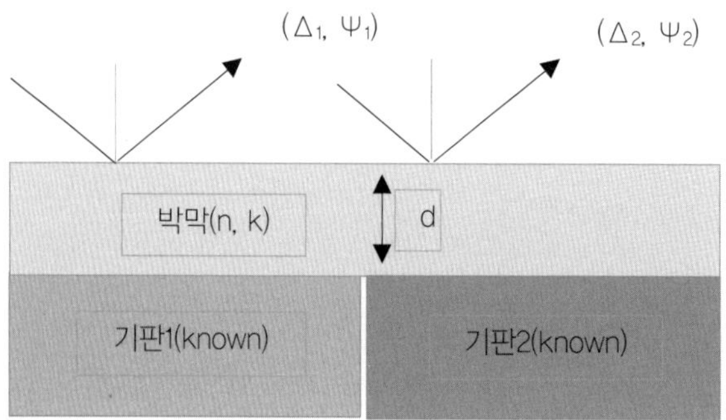

[그림 6.15] 종류가 다른 기판 위에 박막을 동시에 성장시켜 측정 횟수를 증가시킨다. 이 때 사용하는 기판들의 광학적 성질은 잘 아는 것을 사용한다.

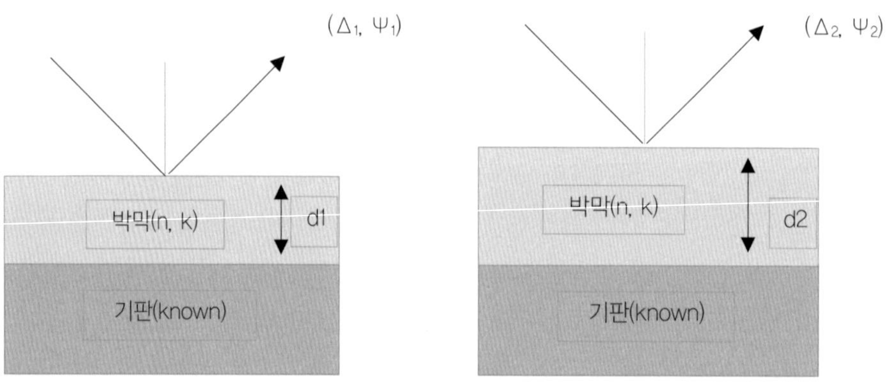

[그림 6.16] 박막의 두께를 달리하여 측정함으로써 측정 횟수를 늘릴 수 있다.

③ Arwin-Aspnes 방법

기판의 광특성을 이용하는 방법으로 분광 ellipsometry에만 적용이 된다(Arwin 1985). 추정한 두께를 이용하여 측정한 (Δ, Ψ)으로부터 $\{n(\hbar\omega), k(\hbar\omega)\}$추측치 또는 $\{\varepsilon_1(\hbar\omega), \varepsilon_2(\hbar\omega)\}$추측치 스펙트럼을 inversion한다는 방식은 앞에 소개한 것들과 같다. 다만, 여기서는 두께의 추측을 잘못하면 그림 6.17a,b에서처럼 기판의 광특성(예, critical point)이 $\{\varepsilon_1(\hbar\omega), \varepsilon_2(\hbar\omega)\}$추측치 스펙트럼에 흔적을 남긴다는 것이다. 따라서 이 흔적이 나타나지 않을 때까지 두께의 추측을 계속해 나가는 것이다. 원시적인 방법 같지만 매우 우수한 방법으로 알려져 있다. 물론 성장시킨 박막의 두께가 적절하여야 하고 그 광특성이 기판의 광특성과 대조가 되어야 한다. 이렇게 수학적으로 inversion하여 구한 $\{\varepsilon_1(\hbar\omega), \varepsilon_2(\hbar\omega)\}$추측치 스펙트럼에서 기판이 가진 임계 에너지(critical point) 등의 흔적이 잘 나타나

보이지 않을 경우에는 그 광학함수를 광양자 에너지에 대해 미분을 하면 잘 보일 수도 있다.

그림 6.17a는 c-Si 기판 위에 sputtering으로 a-Si을 증착시킨 후 측정한 (Δ, Ψ) 스펙트럼을 각기 다른 두께로 추정하여 구한 {$\varepsilon_1(\hbar\omega)$, $\varepsilon_2(\hbar\omega)$}추측치 스펙트럼을 광양자 에너지에 대해 미분한 값이다. a-Si의 광학적 특성이 약 2.4 eV 근처에서 부드럽게 변화하는 것을 알기 때문에 이 근처에서의 미분값의 급격한 변화는 잘못된 두께 추정으로 기인하여 발생하는 기판의 광학적 성질의 영향이다. 정확하게는 말할 수 없겠지만 약 330 Å 정도를 올바른 두께로 추정할 수 있다. 기판으로 사용한 c-Si과 그 위에 형성된 박막인 a-Si의 광학적 성질이 심하게는 다르지 않기 때문에 좋은 기판의 선택은 아니다. 기판을 chromium(크롬)으로 사용하였을 때 10 Å이 채 되는 않는 a-Si 박막의 광학적 특성도 구할 수 있었다. 그림 6.17b는 c-Si 기판 위에 약 25 Å정도의 알루미늄 박막을 증착시키고 그 두께를 찾아 가는 과정이다. 기판이 가진 약 3.3 eV근처의 critical point에 해당하는 광학적 성질이 두께를 잘못 추정할 경우 inversion된 {$\varepsilon_1(\hbar\omega)$, $\varepsilon_2(\hbar\omega)$}추측치 스펙트럼 중에 나타남을 볼 수 있다. 이 경우 약 26 Å가 답이라고 말할 수 있겠는데, 약 1 Å의 두께 민감도를 가지며 미분을 취하지 않고도 찾아 낼 수 있었다.

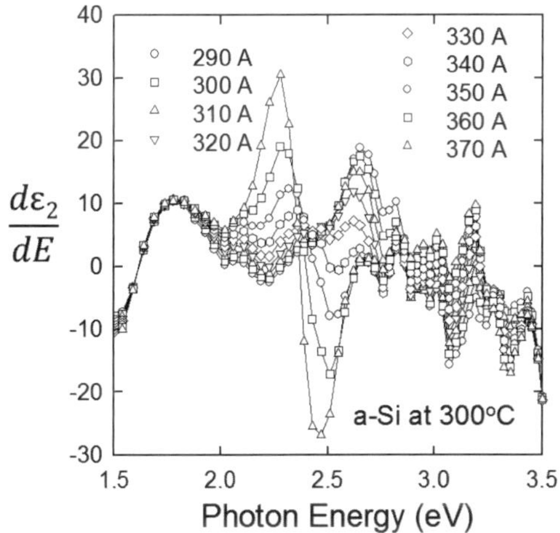

[그림 6.17a] Arwin-Aspnes 방법의 적용 예로서 sputtering으로 c-Si 기판위에 a-Si 박막이 자란 경우인데 세로축의 값은 두께를 290~370 Å까지 추정해 가며 inversion하여 구한 ε_2 스펙트럼의 광양자 에너지 E(hυ)에 대한 미분값을 보여 주고 있다.

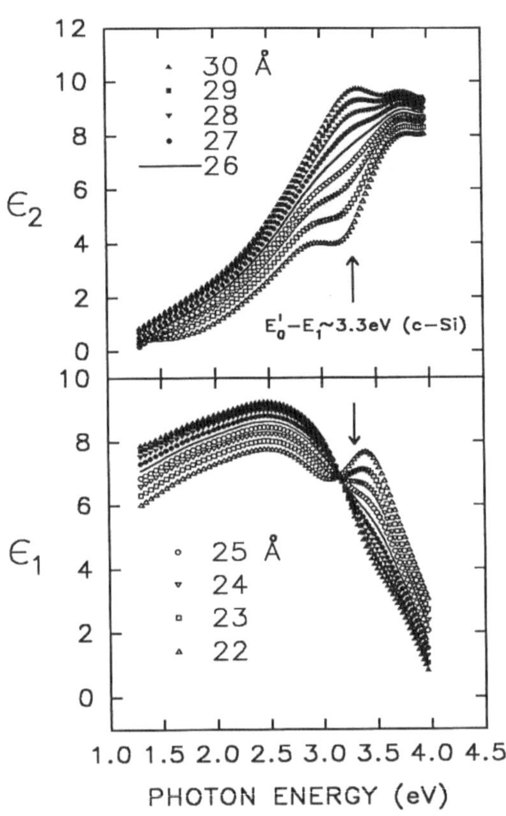

[그림 6.17b] Arwin-Aspnes 방법의 적용 예로서 sputtering으로 c-Si 기판위에 알루미늄 박막이 자란 경우인데 세로축의 값은 두께를 22~30 Å까지 추정해 가며 inversion하여 구한 유전함수 ($\varepsilon_1, \varepsilon_2$) 그 자체를 보여 주고 있다.

이와 유사한 방법을 다음과 같은 또다른 특성을 판단 기준으로 삼을 수도 있다.

- Interference pattern을 이용한다. 측정한 분광 ellipsometry 스펙트럼에 interference pattern이 있는 경우 두께의 추측을 잘 못하면 inversion하여 구한 박막의 광학함수 속에 interference pattern의 자국이 남게 된다. 따라서 이 pattern이 나타나지 않을 때까지 두께 추측을 바꾸어 가면 된다(Aspnes 1984, Collins 1985). 주로 두꺼운 투명 박막의 경우에 이런 현상이 많이 일어난다.
- Semiconductor의 특성을 이용한다. 일반적인 개념의 semiconductor 뿐만 아니라 가시광선 및 그 근처 영역에 있어서의 광학적 갭이 있는 물질의 경우, 광학적 갭보다 작은 광양자 에너지에 대해서는 투과하므로 ε_2가 0이 된다. 따라서 두께를 임의로 추측하여 inversion 하여 구한 $\{\varepsilon_1(\hbar\omega), \varepsilon_2(\hbar\omega)\}$추측치 스펙트럼에서 광학적 갭 이하의 ε_2가 0에 가까워 질 때까지 두께 추측을 계속하는 것이다.

④ 3-parameter inversion

일반적인 ellipsometry에서 측정하는 변수는 두 ellipsometry 각 (Δ, Ψ)이다. 하지만 실제에 있어서는 밝기의 변화도 인식함을 알 수 있다. 간단히 하기 위해 rotating polarizer ellipsometry의 경우를 예로 들자. 이 경우 detector가 감지하는 밝기 신호 I(t)는 다음과 같이 표현됨을 배웠다.

$$I(t) = I_0[1+\alpha\cos2(\omega t - P) + \beta\sin2(\omega t - P)], \tag{6-21a}$$

여기서, $I_0 = \frac{1}{2}|r_s|^2|E_0|^2\cos^2 A(\tan^2\Psi + \tan^2 A).$ (6-21b)

Ellipsometry 각(Δ, Ψ)를 구하기 위해 두 normalized 된 Fourier 계수 (α, β)만 사용하였다. I_0 속에도 분명히 시편에 관한 정보가 들어 있음을 알 수 있는데 문제는 이것을 어떻게 활용하는가 이다. I_0의 표현 속에는 $|E_0|^2$ 값이 포함되어 있는데 이 값은 polarizer를 통과한 빛의 밝기인데 일반적으로는 측정할 수가 없는 값이다. 이 값을 찾아내기 위해서는 반사실험에서처럼 그 광학적 성질을 이미 알고 있는 표준시편을 사용하면 된다. 식 (6-21b)를 다시 표현하면,

$$I_0 = I_{00}(|r_p|^2\cos^2 A + |r_s|^2\sin^2 A) \equiv I_{00}R_A. \tag{6-22}$$

여기서 R_A는 rotating polarizer system에서 특정입사각을 가진 선편광된 빛을 analyzer 위치각을 A로 두고 관찰한 유효반사율을 의미하는데 물질의 광학적 성질과 입사각 A를 알면 계산해 낼 수 있는 물리량이 된다. 그리고 I_{00}는 입사한 빛의 크기이다. 따라서 박막을 증착할 경우를 예를 들자면, 그 광학적 성질을 잘 알고 있는 물질을 기판으로 사용하되 박막이 증착되기 전에 ellipsometry 측정을 실시하면 다음 관계식으로부터 입사한 빛의 크기 I_{00}를 찾아낼 수가 있게 된다.

$$I_{0,\text{기판}}(\text{측정치}) = I_{00} \times R_{A,\text{기판}}(\text{계산치}). \tag{6-23}$$

따라서 I_{00}를 찾아낸 이상 박막이 증착된 후에 측정한 물리량 I_0는 시편의 정보 R_A를 분석하는데 유용하게 사용이 될 수 있다. 결론적으로 세 개의 측정치(Δ, Ψ, R_A)를 이용하여 박막이 지닌 미지수(n, k, d)를 찾아낼 수가 있게 된다.

일찍이 몇몇 사용자들이 이 방법을 단파장 ellipsometry에 적용하여 미지 박막의 두께(d)를 구하는데 적용하였고 '3-parameter ellipsometry'라고 칭하였다. 하지만 저자가 이 방법을 분광 ellipsometry에 적용해 본 결과 큰 문제점이 있음을 발견하게 되었다. 즉, 분광 ellipsometry data에 이 방법을 적용하였을 때 각기 다른 파장에서 산출되어 나온 박막의 두께가 서로 다른 것을 발견하였는데 심하게는 몇 배 이상의 차이를 보여 주었다. 즉, 한 파장만을 이용하여 구한 두께의 신뢰성에 큰 의문이 있다는 것인데 그 이유를 연구한 결과 두 가지의 문제점을 찾아내게 되었다.

첫째, (Δ, Ψ)는 밝기로 normalize 한 두 Fourier 계수에서 구하기 때문에 측정하는 동안 발생

하는 적당한 주기의 밝기 변화에 무관한 반면, (R_A)의 경우는 조그만 변화에도 바로 영향을 받게 된다. 광원 및 detector 감도의 안정성이나 주변 밝기의 변화 그리고 진동 등이 그 요인이 된다. 나중 light scattering에의 응용에서 그 예를 보게 될 것이다.

둘째, 박막이 지닌 세 변수 (n, k, d)간의 상호 의존도가 큰 경우 실험값이 지닌 조그만 잡음이나 무시할 수 있었던 이론적 차이(예, 작은 표면거칠기의 존재)에도 산출되어 나온 두께 값은 크게 달라졌다.

따라서 단파장 3-parameter ellipsometry를 이용할 경우 simulation을 통해서 이 두 가지 사항의 영향을 조사해 본 뒤 신뢰도가 있다고 판단이 될 때 (Δ, Ψ, R_A)로부터 계산된 (n, k, d)를 사용해야 된다. 이런 문제점을 해결하기 위해 저자가 '3-parameter 분광 ellipsometry'를 개발하게 되었는데 inversion에서 뿐만 아니라, data fitting, calibration, light scattering에 까지 응용하게 되었다.

분광 3-parameter inversion

방금 설명한 (단파장) 3-parameter inversion에서는 (Δ, Ψ, R_A)로부터 (n, k, d)를 직접 구하고자 하였는데 저자의 분광 3-parameter inversion에서는 분광 data를 이용하여 신뢰도를 높이되 (Δ, Ψ, R_A) 중 (R_A)의 정확성이 낮은 것을 감안하였다. 즉, 신뢰도가 떨어지는 (R_A) 값을 (Δ, Ψ)와는 분리 취급하여 평가의 지표로만 삼았는데 그 과정은 inversion의 경우와 흡사하다. 즉,

㉠ 두께(d)를 추측하여 먼저 각 파장별 {$\Delta(\lambda)$, $\Psi(\lambda)$}로부터 박막의 추측 광학함수{$\varepsilon_1(\lambda)$, $\varepsilon_2(\lambda)$}를 구한다.

㉡ 추측 광학함수 {$\varepsilon_1(\lambda)$,$\varepsilon_2(\lambda)$}을 식 (6-22)에 대입하여 예상 유효반사율 ($R_{A,cal}(\lambda)$)을 구한다.

㉢ 이 값을 실제 측정한 ($R_{A,측정}(\lambda)$) 값과 비교하여 그 차이를 구한다.

㉣ 추측 두께를 달리하여 ㉠에서 ㉢의 과정을 적당 횟수 되풀이한다.

㉤ 실험치와 이론치 간의 유효반사율의 차이가 가장 작게 날 때의 두께와 해당 추측 광학함수를 참값으로 잡는다.

이렇게 함으로써 (R_A)에의 절대적 의존도를 줄일 수가 있게 된다. 다음의 실제 적용 예는 silicon 기판위에 얇은 aluminum 박막을 증착시켰을 경우인데, 금속박막이 얇을 경우 박막을 구성하고 있는 알갱이 형태의 구조 때문에 크기효과(size effect)가 너무 커서 그 광학적 성질이 덩이(bulk) aluminum과는 사뭇 다르다. 따라서 앞의 silicon 산화막 두께 측정의 예에서처럼 알고 있는 aluminum의 광학적 성질을 이용하여 박막의 두께를 구할 수가 없게 된다. 그림 6.18의 윗그림은 두께(가로축)를 달리 추측하여 구한 박막의 추측 광학상수{$\varepsilon_1(\lambda=496$ nm$)$,$\varepsilon_2(\lambda=496$ nm$)$}를 보여주고 있다. 가운데 그림은 이를 이용했을 때에 예상되는 유효반사율 ($R_{A,cal}(\lambda=496$ nm$)$)을 보여 주고 가로 점선은 실제로 측정한 유효반사율 ($R_{A,측정}(\lambda=496$ nm$)$) 이다. 편의상 두께를 60 Å으로 보고 계산한 유

효반사율로 normalize 시켰다. 따라서 두 값이 만나는 점이 답이 될 것인데 약 59 Å정도인 것을 알 수가 있다. 이 것은 한 파장만(λ=496 nm 또는 광양자 에너지=2.5 eV)을 이용했을 경우인데 다른 파장(λ=826 nm 또는 광양자 에너지=1.5 eV)의 경우는 그 기울기가 완만함을 알 수 있다(긴 마디선). 그리고 모든 파장에서의 유효 반사율의 차를 합한 값(σ_R)이 아래 그림에 표시되어 있는데 60 Å이 가장 잘 맞는 것으로 나와 그것을 정답으로 잡았는데 이렇게 구한 aluminum의 유전함수가 그림 6.19이다. Arwin-Aspnes의 방법으로 구한 것과 매우 가까움을 알 수 있다. 이 경우는 그래도 운이 좋은 경우이다. 측정한 유효반사율과 계산한 유효반사율이 아예 만나지 않는 경우도 허다하기 때문에 분광 3-parameter ellipsometry 방법이 더 신뢰도가 높다.

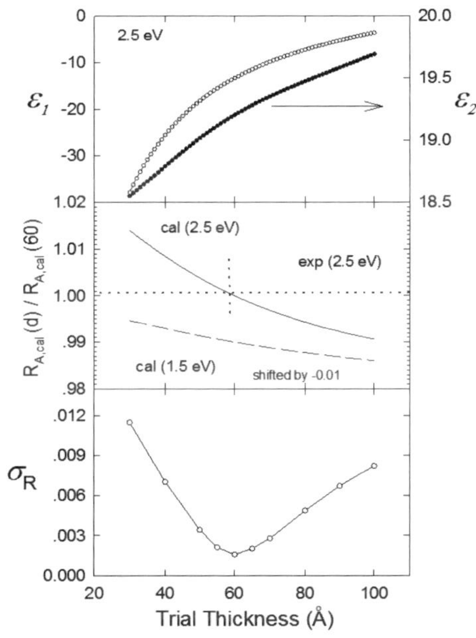

[그림 6.18] c-Si 기판 위에 자란 얇은 aluminum 박막의 두께 및 광학적 성질을 분광 3-parameter 방법으로 구해 가는 과정으로 위: 30에서 100 Å 사이로 추측한 두께를 이용하여 (Δ, Ψ)로부터 구한 추측 광학 상수{ε_1(λ=496 nm),ε_2(λ=496 nm)}, 중간: 이 광학 상수를 이용하여 구한 유효반사율(실선)과 실제로 측정한 값(가로로 놓인 점선)으로 수직 점선이 교차점을 가리키고 있다. 긴 마디선은 다른 파장에서의 유효반사율 값을 참고로 보여 주고 있다(편의상 0.01 만큼 내려 그렸다). 아래: 모든 파장에 있어서 측정한 유효반사율과 계산한 값 사이의 차의 합을 보여 주고 있다.

문 제3장의 그림 3.11a에 덩이 aluminum의 광학적 성질이 소개된 것을 기억하고 있는 독자는 그림 6.19의 유전함수와 비교해 볼 때 1.3 eV 근처에서 크게 다름을 발견할 수 있을 것이다. 그 차이가 어디서 오는 것일까?

답 60 Å정도의 aluminum 박막은 그 형태가 grain을 보이기 때문에 크기효과가 나타나는데 이 경우 결정성의 부족으로 인하여 1.3 eV에 해당하는 parallel band가 채 형성되지 않았음을 보여 준다.

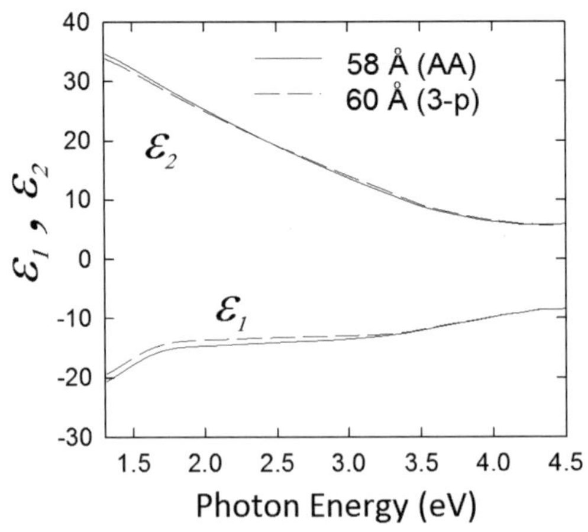

[그림 6.19] 분광 3-parameter 방법을 이용하여 구한 aluminum 박막의 두께 및 그 광학함수(3-p)와 Arwin-Aspnes의 방법으로 구한 경우(AA)

☞ **참고:** '공기/박막(두께 d)/기판'의 구조에서 박막의 두께가 아주 얇다고 가정을 하면 복소반사계수비(ρ)는 다음과 같은 근사식으로 표현이 가능하다(Aspnes 1976).

$$\rho \simeq \rho_0 + \rho_0 (4\pi i d N_1 \cos\theta_1/\lambda) N_3^2 (N_2^2 - N_1^2)(N_3^2 - N_1^2) \\ /[N_2^2 (N_3^2 - N_1^2)/[(N_3^2 \cot^2\theta_1 - N_1^2)]. \qquad (6\text{-}24)$$

여기서 ρ_0는 기판만이 있을 경우의 값이다. 첫째로 두께 d가 0.01 Å정도 변화함에 대해 (Δ, Ψ)는 약(0.002°, 0.001°)정도 변화가 되는데 좋은 ellipsometer의 경우 이론적으로 이 정도의 변화의 측정이 가능하다. 또한 이 식에서 예상할 수 있듯이 유전체 위에 유전체가 자랄 경우(투명기판 위에 얇은 투명 박막이 자랄 경우) Ψ는 거의 변화가 없고 Δ만의 변화가 기대된다. 따라서 박막이 자라더라도 측정변수 중 하나만 변하게 되어 inversion을 하더라도 박막의 광학적 성질과 두께를 동시에 결정할 수가 없다. 그리고 흡수성이 있는 기판 위에 흡수성이 있는 박막이 자랄 경우 임의의 두께를 이용하여 inversion을 실시하면 박막의 광학적 성질에 대해 두 개의 해가 나올 수 있음을 알 수가 있다. 그 중 하나는 입사 매질보다 약간 큰 값이고 다른 하나는 기판의 광학적 성질보다 약간 작은 값이다. 양쪽 모두 수학적으로는 완벽한 답이 되지만 물리적으로는 그 중 하나만이 답이 된다. 이 경우는 앞에서 배운 바와 같이 측정환경을 바꾸든지 하여 그 진위를 가려 낼 수 있다. 이와 같은 경우는 박막이 두껍더라도 종종 발생을 하니 주의를 하지 않으면 엉뚱한 광학적 성질을 맞는 것으로 믿게 된다. 그림 6.20은 약 150 Å되는 산화텅스텐(WO_3) 박막의 유전함수를 inversion으로 구한 것이다. 수학적으로 둘 다 완벽한 해인데 낮은 광양자 에너지에서 이 물질이 투명한 것을 안다면 어느 것이 올바른 해인가를 알 수가 있을 것이다.

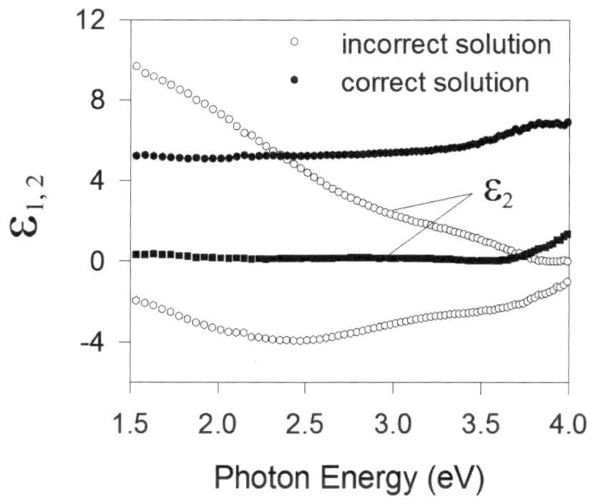

[그림 6.20] '물/WO_3/크롬'의 구조에서 inversion으로 찾아낸 WO_3의 유전함수에 대한 값인데 검은 점선이 올바른 값이다.

2.2.2 Dispersion relation을 이용하는 경우

지금까지 소개한 것들은 박막의 (n, k) 또는 (ε_1,ε_2) 값을 각 에너지에서 측정한 (Δ, Ψ) 값으로부터 독립적으로 구하는 방법들이었다. 하지만 제3장에서 배웠듯이 에너지에서 따른 광학적 성질(광학함수)은 파장별로 완전 독립적이 아니라 dispersion relation을 만족시켜야 한다. 즉, 앞에서 소개한 바 있는 Lorentz oscillator나 Sellmeir relation 등의 dispersion 관계를 이용하면 독립변수를 상당히 줄일 수 있다. 예를 들어 그림 6.21과 같이 분광 ellipsometer를 이용하여 미지의 투명 박막으로부터 100 쌍의 (Δ, Ψ) 측정하였고 Sellmeir relation을 적용하는 경우를 생각해 보자. 투명한 경우(k=0)이므로 직접적인 inversion을 할 경우 미지수는 각 에너지에 따른 100개의 n값(복소굴절률 실수부)에다가 두께(d)까지 101개의 미지수를 가진다. 하지만 대부분의 투명 물질의 경우 다음과 같은 Sellmeir 식으로 표현 가능하므로 결정해야 할 미지수가 (A, B, λ_0)와 두께 d까지 네 개뿐이다. 물론 좀 더 복잡한 dispersion relation을 사용하더라도 미지수는 10개 전후가 된다.

$$n^2(\lambda) = A + \frac{B\lambda^2}{(\lambda^2 - \lambda_0^2)}. \tag{6-25}$$

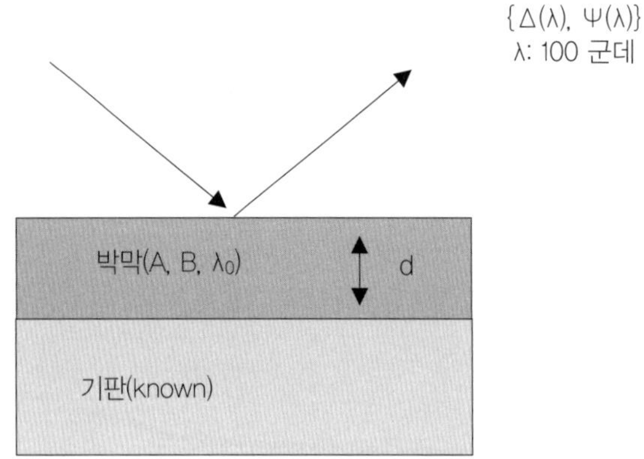

[그림 6.21] 파장에 따른 박막의 광학적 성질을 dispersion 함수를 위한 몇 개의 계수로 표현을 할 수가 있다.

따라서 이 경우는 inversion과는 달리 regression analysis를 이용한 fitting 과정이 되며 두께(d)가 dispersion relation의 계수들과 함께 미지변수로 자동으로 계산이 되어 나온다.

모든 물질에 대해 dispersion relation이 잘 적용되는 것은 아니고 또한 파장영역에 제한이 있을 수도 있으니 알고 사용을 해야 한다. 투명한 유전체의 경우는 잘 작동을 하는 편이고, 반도체의 경우는 Lorentz oscillator 계통의 모델들이 잘 맞는 편인데 상당 경우에 있어 다수의 oscillator를 사용해야 하기 때문에 미지계수가 많고 또 계수간의 상호의존도가 높은 편이라 분석 경험이 좀 요구된다. 금속의 경우는 아주 잘 적용되는 dispersion relation이 없어 이 방법을 잘 사용하지 않는다. 그리고 Drude 모델은 개략적인 dispersion이라 잘 맞지 않는다. 하지만 금속은 흡수가 심하므로 조금 두껍게 증착하여 덩이(bulk)로 취급하면 된다.

Dispersion relation이 적용 가능한 경우, 직접적인 inversion 방식에 비해 두께를 추정해야 할 걱정도 없고 또한 계산결과 얻어지는 광학함수는 파장을 따라 부드러우며 Kramers-Kronig relation을 자동적으로 만족시켜 주는 장점이 있다. 반면, 앞의 inversion 방식으로 구하는 광학함수는 파장별로 독립적으로 구해지므로 파장별 잡음이 심하며 또한 모든 실험오차가 반영된다.

☞ **참고:** Sellmeir relation으로 잘 표현되는 대부분의 투명물질도 UV 또는 deep UV 쪽으로 가면 흡수를 하기 때문에 그 사용 가능 파장 영역을 알고 사용해야 한다. i-line용 PR(photoresist, 감광제), SnO_2, ITO, ZnO, WO_3 등에 있어서는 3~3.5 eV 근처의 광양자 에너지이상에서 흡수가 시작된다. 이 경우에는 측정한 ellipsometry 스펙트럼을 투명한 부분과 흡수가 일어나는 부분으로 나눈 뒤, 투명한 부분을 Sellmeir relation으로 fitting 하여 두께와 그 영역의 광특성을 구한 다음 이 두께를 가지고 흡수가 일어나는 부분의 data를 inversion하여 그 영역의 광특성을 구한 뒤 합치면 된다.

3. 분석모델 설정의 예시

기판 위에 단일 박막을 형성시키고 분광 ellipsometry를 이용하여 그 두께를 구하고자 하는 경우를 살펴보자. 그리고 박막의 광특성은 알고 있거나 dispersion relation으로 구할 수 있다고 가정하자. 단일 박막이라 모델이 간단할 것 같지만, 박막 제작방법이나 조건 등에 따라서 분석 모델은 복잡해 질 수가 있다. 다층박막의 경우는 이를 응용하여 박막의 층수를 증가시키면 될 것이다. 분석모델의 설정을 위해서는 해당 시편에 대한 정보를 최대한 많이 확보하는 것이 중요하다. 여기에는 박막구조에 대한 정보뿐만 아니라 사용한 물질의 종류, 증착방법, 증착조건 등을 포함하며 가능한 기판은 별도로 확보하는 것이 좋다.

1-layer 모델(3-phase 모델)

그림 6.22(왼쪽)에서와 같이 분석모델이 '공기/박막/기판'으로 구성되므로 '3-phase 모델'이라고도 한다. 미지수가 박막두께(d_b) 하나뿐이다. Thermal oxidation이나 MBE(molecular beam epitaxy), ALD(atomic layer deposition) 등으로 제작한 박막이 이런 구조를 보인다. 이 모델로 분석한 결과(fitting의 질)가 만족스럽지 못할 경우 점차 복잡한 모델을 도입한다. 일반적으로 결과가 비슷할 경우는 특별한 근거가 없는 한 단순모델의 결과를 우선 선택한다.

2-layer 모델(4-phase 모델): Roughness 모델

그림 6.22(오른쪽)의 예처럼 유리기판 위에 비정질 silicon(amorphous silicon, a-Si) 박막을 증착시킨 경우를 생각해보자. 구조는 기판위에 형성된 단일 박막이지만 ellipsometry가 박막의 표면상태에 민감하므로 분석모델 측면에서는 단층이 되지 못하다. 즉, 박막 bulk 층의 두께(d_b)와 함께 표면거칠기층(surface roughness, d_s)의 두께도 함께 미지수가 된다. 즉, 4-phase 모델이 되며, 이 때 표면거칠기층의 광특성은 effective medium 이론을 이용하여 a-Si에 공기를 50%(즉, 부피비 f_s=0.5)를 섞은 것으로 둔다. 물론, 부피비(f_s)까지 미지수로 둘 수 있으나 큰 의미가 없고 또한 미지수의 개수를 증가시킬 필요가 없으니 0.5로 고정시키는 것이 낫다. 대부분의 박막은 이 모델로 분석이 된다.

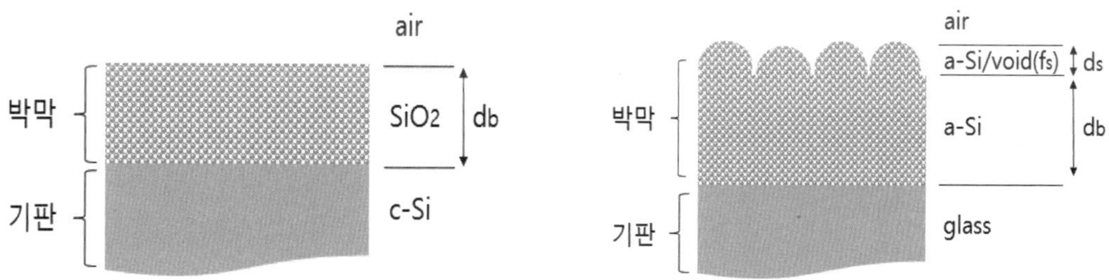

[그림 6.22] 왼쪽: 1-layer(3 phase) 모델의 예, 오른쪽: 2-layer(4 phase) 모델의 예(surface roughness)

3-layer 모델(5-phase 모델): Interface 모델

여기서는 몇 가지 다른 경우를 소개하고자 한다. 우선 그림 6.23에서와 같이 기판과 박막 계면에 저밀도층(interface layer)이 존재하는 경우이다. 따른 요인들도 많지만 그림의 예와 같이 a-Si을 저온에서 증착시키면 초기 성장시 유동성이 부족하여 void가 포함된 층이 형성될 수가 있다. 이 경우 당연히 표면거칠기층도 형성이 되는데 그 정도는 기판의 온도와 박막물질의 녹는점 간의 관계에 따른다(Movchan 1969, Thornton 1974, Messier 1984). 이 층의 광특성은 앞의 표면거칠기층에서처럼 effective medium 이론을 이용하여 a-Si에 공기(진공)를 50%를 섞은 것으로 처리하면 된다. 따라서, 이 경우 미지수는 (d_s, d_b, d_i)로 세 개가 된다. 또다른 경우는 기판선택에 따라 발생한 경우이다. 그림 6.23에서처럼 표면이 거친 기판 위에 박막을 성장시켰을 경우인데 이 경우 계면층의 광특성은 역시 effective medium 이론을 이용하되 기판물질에다가 박막물질을 50% 섞으면 된다.

또다른 3-layer 모델은 silicon 웨이퍼를 기판으로 사용하는 경우이다(그림 6.24). Silicon 웨이퍼는 그 표면 연마상태가 거의 완벽하고 또한 광특성이 잘 알려져 있을 뿐만 아니라, 넓은 스펙트럼 범위에서의 반사율도 적절하여 대부분의 박막연구에 가장 적합한 기판이다. Silicon 기판은 공기 중 산소와의 결합으로 인하여 표면에 자연산화막(native oxide)을 갖게 되는데, 그 두께(d_{ox})는 대체로 2~3 nm 정도이다. 이 경우, 박막을 증착하기 전에 미리 산화막의 두께를 측정한 뒤 나중 분석에서 이 두께값을 고정하면 미지수가 한 개 줄어든다. 하지만 산소를 사용하는 박막증착과정에서는 이 산화막의 두께가 증가하는 경우도 발생한다. 박막의 밀도가 낮은 경우는 그림 6.24(오른쪽)와 같이 박막물질에 대해 effective medium 이론을 적용해야 한다.

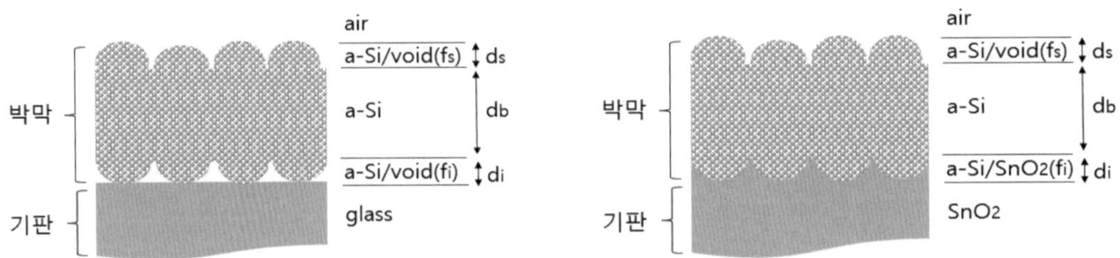

[그림 6.23] 3-layer(5 phase) 모델의 예(interface roughness)

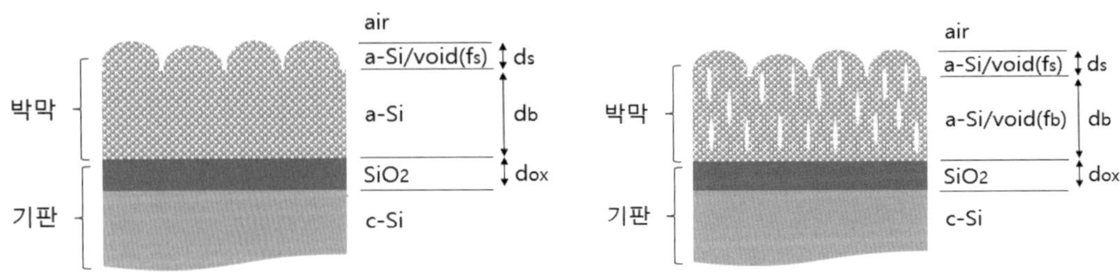

[그림 6.24] 3-layer(5 phase) 모델의 예(interface layer)

☞ **참고:** 박막물질의 종류나 표면거칠기의 두께에 따라 표면거칠기의 영향이 거의 없는 경우도 있다. 또한 흡수성이 있는 박막의 경우, 그 두께가 어느 정도이상이 되면 계면에서 반사되어 오는 빛이 거의 없으므로 이 때는 계면이 없는 것으로 해도 분석결과에 별 차이가 없다. 이와 같은 것은 앞에서 설명한 manual simulation을 이용하면 쉽게 감을 잡을 수 있다.

4. 실시간 data의 분석

실시간 data는 능동적으로 변화하는 표면으로부터 충분한 속도를 가지고 측정함으로써 얻을 수 있다. 이 때 충분한 측정속도라 함은 시편에 있어 광학적인 변화율에 대한 상대적인 값이기 때문에 실험의 성격에 따라 다르므로 정량적으로 정의할 수는 없다. 실시간 측정의 이점은 정적인 시편에서 얻는 광학적인 정보이외에 kinetics에 관련된 정보를 찾아낼 수 있다는 점이다. 박막의 성장이나 식각(etching) 과정, 확산(diffusion)이나 반응(reaction)으로 인한 광학적 성질의 변화 등이 이에 속한다. 일반적으로 측정속도 때문에 단파장 ellipsometer를 많이 이용하고 있고 저자의 연구실을 비롯해 세계적으로 몇 군데에서는 속도가 빠른 분광 ellipsometer를 실시간 측정용으로 사용하고 있다(An 1991-1999, Duncan 1993).

4.1 실시간 단파장 data 분석

단파장 ellipsometry를 박막의 성장이나 표면변화의 실시간 측정에 이용하면 시간에 따른 {Δ(t), Ψ(t)} 값을 구할 수 있는데 이 때 {Δ(t) 대 시간}, {Ψ(t) 대 시간}, 또는 {Δ(t) 대 Ψ(t)}으로 표현한 것을 궤적(trajectory)이라고 한다. 물론 (Δ, Ψ) 대신에 (⟨n⟩, ⟨k⟩) 또는 (⟨ε_1⟩, ⟨ε_2⟩) 등의 표현을 사용할 수도 있다. 시각적으로 명확한 변화를 보여주므로 실시간 분광 ellipsometry의 경우도 그 측정 스펙트럼 중 하나의 파장을 골라내어 단파장 실시간 trajectory로 표현하기도 한다. 특히, {Δ(t) 대 Ψ(t)}로 표현할 경우 시간의 개념은 각 data 점들 간의 간격 속에 들어있고 같은 박막에 있어 성장률만이 다를 경우 두 궤적은 겹치게 된다.

Data의 분석은 주로 모델을 설정한 뒤 계산을 통해 trajectory를 그려 실험에서 얻은 trajectory와 비교하는 것이었다. 그 예로서 그림 6.25의 마디선들은 각각 실온과 300℃에서 sputtering으로 c-Si 기판 위에 a-Si 박막을 증착시키면서 측정한 단파장(3.0 eV) 실시간 궤적이다. 오른쪽 끝부분이 시작지점인 c-Si 기판의 광학 상수를 나타내고 있고 왼쪽 끝부분은 a-Si 박막이 수 백 Å쯤 자랐을 때의 광학 상수를 보여 주고 있다. 두 궤적이 크게 다르게 나타나는 것은 물질의 광학적 성질과 성장특성이 온도에 따라 다르기 때문인데 특히 오른쪽 시작 지점 근처에 생기는 변곡점은 초기 성장시 핵들의 coalescence 정도를 나타내고 있다. 300℃의 궤적에서 변곡점이 크게 생기는 것은 기판에 도달한 입자들이 유동성이 좋기 때문에 coalescence가 잘 일어났기 때문이다. 그리고 실선은 초기 핵들의 위치를 바둑판의 눈금으로 가정했을 때 그 간격이 50 Å이라고 보고 coalescence가 있는 성장모델을 이용했을 때 예상되는 실온에서의 성장 궤적이다. 이 simulation을 통해 알 수 있는 것은 실온에서의 성장은 초기 핵들의 완전한 coalescence를 동반하지 않음을 알 수 있다.

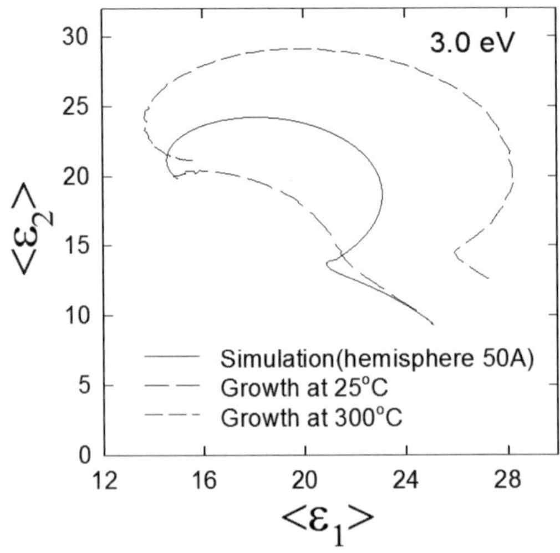

[그림 6.25] Sputtering을 이용하여 c-Si 기판 위에 a-Si 박막을 증착시키면서 측정한 단파장 궤적으로 두 마디선은 각각 기판온도 300℃와 25℃에서 data를 보여 주고 있다. 실선은 25℃에서 초기 성장시, 반구형의 핵들이 50 Å의 간격을 두고 coalescence의 과정을 거치는 성장을 한다고 가정하였을 때 얻어지는 가상 궤적이다.

이와 같이 단파장 궤적을 이용하면 성장 형태뿐만 아니라 식각, 확산, 반응 등의 과정도 이해할 수 있게 되는데 분석을 하지 않더라도 실험 중에 궤적만을 관찰하여도 유용한 정보를 얻을 수 있는 경우가 많다. 즉, end-point detector와 같은 process monitor로 사용하는 경우가 그러하다.

4.2 실시간 분광 data 분석

실시간 분광 data의 경우에도 일단은 각 스펙트럼에서부터 한 파장씩을 선택하면 단파장 ellipsometry 궤적을 얻을 수 있다. 일단은 전체적인 시간에 따른 변화를 관찰하기에는 이와 같은 단일파장 궤적을 그려보는 것이 중요하다. 그리고 일반적인 과정은 박막의 성장과 같은 미세구조적 변화를 측정한 것이라면 스펙트럼마다 regression analysis를 반복하면 되므로 ex situ 분광 ellipsometry data 분석과정과 같다. 단지 수십 또는 수백 개의 스펙트럼을 자동으로 분석할 수 있는 software만 있으면 별 어려움이 없다. 반면 그 광학적 특성이 잘 알려지지 않은 박막의 성장이라면 앞에서 소개한 각종 방법을 동원하여 그 광학적 성질을 찾아 낼 수도 있는데 이번에는 많은 양의 실시간 분광 data를 이용하여 광학적 성질과 구조적 변화를 동시에 찾아내는 방법을 소개하고자 한다.

σ minimization

저자가 많이 사용하는 방법으로 미지의 박막에 대한 실시간 분광 ellipsometry data 분석에 사용하였다. 여기서 σ란 앞의 식 (6-16)의 regression에서 정의한 측정치와 계산치의 차와 같은 개념이다. 이 방법은 실시간 분광 ellipsometry의 경우 성공적으로 사용하였는데 박막의 두께뿐만 아니라 표면거칠기의 두께도 동시에 찾아 낼 수 있었다. 실시간 측정의 경우 그 측정 시간간격은 박막의 성장이나 표면 변화의 속도에 따라 다르긴 하나 매초 하나 정도의 ellipsometry 스펙트럼을 측정하므로 수백 Å 정도의 박막을 성장시키는 경우 수 백 개의 스펙트럼을 측정하게 된다. 초기성장기간(nucleation stage)을 제외하고 나면 성장 모델이 대부분 그림 6.27과 같이 이층박막 모델(공기/표면거칠기층/박막/기판)이 된다. 따라서 앞의 inversion에 있어 두께를 바꾸어 측정하는 경우와 같은데 data 양이 많을 것을 이용하면 표면거칠기 층의 두께까지 구해낼 수 있는 것이다.

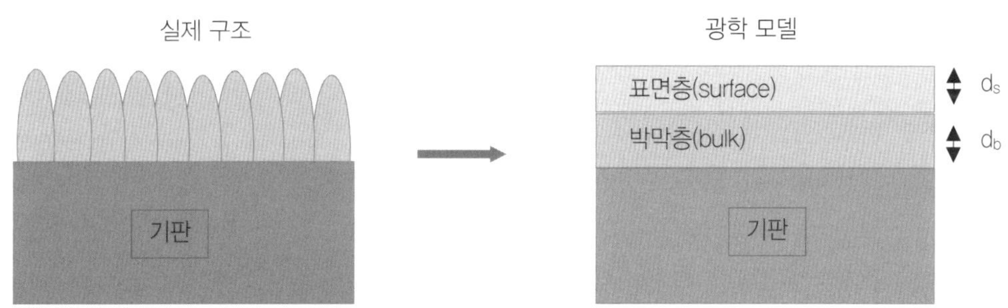

[그림 6.27] 초기성장기간을 지난 후 박막의 일반적인 이층 박막 구조

분석 과정은 다음과 같은데 비교적 오랜 계산시간이 필요하다.

㉠ 실시간 측정 스펙트럼 중 개략적으로 이층 박막 모델을 적용할 수 있는 범위를 설정한다(예를 들어 n-번째부터 m-번째까지).

㉡ 그 중의 한 스펙트럼(예를 들어 j-번째, $n \leq j \leq m$)을 골라 표면거칠기 층의 두께와 순수 박막층의 두께를 각각 추측한다, {d_s(추측), d_b(추측)}. 비슷한 물질이 있을 경우에는 manual simulation을 통해서 비교적으로 근접한 값들을 추측할 수 있고 그렇지 못한 경우라도 증착률 등의 사전 지식을 이용하여 비교적 합당한 추측을 할 수 있다.

㉢ 이층 박막 모델에 이렇게 추측한 두께 {d_s(추측), d_b(추측)}를 대입한 뒤, j-번째 (Δ, Ψ)스펙트럼으로부터 박막의 추측 광학함수, 즉, (ε_1,ε_2)추측 스펙트럼을 inversion을 사용하여 계산해 낸다. 이 때 표면층의 광학적 성질은 구하고자 하는 순수 박막층의 광학적 성질과 void(공기)를 절반씩 섞은 것으로 간주한다.

㉣ 이렇게 구한 추측 광학함수{($\varepsilon_1,\varepsilon_2$)추측}를 가지고 이층박막 구조 모델을 가정하여 n-번째부터 m-번째 ellipsometry 스펙트럼에 적용하고 성장단계에 따른 박막층과 표면층의 두께{d_s, d_b(n~m)}를 regression analysis를 이용하여 계산해 낸다. 이렇게 구한 값들이 참값인지의 여부는 추측 광학함수{($\varepsilon_1,\varepsilon_2$)추측}가 참값인지에 달렸고 다시 이 광학함수의 참값 여부는 inversion 계산시 대입한 {d_s(추측), d_b(추측)}의 참값여부에 달렸다. 따라서 regression analysis 결과인 fitting 정도(goodness of fit), 즉, σ를 비교해 봐야 하는데 그 내용상 앞의 inversion 부분에서 설명한 두 개의 다른 두께에서 측정하는 것과 같다.

㉤ 추측값 {d_s(추측), d_b(추측)}을 바꾸어 가며 ㉡에서 ㉣까지의 과정을 반복하며 그 fitting 정도(σ)를 비교한다. 만일 추측 광학함수{($\varepsilon_1,\varepsilon_2$)추측}가 참값에 가깝다면 n-번째부터 m-번째 사이의 ellipsometry 스펙트럼을 regression analysis 하는 동안 σ값이 일정하게 좋을 것이다. 따라서 σ값이 가장 좋은 경우의 추측 광학함수{($\varepsilon_1,\varepsilon_2$)추측}가 이 박막의 참 광학함수가 되며 이를 가지고 계산한 박막층과 표면층의 두께{d_s, d_b(n~m)}가 그 구조적 변화를 나타내는 것이다.

그림 6.28은 PECVD를 이용하여 a-Si:H 박막을 증착시키면서 측정한 실시간 분광 data를 이와 같은 방법으로 분석하면서 얻은 σ값의 변화를 보여 주고 있다. 특정 시간에 측정된 한 스펙트럼에 대해 박막의 표면거칠기층의 두께를 12 Å 그리고 순수 박막층의 두께를 34 Å으로 잡고 inversion 하여 구한 광학함수가 실시간으로 측정한 전체 data들을 가장 잘 fitting한다는 것을 알 수가 있다.

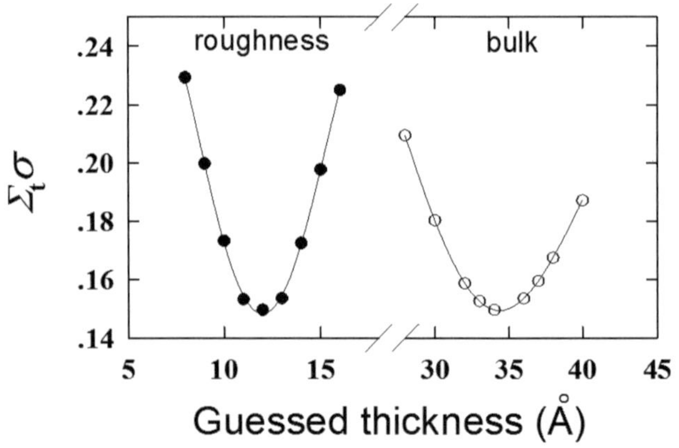

[그림 6.28] 여러 추측값, {d_s(추측), d_b(추측)}의 조합으로 구한 추측 광학함수{($\varepsilon_1,\varepsilon_2$)추측}를 이용하여 실시간으로 측정한 수 백 개의 ellipsometry 스펙트럼을 regression analysis 했을 때 얻어지는 σ값으로 전체 파장의 것을 합한 값이다.

만일 성장과정에서 박막의 표면거칠기가 생성되지 않는다면 이층 박막 모델이 아니라 단일층 박막 모델을 사용해야 할 것이다. 그러면 어떻게 판단을 하는가? 물론 박막 성장에 대한 사전 지식이나 특정 모델을 사용했을 때 얻어지는 σ값의 크기만으로도 사용한 모델의 적합성을 판단할 수 있는데 방금 보여준 예에서 단일층 모델이 맞는다고 가정하고 ㉠에서 ㉤까지의 과정을 되풀이하면 어떨까? 그림 6.29에 그 결과가 있다. σ값의 변화를 시간대별로 보면 초기 5분까지는 두 모델에 있어 차이가 없다. 따라서 이 때는 단순한 모델이 맞게 되는데 초기 핵의 성장과정으로 단일층 모델이 적합하다. 약 5분이 지나서는 이층 박막 모델이 우수함을 알 수 있다. 이 때는 이미 핵들이 충분히 자라 coalescence가 일어나 덩이층과 함께 표면거칠기층으로 발전되고 있음을 말해 준다. 이렇게 모델이 바뀌는 점이 그림 6.25의 궤적에서는 변곡점에 해당한다.

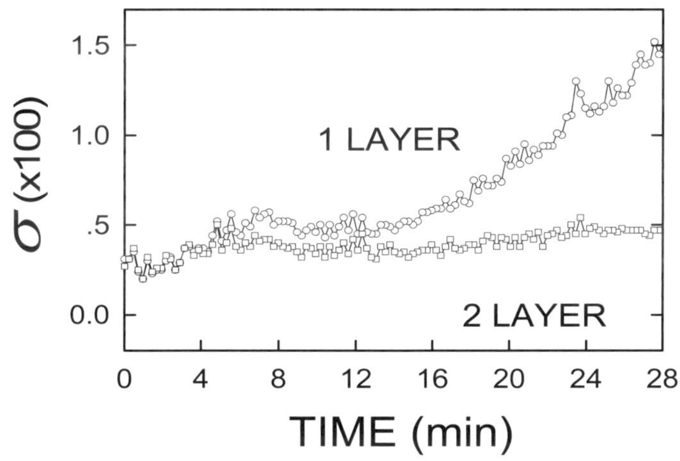

[그림 6.29] 앞의 그림 6.28에 해당하는 실시간 data에 대해 단일층 모델과 이층 박막 모델을 적용하였을 때 성장 스펙트럼에 따른 σ값의 변화

☞ **참고:** 박막의 성장 모드는 주로 구조적 측면에서 많이 다루는데 우선 초기 성장 모드를 설명하면 그림 6.30과 같이 크게 세 가지의 경우로 나눌 수 있다. 주로 진공 증착과정을 통한 박막 성장에 적용할 수 있는데 증착될 분자 알갱이와 기판과의 흡착력, 기판에 도달한 분자 알갱이 상호간의 응집력, 그리고 온도 등에 의해서 결정이 된다. 대부분의 경우에 Volmer-Weber 성장 모델에 해당하는데 방금 사용한 이층 박막 모델이 이에 해당한다고 하겠다. 그리고 Frank-van der Merwe 성장 모델은 단일층 모델에 해당하는데 'layer-by-layer' 모델이라고도 한다. 대부분의 MBE(molecular beam epitaxy)에 의해 성장되는 박막이 이에 해당한다.

[그림 6.30] 왼쪽: Volmer–Weber 성장 모델, 가운데: Stranski–Krastonov 성장 모델, 오른쪽: Frank–van der Merwe 성장 모델 (Lewis 1978)

5. 비등방 시편의 분석

Teitler(1970)는 비등방 다층물질에 있어서의 빛의 진행과 반사를 다루기 위해 4×4 matrix를 사용하는 방법을 제시하였다. 곧이어 Berreman(1972)이 이를 조금 더 개선시켰고 이후 Schubert(1996b)가 ellipsometry 등에 적용할 수 있는 효율적이고도 일반화된 알고리즘으로 발전시킨 바 있다. 여기서는 기본적인 개념만 설명을 하고자 한다. 좀더 자세한 내용은 참고문헌을 활용하기 바란다(Schubert 1996, Handbook of Ellipsometry 제9장-Tompkins 2005, Kang 2006). 입사파 $\left(\widetilde{E}_i\right)_{s(p)}$와 반사파 $\left(\widetilde{E}_r\right)_{s(p)}$는 다음과 같이 General transfer matrix(T)로 연결이 된다.

$$\begin{pmatrix} \left(\widetilde{E}_i\right)_s \\ \left(\widetilde{E}_r\right)_s \\ \left(\widetilde{E}_i\right)_p \\ \left(\widetilde{E}_r\right)_p \end{pmatrix} = T \begin{pmatrix} \left(\widetilde{E}_t\right)_s \\ 0 \\ \left(\widetilde{E}_t\right)_p \\ 0 \end{pmatrix}. \qquad (6\text{-}26)$$

여기서 우변의 $\left(\widetilde{E}_t\right)_{s(p)}$는 기판 속으로 진행하는 파이고, 기판 속에서 나오는 파는 없다(0). General transfer matrix(T)는 다음과 같이 4×4 matrix로서 incidence matrix(L_a), 박막 층별 partial transfer matrix(T_{ip}), 그리고 exit matrix(L_s)로 구성이 되어 있다.

$$T=\begin{pmatrix} T_{11} & T_{12} & T_{13} & T_{14} \\ T_{21} & T_{22} & T_{23} & T_{24} \\ T_{31} & T_{32} & T_{33} & T_{34} \\ T_{41} & T_{42} & T_{43} & T_{44} \end{pmatrix}, \quad T=L_a^{-1}\left(\prod_{i=1}^{m} T_{ip}(-d_i)\right)L_s. \tag{6-27}$$

등방성 입사매질(예, 공기)의 경우 inverse incidence matrix(L_a^{-1})는 굴절률(n_a)과 입사각(θ_i)으로 표현이 된다.

$$L_a^{-1}=\frac{1}{2}\begin{pmatrix} 0 & 1 & \frac{-1}{n_a\cos\theta_i} & 0 \\ 0 & 1 & \frac{1}{n_a\cos\theta_i} & 0 \\ \frac{1}{\cos\theta_i} & 0 & 0 & \frac{1}{n_a} \\ \frac{-1}{\cos\theta_i} & 0 & 0 & \frac{1}{n_a} \end{pmatrix}. \tag{6-28}$$

마찬가지로, 등방성 기판의 경우 exit matrix(L_s)는 기판의 굴절률(N_s)과 기판에서의 굴절각(θ_t)으로 표현이 된다.

$$L_s=\begin{pmatrix} 0 & 0 & \cos\theta_t & 0 \\ 1 & 0 & 0 & 0 \\ -N_s\cos\theta_t & 0 & 0 & 0 \\ 0 & 0 & N_s & 0 \end{pmatrix}. \tag{6-29}$$

그리고 식 (6-27)에 있어서 박막층(i)에 대한 partial transfer matrix(T_{ip})는 다음과 같다.

$$T_{ip}(-d_i)=\exp\left(i\frac{\omega}{c}d_i\Delta_i\right). \tag{6-30}$$

여기서 matrix Δ는 Berreman이 Maxwell 방정식을 근사적으로 표현하는데 사용한 물리량이다(입사면 성분). 즉, 물질 속(z-방향)으로 진행하는 파의 미소 진행에 따른 진폭(전기장, 자기장)의 변화는 다음과 같다.

$$\partial_z\Psi(z)=ik_0\Delta\Psi(z)\rightarrow\Psi(z+d)=\exp(ik_0\Delta d)\Psi(z)=T_p\Psi(z). \tag{6-31}$$

궁극적으로 Δ이 partial transfer matrix(T_p)의 본질이 되는 값임을 알 수 있는데, 일반적인 비등방물질에 대한 표현은 다음과 같다(cgs 단위, Schubert 1996b).

$$\Delta = \begin{pmatrix} -k_x\dfrac{\epsilon_{31}}{\epsilon_{33}} & -k_x\dfrac{\epsilon_{32}}{\epsilon_{33}} & 0 & 1-\dfrac{k_x^2}{\epsilon_{33}} \\ 0 & 0 & -1 & 0 \\ \epsilon_{23}\dfrac{\epsilon_{31}}{\epsilon_{33}}-\epsilon_{21} & k_x^2-\epsilon_{22}+\epsilon_{23}\dfrac{\epsilon_{32}}{\epsilon_{33}} & 0 & k_x\dfrac{\epsilon_{23}}{\epsilon_{33}} \\ \epsilon_{11}-\epsilon_{13}\dfrac{\epsilon_{31}}{\epsilon_{33}} & \epsilon_{12}-\epsilon_{13}\dfrac{\epsilon_{32}}{\epsilon_{33}} & 0 & -k_x\dfrac{\epsilon_{13}}{\epsilon_{33}} \end{pmatrix}. \tag{6-32}$$

여기서 $k_x \equiv n_a \sin\theta_i$이고 유전상수($\epsilon_{ij}$)는 비등방물질에 있어 결정방향에 따른 유전상수 ($\epsilon_{0x}, \epsilon_{0y}, \epsilon_{0z}$)를 실험실 좌표계로 회전시킴으로써 구할 수 있다.

$$\epsilon = A(\phi,\psi,\theta)\begin{pmatrix} \epsilon_{0x} & 0 & 0 \\ 0 & \epsilon_{0y} & 0 \\ 0 & 0 & \epsilon_{0z} \end{pmatrix} A^{-1}\ (\phi,\psi,\theta). \tag{6-33}$$

A는 회전 matrix이고 (ϕ,ψ,θ)는 Euler 각이다. 식 (6-33)을 식 (6-31)에 대입하여 partial transfer matrix를 계산해야 하는데, matrix Δ에 대한 지수함수 꼴이다. 이 문제는 Cayley-Hamilton theorem을 적용하면 지수 대신 matrix의 다항식으로 전개가 가능하다(Woehler 1988). 따라서, 식 (6-28), 식 (6-29), 그리고 식 (6-32)에 물질의 광특성과 두께 등을 대입하면 식 (6-27)에 정의된 general transfer matrix(T)를 계산해 낼 수 있다.

$$r_{pp} = \left(\frac{(\widetilde{E}_r)_p}{(\widetilde{E}_i)_p}\right)_{(\widetilde{E}_i)_s=0} = \frac{T_{11}T_{43}-T_{13}T_{41}}{T_{11}T_{33}-T_{13}T_{31}}, \tag{6-34a}$$

$$r_{ps} = \left(\frac{(\widetilde{E}_r)_s}{(\widetilde{E}_i)_p}\right)_{(\widetilde{E}_i)_s=0} = \frac{T_{11}T_{23}-T_{13}T_{21}}{T_{11}T_{33}-T_{13}T_{31}}, \tag{6-34b}$$

$$r_{ss} = \left(\frac{(\widetilde{E}_r)_s}{(\widetilde{E}_i)_s}\right)_{(\widetilde{E}_i)_p=0} = \frac{T_{21}T_{33}-T_{23}T_{31}}{T_{11}T_{33}-T_{13}T_{31}}, \tag{6-34c}$$

$$r_{sp} = \left(\frac{(\widetilde{E}_r)_p}{(\widetilde{E}_i)_s}\right)_{(\widetilde{E}_i)_p=0} = \frac{T_{33}T_{41}-T_{31}T_{43}}{T_{11}T_{33}-T_{13}T_{31}}. \tag{6-34d}$$

☞ **참고:** 식 (6-30), (6-31), (6-32)에 사용한 부호 (Δ, Ψ)는 비등방성을 소개한 참고논문들에 공통적으로 사용된 것인데, 참고문헌을 이용할 독자들을 위해 이 저서(비등방 시편 분석 부분에서만)에서도 같은 부호를 사용하였다. 즉, 이 식들에 사용한 (Δ, Ψ)는ellipsometry 각과는 무관하다.

한편, 비등방시편에 대한 ellipsometry 각들($\Delta_{pp,\,ps,\,sp,\,ss}, \Psi_{pp,\,ps,\,sp,\,ss}$)은 제2장의 식 (2-66) 또는 (2-72a)에서와 같이 다음의 복소반사계수비에서 구할 수 있다.

$$\rho_{pp} = \left(\frac{r_{pp}}{r_{ss}}\right) = \frac{T_{11}T_{43} - T_{13}T_{41}}{T_{21}T_{33} - T_{23}T_{31}}, \tag{6-35a}$$

$$\rho_{sp} = \left(\frac{r_{sp}}{r_{ss}}\right) = \frac{T_{33}T_{41} - T_{31}T_{43}}{T_{21}T_{33} - T_{23}T_{31}}, \tag{6-35b}$$

$$\rho_{ps} = \left(\frac{r_{ps}}{r_{ss}}\right) = \frac{T_{23}T_{11} - T_{13}T_{21}}{T_{21}T_{33} - T_{23}T_{31}}. \tag{6-35c}$$

제7장 Data 분석의 예

본 장에서는 앞에서 소개한 여러 분석방법의 예를 보여주고자 한다. 우선, 예시에 사용한 일부 시편들과 관련된 실시간 또는 in situ 측정 시스템을 살펴보기로 하자. 실시간 또는 in situ 측정 data 및 그 분석의 예시는 일반 ellipsometry로 실시하는 ex situ 측정 및 그 분석의 결과를 이해하는데 도움이 될 것이다. 그림 7.1 및 7.2는 박막의 증착이나 식각 또는 표면 변화를 관찰하기 위해 저자가 제작한 진공시스템에 실시간 분광 ellipsometer가 장착된 구조 및 사진을 보여 주고 있다. 그리고 그림 7.3은 화학 용액 속에서의 전기화학이나 표면화학 실험을 위해 제작된 cell을 보여 주고 있다. 이 두 시스템에서 입사각을 바꾸기는 힘들다는 것은 쉽게 알 수가 있는데, 앞에서 배운 바 있는 이론을 바탕으로 본인들이 주로 사용할 시편에 적합한 입사각을 설정할 수 있으리라 믿는다. 그림 7.1에서는 시편의 위치를 미세조절하기 위해 기판의 높낮이와 회전이 조절되게 설계되어 있고 광학창에도 bellow(주름관)를 부착하여 약간의 기울기 조절이 가능하도록 하였다. 화학 cell의 경우 사용하는 화학용액과의 반응을 고려하여 Teflon 재질을 사용하면 좋은데 가공이 정밀하지 못한 소재이기 때문에 Kel-F로 제작할 수도 있다. 광학창은 편광상태에 영향을 끼치지 않는 fused silica로 제작하였는데 장착시 stress로 인한 복굴절이 유발되지 않도록 하였다.

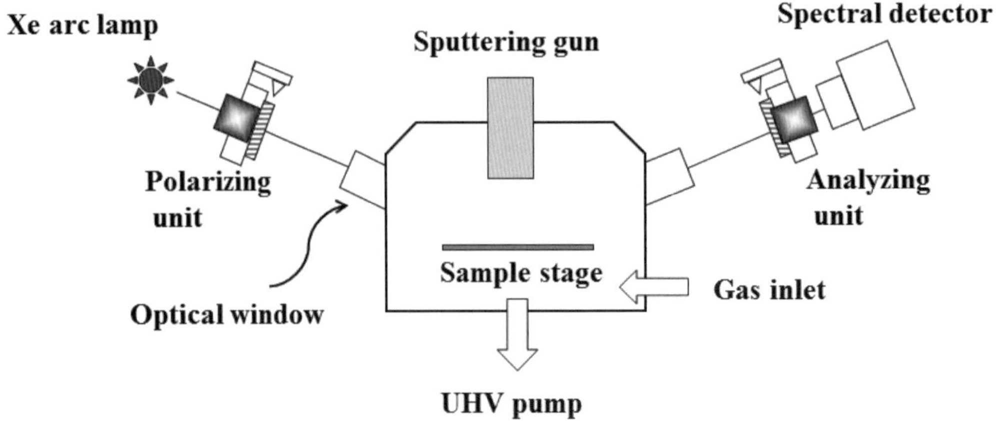

[그림 7.1] 실시간 또는 in situ 측정을 위해 진공증착 시스템에 설치된 분광 ellipsometer의 구조

[그림 7.2] 자체 제작한 실시간 분광 ellipsometer가 장착된 sputtering system. 가운데 chamber를 중심으로 양쪽으로 뻗은 광학대 위에 장착된 것이 ellipsometer이다.

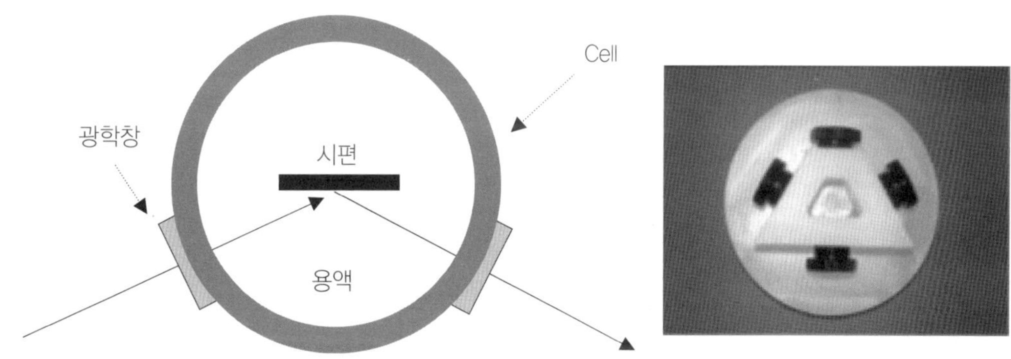

[그림 7.3] 화학 용액 속에서의 표면 반응을 측정하기 위해 사용하는 cell의 구조 및 실제 cell을 위에서 본 사진. 사진에서 좌우에 보이는 검은색 부분이 광학창이다. 아래 위 방향의 창은 photo-polymerization을 위해 만들어 둔 예비창이다.

• 분광 ellipsometry로 단일층 투명 박막 두께 구하기

그림 7.4는 분광 ellipsometry를 이용하여 실리콘 산화막의 두께를 측정하는 과정을 보여 주고 있다. 분석모델을 '공기/SiO_2/c-Si'의 구조로 설정하고 두께를 적당히 바꿔가며 manual simulation한 결과를 보여 주고 있다. 물론 regression analysis도 유사한 방법으로 수행된다. 앞에서의 단파장 ellipsometry의 경우와는 달리 중복된 근에 대한 걱정을 할 필요가 없이 600 Å 근처가 답이 됨을 상당한 신뢰도를 가지고 측정해 낼 수가 있다.

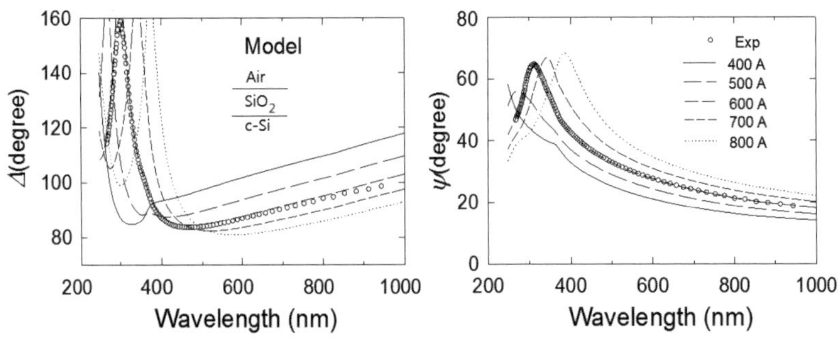

[그림 7.4] c–Si 기판 위에 thermal oxidation 방법으로 실리콘 산화막의 분광 ellipsometry 측정값(원)과 두께를 달리하여 manual simulation한 결과를 보여 주고 있다(선).

• **분광 ellipsometry로 단일층 금속 박막 두께 구하기**

그림 7.5는 크롬과 은 박막을 각각 c-Si 기판 위에 sputtering으로 얇게 증착한 후 잘 알려진 덩이(bulk)의 광학함수를 이용하여 regression한 결과를 보여주고 있다. 두께가 각각 23 Å과 20 Å으로 산출되었지만 regression한 결과를 원래 측정 스펙트럼과 같이 그려보면 은박막의 경우 잘 맞지 않음을 알 수 있다. 이 경우 모델 중의 무엇인가가 잘못되었음을 예상할 수 있는데 덩이 은의 광학적 성질을 reference로 사용한 것이 잘못이다. 은박막은 초기성장에서 입자형태를 이루는데 그 크기효과 때문에 광학적 성질이 덩이의 경우와 크게 다르다(뒷부분 실시간 측정에서 다시 논의됨). 크롬의 경우 기판과의 흡착력이 좋아 다른 금속 박막을 증착시킬 때 중간에 접착층으로 많이 사용하는 이유를 이 실험결과에서 짐작할 수 있다.

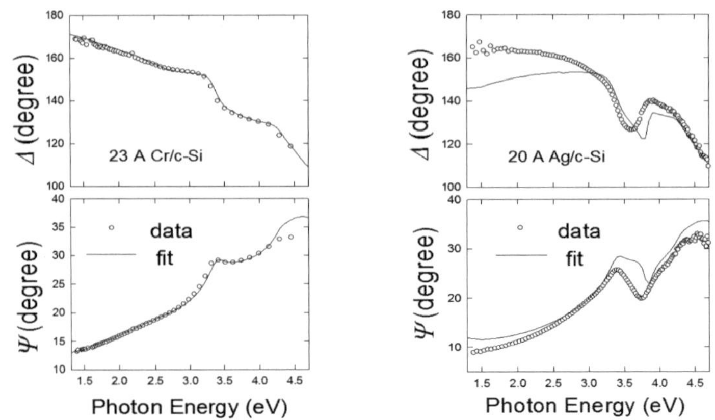

[그림 7.5] 왼쪽: c–Si 위에 크롬(Cr) 박막이 자란 결과로 regression analysis 결과 23 Å에서 가장 좋은 fitting 결과를 보여 주고 있다(실선). 오른쪽: c–Si 위에 은(Ag) 박막을 성장시킨 후 regression analysis 결과 얻은 가장 좋은 fitting 결과이다.

• **분광 ellipsometry로 비정질 실리콘의 void 함량 구하기**

물질 속에 들어 있는 void함량을 구하기 위해서는 effective medium 이론을 이용하여 진공의 광학적 성질을 섞어 넣고 fitting 과정에서 그 부피비를 찾아낸다. 비정질 실리콘(a-Si)의 경우 그 결과가 실제 기포가 포함된 것이라기보다는 packing 밀도가 떨어진 것이라고 해석하는 것이 더 낫다. 그림 7.6은 sputtering으로 증착시킨 a-Si 박막의 밀도(void 함량)를 적당히 추정한 뒤 Bruggeman effective medium 이론을 바탕으로 manual simulation한 결과를 실제 측정한 광특성과 함께 보여 주고 있다. 약 40% 정도의 void가 들어있음을 비교적 높은 신뢰도를 가지고 말할 수 있다. 여기서, a-Si의 밀도가 낮은 이유는 증착시 기판온도가 실온이어서 기판표면에서 silicon 입자들의 유동성이 낮았기 때문이다. 분석에 사용한 reference 광학함수는 기판온도 250℃에서 PECVD(plasma enhanced chemical vapor deposition)로 증착한 a-Si(:H)의 것이다.

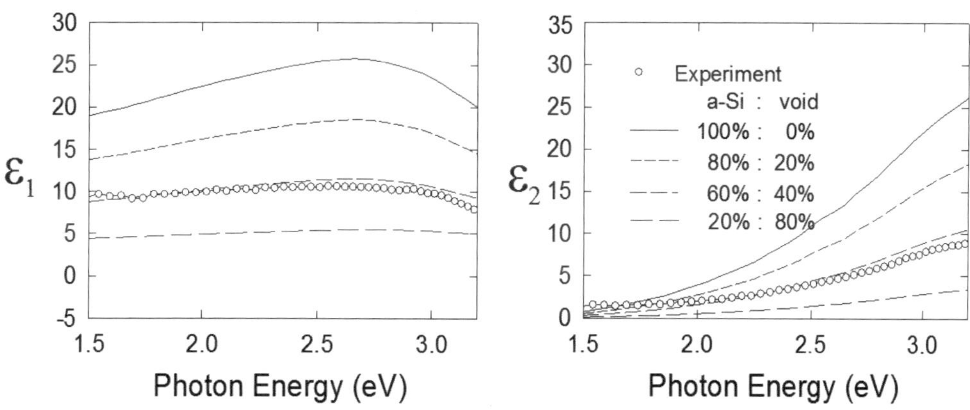

[그림 7.6] Sputtering으로 증착시킨 a-Si 박막을 측정하여 구한 광학함수(원)와 Bruggeman effective medium 이론으로 reference가 되는 밀도가 높은 a-Si과 void를 일정 비율로 혼합하여 계산한 유효 광학함수(선)

• **분광 ellipsometry로 크롬의 void 함량 구하기**

그림 7.7에서는 밀도를 높게 잘 성장시킨 크롬 박막의 광학적 성질을 reference로 삼았을 때 증착압력을 달리하여 성장시킨 크롬박막의 광학적 성질들을 보여주고 있는데 선들은 Bruggeman effective medium 이론을 사용하여 void함유량을 변화시키면서 fitting한 광학적 성질을 보여준다. 물론 모든 에너지 영역에서 완벽하게 fitting을 하지는 못하지만 상대적인 밀도변화를 느낄 수 있다. 2.5 eV 이하에서는 interband transition에 의한 효과가 있어 잘 맞지 않고 있다. 실제 분석에 있어 이러한 사실을 알고 있는 사용자는 regression analysis를 할 때 2.5 eV 이상 영역을 사용한다. Sputtering에서 working 개스의 압력이 높으면 target에서 나온 크롬입자들이 기판표면에 도달하는

과정에 더 많은 충돌을 하게 된다. 따라서, 기판에 도달한 입자들은 에너지가 낮아 유동성이 떨어지고 그 결과 박막의 밀도가 떨어지게 된다.

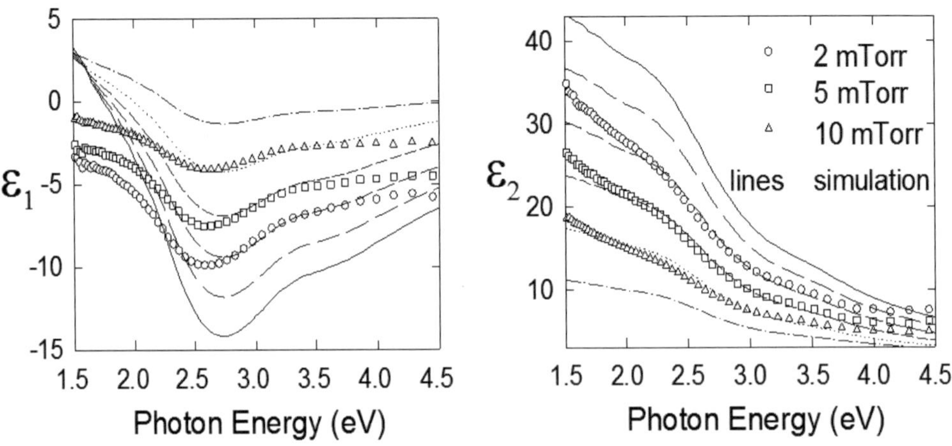

[그림 7.7] Sputtering 증착에서 각기 다른 Ar 개스 압력으로 증착시킨 크롬(Cr)의 광학적 성질(유전함수)과 effective medium 이론으로 계산한 유효 광학함수. 실선이 reference이고 마디선들은 이를 기준으로 void 함량을 10%씩 증가시켰다.

• **실시간 분광 ellipsometry: 금속박막에서의 크기효과(은 박막의 성장)**

앞의 예시(그림 7.5)에서 얇은 은박막의 두께를 구하는데 fitting 결과가 좋지 않음을 보았다. 이는 은박막의 광특성이 두께에 따라 다르기 때문인데 실시간 ellipsometry 측정에서 그 해답을 얻을 수 있다. 박막의 초기성장에는 알갱이 모양(grain)이 핵들이 모여 자라고 그들 간에 완벽한 결합이 이루어지지 않으면 그 흔적이 계속 남아 있게 된다. 금속박막의 경우 이와 같은 알갱이 형태를 유지하게 되면 그 광학적 특성에 큰 영향을 미치는 자유전자들의 움직임이 크게 제한을 받게 된다. 따라서 금속 박막의 경우 초기 성장에 있어 그 알갱이의 크기가 점차 변하게 되는데 이는 끊임없는 광특성의 변화를 초래하게 된다(Marsillac 2011, Loncaric 2011, Hoevel 2011).

이를 경우 앞의 여러 예에서처럼 다층 박막 모델을 설정하여 regression analysis를 통하여 두께 등을 계산해 내는 일은 어렵게 된다. 따라서 금속의 경우 그 초기 성장에 있어서는 각 성장 단계에 따르는 광학적 특성을 구해 내야 하는데 제6장의 inversion 부분에서 여러 가지 방법을 소개하였다. 초기의 핵 생성과정이기 때문에 단일층 모델로 inversion을 실시하면 되는데 그림 7.8의 경우는 은박막의 초기성장시 ellipsometry 스펙트럼을 실시간으로 측정하여 저자의 분광 3-parameter inversion 방법을 이용하여 두께와 해당 광학함수를 동시에 구하였다. 덩이 은의 광학함수(역 삼각형)가 Drude의 자유전자 모델에 입각한 dispersion relation을 보여주는 것에 비해 얇은 박막의 광학적 성질은 두께가 변하면서 크게 달라지는 것을 볼 수 있는데 이론 부분에서 배운 바가 있는 Lorentz oscillator의 형상을 보이고 있다. 즉, 반도체의 광학적 성질에 더 가까운데 실선들은 실제로 Lorentz oscillator 모델로 fitting 하여 얻은 결과들을 보여주는데 비교적 잘 맞음을 알 수가 있다.

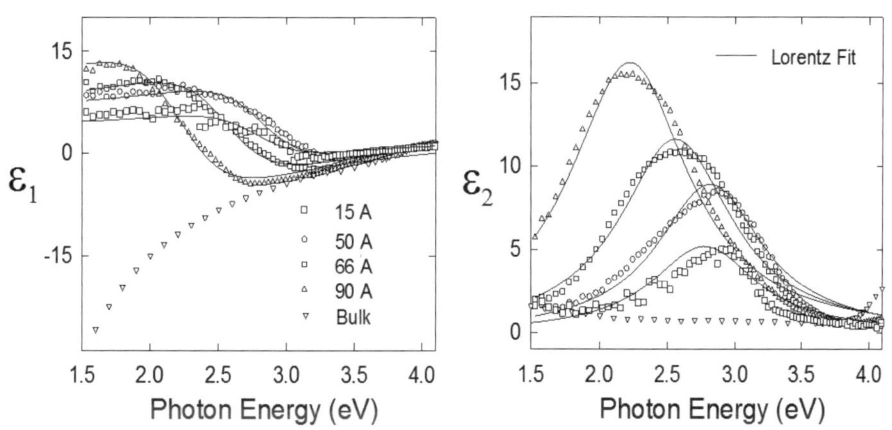

[그림 7.8] Sputtering으로 증착시킨 은 박막의 두께에 따른 광학적 성질. 비교를 위해 은덩이(bulk)의 광학적 성질을 함께 그려 놓았다(역삼각형) (An 1996, 1998).

☞ **참고:** 금속에서의 크기 효과는 크게 두 가지의 영향 때문이다. 첫째는 결정구조의 변형에서 오는 밴드구조의 변화인데 구속된 전자의 영향이고, 둘째는 알갱이 형태의 구조에서 발생하는 자유전자의 자유도 제한이다. 즉, 금속의 유전함수는 다음 식으로 표현되는데

$$\epsilon(\omega) = 1 - \frac{\omega_p^2}{\omega^2 + \frac{i\omega}{\tau}}. \tag{7-1}$$

여기서 ω_p는 플라즈마 frequency이고 τ는 자유전자의 lifetime이다. 그런데 금속이 알갱이 형태를 띠고 있을 때는 알갱이 표면에서의 충돌로 인한 lifetime의 감소가 예상된다. 즉,

$$\frac{1}{\tau} = \frac{1}{\tau_0} + \frac{v_F}{l}. \tag{7-2}$$

여기서 τ_0는 덩이 금속이 가진 intrinsic lifetime이고 v_F는 Fermi 속도, 그리고 l 은 금속알갱이 크기를 대표하는 평균자유행로(mean free path)이다. 금의 경우 $\tau_0 \sim 2.7\times10^{-14}$ sec, $v_F \sim 1.5\times10^{8}$ cm/sec 정도인 걸 감안하면 l 이 400 Å은 되어야 완전한 덩이의 성질을 보일 것이다.

• **분광 ellipsometry 분석: 도핑에 따른 비정질 실리콘의 광특성**

대면적 태양전지용 비정질 실리콘 박막(intrinsic a-Si:H)은 silane 개스를 이용한 PECVD 방법으로 제작이 된다. 증착 중에 phosphine(PH_3)나 diborane(B_2H_6) 개스 등을 주입하면 n(p)-type으로 도핑된 비정질 실리콘이 되므로 이온주입 등의 별도과정 없이 자연스럽게 p-i-n의 태양전지 구조를 형성할 수 있다. 그림 7.9(왼쪽)은 분광 ellipsometry로 측정한 n(i, p)-type 비정질 실리콘의 스펙트럼을 보여주고 있는데 우선 그 광특성을 찾아내기 위하여 각각의 박막을 c-Si 기판 위에 증착한 것이다. 그리고 오른쪽 그림은 측정한 스펙트럼을 Tauc-Lorentz oscillator로 fitting하여 구한 각 박막의 광학함수인데 2-layer 모델을 적용하여 박막 두께와 표면거칠기층 두께도 함께 구하였다. 따라서, 이 경우 미지수는 박막 및 표면거칠기층의 두께와 Tauc-Lorentz oscillator 모델 속에 들어 있는 계수들이 된다.

이론적으로는 p-i-n 구조의 삼층 박막을 형성한 뒤 측정을 하여도 그 측정값으로부터 각층의 광특성과 두께에 대한 분석이 가능해야 하지만 이 경우는 그렇게 하기가 매우 어렵다. 그 이유는 오른쪽 그림에서 보듯이 세 물질의 광특성이 매우 유사하기 때문에 분석시에 미지 변수간의 correlation이 너무 크다. 따라서, 이런 경우에는 각 박막을 c-Si과 같이 표면이 매끈하고 그 광특성이 잘 알려진 기판 위에 별도로 증착한 뒤 분석하여 미리 각각의 광특성을 구하는 것이 좋다. 드물게는 기판에 따라 광특성이 달라지는 경우도 종종 있으니 주의가 필요하다.

분석경험이 많은 사용자의 경우 그림 7.9(왼쪽)의 측정값만 보고도 p〈n〈i-type 순으로 박막의 두께가 두껍다는 것을 알 수가 있는데, 이는 실제 p-i-n 구조에서 사용하는 두께에 가깝게 증착한 것으로 i-layer는 약 3800 Å 그리고 나머지 층은 이삼백 Å정도이다. 이 그림은 또한 제2장에서 물질의 흡수계수와 관계 지어 설명한 그림 2.5의 결과와도 관계가 있다. 그리고 왼쪽 그림의 i-type 측정 스펙트럼 중 2.1 eV이하에서 심한 oscillation 현상을 보이는데 이는 두꺼운 투명박막(또는 투명파장영역: 소광계수 k가 0에 가까운 파장영역)에 있어서 파장에 따라 위상이 심하게 변하기 때문이다. 즉, 제2장의 [단층박막에서의 반사]에 있어서 위상을 나타내는 식 (2-56), $\beta = 2\pi(d/\lambda)N_2\cos\theta_2$ 에서 파장(λ)에 따라 굴절률(N_2)이 다른데 분자의 두께(d)값이 너무 클 경우 굴절률 변화에 따라 위상값(β)이 심하게 변하게 되는 것이다. 다른 두 물질(p, n-type)의 측정값에서 이런 현상이 보이지 않는 이유는 식 (2-56)에서 쉽게 짐작할 수 있듯이 박막이 얇기 때문이다.

참고로, 그림 7.9(오른쪽)의 n-와 i-type의 광특성에서 볼 수 있듯이 비정질 물질의 경우는 도핑이 되더라도 그 광특성은 별로 변하지 않는 것이 대부분이다. 그런데 p-type의 경우 차이가 심함(낮은 n, k 값)을 볼 수 있는데 이는 도핑효과에 의한 광특성의 변화라기 보다는 증착 중에 도핑분자의 높은 흡착력 등으로 인한 void의 생성 때문인 것으로 추정이 된다. 즉, i-type 비정질실리콘의 광특성과 진공의 광특성을 effective medium 이론으로 혼합하면 n-type 또는 p-type 비정질 실리콘의 광특성과 매우 흡사하게 된다.

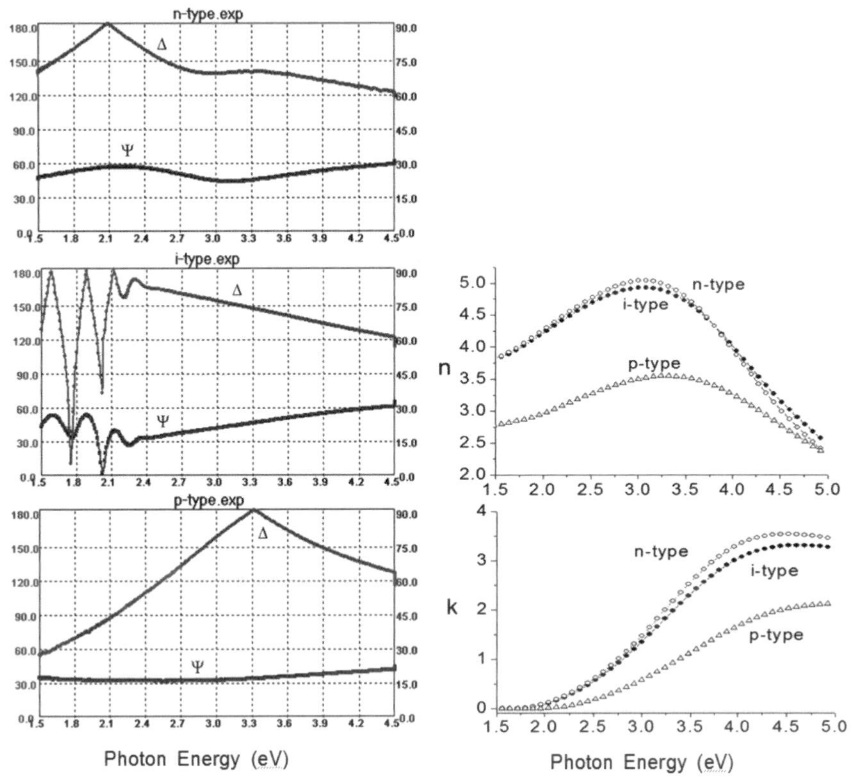

[그림 7.9] 왼쪽: c-Si 기판 위에 형성된 비정질 실리콘의 측정 스펙트럼, 오른쪽: Tauc-Lorentz oscillator 모델로 분석한 굴절함수

• **근적외선 분광 ellipsometry 분석: CIGS 박막의 depth profiling**

박막형 태양전지를 위한 또다른 물질은 CIGS(copper indium gallium selenide)이다. 이 물질의 경우 대면적으로 균질하게 성장을 시키기 어렵고 또한 성분비에 따라 광특성이 많이 변한다. 그림 7.10a는 Mo(molybdeum) 기판 위에 형성된 CIGS 박막 측정 스펙트럼(왼쪽)과 Tauc-Lorentz oscillator를 이용하여 분석한 광학함수(오른쪽)를 보여주고 있다. 우선 측정 스펙트럼의 1.2 eV 이하에서 심한 oscillation을 보이는데 앞의 a-Si:H 박막의 경우와 마찬가지로 흡수가 없는 파장대이기 때문인데 오른쪽 광학함수에서 소광계수 k=0인 것으로 판단할 수가 있다. 즉, CIGS는 bandgap이 1.2 eV 정도인 반도체 물질인 것이다. 따라서, 보통 1.5 eV부터 측정이 가능한 일반 분광 ellipsometer로는 이런 박막의 두께를 측정하기는 불가능하다. 그림 7.10a의 data는 저자가 InGaAs 검출기를 사용하여 제작한 근적외선 분광 ellipsometer로 측정한 것이다.

CIGS 박막은 보통 두껍게 증착을 시키는데, 성장하면서 미세구조가 많이 변하여 박막이 두꺼울 경우 분석이 어렵다. 그림 7.10b는 그림 7.10a에 있는 측정값을 분석하는데 사용한 다층박막모델이다. 표면거칠기가 심하게 발달하여 여러 층으로 분리시켰고 또한 기판과 박막사이에 계면층이 있는 것이 특징이다.

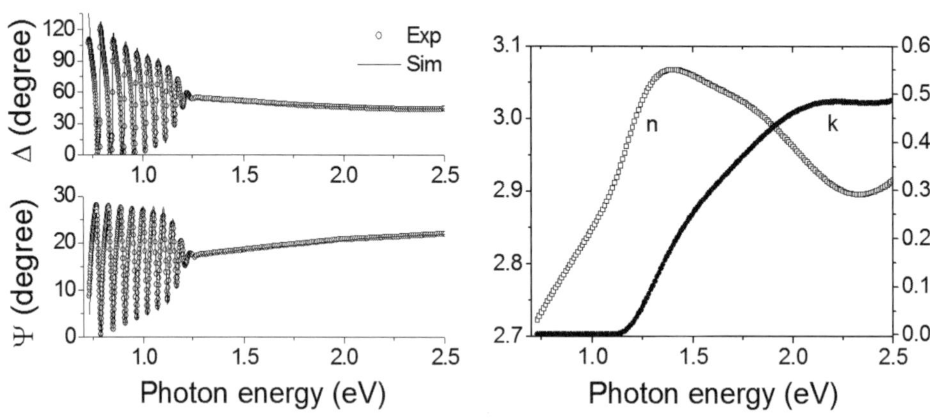

[그림 7.10a] 왼쪽: CIGS박막의 측정 스펙트럼(원) 및 분석 스펙트럼(실선). 오른쪽: Tauc–Lorentz oscillator 모델로 분석한 굴절함수

공 기	
CIGS + void 87%	40 nm
CIGS + void 50%	35 nm
CIGS + void 29%	40 nm
CIGS + void 11%	28 nm
CIGS + void 9%	18 nm
CIGS(bulk)	3304 nm
CIGS + void 28%	87 nm
유리 기판	

[그림 7.10b] 그림 7.10a에 측정된 data를 분석하는데 사용한 다층박막모델 및 분석 결과치

• 분광 ellipsometry 분석: ArF 노광용 반사방지막 박막의 광특성

반도체 노광공정에서는 기판으로부터의 반사파에 의한 감광제(PR: photoresist)노광을 방지하기 위해 반사방지막(ARC: anti-reflective coating)을 사용한다. 이 경우는 흡수를 이용한 반사방지이며 PR 아래쪽에 증착이 되어 BARC(bottom ARC)라고도 한다. 그림 7.11은 ArF excimer laser(193 nm)를 노광공정에 사용한 BARC 물질을 측정한 값(왼쪽)과 Tauc-Lorentz oscillator 모델(다항)을 이용하여 분석한 광학함수이다(오른쪽). 흡수성분을 각기 다른 양으로 포함한 BARC인데 이를 분석함으로써 각 박막의 두께와 193 nm에서의 광특성을 찾을 수 있고 이는 노광 simulation에 유용하게 사용이 된다.

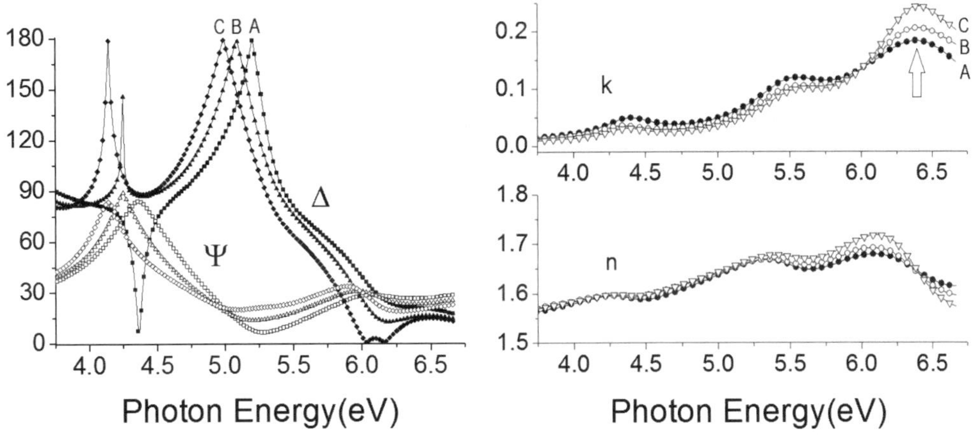

[그림 7.11] 왼쪽: 각기 다른 양의 흡수성분을 포함한 BARC 박막의 측정 스펙트럼. 오른쪽: BARC 박막의 광특성(화살표가 193 nm를 표시하고 있음)

• **실시간 분광 ellipsometry: Sputtering에서의 개스 압력과 박막밀도**

대부분의 진공작업에 있어 배기를 하는 목적은 가능한 높은 진공상태를 만들자는 것은 아니다. 몇 경우를 제외하고는 다시 기체를 주입하여 압력을 필요한 작업환경으로 높이게 된다. 이 때의 기압을 'operating pressure' 또는 'working pressure'라고 부른다. 사용하는 기압의 크기는 작업의 종류에 따라 다른데 sputtering의 경우 보통 수 mTorr 영역에서 이루어진다.

그림 7.12는 sputtering 방법으로 c-Si 기판 위에 a-Si을 증착시키는 과정을 실시간 분광 ellipsometer를 이용하여 관측한 결과이다(An 1990~1998). 변화과정을 보기에 쉽도록 하기 위해서 실시간으로 측정한 분광 스펙트럼(약 1.5~4.5 eV)에서 3.0 eV에 해당하는 값을 발췌한 것이다. 이 실험에서 sputtering 개스(Ar)의 압력만을 변화시키고 나머지 실험조건들은 고정시켰다. 광학궤적이 크게 다른 것으로부터 Ar 개스의 압력변화만으로도 성질이 다른 박막을 제작할 수 있음을 알 수 있다. 이 경우 사용한 sputtering 장비는 target과 기판 사이의 간격(S)이 약 15 cm정도이었는데, target을 떨어져 나온 실리콘 입자들이 기판에 도달할 때까지 Ar 분자들과 충돌하는 횟수는 Ar의 압력에 비례한다. 즉, Ar 개스속에서 실리콘 입자들의 평균자유행로(mean free path, L)가 S보다 클수록 충돌횟수는 줄어든다. 따라서 기판 표면에 도달한 실리콘 입자들의 운동에너지는 충돌횟수가 적을수록 크고 이는 박막의 결함 정도를 결정하게 된다.

Effective medium 이론을 이용하여 분석한 결과 5 mTorr에서 성장한 박막에 비해 10 mTorr의 경우에는 약 10% 그리고 20 mTorr의 경우에는 50% 정도의 밀도 부족이 관측되었다. 이와 같은 결과는 ellipsometry가 아니고는 도저히 알아내기 힘든 것이다. 즉, 다른 표면분석장비로 측정을 해보면 세 경우의 박막이 큰 차이를 보이지 않는다.

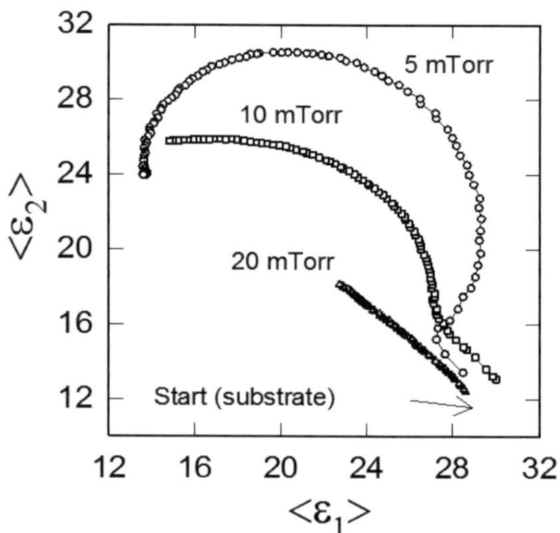

[그림 7.12] Sputtering 증착시 압력변화에 따른 실시간 광측정값의 변화과정을 보여 주고 있다. $\langle \epsilon_1 \rangle$과 $\langle \epsilon_2 \rangle$는 pseudodielectric constant이며 오른쪽 아래쪽(화살표)은 기판으로 사용한 실리콘의 광학 상수를 보여 주고 있다(An 1990, 1991).

☞ **참고:** 대부분의 sputtering의 경우 개스는 target 근처에서 유입되고 펌프가 놓인 쪽과 진공 게이지가 놓인 쪽은 또 다른 곳이다. 따라서 진공 게이지에서 읽어 들이는 압력값이 정확하게 현 진공작업의 상황을 나타내지는 못한다. 따라서 각종 논문에 발표된 남의 실험과정이나 결과를 받아들일 때는 매우 융통성이 있어야 한다.

☞ **참고:** 다음 식을 기억해 두면 진공작업에 있어 압력으로부터 개략적으로 평균자유행로(L)를 구할 수 있다(An 1999). 단, 압력 p의 단위는 Torr이다.

$$L \sim \frac{5 \times 10^{-3}}{p} \quad (cm). \tag{7-3}$$

이번에는 같은 실험에서 사용하는 개스의 성분을 바꾼 경우를 살펴보자. 일반적으로 sputtering 개스로 사용하는 아르곤에다 수소를 섞어 공급하면 reactive sputtering이 기대된다. 그림 7.13에서 두 경우를 보여주고 있는데 그 궤적이 상당히 다름을 알 수 있다. 수소를 섞었을 경우 수소화된 a-Si:H 박막이 성장하게 되는데 a-Si과의 광특성의 차이는 뒷부분에서 볼 수 있다. 특히 초기 nucleation 과정(시작지점의 긴 직선 경로)이 긴 것을 알 수 있는데 이는 초기 증착시 수소에 의한 식각 작용이 심함을 말해 주고 있다. 결론적으로, 실험 조건에 따른 박막의 특성의 차이는 직접적인 구조측정 장비인 AFM(atomic force microscope)이나 SEM(scanning electron microscope)을 이용하더라도 쉽게 구분하기 힘들다. 하지만 이와 같은 ellipsometry 궤적만을 이용하더라도 현재 공정 상황의 상당 부분을 이해할 수가 있게 된다.

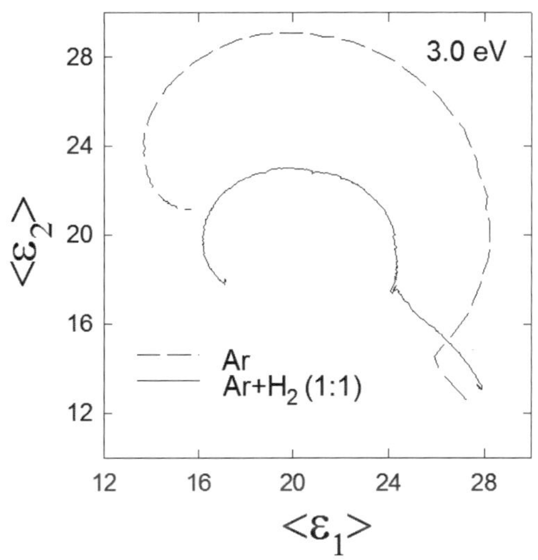

[그림 7.13] Sputtering에서 개스의 성분을 다르게 했을 때의 성장 궤적. 마디선은 일반적인 sputtering gas인 아르곤을 사용한 경우를 나타내고 실선은 아르곤과 수소를 각은 비율로 섞어 사용했을 때의 결과이다.

• **실시간 분광 ellipsometry: 박막성장(PECVD)**

박막이 성장을 할 때 상황에 따라 여러 가지 성장 모드가 있음을 제6장에서 논의한 바가 있다. 그 중에서 가장 일반적인 Volmer-Weber 성장 모델을 다시 살펴보자. 이는 'nucleation model'이라고도 하는데 그림 7.14처럼 세 가지의 성장 단계를 거치게 된다. 왼쪽이 초기 핵생성 단계(nucleation stage)이고, 다음은 가운데 그림이 보여주듯이 핵이 성장하여 핵 간의 접촉이 발생하는 단계이다. 이는 목욕탕 벽의 물방울이 커지면서 서로 닿는 순간 한 덩이가 되는 경우와 같은데 coalescence 단계이다. 여기까지의 광학 모델로는 '공기(진공)/박막/기판'의 단층 박막 모델이 된다. 이 때 박막이란 성장 물질과 void가 섞인 층으로 표현하며 void의 성분비는 핵이 커지면서 줄어드는데 effective medium 이론과 regression analysis를 통해 구해 낼 수가 있다. 그리고 맨 오른쪽 그림이 박막 성장 단계로 초기 핵에 의해 생긴 미세 구조는 표면거칠기 층으로 발전하게 된다. 이 때부터는 광학적으로 이층 박막 모델(공기/표면거칠기층/덩이층/기판)을 적용할 수가 있다. 표면거칠기층의 광학적 성질은 effective medium이론으로 50%의 덩이물질과 50%의 void로 표현하면 된다.

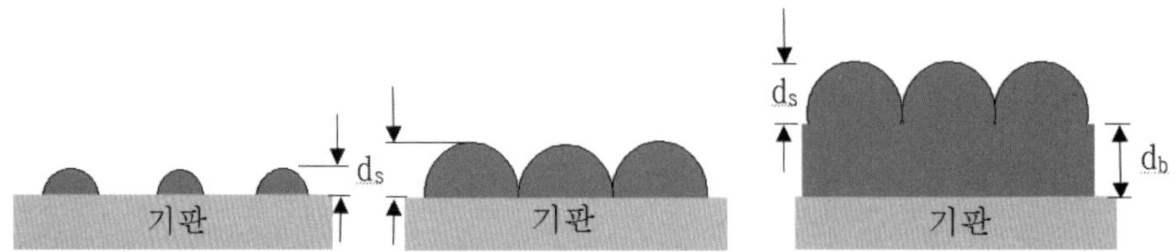

[그림 7.14] 왼쪽에서부터 핵(nucleus)들이 생성되어 성장하다가 접촉하여 덩이층을 형성해 가는 과정. d_s는 초기 핵생성 단계에서는 핵층의 두께가 되고 덩이층(d_b)이 형성된 후로는 표면거칠기층의 두께가 된다.

실시간 분광 ellipsometry data는 분광 ellipsometry data가 연속적으로 측정된 것이므로 시간에 따른 각 스펙트럼을 분석함으로써 동역학적인 정보를 얻을 수 있다. 그 전형적인 data의 형태는 그림 7.15에서 보는 것처럼 시간과 광양자 에너지 공간에 펼쳐지는 3차원적인 물리량이 된다. 그림 7.15의 경우는 박막의 초기성장을 연구하기 위한 것으로, PECVD로 비정질 실리콘(a-Si:H)을 16초 동안 성장시키는 동안 측정한 256 개의 ($\langle\varepsilon_1\rangle$,$\langle\varepsilon_2\rangle$) 스펙트럼으로 구성이 되었다.

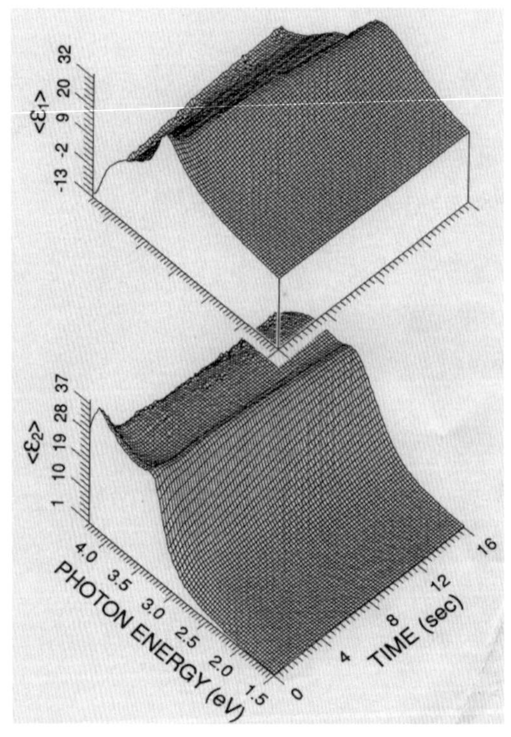

[그림 7.15] 증착온도 250℃에서 c–Si 기판위에 16초 동안 PECVD 방법으로 a–Si:H 박막을 성장시키면서 측정한 실시간 분광 ellipsometry 스펙트럼. 약 60 msec 마다 한 스펙트럼씩을 측정하였다.

따라서, 시간별로 측정한 분광 ellipsometry 스펙트럼을 단층 및 이층박막 모델을 적용하여 분석하면 그림 7.16과 같은 결과를 얻을 수 있다. 초기 1.8 초 동안 핵이 약 23 Å의 두께까지 자라는 것을 예상할 수가 있다. 1.8 초의 순간에는 핵들이 서로 부딪혀 약간의 coalescence를 하는 것을 알 수가 있다. 그 뒤로 밑의 덩이층은 거의 선형적으로 자라고 위의 표면거칠기층의 두께는 coalescence과정에서 약간 줄어들고 곧 17 Å 정도에서 안정화가 되는 것을 볼 수 있다.

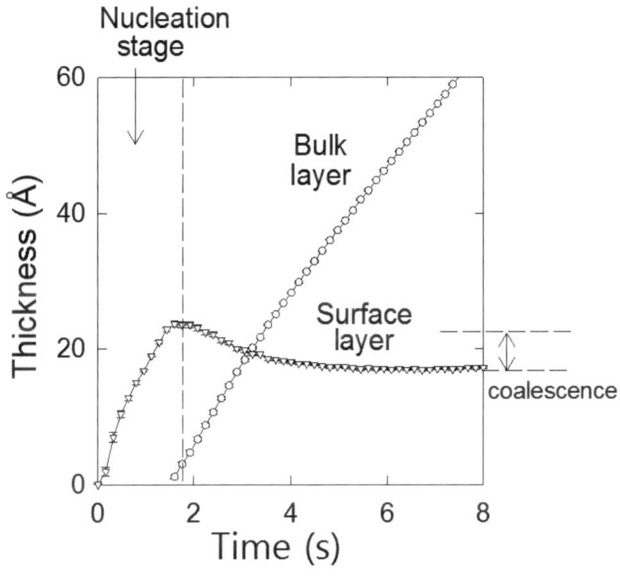

[그림 7.16] PECVD로 증착시킨 a-Si:H의 성장과정으로 초기 핵 생성단계(세로 마디선의 왼쪽)와 표면거칠기층을 지닌 덩이층의 성장과정(세로 마디선을 경계로 오른쪽)을 보여주고 있다(An 1990, 1991).

초기 핵 생성단계에서는 핵이 자리를 잡고 서로 부딪힐 때까지 커 나가게 된다. 실지로 어떤 모습으로 성장이 진행될지는 그 광학 모델인 단층 모델을 이용하여 분석함으로써 약간의 감을 잡을 수가 있게 된다. 즉, 단층 박막 모델과 effective medium 이론을 이용하면 핵층의 두께 변화와 void 함량의 변화를 구할 수가 있다(그림 7.16에는 두께 변화만 보여주고 있음). 이 두 값을 각각 x-y 좌표로 하여 그려보면 그림 7.17의 경우가 된다. 검은 점선은 크롬 기판 위에 a-Si:H 핵이 자라는 경우이고 흰점은 c-Si 기판 위에 자라는 경우이다. 그리고 마디선들은 핵의 모양이 완전한 반구형이며 바둑판무늬 모양으로 자리를 잡고 자란다고 가정하고 계산한 값들이다. 이 때 핵간의 간격을 각기 다르게 하여 계산하였다. 크롬 기판의 경우 그 성장 과정이 핵간의 거리를 40 Å으로 두고 계산한 반구형 모델과 아주 잘 맞는다. 반면 c-Si 기판의 경우 void 함량이 두께에 무관하게 40~50%에 머무는 것으로 봐서 핵의 밀도가 높고 초기부터 끊임없이 합쳐져 나간다고 추측할 수가 있다.

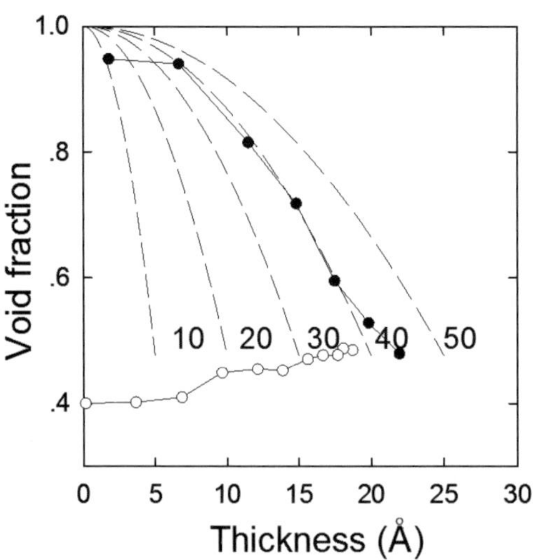

[그림 7.17] PECVD로 a-Si:H 박막을 증착할 때 초기 핵 생성단계를 단일층 모델로 분석하여 얻은 두께와 void 함량의 변화를 궤적으로 표현한 것이다. 검은 점은 크롬 기판을 사용했을 경우이고 흰 점은 c-Si을 기판으로 사용했을 경우이다. 그리고 마디선들은 핵의 모양을 반구형으로 보고 주어진 숫자의 간격(단위: Å)을 가진 바둑무늬형태로 자리를 잡고 성장한다고 가정했을 때 얻게 되는 두께와 void 함량과의 관계이다(An 1991).

앞의 그림 7.16과 7.17에서 보듯이 초기성장시 발달된 핵이 표면거칠기에 영향을 미치는데 이번에는 그 표면거칠기가 증착조건에 따라 어떻게 변하는지를 살펴보자. 표면 위의 작은 물방울 두 개가 서로 붙는 순간 전체적인 크기는 커지지만 높이는 오히려 낮아짐을 본다. 이 과정을 coalescence 라고 부르는데 박막 초기 성장에 있어서의 중요한 과정 중의 하나이다. 그림 7.18는 여러 가지 PECVD 과정에서 a-Si:H 박막의 초기성장 시 표면거칠기의 변화가 줄어드는 양을 실시간으로 측정한 값인데 분석은 이층 박막 모델을 사용하였다. 표면거칠기의 변화(세로축의 값)가 작다는 것은 precursor의 표면 확산 유동성(surface diffusion mobility)이 작음을 의미하는데 PECVD 중 rf-power의 경우 그 값이 너무 높으면 사용하는 SiH_4(silane gas) 개스가 에너지를 너무 많이 받아 SiH나 SiH_2 형태의 precursor를 발생시키는데 이들은 표면과의 반응력이 크기 때문에 유동성이 떨어지게 된다. 따라서 표면에서 거칠기 감소에 크게 기여하지 못하므로 가능한 한 낮은 power를 사용하면 유동성이 좋은 precursor를 발생시켜 결국은 결함이 적은 박막을 증착하게 된다. 온도의 경우(오른쪽 그림) 기판 온도가 낮으면 precursor들의 표면 유동성이 자연히 떨어지고 너무 높으면 박막 표면의 Si-H bond에서 수소들이 탈착이 되기 시작하여 dangling bond를 형성하여 이들이 precursor들을 붙잡기 시작하므로 역시 유동성이 나빠진다. 따라서 적절한 온도(약 250℃)가 요구된다. 또다른 이유가 있긴 하지만 이 저서의 성격상 ellipsometry data로부터 두께 이상의 정보를 얻을 수 있음을 강조하면서 이 정도 해석에서 그치고자 한다(Li 1992).

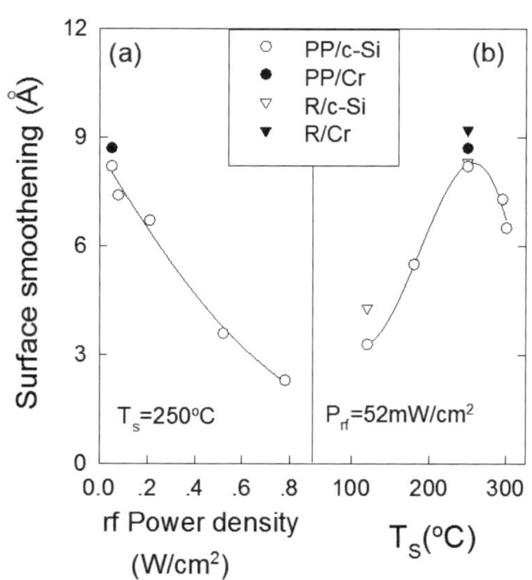

[그림 7.18] 세로축 값은 초기 핵들이 서로 붙는 순간에 형성된 표면거칠기가 박막이 자라면서 줄어든 양을 나타낸다. 왼쪽: PECVD에서 power 밀도에 따른 경향과 오른쪽: 기판온도에 따른 경향을 각각 보여 주고 있다. PP는 parallel plate형의 PECVD를 RP는 remote plasma PECVD를 의미한다(Li 1992).

• **실시간 분광 ellipsometry: 박막성장(photo-polymerization)**

그림 7.3에서 소개한 화학 cell에서 자외선 조사에 따른 polymer의 성장을 실시간으로 측정한 경우인데 반투명 기판의 후면에서 빛을 조사하였다. 직접적인 구조적 성장 모델을 설정하여 분석하기보다는 다른 장비로는 확인하기 힘든 현상을 규명하는 실험이다. 용액 속으로 자외선을 조사해 polydiacetylene을 기판 위에 polymerization시켜 박막을 형성시키는 것이었는데, 그런데 용액이 자외선을 너무 많이 흡수하기 때문에 투명기판을 cell 벽에 부착시키고 빛을 투명기판의 이면에서 조사하는 방법을 사용하는 아주 까다로운 실험이었다. 실시간 측정시간이 100 분이 경과할 때에 용액을 Teflon 프로펠러로 저었다. 그림 7.19(왼쪽)에서 볼 수 있듯이 성장이 멈춘 것을 금방 알 수가 있다. 다시 시간이 180 분을 경과할 때 프로펠러를 멈추었더니 다시 성장이 계속됨을 관측할 수 있었다. 이 실험 결과는 나중에 단층 박막 모델로 분석하여 두께의 시간적 변화를 구할 수 있었는데, 사실은 분석의 필요도 없이 우리가 원하는 정보가 나온 것이다. 이 결과를 (Δ, Ψ) 궤적으로 보면 그림 7.19의 오른쪽과 같게 된다. 시간이 100 분일 때 성장이 멈췄다가 180 분에 재개되는 것이 이 궤적에서는 한 점으로 나타날 수밖에 없다. 나중에 프로펠러의 회전 속도를 스테핑 모터를 이용해 조절하였더니 속도에 따라 성장률이 다르게 나오는 것도 확인이 되었다. 자외선 조사로 인하여 기판 표면에 생긴 precursor들이 polymerization이 되기 위해서는 반응시간이 필요하다는 것을 증명한 것이다(Paley 1995, An 2001). 이와 같은 실험을 다른 분석장비로 한다고 가정해 보면 얼마나 힘들지를 상상할 수가 있다.

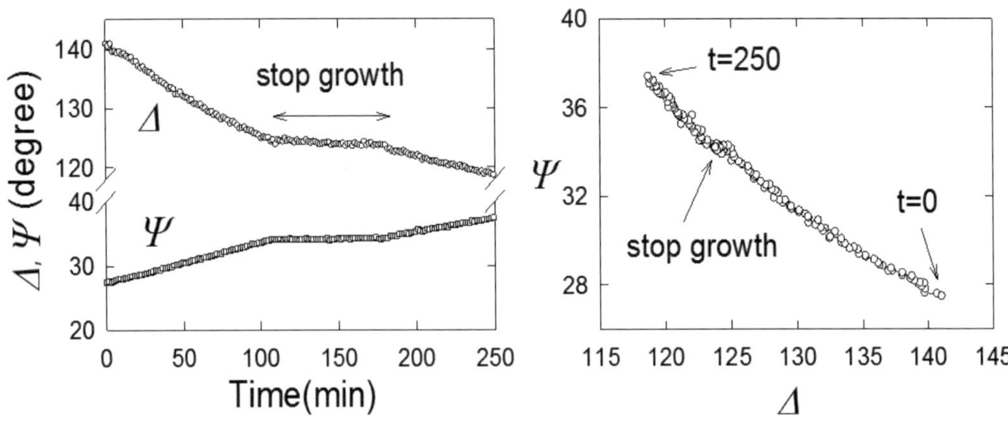

[그림 7.19] 왼쪽: Photo-polymerization을 이용한 polydiacetylene 박막의 성장 궤적으로 시간이 100 분과 180 분 사이에서 용액을 저었다. 오른쪽: 같은 결과를 (Δ, Ψ) 공간에서 표현하였다. 실시간으로 측정한 분광 스펙트럼에서 변화과정을 보기에 쉽도록 하기 위해서 3.0 eV에 해당하는 값만을 발췌한 것이다.

• **실시간 분광 ellipsometry: 금박막의 식각**

박막 성장과는 반대로 박막 식각 연구에도 사용이 가능하다. 이번에는 그림 7.3에서 소개한 화학 cell을 1,2-dichloroethane으로 채운 뒤 그 내부에 위치한 금박막의 뒷면에서 자외선 조사를 하면서 금박막의 변화를 실시간으로 측정하였다. 물론 ellipsometry 측정은 금박막의 전면부에 대해 실시를 하였다. 이렇게 한 이유는 사용한 액체가 자외선을 심하게 흡수하므로 자외선이 금표면에 도달할 수 없기 때문이다. 따라서, 자외선은 기판인 유리(fused silica)를 통해 박막으로 전달이 된다. 금박막 또한 흡수가 심하므로 두께를 줄임으로써 기판을 거꾸로 통과한 빛이 금의 표면에 도달하도록 하였다. 따라서, 화학적 반응은 금박막과 액체의 경계면에서 자외선을 도움을 받아 진행이 된다. 그림 7.20(오른쪽)의 실시간 분광 스펙트럼에서 t=0 min일 때의 스펙트럼은 유리 위에 금박막이 약 80 Å이 있는 경우이다. 그런데, t=100 min일 때 측정한 스펙트럼의 경우 *Δ* 값이 파장에 무관하게 0인 것을 볼 수가 있다. 이를 분석해 보면 기판(유리)의 측정값이다. 약 100 분 동안에 80 Å의 금박막이 식각이 된 것이다. 평균식각률로 표현하자면 약 0.8 Å/min이 된다. 어떤 분석장비가 이런 현상을 감지할 수 있겠는가? 이후 실험에서 chlorine이 함유된 다른 액체류에서도 자외선 조사를 통해 금박막이 식각이 됨을 확인하였다. 금이 소금물에도 녹는다는 것인데, 검증을 하기 위해 이 현상을 발견한 지 한참 뒤에야 논문으로 발표하였다(An 2004a). 구리박막에서도 이와 같이 자외선의 도움을 받아 식각현상이 발생함을 관찰할 수 있었다. 이와 같은 실험에서 분광 ellipsometry의 운용이 부담스럽다면 실시간 단파장 ellipsometry를 적용하여도 만족스런 결과를 얻을 수 있다.

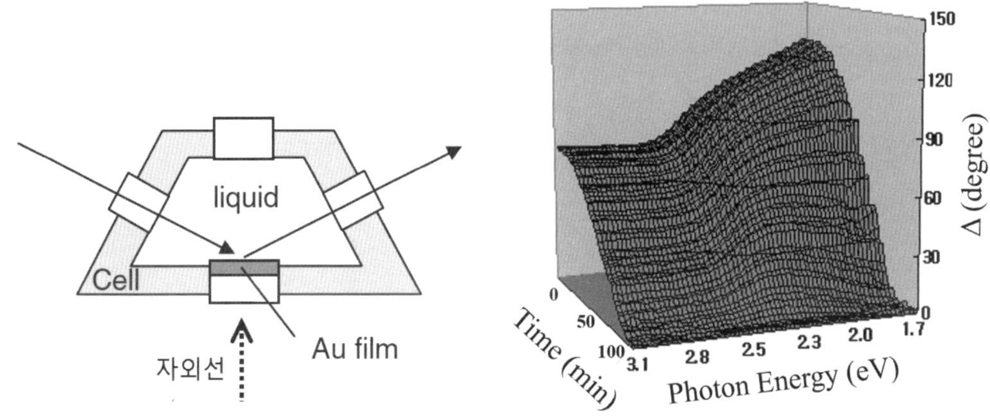

[그림 7.20] 왼쪽: Chemical cell에서 실험 구성도. 위쪽의 화살표가 ellipsometer에서의 빛의 경로이다. 오른쪽: 약 100 분간의 자외선 조사에 따른 실시간 분광 ellipsometry 스펙트럼(Δ)

• **실시간 분광 ellipsometry: 박막의 변화(a-Si 박막의 수소화)**

그림 7.21은 250 ℃의 c-Si 기판 위에 sputtering을 이용하여 a-Si 박막을 약 300 Å 정도 증착시킨 다음 낮은 열에너지를 가진 수소 원자를 발생시켜 그 박막을 수소화(post-hydrogenation)하고 다시 높은 열에너지를 가진 수소 원자를 이용해 박막을 식각시켜 가는 과정을 측정하여 얻은 가성유전상수(pseudodielectric constant) 궤적이다. 여기서 가성유전상수인, {⟨ε_1⟩, ⟨ε_2⟩}의 표현에 대해서는 이미 제2장의 마지막 부분에서 언급한 바가 있다. 즉, (Δ, Ψ)의 다른 표현이지 유전율로서의 의미는 없다고 하였는데 궤적에서 빛이 한 물질만 보았다고 여겨지는 지점에서는 그 물질의 유전율을 나타내게 된다. 즉, 그림의 오른쪽 아래 시작지점(substrate)이 c-Si 기판의 3.0 eV에서의 유전율이 되겠다. 반시계 방향으로의 경로가 성장 궤적을 나타내고 맨 왼쪽 끝지점이 '300 Å a-Si/c-Si'의 박막 구조를 보이는 곳이다. 챔버에 수소개스를 주입하고 내부에 장착된 filament에 전압을 걸어 열 및 열전자를 발생시킴으로써 여기된 상태의 수소 원자를 발생시킬 수 있고 전압을 조절하여 그 에너지의 크기 및 수소원자의 양을 조절할 수 있다.

성장을 멈춘 후 낮은 열에너지를 가진 수소 원자를 주입하니까 a-Si이 수소화가 되고 있는 것을 볼 수 있는데 식각(etching)과정이 아님은 경로로 봐서 금방 알 수가 있다. 즉, 성장은 궤적이 반시계 방향이면 식각은 시계방향으로 경로가 바뀌어야 하는데 그렇지 않다. 이 경우 식각이 발생하지 않았다면 궤적은 a-Si 박막의 수소화로 인한 광특성의 변화와 관련이 있음을 추정할 수 있다. 수소화되면 그 광학적 성질이 어떻게 되는지는 수소화 전후의 분광 ellipsometry 스펙트럼을 앞에서 배운 각종 기술을 이용하여 분석함으로써 알 수가 있다. 즉, 수소화 전의 a-Si의 두께는 단층박막모델로부터 쉽게 구할 수가 있고, 이 두께를 수소화된 스펙트럼에 적용하여 inversion 기술로써 그 광특성을 찾아 내면 된다. 물론 dispersion relation으로 data를 직접 fitting 하여도 구할 수가 있다.

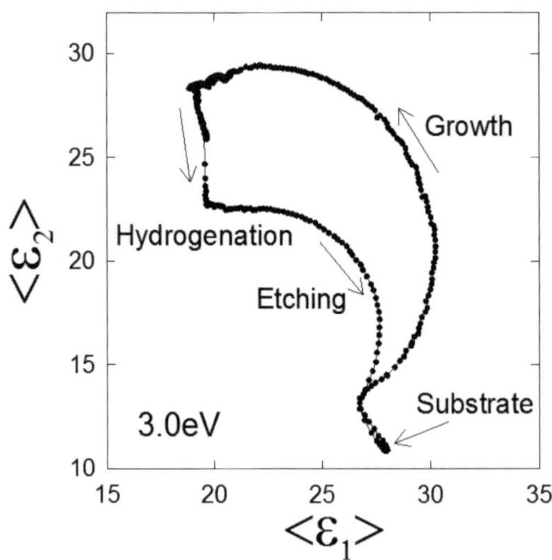

[그림 7.21] 250℃의 c-Si 기판 위에 a-Si 박막이 증착되고, 수소화되며, 또한 식각이 되어가는 궤적을 보여주고 있다. 실시간으로 측정한 분광 스펙트럼에서 변화과정을 보기에 쉽도록 하기 위해서 3.0 eV에 해당하는 값만을 발췌한 것이다.

그 분석 결과는 그림 7.22와 같은데 수소화를 시킴으로써 blue-shift가 발생함을 알 수 있다. 이는 나중 FTIR(Fourier transform 적외선 분광)을 이용하여 분석해 보면 Si-H(또는 Si-H_2) bond가 많이 생성된 것과 연관이 된다. Blue-shift로 인하여 광학적 갭이 커지고 또한 dangling bond 등의 defect가 치유되는 일련의 과정과 연계지어 연구를 할 수가 있다. 다시 그림 7.21의 식각과정을 살펴보자. Filament의 전압을 높여 수소원자의 에너지를 높이면 수소화가 아니라 식각과정이 시작된다는 것을 금방 알 수가 있다. 그리고 그 궤적의 끝이 다시 시작지점에 돌아옴으로써 박막이 완전한 식각이 된 것을 알 수 있다.

그림 7.21의 궤적을 보면 a-Si 박막의 증착과 수소화 그리고 식각 연속적으로 수행되었음을 알 수 있다. 즉, 일련의 실험을 수행하는 동안 시편을 진공 chamber에서 꺼낸 적이 없는 것이다. 여기서, 실시간 ellipsometry가 없었다고 가정하면, 비슷한 결과를 확인하기 위해 실험을 수십 번, 수백 번은 하여야 하고 그 때마다 분석과 새로운 시편의 교환을 위해 진공 chamber를 열어야 하니 그 시간적 경제적 손실과 함께 겪게 되는 고통은 어디에 비교를 하겠는가? 사실, 시간에 대해 비선형적인 식각과정에 있어 언제 식각이 완료되었는지를 알려고만 해도 식각 주기를 바꾸어 가며 수십 번의 실험을 하여야 할 것이다. 다른 연구인들이 유사한 실험을 할 때 도대체 chamber 안에서 어떤 일이 벌어지고 있는지를 상상도 못하고 있는 사이 저자는 이 모든 과정을 실시간으로 관찰할 수 있었으니 얼마나 행운이었는지 모른다. 사실 그림 7.21은 실시간 분광 ellipsometer로 측정한 분광 data 중

한 파장만을 보여준 것인데 분광 스펙트럼을 분석하면 더 많은 사실들을 알 수가 있다.

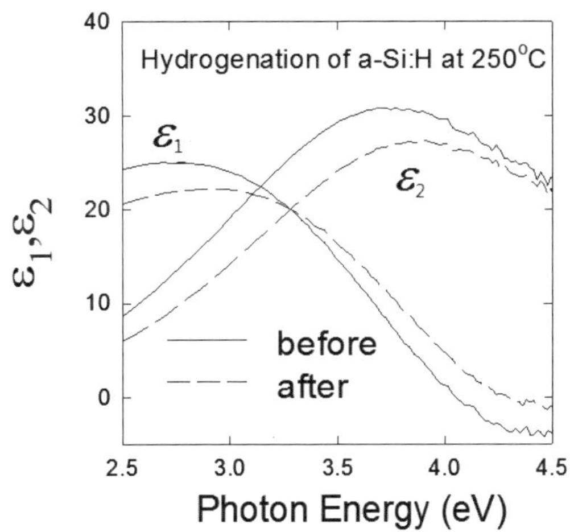

[그림 7.22] 수소화 전후의 a-Si 박막의 광학적 성질. 수소화 후의 blue-shift는 Si-H bond의 형성과 관계가 있다.

☏ **이야기:** 앞의 수소화 실험은 저자가 대학원시절에 수행한 것인데 당시 공대에서 자기들이 증착한 a-Si 박막을 수소화해 보라고 보내왔다. 같은 실험을 실시한 결과 그림 7.21에서와 같은 수소화 궤적이 나타나지 않았다. 그 결과를 두고 그들은 일부 논문에 발표된 내용을 인용하여 sputtering으로 증착된 박막은 수소화가 안 된다고 하였고, 저자는 표면에 산화막이 형성되었기 때문이라고 주장하였다. 이에 대해 어떤 교수는 Si-O bond와 Si-Si bond의 크기가 거의 같으므로 매우 작은 수소 원자가 박막 속으로 확산하는데는 차이가 없을 것이라며 저자의 주장이 틀렸다고 하였다. 이에 대해 저자는 수소가 그냥 박막 속으로 들어가는 것이 아니라 표면에서부터 Si-H bond를 형성하면서 확산되어 간다고 반박을 하였다. 그날 밤 그림 7.21의 실험을 반복하였는데, 단, 박막을 성장시킨 후 수소화를 시작하기 전에 진공챔버를 잠시 열어 표면을 공기 중 산소로 산화시켰다. 예상대로 수소화가 되지 않았다. 즉, 표면에 형성된 산화막, 즉, Si-O bond가 너무 강하여 수소가 치환을 시키지 못하는 것이다. 간접적이긴 하지만 ellipsometry를 이용하여 수소원자가 표면에 Si-H bond를 형성하면서 박막 안쪽으로 hopping diffusion을 한다는 것을 증명한 것이다. 다음 분석 결과를 보면 확산속도는 ellipsometer 측정속도보다 매우 빠름을 추정할 수 있다.

• **Diffusion-limited 모델과 reaction-limited 모델**

그림 7.22에 주어진 수소화 전후의 광학적 성질을 이용하여 그림 7.21의 수소화 궤적을 추적해 보자(실제로는 3차원 분광 data를 이용하였음). 수소화가 a-Si 박막의 표면에서부터 일어나 아래쪽으

로 서서히 진행되어 들어가는 것인지(확산 모델, diffusion-limited) 아니면 상당 깊이(ellipsometry의 OPD)까지 수소원자가 쉽게 들어 간 후 전체적으로 서서히 수소화 반응이 일어나는지(반응 모델, reaction-limited)를 알아보도록 하자. 수소화된 물질을 a-Si:H라 표현하면 확산모델의 경우 이층 박막 모델(공기/a-Si:H/a-Si/c-Si)을 사용할 수 있겠는데 좀더 현실적으로는 확산에 의한 깊이 분포가 있으므로 알려진 확산 계수를 이용하면 다층 박막 모델을 설정할 수 있고 이 때 전체 두께는 변하지 않는다고 가정을 한다. 각 층의 광학적 성질은 a-Si과 a-Si:H의 광학적 성질을 effective medium이론으로 섞으면 되는데 이 때 부피비는 확산 계수와 층의 깊이를 complementary error function에 대입하여 구할 수가 있다. 이와 같은 방법을 이용하면 확산을 가정한 궤적을 구해낼 수 있는데 각기 다른 확산 계수를 이용했을 때의 시간 궤적이 그림 7.23에 마디선으로 표시되어 있다. 확산모델은 한편 반응 모델의 경우는 단일층 모델(공기/a-Si+a-Si:H/c-Si)을 사용하면 되는데 시간적으로 증가하는 것은 effective medium 이론을 적용할 때의 a-Si:H의 성분비이다. 반응 모델의 결과는 그림 7.23에서 실선으로 표현된 부분인데 측정값하고 겹쳤다. 이 결과는 나중 SIMS(secondary ion mass spectrometer)를 이용하여 구한 depth profile에 의해 증명이 되었다. 확산과 반응의 속도가 비슷한 시간 스케일로 발생할 경우는 분석이 매우 힘들 것이다.

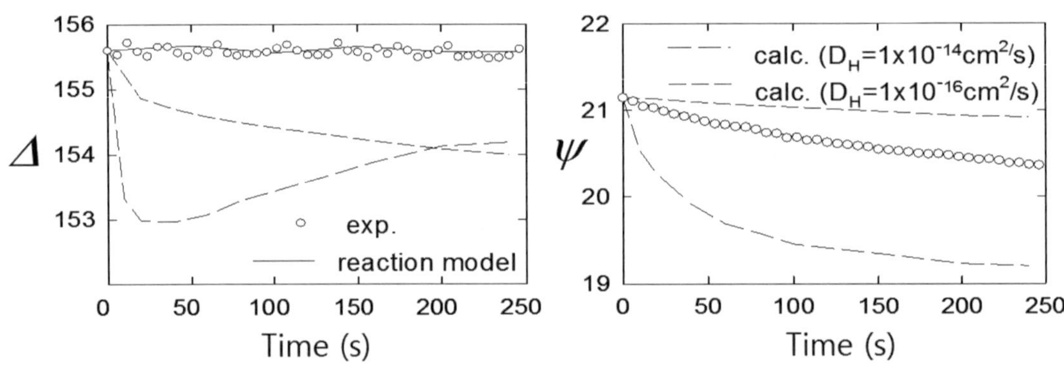

[그림 7.23] 그림 7.21에서 수소화 과정을 그림 7.22의 수소화 전후의 광학적 성질을 이용해 simulation한 결과이다. 마디선은 각기 다른 확산계수(D_H)의 확산 모델을 가정한 계산 결과이며 실제 측정치(원) 뒤에 겹쳐진 실선은 특정 깊이까지 균질하게 수소화가 된다고 가정한 반응 모델의 결과이다.

• **실시간 분광 ellipsometry: 진공박막제작에서의 오염**

앞에서 ellipsometry 분석을 잘 하기 위해서는 시편 자체뿐만 아니라 제작방법에 대한 지식도 중요하다고 한 바가 있는데 이와 관련된 예를 보여주고자 한다. 보통 sputtering이나 PECVD 등의 진공박막제작에 있어 사용하는 압력은 수 mTorr에서 수백 mTorr가 된다. 하지만 대부분의 chamber에는 10^{-8} Torr 정도까지 도달할 수 있는 고진공 펌프가 부착되어 있고 박막을 증착하기 전에 이를 이용하여 최대한 압력을 내리는데 이 때의 압력을 'base pressure'라고 부른다. 이와 같이 박막을 증착하기 전에 충분한 base pressure를 확보하는 이유 중에 하나가 chamber 내에서 물분자를 제거하고자 함이다. 그림 7.24는 sputtering으로 크롬(chromium)박막을 성장시킨 후 그 광학적 성질(유전함수)을 측정한 것이다. 실험조건은 동일하고 기판 교환을 위해 진공용기를 열어둔 시간과 base pressure 확보를 위해 고진공 펌프를 작동한 시간만이 다른 경우이다. 실선은 대기 중의 수분으로 인한 오염을 최소화하여 증착한 박막의 광학적 성질을 보여 주고 있는데, 기판교환을 위해 약 30 초간만 진공용기를 대기에 노출시켰고, 고진공 펌프로 3 시간 정도의 배기를 하여 1×10^{-6}Torr 이하의 base pressure를 확보하였다. 반면 긴 마디선은 약 30 분간의 대기노출 후 10 분 정도의 간략한 고진공 배기(약 1×10^{-4}Torr)를 한 후 증착시킨 크롬의 광특성이다. 산화크롬이 많이 포함되었는데 이는 진공용기 벽에 달라붙은 물분자가 sputtering을 하는 동안 서서히 떨어져 나와 공정을 오염시켰기 때문이다. 이를 확인하기 위해 세 번째 실험에서는 진공용기를 30 초 정도 열어 기판을 교환하고 1시간 정도의 고진공 펌프를 이용한 배기를 거쳤더니 다시 첫 번째 크롬에 상당히 근접한 광특성을 보였다(짧은 마디선). 이와 같이 진공용기의 대기 노출을 최소화하고 고진공 펌프를 이용하여 base pressure를 확보하는 것은 매우 중요하다. 아직도 대부분 대학의 실험실에서는 압력, 온도, 또는 power 등을 바꾸는데 만 신경을 쓰는 것 같다. 크롬을 sputtering하면 크롬 박막이 자라겠지 하고 믿는 것은 너무 안이하다. 극히 조심하지 않으면 같은 결과를 반복적으로 얻기도 그리 쉽지가 않는 경우가 많다.

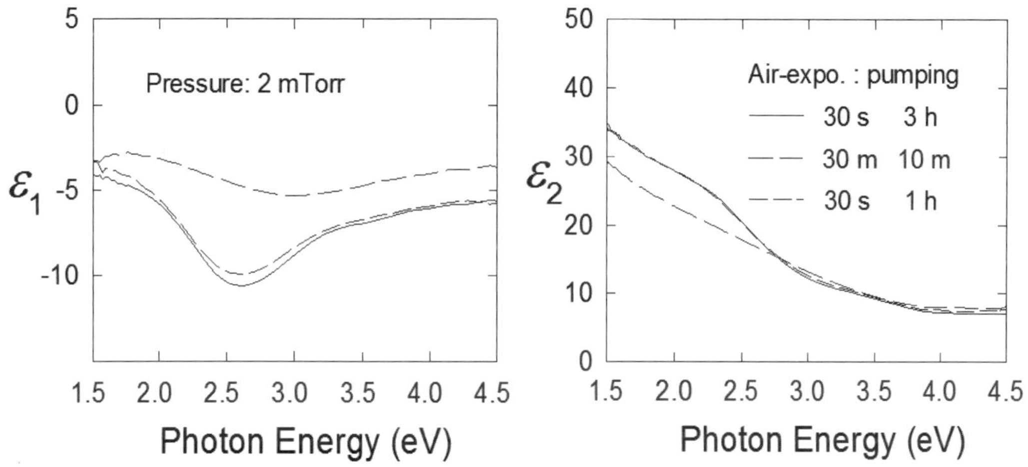

[그림 7.24] 대기 노출시간과 배기 시간을 바꾸면서 sputtering한 크롬(chromium) 박막의 유전함수 ($\epsilon = \epsilon_1 + i\epsilon_2$)로 분광 ellipsometer를 이용하여 진공 chamber에서 in situ 로 측정하였다. 실선: 30 초 대기 노출, 3 시간 고진공 배기, 긴 마디선: 30 분 대기 노출 10 분 고진공 배기, 짧은 마디선: 30 초 대기 노출 1 시간 고진공 배기(An 1999)

또 다른 예를 보자. 그림 7.25는 크롬 박막을 sputtering으로 진공 증착한 뒤 시편을 끄집어내기 위해 chamber를 venting(진공 해제)하는 동안 실시간 측정한 궤적을 보여주고 있다. 표면의 변화에 민감한 측정값인 Δ이 제법 많이 변하는 것을 알 수가 있다. 이는 산화막의 생성이나 공기 중 유기물질에 의한 흡착을 관찰하고 있다고 볼 수 있는데, chamber를 열자마자 수초 안에 값이 크게 변하는 것을 통하여 오염이 되어가는 시간 스케일과 그 정도를 짐작할 수 있게 해 준다.

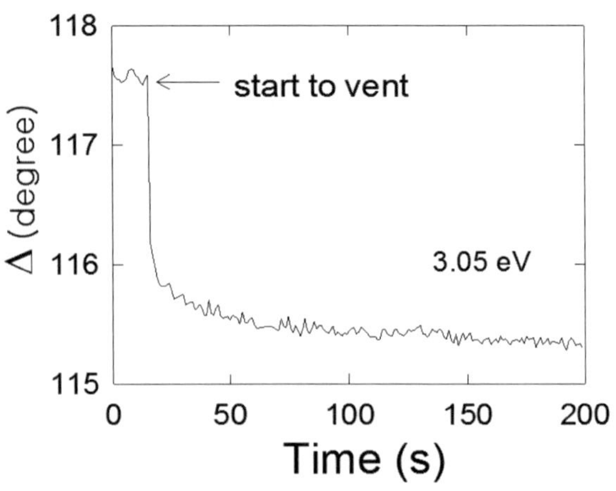

[그림 7.25] 크롬 박막을 진공 증착시킨 후 venting시키면서 측정한 Δ 궤적(An 1999)

• **실시간 분광 ellipsometry: 3-parameter ellipsometry(light scattering)**

이번에 소개할 내용은 좀 특이한 응용의 예가 될 것인데 아마 저자가 이 분야에 처음으로 응용한 것 같다. Ellipsometry를 이용하여 PECVD 공정 중 플라즈마 속에 떠 있는 입자의 생성정도를 측정한 것이다. 이와 같이 ellipsometry의 응용분야는 앞으로도 계속 개척되어 나갈 것이다. 3-parameter 분광 ellipsometry에 대해서는 제6장에서 상세히 설명을 하였는데 세 개의 측정값 (Δ, Ψ, R_A)를 가진다. 이 세 가지 측정값 중 (Δ, Ψ)는 밝기 변화에 큰 영향을 받지 않는다. 따라서 측정한 (Δ, Ψ) 값으로 시편의 유효반사율(R_A)을 이론적으로 계산해 내고 이를 측정한 유효 반사율과 비교하여 그 차이를 구해 이를 이용하는 것이 3-parameter 분광 ellipsometry의 요지이다. 이번에는 그 차이가 왜 나는가를 알아보는 것이다. PECVD를 이용하여 a-Si:H 박막을 증착시키면서 (Δ, Ψ, R_A) 값을 측정하였다. 초기에 플라즈마를 켜고 박막이 자라기 시작할 때의 이론적으로 구한 유효반사율과 측정한 유효반사율과의 차이(loss)를 구한 다음 광양자 에너지에 대해 그려 보았더니 그림 7.26과 같았다. 다시 파장의 4승에 대해 그렸더니 왼쪽 구석의 작은 그림에서 보듯이 선형적인 차이를 보였다. 전형적인 입자에 의한 scattering이다. 그 이유를 찾았더니 silane 개스로 플라즈마를 생성하면 많은 입자들이 생긴다는 것이었다. 결국 플라즈마 속에 떠 있는 입자들이 ellipsometry 광원에서 나온 빛을 scattering하게 되는 것이다. 박막의 두께에 따라 다른 것은 박막에서의 반사율(R_A) 변화와는 아무 관계가 없고 플라즈마가 안정되기까지 시간이 소요되기 때문이었다. 즉, 이 경우 (R_A)값은 ellipsometer 빛 경로에 발생한 입자에 의해 scattering 된 광량을 고려하지 않은 것이므로 (Δ, Ψ, R_A)에서 (n, k, d)를 구해내는 단파장 3-parameter ellipsometry는 사용할 수가 없다.

본 실험에 사용한 PECVD 시스템에서는 기판이 수직으로 놓여 있었고 초기 silane 개스로 플라즈마를 생성할 때 발생한 입자는 chamber 바닥에 황갈색으로 흡착이 되어 있었다. 기판이 수평으로 놓이는 대부분의 PECVD 시스템에서는 이 입자들이 기판 위로 떨어지므로 어떤 방식으로든지 박막특성에 관여할 것으로 추정이 된다.

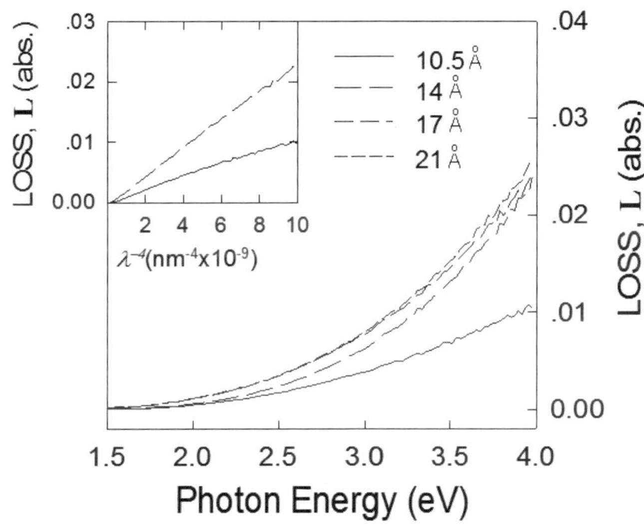

[그림 7.26] PECVD로 a-Si:H 박막을 증착할 때 초기 단계에서 3-parameter ellipsometry를 이용하여 구한 유효반사율의 차(loss)와 광양자 에너지 또는 파장의 4승과의 관계(작은 그림)

• **흡착(adsorption)과 탈착(desorption)**

Ellipsometry data를 분석할 때 모델을 설정하여 정량적으로 특정 물리량을 이끌어 낼 필요가 없는 경우도 매우 많다, 앞의 여러 경우의 예에 있어서 그냥 end-point detector를 사용할 수 있음을 알 수 있었다. 여기서도 비슷한 예를 들어 보자(Nahm 1983, 1984). 그림 7.27에서 세로축은 phase modulation ellipsometer에서 locking amp를 사용하여 측정한 세 frequency component 중 하나이다. 이에 대해서는 이미 앞에서 설명한 바가 있는데 아직 (Δ, Ψ)도 이끌어 내지 못한 단계의 data이다. 그럼에도 불구하고 매우 유용하게 사용을 할 수 있음을 확인할 수 있는데, 실험 내용은 진공 용기를 고진공으로 pumping한 다음 아르곤(Ar) 개스를 넣으면서 그 압력변화에 따른 ellipsometry의 측정값을 표시한 것이다. 특정 압력을 지날 때마다 이 값이 계단식으로 변함을 알 수 있다. 이는

phase diagram으로 설명이 가능한데 여기서는 특정 압력마다 monolayer가 덮여간다고만 설명하고자 한다. 흡착(adsorption)의 경우만 아니라 거꾸로 Ar의 주입을 중단하고 pumping을 재개하면 그 역행로인 탈착(desorption)의 과정이 정확하게 같은 압력에서 이루어짐을 알 수 있다(긴 마디선).

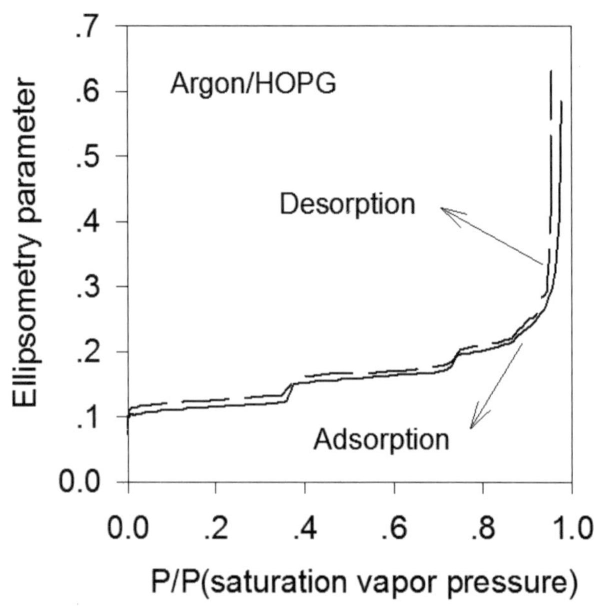

[그림 7.27] 진공에서의 Ar의 흡탈착 실험으로 가로축은 압력을 Ar의 증기압으로 규격화시킨 값이다. 그리고 세로축은 phase modulation ellipsometry의 측정신호 중 하나이다.

• **Ellipsometer 광원에 의한 시편의 광특성 변화: 감광제(photoresist)**

측정행위에 의해 시편이 변하는 경우이다. 그림 7.28은 i-line photoresist(PR)를 자외선으로 노광시킬 때 PR의 광학적 특성이 변해 가는 궤적을 보여주고 있다. 처음 50 초간은 자외선램프를 켜지 않은 상태에서 그냥 ellipsometer 측정만을 시행하였는데 이미 궤적이 변하고 있음을 볼 수 있다. 이는 ellipsometer에 사용된 광원 그 자체에 의해 노광이 진행되고 있음을 말해 주고 있다. 그리고 수은등으로 노광을 시작한 뒤 약 150 초가 경과하자 광학 상수의 값이 점근값에 가까워져 더 이상 노광의 필요성이 없음을 알 수가 있다. 분석을 위해 아무 모델도 설정하지 않았음에도 불구하고 이미 많은 유용한 정보가 추출이 되었다. 그리고 이 궤적의 변곡점을 더 명확히 알기 위해서 그림 7.25의 오른쪽 그림처럼 실시간으로 미분값을 그려 나갈 수도 있는데 end-point 감지에 있어서는 위 그림보다 더 확실함을 알 수 있다. 즉, 그 미분값이 0인 지점을 더 쉽게 판단하여 공정을 중단함으로써 시간 및 경제적 이득을 얻을 수가 있다.

PR 시편 측정은 두께뿐만 아니라 PR의 감광특성을 나타내는 Dill parameter 추출 연구를 위해서도 필요하다(Dill 1975, Roeder 2011). 이 경우 필요한 값은 노광 전후의 광특성과 노광에 따르는 빛의 흡수와 관련된 변수로 주로 A, B, C parameter라고 한다. 이 값들을 분광 ellipsometer로 무심코 측정하면 그림 7.25에서 예상할 수 있듯이 잘못된 값을 추출할 수 있다. 따라서, 이 경우 측정광원에 의한 노광을 최소로 하여야 할 것인데 그 방법들로는, 우선 앞에서 논한 바 있듯이 rotating polarizer ellipsometer 보다는 rotating analyzer ellipsometer를 사용하고, 시간이 많이 소요되는 입사면 calibration은 다른 시편으로 실시하며, 측정 가능한 범위 내에서 광원의 밝기는 최소로 그리고 측정속도는 최대로 하여야 할 것이다.

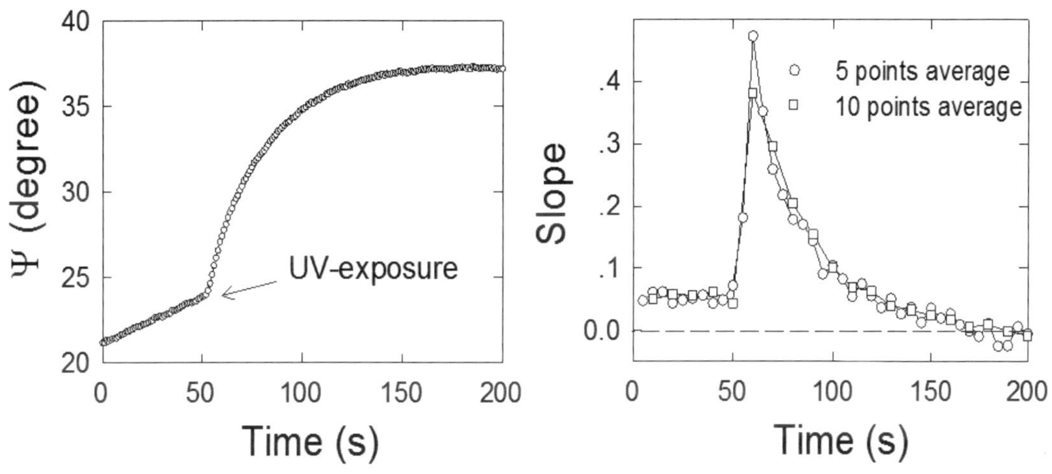

[그림 7.28] 왼쪽: c-Si 기판 위에 도포된 약 1 ㎛ 정도의 i-line용 photoresist 박막을 자외선으로 노광하는 과정에 측정한 Ψ-궤적으로 약 50 초가 경과한 시점에서 램프를 켰다. 오른쪽: 이를 미분한 값이다. 노광에 사용한 파장은 i-line에 해당하는 365 nm이었다.

• **실시간 분광 ellipsometry: 기판의 광특성 변화(ZnO 박막)**

앞에서 박막시편을 분석할 때는 기판을 따로 측정하여 기판 관련변수는 분석모델에서 고정을 시키는 것이 좋다고 한 바가 있다. 그런데 박막 증착과정 중에 기판이 변한다는 것을 몰라 심하게 고생을 한 경우가 있어 소개하고자 한다. 태양전지용으로 a-Si:H 박막을 사용할 경우 기판으로는 투명전극(transparent conducting oxide: TCO)을 사용한다. 그런데, ITO(indium tin oxide)나 SnO2 등의 TCO는 a-Si:H 증착시 발생되는 수소이온에 의해 환원현상이 발생하여 박막이 파괴가 되는 반면 ZnO는 매우 안정적이다. 그림 7.29에 보듯이 ITO와 SnO2에 대한 측정값이 심하게 변하는 것은 박막이 환원이 되고 있기 때문이다. 그런데 ZnO 박막에도 문제가 있었는데 다음 이야기로 대체하고자 한다.

☏ **이야기:** 대학원생 시절 실시간 분광 ellipsometry를 이용하여 a-Si:H 박막 성장을 연구할 때의 일이다. 태양전지에의 응용을 위해 투명전극 중에서도 수소 이온에 안정적인 ZnO를 기판으로 사용하였다. 진공챔버에 silane plasma를 켜고 a-Si:H의 성장과정을 실시간 측정을 한 뒤 그림 7.16에서와 같은 결과를 기대하며 분석을 실시하였다. 물론 ZnO 기판의 광특성은 증착 직전에 측정하여 분석을 해 두었다. 이후 a-Si:H 박막을 증착시킨 후 측정된 스펙트럼과 이를 분석하여 모델링한 스펙트럼이 거의 일치하였으나 이상하게도 3.3 eV 근처만 약간의 차이를 보였다. 원인이 궁금하여 실험을 수차례 반복하였으나 같은 결과이었다. 고심 끝에 그림 7.16의 결과를 참값으로 두고 ZnO 기판의 광특성을 역으로 추출해 보았더니(inversion 방법 적용) ZnO 기판의 band gap이 약간 blue shift된 것을 발견했다. 여러 문헌을 조사한 결과 ZnO가 silane 개스 분해시 발생한 수소에 의한 Burstein-Moss effect를 보인 것으로 판명되었다(Burstein 1954, Moss 1954, An 1994b). 추후 실험에서는 ZnO 기판에 순수한 수소원자만을 주입하여 bandgap이 변하는 것을 확인하였다. 박막 증착으로 인하여 기판의 광특성이 변한 경우인데 매우 드문 경우이므로 일반적인 분석에서는 우려할 필요가 없다. 하지만 박막 증착시 높은 온도를 요구할 경우 기판이 열에 의해 산화가 되거나 결정화가 되는 경우는 종종 발생한다.

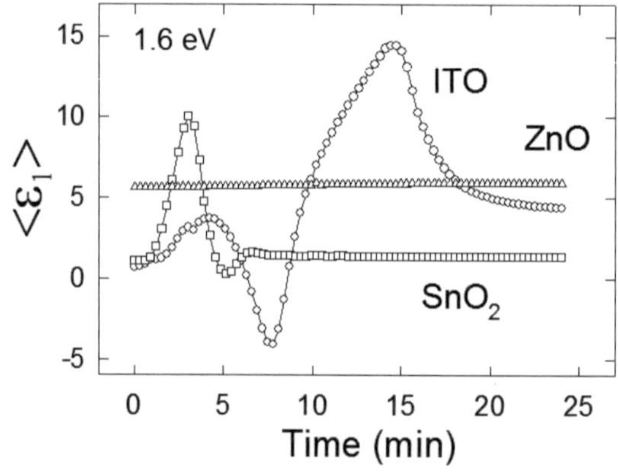

[그림 7.29] 실시간 ellipsometer로 측정한 대표적 TCO 박막에 대한 수소원자 노출 실험

- **Vacuum UV 분광 ellipsometry: 광특성의 두께 의존도(ZrO_2 박막)**

앞에서 hafnium dioxide(HfO_2)나 zirconium dioxide(ZrO_2)와 같은 high-k 물질과 wide bandgap semiconductor 등은 흡수특성이 진공자외선 영역에 있기 때문에 일반 분광 ellipsometer로는 분석이 어렵다고 한 바가 있다. 그림 7.30은 자체 제작한 vacuum UV ellipsometer를 이용하여 두께가 각기 다른 ZrO_2 박막의 광특성을 측정한 것이다. 그림에서 보듯이 두께에 따라 광특성이 다름을 알 수가 있는데 Lorentz oscillator 모델을 '공기/박막/기판' 구조에 적용하여 구하였다. 두께에 따라 광특성이

다른 것은 ALD(atomic layer deposition) 방식으로 증착시킨 ZrO_2 박막과 기판사이에 발생한 stress가 두께가 두꺼워질수록 완화되기 때문이다(Sayan 2005).

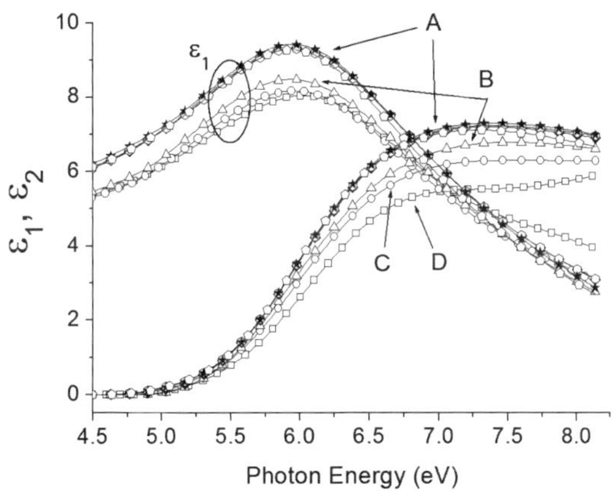

[그림 7.30] ZrO_2 박막의 진공자외선 영역에서의 유전함수. 두께는 A 그룹: 75~90 Å, B: 68 Å, C: 63 Å, D: 36 Å.

• **Vacuum UV 분광 ellipsometry: Annealing 효과의 두께 의존도(ZrO_2 박막)**

그림 7.31은 그림 7.30의 ZrO_2 박막을 300 ℃에서 annealing 한 결과이다(측정은 실온에서 실시함). 두꺼운 박막(왼쪽)은 5.7과 6.7 eV 근처에 흡수 peak이 생겨나는 것에서 판단할 수 있듯이 결정화가 됨을 알 수 있다(그림 7.30의 A, B, C 그룹 모두 결정화가 됨). 반면 아주 얇은 박막(36 Å)은 annealing 후 밀도가 좀 높아지긴 했어도 여전히 비정질 상태임을 알 수 있다. 계면에서의 강한 stress가 결정화를 방해함을 짐작할 수 있다(Sayan 2005, Lee 2010).

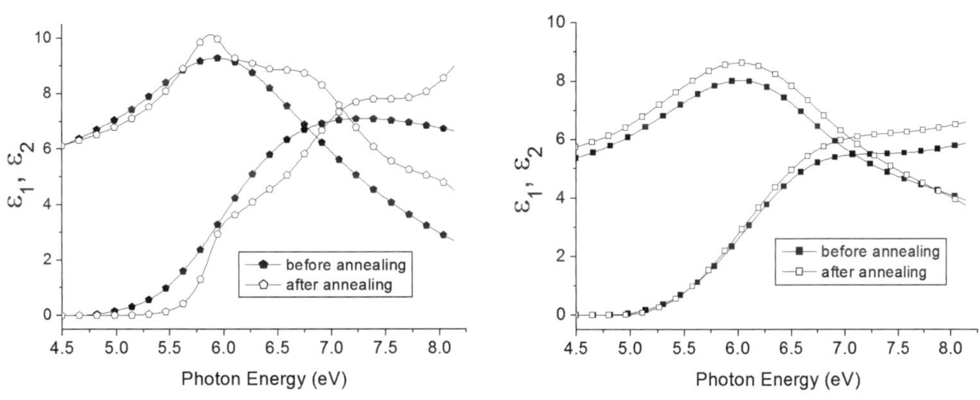

[그림 7.31] Annealing된 ZrO_2 박막의 진공자외선 영역의 유전함수. 왼쪽: 두께 90 Å, 오른쪽: 두께 36 Å.

제8장 Ellipsometer 사용 및 분석에 있어서 고려할 사항

Ellipsometry를 좀더 잘 운용하려면 이제까지 설명한 것 말고도 이론적인 측면과 기술적인 측면에서 더욱 보완을 해야 할 것이 많다. 그 중 몇 가지만 지적을 하고자 한다.

1. 이론적으로 고려해야 할 사항

1.1 Coherence 문제

두께 또는 물질의 분포가 있는 이질성 표면으로부터의 반사는 분석을 위해서는 각 구성표면으로부터 발생하는 각각의 편광상태를 중첩하여야 하는데 위상을 보존하는 coherent한 빛으로 취급하느냐 또는 incoherent한 빛으로 취급하는냐에 따라 그 결과가 달라진다. Coherence에 관한 문제는 이와 같은 공간적인 것과 시간적인 것이 있는데 후자의 예는 바로 뒤에 나오는 두꺼운 투명기판의 이면에서의 반사가 되겠다. 결국 출발점이 다른 두 빛의 간섭여부에 달렸는데 ellipsometry의 경우 애매한 경우가 있다(물론 다른 광학 기술에도 해당된다). 즉, coherence가 있다고 할 때는 제2장에서 배운 것처럼 위상을 고려하는 전기장의 형태에서 중첩을 시킨 후 그 결과를 제곱하여 빛의 밝기를 구해야 할 것이고 incoherent한 경우에는 각각의 전기장을 제곱하여 각각의 빛의 밝기를 구한 다음 더해야 한다. 이런 경우라 생각이 되면 기술적으로 피해가든지 아니면 좀 복잡하긴 하지만 이론적으로 처리해야 한다. 두꺼운 투명기판을 사용할 경우 이면에서의 반사가 이 경우에 해당할 수 있는데 뒤에 문답편에서 잠시 언급하고 있다. 또 다른 예는 초기 성장의 경우 기판 위에 알갱이 형태의 핵들이 형성이 되는데 단일층 모델을 적용하였다. 핵의 밀도에 따라 다르겠는데 입사하는 빛이 과연 이 층을 지난 뒤 기판을 보는지 아니면 핵이 없는 공간에서는 기판이 노출된 상태라서 기판에서의 직접적인 반사가 있는 것인지를 생각해 봐야 한다. 전자의 경우라면 위상을 고려한 모델이 되고 후자의 경우는 밝기를 고려한 모델이 된다.

1.2 물질의 비등방성(anisotropy)

비등방성이 심한 물질의 경우 앞에 소개한 Mueller matrix ellipsometry를 이용해야 한다. 하지만 실제에 있어 상당히 많은 경우가 비등방성이 있는 경우이긴 하지만 다행히도 일반 사용자가 ellipsometry를 응용하고 있는 분야가 대부분 등방성 물질이거나 또는 등방성을 가정해도 크게 문제가 없는 경우이다. 특히 Langmuir-Blodgett 박막이나(Blodgett 1937) 진공박막이 columnar 구조를 가질 때 방향성을 가지게 되며 최근 연구가 활발한 자기조립분자막(self-assembled monolayer) 또한 비등방성을 고려하면 더욱 학문적 가치가 큰 결과를 얻을 수 있을 것이다. 측정하고자 하는 시편이 비등방성이 있는지는 시편을 돌려가며 측정한 ellipsometry 스펙트럼 간에 차이가 많이 나는지를 가지고 어느 정도 판단을 할 수 있다.

2. Ellipsometry에 있어서 오차

오차(error)라 함은 참값으로부터 얼마나 차이가 나는지를 나타내는 용어인데 실험단계에서 그 원인이 제공될 때 실험오차(experimental error)라고 한다. 어떤 장비든지 실험오차가 있기 마련인데 장비 그 자체에 원인이 있을 수도 있고 사용에 있어 문제가 발생할 수도 있다. 우선 ellipsometry에 관련된 실험오차를 기술하기에 앞서 다음의 용어들을 짚고 넘어가고자 한다.

- accuracy(정확도) : 측정값이 참값에 가까운 정도를 이야기한다.
- precision(정밀도) : 측정값의 옳고 그름을 떠나 말 그대로 실험결과 측정된 값이 얼마나 정밀하냐를 따진다.

다음 그림 8.1의 예를 보자. 한 사격선수가 두 종류의 총으로 과녁에 사격 연습을 한 결과이다. 총A(즉, 장비A)는 B에 비해 참값(가운데)에 더 가깝다. 그러므로 정확도가 높다. 반면 총B는 비록 엉뚱한 곳에 맞긴 했지만 항시 겨눈 자리를 맞추었다. 즉, 총B는 영점이 제대로 안 잡혔을 뿐이지 정밀도가 높다.

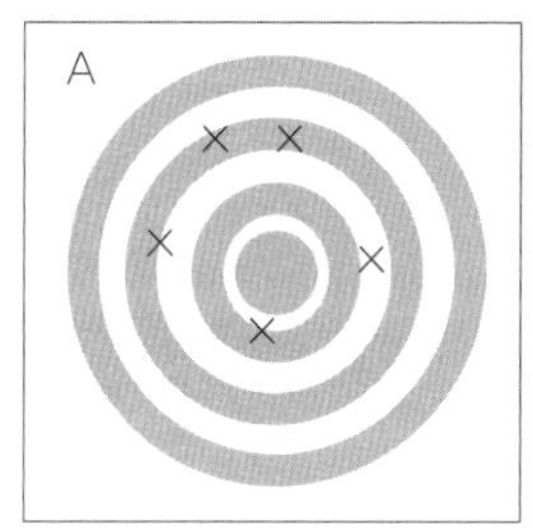

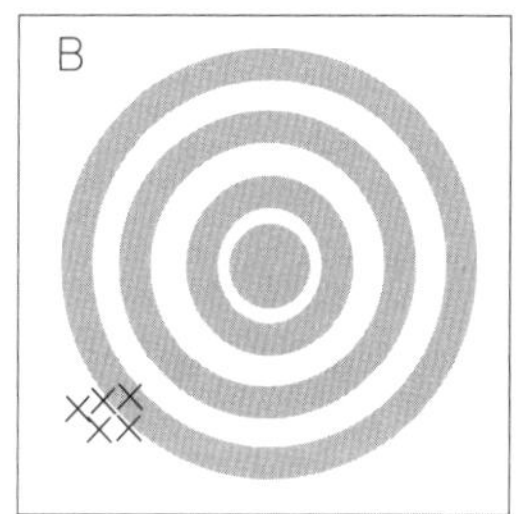

[그림 8.1] A: 과녁에 난 탄흔이 흩어진 상태이지만 비교적 중심에 모여 있다. B: 탄흔이 거의 같은 곳에 났지만 전체적으로 중심에서 벗어나 있다.

시편 및 구하고자 하는 정보에 따라 다르긴 하지만 좋은 ellipsometry의 경우 정밀도는 0.01% 이내 그리고 정확도는 0.1% 정도로 잡고 있다(Aspnes 1976).

- random error: 별 설명이 필요 없을 것 같다. 오차에 있어 그 발생시기나 크기를 예측할 수

없을 경우이다. 평균적인 크기는 개략적으로 아는 경우가 많다. 그림 8.1의 과녁에서 A에 해당하는데 다음에 발사하면 어디에 맞을 지 예측이 힘들다. 잡음(noise)이라고도 부르는데 정밀도에 문제가 있으므로 연속측정값의 신뢰도 문제를 일으킨다. 보통 여러 번 측정하여 평균을 냄으로써 잡음을 줄일 수 있다. 따라서 실시간 ellipsometry가 아니면 보통 몇 번에서 수십 번 측정하여 평균을 내고 있다(averaging). 실시간 ellipsometry에서도 표면변화 측정에 영향을 미치지 않는 시간 범위 내에서 평균을 낼 수 있다.

- systematic error: 오차의 크기와 방향, 때로는 그 발생시기가 일정할 경우이다. 장비나 측정과정에 있어서 편향된 결함이 원인이 된다. Ellipsometry에서 가장 큰 문제가 되는데, 같은 시편을 이 실험실 ellipsometer로 측정하니까 30 Å, 저 실험실 것을 사용하니까 40 Å 하는 경우가 바로 그런 경우이다. 그림 8.1에서 총B의 경우가 그러한데 장비 자체의 결함이나 광부품의 alignment가 잘못된 경우도 있고 calibration 등 운용에 문제가 있을 수도 있다. Ellipsometry는 그 두께 측정 능력에 있어 'sub-monolayer sensitivity'를 가졌다고 할 때가 많다. 즉, 기판 위를 박막이 한 층을 제대로 못 채웠는데도 그 변화를 감지한다는 것인데 정밀도와 관련이 있는 표현이다. 하지만 그렇게 민감한 만큼 오차에 대해서도 민감하다. 특히 systematic error는 여러 번 측정을 하여 평균을 내도 사라지지 않으며 정확도에 큰 영향을 미치기 때문에 사용자들이 충분히 원인을 파악하여야 한다.

2.1 장비가 지닌 오차

Ellipsometry에 관련된 systematic error를 열거해 보면 광원에서 digitization 부품까지 전부가 하나 또는 여러 개의 오차의 요인을 제공하고 있다. 다음에 소개하는 것 이외에도 광원의 부분편광, 시간적 안정성, 기계적인 부품의 오차, digitization 오차 등 무수한데 이미 제4장에서 각 부품에 대해 설명할 때 많이 언급을 하였다.

2.1.1 Detector에 관련된 오차

Detector의 증폭률이 ac와 dc 성분에 대해서 다른 것은 이미 앞에서 설명한 바가 있다. 이외에도 non-linearity, image persistence, readout error, stray light, polarization sensitivity 등 상당히 많은 오차의 요인이 숨어 있다(An 1992, Zalczer 1988).

Non-linearity

Non-linearity란 detector의 반응값이 입사한 광량에 대해 선형적으로 비례하지 않는 것을 말한다. 최근의 detector는 이런 부분을 상당히 교정하여 내장된 cpu에서 처리해 주기도 한다. 하지만 저자가 개발한 방법으로 테스트해 보면 여전히 ellipsometer 용으로는 부족하여 재교정이 필요하였다.

자신이 사용하고 있는 detector에 non-linearity가 있는지를 확인해 보는 방법은 여러 가지가 있는데 그 중 가장 손쉬운 방법을 소개하면 다음과 같다.

㉠ 어두운 방에서 detector에 두 개의 광원 A와 B를 동시에 비추면서 그 측정값을 기록한다.

㉡ 광원 B를 가리고 광원 A만에 의한 측정값을 기록한다.

㉢ 이번에는 광원 A를 가리고 광원 B만에 의한 측정값을 기록한다.

㉣ ㉠의 결과가 ㉡ 및 ㉢의 결과의 합과 같은지를 비교한다.

㉤ ㉠에서 ㉣의 과정을 두 광원의 밝기를 약간씩 바꾸어가면서 반복한다. 이렇게 밝기를 바꾸어 실험을 하는 이유는 non-linearity가 밝기의존도를 보이기 때문이다.

㉣ 에서 항시 같은 값이 나오지 않으면 non-linearity가 있는 것으로 판정이 된다. 그림 8.2는 저자가 사용한 두 개의 다른 array detector가 지닌 non-linearity 곡선이다. 이 결과는 매우 복잡한 방법을 사용하여 구한 값인데 가로축이 밝기에 해당하고 세로축이 non-linear한 정도이다. Detector에 따라 크게 다를 수 있다는 것과 심하게는 12%의 오차를 보임을 알 수 있다. 측정한 밝기를 세로축의 값(C_{NL})으로 나누어주면 교정이 된다.

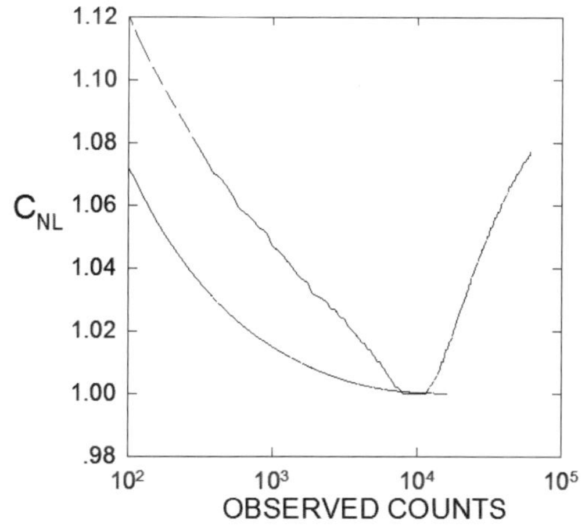

[그림 8.2] 각기 다른 두 개의 array detector가 지니고 있는 non–linearity의 정도(세로축). 가로축은 밝기에 해당한다.

Image persistence

Detector를 이용하여 연속적인 값을 측정할 때 선행 측정값의 잔상이 남아 후행 측정값에 영향을 끼치는 것으로 'memory 효과'라고도 할 수 있다. 측정방법을 설명하기가 매우 까다롭기 때문에 관심이 있는 독자는 저자의 논문을 참조하기 바란다(An 1992). 그림 8.3의 가로축은 선행 측정한 빛의 밝기이고 세로축은 그 측정값의 잔상(C_{IP})인데 밝기에 비례함을 알 수 있다. 그림의 값들을 이용하여 선행 측정값의 잔상을 현행 측정값으로부터 제거하고 현행 측정값의 잔상에 해당하는 값을 더해주면 올바른 현행 측정값이 산출된다.

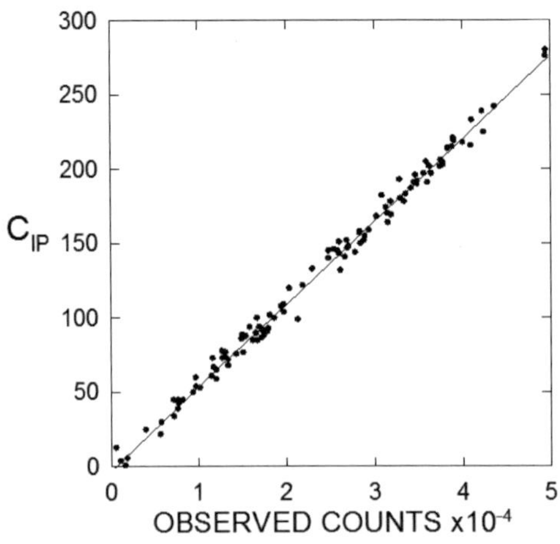

[그림 8.3] Array detector가 가지고 있는 잔상효과(세로축). 가로축이 밝기에 해당한다.

이들 detector error를 교정하면 어느 정도의 효과가 있을까? 그림 8.4는 rotating polarizer ellipsometer에 array detector를 사용했을 때 각 detector pixel의 ac/dc 증폭률의 차를 보여주고 있는데 non-linearity와 image persistence 모두를 교정하였을 때의 효과가 매우 좋음을 알 수 있다.

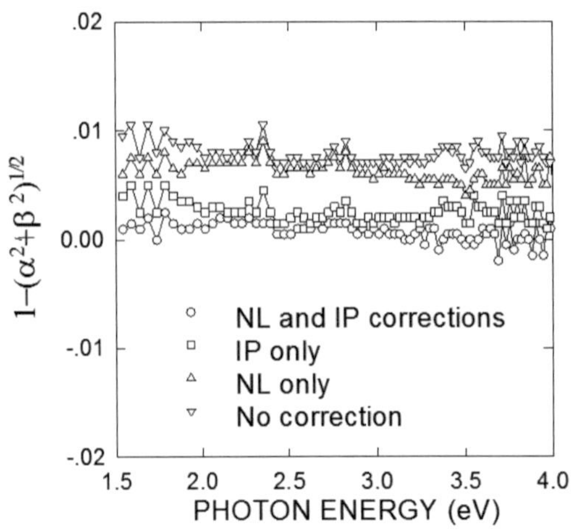

[그림 8.4] 세로축은 array detector에 있어 각 pixel의 ac/dc 증폭률의 차를 보여주고 있고 가로축은 각 pixel에 해당하는 광양자 에너지이다.

Multichannel detection system에서의 분광해상도(spectral resolution)

Photodiode array나 CCD array의 경우 분광기(spectrograph)와 결합되어 사용이 된다. 이 때 array를 이루는 channel(pixel) 개수는 일반적으로 적게는 128개 많게는 4096개에 이르는데 이 때 array detector의 길이는 0.5 또는 1 inch가 대부분이다. 그런데, 분광해상도는 대부분 channel 개수와는 무관하고 분광기의 slit 폭이 결정을 한다. Array길이와 slit 폭으로 계산이 가능한데 He-Ne laser(633 nm)가 있는 경우 광량을 줄여 직접 분광기에 입사시켜 보기 바란다. 또한 분광된 빛이 array detector 표면에 사입사하기 때문에 detector 표면을 보호하고 있는 유리에서 다중반사가 발생하여 분광된 빛이 일부 섞여 해상도를 낮춘다. 궁극적으로 우수한 분광해상도를 필요로 하는 실험에 있어서는 multichannel detector를 사용하는 방식을 피해야 하는데, 굳이 사용하자면 측정하고자 하는 분광 범위를 줄여야 한다.

2.1.2 Optical activity

Polarizer나 analyzer 또는 compensator를 quartz로 제작할 경우 optical activity나 strain-birefringence(Aspnes 1971, Azzam 1971)가 발생할 수가 있다. 여기서는 polarizer나 analyzer를 quartz로 제작된 것을 사용했을 경우에 그 교정법을 알아보고자 한다. Quartz는 calcite보다도 자외선에 대한 투과율이 좋고 또한 MgF_2 보다는 가격이 저렴하기 때문에 분광 ellipsometer용 polarizer 물질로 많이 사용한다. Polarizer나 analyzer를 quartz로 제작된 것을 사용하는 경우 optical activity에 의한 편광의 변화를 초래하게 되는데 만일 이를 고려하지 않으면 측정한 (Δ, Ψ) 값이 1%까지 오차가 날 수 있고 또한 calibration 각 (A_S, P_S)도 0.5도 정도 오차를 가져올 수 있다. Aspnes는 이 효과를 포함하여 Jones matrix를 풀었는데 다음과 같이 편광상태를 발생시키는 부분과 편광상태를 분석하는 부분으로 나눔으로써 복잡해질 표현을 간단히 하였다(Aspnes 1974). Rotating polarizer형이나 rotating analyzer형이나 Jones matrix는 꼭 같고 나중에 어느 것을 시간에 따른 변수로 보느냐에 따라 표현의 차이가 나게 된다. 여기서는 Aspnes의 rotating analyzer형의 경우를 기준으로 하여 표현하고자 하니 참고로 하기 바란다. 따라서 polarizer에 optical activity가 있는 경우 시편에 반사되기까지의 Jones matrix의 표현은 다음과 같다.

$$\begin{pmatrix} E_{sr} \\ E_{pr} \end{pmatrix} = \begin{pmatrix} r_p & 0 \\ 0 & r_s \end{pmatrix} \begin{pmatrix} \cos(P-P_S) & -\sin(P-P_S) \\ \sin(P-P_S) & \cos(P-P_S) \end{pmatrix} \begin{pmatrix} 1 \\ i\gamma_P \end{pmatrix} E_0 . \qquad (8\text{-}1)$$

여기서 γ_P는 polarizer의 optical activity 계수이다. 시편에서 반사된 편광의 형태는 일반적으로 타원편광이 되므로 이 부분까지의 계산 결과는 다음과 같을 것임을 예산할 수 있다.

$$\begin{pmatrix} E_{sr} \\ E_{pr} \end{pmatrix} = \begin{pmatrix} \cos(Q-A_S) & -\sin(Q-A_S) \\ \sin(Q-A_S) & \cos(Q-A_S) \end{pmatrix} \begin{pmatrix} 1 \\ ia \end{pmatrix} E'. \qquad (8\text{-}2)$$

여기서 Q와 a는

$$Q = \frac{1}{2}tan^{-1}(\frac{\beta}{\alpha}) + \frac{\pi}{2}u(-\alpha)sign(\beta), \qquad (8\text{-}3a)$$

$$a = \frac{-2\gamma_A\zeta \pm (1-\gamma_A^2)\sqrt{1-\zeta^2}}{(1+\zeta)-\gamma_A^2(1-\zeta)} \qquad (8\text{-}3b)$$

인데 그림 8.5의 타원편광을 표현하는 변수가 된다. 그리고 u(x)는 원점에 위치한 크기 1의 step 함수이고, sign(x)는 x의 부호를 의미한다. 그리고 $\zeta = \sqrt{\alpha^2+\beta^2}$ 이다.

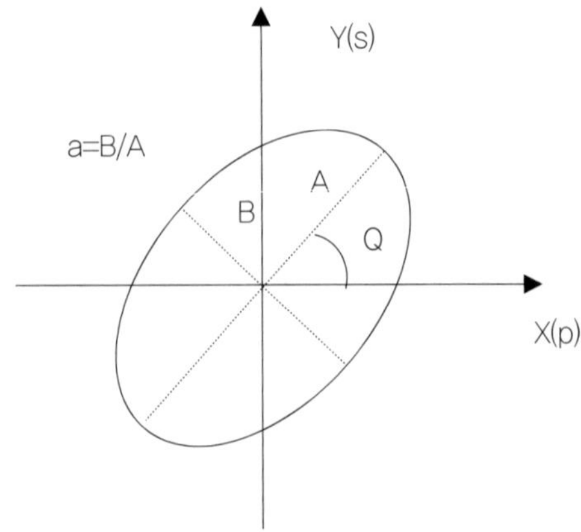

[그림 8.5] 타원편광으로 a는 장축(A)과 단축(B)의 비를 나타내고 Q는 장축의 위치를 나타내는 변수이다.

그리고 analyzer에 optical activity가 있을 경우 시편에서 반사된 타원편광부터 시작하면 Jones matrix는,

$$E_d = \begin{pmatrix} E_u \\ E_v \end{pmatrix} = \begin{pmatrix} 1 & -i\gamma_A \\ 0 & 0 \end{pmatrix} \begin{pmatrix} \cos(A-A_S-Q) & \sin(A-A_S-Q) \\ -\sin(A-A_S-Q) & \cos(A-A_S-Q) \end{pmatrix} \begin{pmatrix} 1 \\ ia \end{pmatrix} E'. \qquad (8\text{-}4)$$

여기서 γ_A는 analyzer의 optical activity 계수이다. 앞에서 논의했듯이 detector가 측정하는 것은 빛의 밝기이므로 전기장의 세기(E_d)를 제곱함으로써 구할 수 있다. 식 (8-1)과 (8-2)를 복소반사계수비

(ρ)에 대해 풀어보자.

$$\rho = \frac{r_p}{r_s} = \tan\Psi e^{i\Delta} = \frac{\{\cot(Q-A_S)-ia\}\{\tan(P-P_S)+i\gamma_P\}}{\{1+ia\cot(Q-A_S)\}\{1-i\gamma_P\tan(P-P_S)\}}. \tag{8-5}$$

따라서 ellipsometry 각 (Δ, Ψ)는 (Q, a)로써 구할 수 있는데 (Q, a)는 식 (8-3)에서 보듯이 파형분석에서 얻은 측정값 (α, β)로써 계산이 된다.

Optical activity 계수 결정

Crystal quartz의 optical activity 계수의 크기는 파장(광자 에너지)에 따라 다음과 같은 관계를 보이는 것으로 보고되어 있다(Aspnes 1974).

$$|\gamma| = 0.001(\hbar\omega/eV) \tag{8-6}$$

하지만 직접 측정하고자 할 경우는 다음 관계식에서부터 찾아낼 수 있는데 크기뿐만 아니라 방향(handiness)까지 측정이 가능하다. 우선 residual calibration을 0° 근처와 90° 근처에서 수행하고 그 때 얻은 rotating analyzer의 위치각과 입사면에 해당하는 polarizer 각을 각각 (A_1, P_1), (A_2, P_2)라 하면,

$$\gamma_P = \{(P_1-P_2)\cos\Delta-(A_1-A_2)\csc 2\Psi\}/D, \tag{8-7a}$$

$$\gamma_A = \{(A_1-A_2)\cos\Delta-(P_1-P_2)\csc 2\Psi\}/D. \tag{8-7b}$$

여기서 분모 D는

$$D = \frac{2(\cos^2\Delta-\csc^2 2\Psi)}{\sin\Delta}. \tag{8-7c}$$

여기서 (Δ, Ψ)는 optical activity에 의한 실험오차가 없다고 보고 측정한 값이다. D의 분모에 sinΔ이 있는 걸 보아 Δ이 0°나 180°가까이 되는 시편은 피하는 것이 좋음을 알 수 있다. 또한 식 (8-6)에서 보듯이γ값은 에너지에 비례하는 함수이므로 여러 에너지에서 측정하여 그 기울기로부터 얻을 수 있다. 부호가 (-)일 때는 right-handed이고 (+)일 때는 reft-handed가 된다. 결론적으로 rotating analyzer형 ellipsometry에서 찾고자 하는 입사면에 해당하는 polarizer 각 (P_S)과 analyzer의 초기측정 위치(A_S)가 optical activity가 없다고 가정하고 얻었을 때의 값 (P_1, A_1)과의 차이는 다음과 같다.

$$P_S = P_1 - \delta P_{op}, \quad A_S = A_1 - \delta A_{op}. \tag{8-8}$$

따라서 optical activity 때문에 이동한 각의 위치(δP_{op}, δA_{op})는 다음 〈표 8.1〉과 같다{단, 0°와 90° 근처에서의 residual의 경우 위 식에서 (P_1, A_1)은 두 곳에서의 평균값 $\frac{1}{2}(P_1+P_2)$, $\frac{1}{2}(A_1+A_2)$을 사용할 것}.

〈표 8.1〉 Optical activity에 의한 calibration 값의 보정값. (') 표시는 보정없이 측정한 값을 나타냄.

calibration 방법	δP_{op}	δA_{op}
0°근처에서의 residual (Aspnes 1974)	$\frac{\gamma_A \tan\Psi' + \gamma_P \cos\Delta'}{\sin\Delta'}$	$\frac{\gamma_P \cot\Psi' + \gamma_A \cos\Delta'}{\sin\Delta'}$
90°근처에서의 residual (Aspnes 1974)	$-\frac{\gamma_A \cot\Psi' + \gamma_P \cos\Delta'}{\sin\Delta'}$	$-\frac{\gamma_P \tan\Psi' + \gamma_A \cos\Delta'}{\sin\Delta'}$
0°와 90°근처에서의 residual (Aspnes 1974)	$-\frac{\gamma_A \cot 2\Psi'}{\sin\Delta'}$	$\frac{\gamma_P \cot 2\Psi'}{\sin\Delta'}$
Phase calibration (Collins 1990)	$-\frac{\gamma_P \tan\Delta'}{\cot 2\Psi'}$	$-\frac{\gamma_P \sin\Delta'}{\tan 2\Psi'}$

Calibration에 있어서 이와 같은 교정의 효과는 아주 우수함을 알 수 있다. 그림 8.6은 rotating polarizer ellipsometer에서 polarizer가 optical activity가 있는 경우인데 교정 효과는 구하고자 하는 입사면에 해당하는 analyzer 눈금인 A_S가 파장에 무관하게 됨에서 느낄 수 있다.

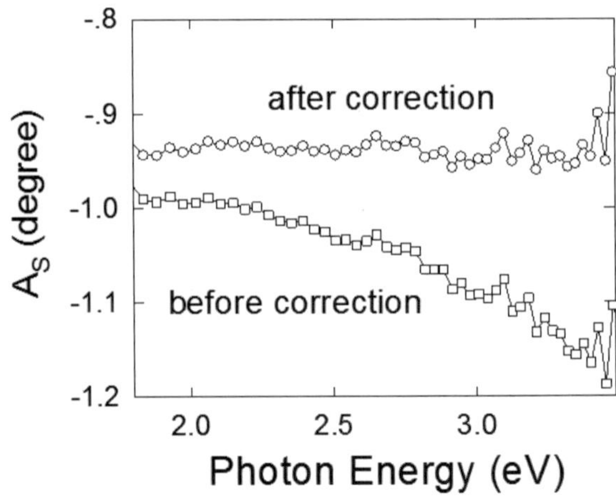

[그림 8.6] Optical activity가 있는 polarizer를 사용하여 그냥 calibration 하였을 때와 식 (8.8)을 이용하여 calibration 상수(A_S)를 교정하였을 경우의 효과. A_S는 입사면에 해당하는 analyzer의 눈금이다.

2.1.3 광학창(optical window)의 스트레스

진공 chamber나 chemical cell을 사용한 in-situ 실험을 할 때 ellipsometer의 편광된 빛이 드나들 수 있는 광학창이 필요하다. 특히 진공 chamber의 경우 유리와 금속의 접합과정이 필요한데 viewport의 경우 온도 상승시 유리와 금속(스테인리스 스틸)의 열팽창률 차이로 인한 파손을 막기 위해 그 중간쯤의 열팽창률을 가진 Kovar 등의 합금으로 접합을 한다. 이 과정에서 유리에 상당한 스트레스가 가해지는데 이는 유리에 복굴절 현상을 유도하게 되어 ellipsometry 측정을 방해하게 된다. 따라서 ellipsometry용 광학창은 접합시 발생하는 스트레스를 줄이기 위해 그림과 같이 금속 flange(대부분의 경우 $2\frac{3}{4}$ 인치용)에 유리 튜브를 접합하고 그 끝에 광학창을 붙이는 돌출형(sleeve) port를 사용한다. 이를 경우 유리에 유리를 접합시키는 경우가 되므로 스트레스를 줄일 수 있다. 하지만 많은 경우에 여전히 어느 정도의 stress가 남아 있음을 보아 왔다. 이런 경우 완벽하지는 않지만 그림 8.7에서와 같이 역 스트레스를 주어 스트레스의 효과를 없애는 방법을 사용하고 있다. 스트레스에 의한 광학창의 광학적 특성이 잘 규명이 될 때는 소프트웨어적으로 보상을 하기도 하는데 가능한 근원적으로 해결하는 것이 바람직하다(Azzam 1971, Straaijer 1980). 초고진공(UHV, ultrahigh vacuum) 시스템이 아니면 zero-length viewport의 경우와 같이 Viton O-ring과 같은 탄성체를 개스킷으로 하여 chamber의 flange에 부착시킬 수 있는데 나사를 조일 때 스트레스가 발생하지 않도록 기술적으로 조여야 한다.

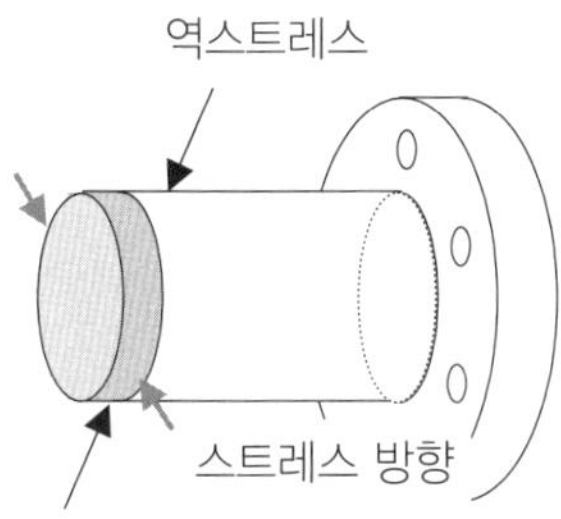

[그림 8.] 돌출형 광학창의 경우 스트레스가 있는 방향에 수직인 방향으로 역 스트레스를 줌으로써 복굴절 현상을 없앨 수 있다.

그러면 여기서 보유하고 있는 광학창의 스트레스를 측정하는 방법을 잠시 짚고 넘어가자.

스트레스 측정법

Ellipsometry를 이용하여 정량적(크기 및 방향)으로 측정하는 방법은 참고문헌에 잘 나와 있는데 일반 사용자들에게는 별로 추천하고 싶지 않은 방법이다. 따라서 여기서는 정성적인 방법들을 소개하고자 한다.

- (Δ, Ψ)값의 비교: 가장 쉬우면서 확실한 방법으로 시편을 광학창 없이 측정한 값과 광학창을 광경로에 넣은 후 측정한 값 사이에 차이가 있는지를 보는 것이다. 이 때 광학창의 표면이 광경로에 수직이 되게 놓여야 한다는 것은 이제 다 잘 알 것이다.

- compensator 사용법: ellipsometer를 일직선(straight through position)으로 놓고 단파장 광원-polarizer-quarter wave plate-rotating analyzer의 순으로 장착한다. 이 때 polarizer의 광축에 대해 quarter waveplate의 광축(예를 들어 fast axis)을 45°로 놓고 analyzer는 회전을 한다. 그리고 detector에서 나온 빛의 밝기 신호를 oscilloscope로 관찰한다. 이제 Jones matrix로 그 결과가 어떤지를 풀어 낼 수 있으리라 보는데 그 결과는 원편광이기 때문에 그림 8.8의 왼쪽과 같이 oscilloscope상에 시간에 따라 일정한 값이 나온다. 이것이 확인이 되면 quarter waveplate와 analyzer 사이에 광학창을 넣고 다시 oscilloscope 상의 파형을 관찰한다. 만일 스트레스로 인한 birefringence가 있다면 Jones matrix가 어떻게 바뀌어야 하며 그 결과는 어떠리라 생각하는가? 그 답은 그림 8.8의 오른쪽과 같을 것이다. 만일 돌출형 광학창이라면 앞의 그림에서처럼 여기저기를 살짝 눌러가며 그 파형의 변화를 살펴보라.

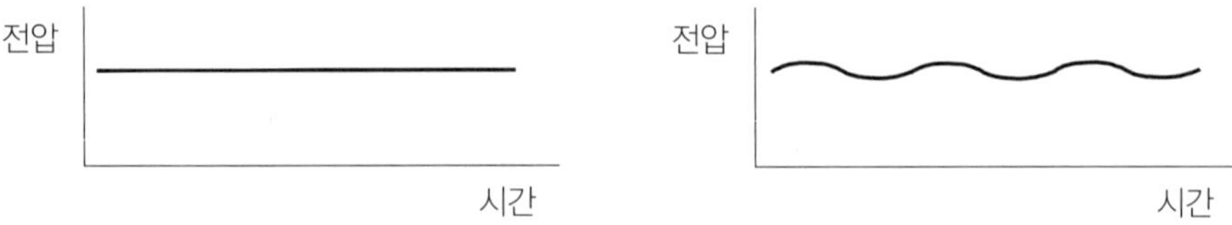

[그림 8.8] 왼쪽: 원편광일 때의 파형, 오른쪽: 타원편광일 때의 파형

- 편광판을 이용한 방법: 시각적으로 보고자 한다면 그림 8.9와 같이 두 개의 polaroid 편광판을 서로 수직이 되게 설치하고 그 사이에 광학창을 넣고 조금씩 회전을 시켜 보면서 전구의 필라멘트를 주시해 보라. 광학창이 아니더라도 투명 플라스틱 조각이나 유리조각 등을 넣어가며 비교해 보라. 이 방법은 스트레스가 심한 경우에 가능하다.

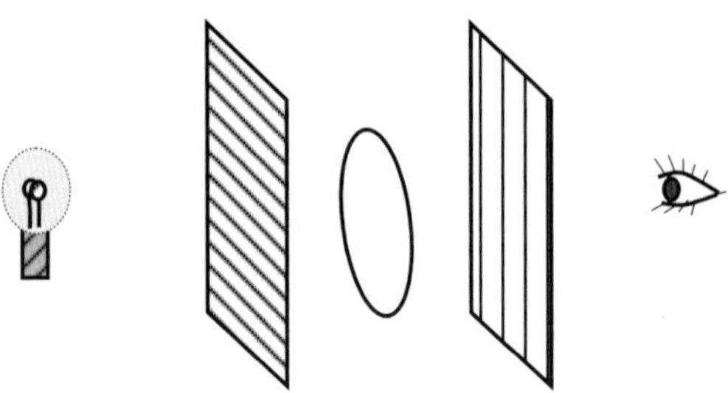

[그림 8.9] 서로 수직으로 놓인 편광판 사이에 복굴절이 의심되는 광학창을 넣고 관찰한다.

이론적으로 유리창이 가진 birefringence를 없애는 방법도 많이 소개되었는데 참고하기 바란다(Azzam 1971, 1987)

2.2 사용자에 의한 오차

사용자에 의한 오차의 발생 요인도 상당히 많은데 그 중에는 부득이 한 경우도 있다.

- 각 부품의 misalignment
- 입사각 설정오차가 분석에 반영이 안 된 경우
- calibration 미숙
- 분광기 또는 detector의 wavelength calibration 오차
- compensator의 retardation angle calibration 오차(Nee 1991)
- stepping system의 backlash(공차)

Rotating analyzer 형에 있어서 정밀성에 관련된 오차는 De Nijs(1988)을 참고하기 바란다. 그 밖에도 사용하는 시편에 문제가 있어 측정값이 제대로 나오지 않거나 측정부위에 따라 다른 값을 줄 때도 있다. 또한 시편구조를 예상할 수 있어야 분석을 위한 모델을 세울 수 있는데 때로는 예측이 매우 어려운 경우도 있다.

- 박막의 두께나 성분이 고르지 않을 때
- 박막에 육안으로는 보이지 않는 구멍 등의 손상이 있을 때
- 박막과 기판사이에 lattice mismatch 등으로 인해 심한 스트레스가 있는 경우
- 박막의 특성이 anisotropy할 경우
- 시편을 부착시킬 때 스트레스를 줄 경우: clamp나 진공 chuck으로 너무 세게 고정시킬 때
- 박막 증착시 기판이 변한 경우(7장에서 소개한 바가 있다.)

3. Ellipsometry 운용에 관련된 질문과 답

문 그림 8.10과 같이 두꺼운 투명기판 위에 박막이 있는 경우 투명기판 뒷면에서의 반사는 어떻게 처리하는가?

투명기판 뒷면에서 반사되는 경우 위상이 보전이 안 되므로(incoherent) 이 빛이 detector 속으로 들어가는 경우 data 분석에 있어 오차를 유발시킨다. 앞에서 보았듯이 다층박막 계산식은 위상이 보전되는 전기장 차원에서 이루어지고 있는데 굳이 넣어 계산하자면 뒤쪽에서 반사되는 것의 위상을 흩뜨려서 더하면 된다(Yang 1995, Forcht 1997, Joerger 1997, Kildemo 1997).

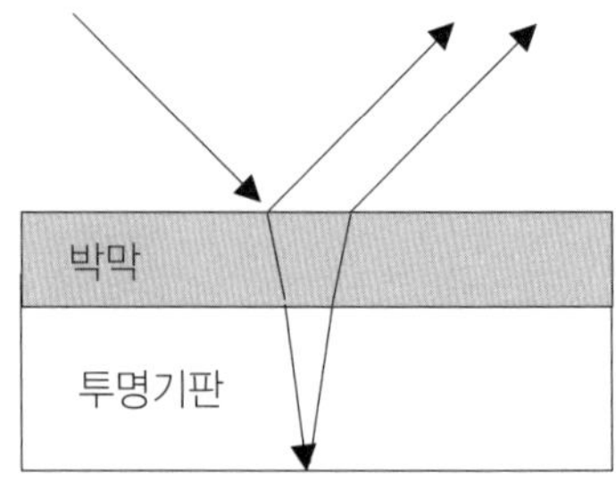

[그림 8.10] 두꺼운 투명기판을 사용할 경우의 반사

하지만 detector 속에 들어오는 양이 계산된 양만큼 될지는 detection system 특성에 달렸다. 따라서 비록 시편을 해치기는 하지만 일반적인 방법은 뒤쪽에 검은색을 칠하여 흡수시키든지, 다이아몬드칼 등으로 긁어 난반사를 일으켜 detector 속으로 들어가지 않도록 하든지 한다. 어떤 경우에는 scotch tape를 이면에 부착하여 이면 반사를 줄이는 경우도 있다. 그리고 렌즈를 이용하여 빛을 표면에 초점을 맞추면 빔 spot의 크기를 줄이는 효과와 동시에 이면에서 반사되는 빛을 out-of-focus 상태를 만드는 방법도 사용이 되고 있다. 만일 연구 특성상 유리 기판이기만 하면 될 경우에는 아예 두꺼운 기판을 사용하여 뒤쪽에서 반사된 빛이 작은 detector 속으로 못 들어가 저절로 분리가 되게 하든지 유리의 경우 프리즘이나 wedge형을 사용하면 그림 8.11(오른쪽)에서와 같이 각이 진 모양을 이용하여 뒷면에서 반사된 곳이 다른 방향으로 가게 한다.

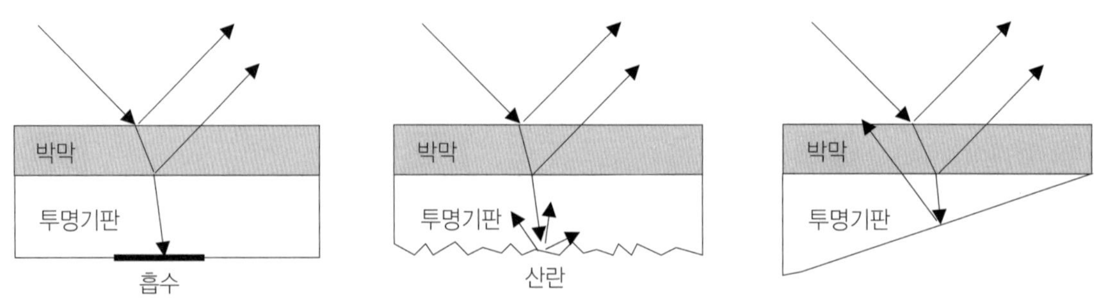

[그림 8.11] 투명기판의 이면 반사를 방지하는 방법들

문 왜 입사각이 70°근처인가?

실험오차 계산을 해보면 그 크기가 1/(sinΔ)에 비례함을 볼 수 있다. 즉, $\Delta=\pm\pi/2$에서 오차가 최소가 되는데 민감도가 최대가 되기도 한다(Aspnes 1976). 앞에서 이미 배웠듯이 절연체의 경우는 Brewster angle(rp=0이 되는 입사각)에서 이 조건이 형성되고 흡수하는 물질의 경우 주입사각(principle angle of incidence), 즉, pseudo Brewster angle(rp=최소가 되는 입사각) 근처가 이 조건이 되므로 그 실험오차가 최소가 된다(Aspnes 1974a). 따라서 이상적인 시편(또는 측정 조건)의 경우 복소반사계수비 ρ=-i 가 되는데 이 경우 실험값의 편차가 (Δ, Ψ)의 경우 (0.002°, 0.001°)로 예상되며 이 정도의 편차는 물질의 유전함수에 약 0.01% 정도의 편차를 전달하게 된다. 하지만 실제 상황에 있어서는 물질의 표면상태가 이상적이지 않기 때문에 발생하는 오차가 더 크다(Collins 1993). 다른 말로 하면 Δ=0이나 π일 경우 가장 실험오차가 크게 나타나는데 이 경우는 반사된 빛이 선편광을 보일 때이다. 단파장 ellipsometry의 경우 측정하고자 하는 물질의 광특성을 미리 알고 있으면 simulation을 통하여 그 파장에서의 Δ 값을 찾아내든지 또는 대략 70°근처에서 측정한 뒤 나온 Δ값을 바탕으로 다시 입사각을 설정하면 된다. 그러면 분광 ellipsometry의 경우는 어떠한가? 파장마다 측정한 Δ값이 다르므로 파장을 바꿀 때마다 입사각을 바꿀 것인가? 분광 data수가 100개쯤 되면 100번쯤 입사각을 바꾸어야 하는데 쉽지가 않다. 따라서 측정하고자 하는 스펙트럼 영역에서의 Δ값을 보고 그 중간값 정도에 놓으면 무난하다. 반도체 물질들의 주입사각이 대충 70°보다 약간 큰데 알기 쉽게 70°로 사용하고 있다. 또한 입사각 설정 오차가 ellipsometry 측정값에 미치는 영향이 입사각에 따라 다른 점도 유의를 해야 하고 구하고자 하는 물리량 사이의 correlation도 입사각에 따라 다르므로 너무 주입사각만을 고집해서도 아니 된다 (Ibrahim 1971).

문 Rotating polarizer형 ellipsometer의 경우 analyzer(A)는 어떤 각도에 갖다 놓는 것이 좋은가? (또는 rotating analyzer형의 경우 측정시 polarizer 각은 어디가 좋은가?)

다음 식 (i), (ii)에 의하면 이론적으로 A≠0° 이면 아무 각이나 괜찮다. 하지만 측정 오차는 측정할 ellipsometry 각 (Δ, Ψ)의 값에 따라 그 크기가 다르게 나타난다. 방금 앞에서 입사각을 주입사각에 둠으로써 시편의 종류에 관계없이 Δ값이 90°가 되어 실험오차가 줄어듦을 보았다. 이 때 반사된 빛은 일반적으로 타원편광인데 다시 rotating analyzer형 ellipsometer의 경우 측정시 polarizer 각을 Ψ 값과 같이 둠으로써 완전한 원편광이 된다. 원편광의 경우 analyzer가 회전함에 따라 detector가 측정한 빛의 밝기 중에 ac-성분이 없는 일종의 null 상태를 확인하게 된다. 이렇게 함으로써 detector가 지니고 있는 non-linearity라든지 gain차 등이 별문제를 일으키지 않는다. 하지만 이 경우 null ellipsometry에서처럼 analyzer와 polarizer의 위치각이 바로 (Δ, Ψ)에 직결되므로 정밀한 작동이 요구된다.

이 설명이 어렵게 여겨지는 독자를 위해 수학적으로 접근해 보자. 앞에서 언급한 rotating polarizer 형의 경우를 살펴보면 detector에서 측정한 빛 신호의 시간적 변화를 Fourier 변환함으로써 얻는 두 계수 (α, β)로부터 직접적으로 구한 양은 (cosΔ, tanΨ)이다.

$$\cos\Delta = \frac{\beta}{\sqrt{1-\alpha^2}}, \qquad \text{(i)}$$

$$\tan\Psi = \sqrt{\frac{1+\alpha}{1-\alpha}}\,tanA. \qquad \text{(ii)}$$

측정에서 구한 (α, β) 속에 실험오차가 ($\delta\alpha$, $\delta\beta$)만큼 포함되어 있다고 할 때 그 것이 우리가 사용하는 물리량인 (cosΔ, tanΨ)에 얼마나 영향을 끼치는가를 살펴보자. 이 두 식의 양변을 미분하면

$$\delta(\cos\Delta) = \left\{\left(\frac{\alpha}{1-\alpha^2}cos\Delta\right)^2\delta\alpha^2 + \left(\frac{1}{1-\alpha^2}\right)^2\delta\beta^2\right\}^{1/2}, \qquad \text{(iii)}$$

$$\delta(\tan\Psi) = \left(\frac{\tan\Psi}{1-\alpha^2}\right)\delta\alpha. \qquad \text{(iv)}$$

따라서 (cosΔ, tanΨ)에 전파된 실험오차값인 {δ(cosΔ), δ(tanΨ)}을 최소화하기 위해서는 양 식의 우편 항들에서 분모값이 최대가 되어야 할 것이다. 즉, α=0인 경우인데 이를 만족시키는 경우가 식 (ii)에서 알 수 있듯이 analyzer 각 A=Ψ일 때이다.

그러면 측정할 예정인 Ψ 값을 어떻게 미리 알고 analyzer 각을 그에 맞게 미리 가져다 놓을 수 있는가? 정확히 맞출 필요까지는 없기 때문에 대충 아는 물질의 경우 simulation을 통해 Ψ값을 미리 알아 볼 수도 있고 그렇지 못할 경우는 약 30°정도로 놓고 측정한 뒤 나온 Ψ값에 근거하여 다시 그 각도로 이동시켜 측정하면 된다. 이중으로 측정해야 하는 번거로움이 있는데 파장을 하나씩 바꾸며 측정하는 분광 ellipsometer의 경우 그 광학적 성질이 파장에 따라 그렇게 급격하게 변하지 않음을 이용하여 앞 파장에서 나온 Ψ값으로 그 다음 파장을 측정할 analyzer 값으로 놓게 된다. 이렇게 Ψ 값을 따라 analyzer를 옮겨가는 것을 'tracking mode'라고 부르고 있다. 이 방법을 사용하고 싶지 않을 경우는 주어진 스펙트럼의 Ψ값의 평균값 정도에 analyzer를 갖다 놓으면 무난하다. Tracking mode는 측정시간의 지체를 가져오므로 자신의 ellipsometer로 원하는 시편을 두 가지 방법으로 측정한 후 그 경험을 바탕으로 tracking mode의 사용 여부를 결정하는 것이 좋다. 특히 array detector를 사용할 경우는 이 방법이 불가능하므로 평균값 정도에 고정을 시켜 사용한다. 반도체의 경우 30°, 그리고 금속의 경우는 40°근처가 무난하다.

문 왜 rotating polarizer ellipsometry(또는rotating analyzer)로는 유리 등을 측정하기 어려운가?

투명한 물질들은(bulk의 경우) 반사 후 선편광을 발생시킨다(ε2=0). 즉, 측정을 하면 Δ가 0° 또는 180°에 가까워 앞에서 논의한 것처럼 민감도가 떨어져 정확한 값을 측정할 수 없게 된다. 정밀도가 떨어지는 장비일수록 그 결과는 더욱 심각하다. 식 (iii)을 좀 더 전개시켜보면 측정값(Δ)에 기여하는 오차는 $\delta\Delta \propto \frac{1}{\sin\Delta}$ 로 측정한 물리량, 즉, Δ값이 얼마냐에 따라 그 오차의 크기가 다르게 나타난다는 결론이다.

문 투명박막의 경우 소광계수 k=0이므로 한 쌍의 (Δ, Ψ)로부터 (n, k=0, d)를 구할 수 없는가?

이론적으로 가능한데 시편의 구성에 따라 다르다. 예를 들어 투명기판 위의 얇은 투명박막은 그 광특성을 구하기가 거의 불가능하다.

문 Ellipsometry로 측정할 수 있는 박막의 두께에는 한계가 있는가?

하한선으로는 단일층(monolayer) 또는 그 이하까지 측정이 가능하고 상한선은 보통 투명박막의 경우 수 ㎛정도까지 보는데 흡수가 심한 금속의 경우 사용하는 측정파장에 따라 다르긴 하지만 수 백Å정도이다. 입사각, 사용하는 기판의 광특성, 파장 영역, 그리고 coherence 보존 등에 따라 다르다.

문 미지의 박막의 광특성을 연구하는데 박막의 두께가 어느 정도일 때가 좋은가?

Sensitivity 문제인데 경우에 따라 다르므로 일단 측정오차가 작게 나고 둘째 sensitivity가 좋은 두께를 선정해야 하는데 비슷한 물질로 simulation을 함으로써 결정할 수 있다. 즉, 기판의 종류, 입사각 등과 함께 두께 변화를 바꾸며 인위적인 실험오차에 대한 영향을 조사해 보고 사용하고자 하는 ellipsometer의 성능 등도 고려해야 한다.

문 분광 스펙트럼의 경우 spectral resolution은? 즉, data의 간격은 얼마만큼이 적당한가?

사정이 허락하면 많을수록 좋다. 하지만 array detector의 경우 분광 resolution과 함께 pixel의 크기 또는 slit의 폭이 결정하고 stepping motor를 사용하여 분광기를 돌리는 경우 분광 data 수는 대부분 50~100정도인데 측정시간을 고려하여야 하고, 특히 물질의 광특성이 파장별 변화가 심한 경우나 광학함수를 미분을 해야 할 경우는 매우 촘촘히 측정을 하여야 한다.

문 325Å이면 325Å이지 324.35Å이라니?

우문우답은 monolayer의 두께가 왜 1Å의 배수냐? 라는 반문이다. 실제는 통계적 의미가 들어 있다.

문 Ellipsometry 측정값이 왜 광원의 밝기에는 무관한가?

(대부분) Normalized 된 값을 이용하거나 null현상을 측정하기 때문이다.

문 단일파장 실시간 ellipsometer는 어떤 것이 좋은가?

우선 rotating polarizer 형과 phase modulation 형 중에 하나를 선택하는 것이 좋은데 두 방법의 경우 최적의 조건을 유지하면 정밀도는 서로 비슷하기 때문에 속도를 따져 보자. 측정하고자 하는 물리현상의 시간적 변화가 10 ms~1 s 정도 이상에서 일어나면 사용이 편리하기 때문에 rotating polarizer형이 좋겠고 1 ㎲~1 ms 단위이면 phase modulation 형을 선택하는 것이 좋겠다. 다수의 빠른 검출기를 이용한 passive ellipsometer도 제작하여 사용하는 연구사례가 많으니 확인해 볼 필요가 있다.

문 반사율/투과율 측정법과 ellipsometry의 차이는?

두께에 따라 다른데 일반적으로 ellipsometry의 경우 측정하고자 하는 물질의 소광계수(k)가 0.1 보다 작으면(또는 흡수계수 α가 2.5×10^4 cm^{-1}보다 작으면) 측정 감도가 거의 없어진다. 따라서 흡수가 작은 경우 반사 및 투과 측정법이 더 정확한데 그 적용범위는 흡수계수(α)의 크기가 두께의 역수값의 10%에서 1000% 사이에 있는 경우에 적용하면 좋다(Colllins 1993). 물론 투과가 어려워지면 박막을 더욱 얇게 제작하든지 그냥 ellipsometry를 적용해야 한다.

문 어떤 종류의 effective medium 이론을 사용해야 하는가?

이에 대한 이론적인 해답은 없다. 하지만 이를 적용하고자 할 때 측정시스템의 구조를 가장 단순히 하여 다른 불확실성의 가능성을 최대한 배제하여 특정 effective medium 이용한 fitting 의 정도를 가지고 판단한다. 이 때 분광 ellipsometry data를 이용하는 것이 바람직하다. 또한 심각한 사용자의 경우는 다른 분석 장비를 이용하여 구한 값과 effective medium 이론의 적용 결과 산출된 값간의 상호 관계식을 구한 다음 지속적으로 사용할 수 있다. 이 경우의 이득은 ellipsometry 측정이 다른 분석기술보다 손쉽고 사용의 가격이 저렴하다는 것이다. 나중에 분석의 예에서 보게 되겠지만 입자형태 금속의 경우 그 광학적 성질이 덩이 금속의 것과 사뭇 다르다. 이 경우 덩이 금속의 광학적 성질과 void(공기)의 광학적 성질을 effective medium이론으로 섞어 표현할 수도 있겠지만 일단 금속이 알갱이가 되는 순간 도체에서 부도체로 전환하기 때문에 그 이론적 접근이 힘들다. 하지만 Gittleman의 경우 Ag와 SiO_2를 섞은 시료의 경우 잘 맞지는 않지만 그래도 Maxwell-Garnett 이론이 Bruggeman의 것보다 좀더 낫다고 주장하는데 그 결과에 대한 만족도는 사용자에 따라 다르다(Gittleman 1977).

문 편광기의 종류가 매우 많은데 어떤 것을 사용해야 하는가?

일단 답은, 완벽한 편광기는 없기 때문에 주로 실험하고자 하는 용도에 맞는 것을 선택해야 한다. 파장 범위, 사용시 융통성, 크기, 정밀도, 가격에다가 제작사까지 주요변수가 될 수가 있다.

문 Calibration은 꼭 해야 하는가?

이 점에 대해 본문에 잘 설명하였다. Calibration의 목적은 좀 더 정확한 측정값을 얻는데 있다. 시편의 위치에 따라 결정되는 입사면과 이를 기준으로 했을 때의 모든 광부품의 위치각을 재설정하는 과정이며 rotating element ellipsometry의 경우 calibration과정을 통해 ac-dc 증폭률의 비도 구해내고 수정하게 된다. 사용자가 가진 ellipsometer의 특성과 측정해 내고자 하는 정보의 정확성 여부를 가지고 calibration을 생략할 것인가를 판단해야 한다.

문 어떤 분광 ellipsometer를 구입하는 것이 좋은가?

이에 대한 답을 구하기 전에 우선 무엇을 어떻게 측정하고자 하는가를 알아야 한다. 즉, 파장의 범위, 주로 측정하고자 하는 시편, 얻고자 하는 물리량 및 그 정확도, 측정 조건 및 환경, 사용자의 경험정도, 구매예상가격 등에 대한 종합적인 정보가 필요하다. Ellipsometer의 종류가 많은 만큼 한 조건을 만족시키면 다른 조건이 좋지 않은 경우가 허다하다. 국내에 도입되고 있는 상용의 연구용 ellipsometer는 대부분 일반 사용자들을 위한 사양을 지원하고 있다. 따라서, 특수한 사용목적이 있는 경우 반드시 확인이 필요하다.

문 Ellipsometer 측정을 위해 박막을 증착할 경우 어떤 기판을 사용하는 것이 좋은가?

연구인들이 주로 많이 사용하는 기판은 유리, 반도체 웨이퍼, 그리고 금이다. 일반적으로 유리 종류는 반사율이 좋지 않고, 앞에서 지적한 바가 있듯이 이면에서의 incoherent한 반사를 해결해야한다. 또한 rotating polarizer(analyzer) 형 ellipsometer에서의 측정정밀도가 떨어지는 것도 염두에 두어야 한다. 반도체 웨이퍼의 경우 표면거칠기 면에서 매우 우수하고 늘 일정한 표면 상태를 보인다. 자연산화물층을 고려해야 하며 온도변화나 도핑정도가 크면 광특성이 비교적 많이 달라진다. 결정방향에 따라 약간의 표면 비등방성이 존재하나 대부분의 경우 무시하여도 무방하다. 금의 경우 표면산화물층 생성의 걱정이 없어 단일층 박막 연구에 많이 사용한다. 반사율이 높고 대부분의 박막에 비해 광특성이 크게 구분이 되는 장점이 있으나 진공증착 조건과 방법에 따라 광특성과 표면특성이 변하는 단점이 있다. 이런 차이점을 떠나 기판의 종류 또는 기판의 표면 상태에 따라 박막의 성장형태가 다를 수 있다는 것도 염두에 두어야 할 것이다.

문 특정 모델을 사용하여 분석을 할 때 fitting 결과는 좋은데 최종적으로 산출된 변수의 물리적 의미가 의심스러울 때는 어떻게 해야 하는가?

다층모델을 사용했는데 어느 층의 두께가 음수가 나온다든지, dispersion relation을 사용했는데 계수의 크기가 예상 값과 비교할 때 너무 차이가 난다든지 하는 경우가 종종 있다. 이 경우 무엇인가가 맞지 않음에 틀림이 없다. 실험오차가 너무 커서 그럴 수도 있고 미지의 변수간에 상호의존도가 클 수도 있다. 또는 모델의 예상이 잘못된 경우일 수도 있다. 이 문제를 해결하는데 왕도는 없다. 모델은 그 fitting 결과가 받아들일 만한 한 간단해야 한다. 또한 다른 분석방법이나 선측정을 통해 그 값을 알 수 있는 변수의 경우는 분석 중에 그 값을 고정시키는 것이 좋다. 그리고 시편의 결함이나 비등방성이 큰 경우도 종종 있으니 유의할 필요가 있다.

참고문헌

Abeles, B. and J. I. Gittleman, Appl. Opt. 15, 2328 (1976)

Abeles, F., T. L. Lopez–Rios, and A. Tadjeddine, Solid State Comm. 16, 843 (1975)

Abeles, F. Ed. Ellipsometry and other Optical Methods for Surface and Thin Film Analysis, Journal De Physique, Vol 44, Proceedings in International Conference on Ellipsometry, Paris, France, 1983

Acher, O. and B. Drevillon, Rev. Sci. Instrum. 63, 5332 (1992)

Afsar, M. N., J. R. Birch, and R. N. Clarke, Proc. IEEE 74, 183 (1986)

Agocs, E., P. Petrik, S. Milita, L. Vanzetti, S. Gardelis, A. G. Nassiopoulou, G. Pucker, R. Balboni, and M. Fried, Thin Solid Films 519, 3002 (2011)

Airy, G. B., Phil. Mag. 2, 20 (1833)

An, Ilsin, H. V. Nguyen, N. V. Nguyen, and R. W. Collins, Phys. Rev. Lett. 65, 2274 (1990)

An, Ilsin, H. V. Nguyen, N. V. Nguyen, and R. W. Collins, J. Vac. Sci. Technol. A9, 632 (1991a)

An, Ilsin, Y. Li, C. R. Wronski, H. V. Nguyen, and R. W. Collins, Appl. Phys. Lett. 59, 2543 (1991b)

An, Ilsin, Y. Cong, N. V. Nguyen, B. S. Pudliner, and R. W. Collins, Thin Solid Films 206, 300 (1991c)

An, Ilsin, R. W. Collins, Rev. Sci. Instrum. 62, 1904 (1991d)

An, Ilsin, Y. M. Li, H. V. Nguyen, and R. W. Collins, Rev. Sci. Instrum. 63, 3842 (1992)

An, Ilsin, R. W. Collins, P. Chindaudom, K. Vedam, H. S. Witham, and R. Messier, Thin Solid Films 233, 276 (1993a)

An, Ilsin, Y. Li, C. R. Wronski, and R. W. Collins, Phys. Rev. B, 48, 4464 (1993b)

An, Ilsin, H. V. Nguyen, A. R. Heyd, R. W. Collins, Rev. Sci. Instrum. 65, 3489 (1994a)

An, Ilsin, Y. Lu, C. R. Wronski, and R. W. Collins, Appl. Phys. Lett. 64, 3317 (1994b)

An, Ilsin and Hyekeun Oh, J. Kor. Phys. Soc. 29, 370 (1996)

An, Ilsin, H. Kang, H. Oh, and Y. Kim, J. Kor. Phys. Soc. 30, s226 (1997)

An, Ilsin, J. Lee, B. Hong, and R. W. Collins, Thin Solids Films 313–314, 80 (1998)

An, Ilsin, 진공물리 및 진공기술, 한양대학교 출판부 1999

An, Ilsin, H. Oh, and M. Paley, Mol. Cryst. and Liq. Cryst. 371, 313 (2001)

An, Ilsin, M. Park, K. Bang, H. Oh, and H. Kim, Jpn. J. Appl. Phys. 41, 3978 (2002)

An, Ilsin and Deokkyeong Seong, Chem. Lett. 33, 1232 (2004a)

An, Ilsin, J. A. Zapien, Chi Chen, A. S. Ferlauto, A. S. Lawrence, R. W. Collins, Thin Solid Films 455, 132 (2004b)

An, Ilsin, J. Nanophoton. 2, 021905 (2008)

An, Ilsin, Forensic Science International 253, 28 (2015)

Anma, H, T. Yamaguchi, H. Okumura, and S. Yoshida, Physica A 157, 407 (1989)

Aoki, T. and S. Adachi, J. Appl. Phys. 69, 1574 (1991)

Archer, R. J. and G. W. Gobeli, J. Phys. and Chem. of Solids 26, 343 (1965)

Archer, R. J. and C. V. Shank, J. Opt. Soc. Am. 57, 191 (1967)

Arteage, O., J. Freudenthal, B. Wang, and B. Kahr, Appl. Opt. 51, 6805 (2012)

Arwin, H. and D. E. Aspnes, Thin Solid Films 113, 101 (1985)

Asinovsky, L., F. Shen, and T. Yamaguchi, Thin Soild Films 313/314, 198 (1998)

Aspnes, D. E., J. Opt. Soc. Am. 61, 1077 (1971)

Aspnes, D. E., Opt. Commun. 8, 222 (1973)

Aspnes, D. E., J. Opt. Soc. Am. 64, 812 (1974)

Aspnes, D. E. and A. A. Studna, Appl. Opt. 14, 220 (1975)

Aspnes, D. E., J. Opt. Soc. Am. 65, 1274 (1975b)

Aspnes, D. E., Optical Properties of Solids:New Developments; Ed. B. O. Saraphin, North–Holland, Amsterdam, 1976

Aspnes, D. E., Surf. Sci. 56, 161 (1976b)

Aspnes, D. E., J. B. Theeten, and F. Hottier, Phys. Rev. B 20, 3292 (1979)

Aspnes, D. E. and J. B. Theeten Phys. Rev. B 20, 3292 (1979b)

Aspnes, D. E., Proc. Soc. Photo–Opt. Instrum. Eng. 276, 188 (1981)

Aspnes, D. E. and A. A. Studna Proc. Soc. Photo–Opt. Instrum. Eng. 276, 227 (1981b)

Aspnes, D. E., Thin Solid Films 89, 249 (1982)

Aspnes, D. E., A. A. Studna, and E. Kinsbron, Phys. Rev. B 29, 768 (1984)

Aspnes, D. E., J. Vac. Sci. Technol. B 3, 1498 (1985)

Aspnes, D. E., SPIE Proc. 946, 84 (1988)

Aspnes, D. E., Y. C. Chang, A. A. Studna, L. T. Florez, H. H. Farrell, and J. P. Harbison, Phys. Rev. Lett. 64, 192 (1992)

Aspnes, D. E., Thin Solid Films 233, 1 (1993)

Aspnes, D. E., Mat. Res. Soc. Symp. 324, 3 (1994)

Auer, S. O. and J. S. Schutt, NIST Report, No. N75–30392/5ST (1975)

Auston, D. H. and C. V. Shank, Phys. Rev. Lett. 32, 1120 (1974)

Azzam, R. M. A. and N. M. Bashara, J. Opt. Soc. Am. 61, 1380 (1971a)

Azzam, R. M. A. and N. M. Bashara, J. Opt. Soc. Am 61, 773 (1971b)

Azzam, R. M. A. and N. M. Bashara, J. Opt. Soc. Am. 62, 1521 (1972)

Azzam, R. M. A., A. R. M. Zaghloul, and N. M. Bashara, J. Opt. Soc. Am. 65, 252 (1975)

Azzam, R. M. A., Opt. Acta. 24, 1039 (1977)

Azzam, R. M. A., Appl. Opt. 26, 5221 (1978)

Azzam, R. M. A., Opt. Commun. 25, 137 (1978)

Azzam, R. M. A., Suf. Sci. 96, 67 (1980)

Azzam, R. M. A., Op. Eng. 20, 58 (1981)

Azzam, R. M. A., Optixa Acta 19, 685 (1982)

Azzam, R. M. A., J. Opt. Soc. Am. 73, 1211 (1983)

Azzam, R. M. A., Op. Lett. 10, 309 (1985)

Azzam, R. M. A. and N. M. Bashara, Ellipsometry and Polarized Light, North Holland, Amsterdam, 1977, 1988

Azzam, R. M. A. and E. Ugbo, Appl. Opt. 28, 5222 (1989)

Azzam, R. M. A. Selected Papers on Ellipsometry, Bellingham, WA. SPIE Optical Engineering Press, 1990

Azzam, R. M. A., A. M. El-Saba, and M. A. G. Abushagur, Thin Solid Films 313-314, 53 (1998)

Azzam, R. M. A., Thin Solid Films 519, 2584 (2011)

Bang, K. Y., S. Lee, H. Oh, Ilsin An and H. Lee, Bull. Korean Chem. Soc. 26, 947 (2005)

Barsukov, D. O., G. M. Gusakov, and A. A. Komarnitskii, Optics and Spectroscopy 64, 782 (1988)

Barth, J. E. Tegeler, M. Krisch, and R. Wolf in Soft X-ray Optics and Technology, Proc. SPIE 733, 481 (1986)

Barth, J. R. L. Johnson, and M. Cardona, Handbook of Optical Constants of Solids II (제10장), Academic Press, New York 1991

Barth, K. L., D. Boehme, K. Kamaras, F. Keilmann, and M. Cardona, Thin Solid Film 234, 314 (1993)

Basa, C., Y. Z. Hu, and E. A. Irene, Thin Solid Films 313-314, 424 (1998)

Bashara, N. M. A. B. Buckman, and A. C. Hall, Eds. Proceedings of the Symposium on Recent Developments in Ellipsometry, North Holland, Amsterdam 1969; Surface Science 16 (1969)

Bashara, N. M. and R. M. A. Azzam, Eds. Ellipsometry, Proceedings of the Third International Conference in Ellipsometry, North Holland, Amsterdam 1976; Surface Science 56 (1976)

Beaglehole, D., J. Phys. 44, C10-147 (1983)

Beaglehole, D., Rev. Sci. Instrum. 59, 2557 (1988)

Benferhat, R. B. Drevillon, P. Robin, Thin Solid Films 156, 295 (1988)

Berkovits, V. L. and D. Paget, Thin Solid Films 233, 9 (1993)

Bermudez, V. M. and V. H. Ritz, Appl. Opt. 17, 542 (1978)

Berreman, D. W., J. Opt. Soc. Am. 62, 502 (1972)

Bertucci, S., A. Pawlowski, N. Nicolas, L. Johann, A. El Ghemmaz, N. Stein, and R. Kleim, Thin Solid Films 313-314, 73 (1998)

Billings, B. H., J. Opt. Soc. Am. 41, 966 (1951)

Bird, G. R. and M. Parrish, Jr., J. Opt. Soc. Am. 50, 72 (1960)

Blayo, N. and B. Drevillon, Appl. Phys. Lett. 59, 950 (1991)

Blodgett, K. B. and I. Langmuir, Phys. Rev. 51, 964 (1937)

Boccara, A. C., C. Pickering, and J. Rivory, Spectroscopic Ellipsometry, Elsevier Sequoia, S. A., Switzerland, 1993

Borensztein, T., A. Tadjeddine, W. L. Mochan, J. Tarriba, and R. G. Barrera, Thin Solid Films 233, 24 (1993)

Borghesi, A., G. Tallarida, G. Amore, F. Cazzaniga, G. Queirolo, M. Alessandri, and A. Sassella, Thin Solid Film 313–314, 587 (1998)

Born, M. and E. Wolf, Principles of Optics, Pergamon, New York, 1969

Bortchagovsky, E., I. Yurchenco, Z. Kazantseva, J. Humlicek, and J. Hora, Thin Solid Films 313–314, 795 (1998)

Bowden, F. B. and W. R. Throssell. Proc. Royal. Soc. A209, 297 (1951)

Brewster, D., Phil. Trans. 105, 125 (1815)

Briones, F. and Y. Horikoshi, Jpn. J. Appl. Phys. 29, 1014 (1990)

Broch, L., A. Naciri, and L. Johann, Thin Solid Films 519, 2601 (2011)

Bruggeman, D. A. G., An. Phys. (Leipzig) 24, 636 (1935)

Burstein, E., Phys. Rev. 93, 632 (1954)

Cahan, B. D. and R. F. Spanier, Surf. Sci. 16, 166 (1969)

Canillas, A., E. Pascual, and B. Drevillon, Thin Solid Films 234, 318 (1993)

Cauchy. L., Bull. des. sc. math. 14, 9 (1830)

Chen, C., Ilsin An, and R. W. Collins, Phys. Rev. Lett. 90, 217402 (2003)

Chen, C., Ilsin An, and R. W. Collins, Thin Solid Films 455, 196 (2004)

Chen, C., Ilsin An, G. M. Ferreira, N. J. Podraza, J. A. Zapien, and R. W. Collins, Thin Solid Films 455, 14 (2004)

Chen, L. Y. and D. W. Lnch, Appl. Opt. 26, 5221 (1987)

Chindaudom, P., Ph.D Thesis, The Pennsylvania State University, 1991

Chindaudom, P. and K. Vedam, Applied Optics 32, 6391 (1993)

Cho, H., D. Cho, J. Jeon, S. Hwang, I. An, J. Choo, and E. K. Lee, Colloids and Surfaces B: Biointerfaces 75, 209 (2010)

Clarke, D. and J. F. Grainger, Polarized Light and Optical Measurement, Pergamon Press, 1971

Cody, G. D., B. G. Brooks, and B. Abeles, Sol. Energy Mater. 8, 231 (1982)

Cody, G. D., in Semiconductors and Semimetals, ed. J. I. Pankove, Vol. 21B, Academic, New York, 1984

Cohen, M. H., Proc. IRE 46, 172, 183 (1958)

Cohn, R. F., J. W. Wagner, and J. Kruger, Appl. Opt. 27, 4664 (1988)

Cohn, R. F. and J. W. Wagner, Appl. Opt. 28, 3187 (1989)

Cohn, R. F., Appl. Opt. 29, 304 (1990)

Collins, R. W. Rev. Sci. Instrum. 61, 2029 (1990)

Collins, R. W. and Y. Kim, Instrumentation in Analytical Chemistry, Ed. L. Voress, American Chemical Society, Washington, DC 1992

Collett, E., Surf. Sci. 96, 156 (1980)

Collett, E. Polarized Light, Marcel Dekker, Inc. New York, 1993

Collins, R. W. and K. Vedam, Ellipsometers in Encyclopedia of Applied Physics, Vol. 6, VCH Publishers, Inc. 1993

Collins, R. W. and S. Guha, J. Non–Cryst. Solids 77&78, 1003 (1985)

Collins, R. W., J. Vac. Sci. Technol. A 7, 1378 (1988)

Collins, R. W., D. E. Aspnes, and E. A. Irene, Spectroscopic Ellipsometry, Elsevier Science S. A., Switzerland, 1998

Collins, R. W. and J. Koh, J. Opt. Soc. Am. A16, 1997 (1999)

Compain E., B. Drevillon, J. Huc, J. Y. Parey, and J. E. Bouree, Thin Solid Film 313–314, 47 (1998)

Cong, Y., Ilsin An, R. W. Collins, and K. Vedam, Appl. Opt. 21, 2692 (1991)

Cong, Y., Ilsin An, H. V. Nguyen, K. Vedam, R. Messier, and R. W. Collins, Surface and Coatings Technology 49, 381 (1991)

Daimon, M. and A. Masumura, Appl. Opt. 46, 3811 (2007)

De Nijs and A. Van Silfhout, J. Opt. Soc. Am. A5, 773 (1988)

De Nijs, J. M. M., A. H. M., Holtslag, A., Hoeksta, and A. Van Silfhout, J. Opt. Soc. Am. A5, 1466 (1998b)

De Sousa Meneses, D., M. Malki, and P. Echegut, J. Non–Cryst. Solids 352, 769 (2006)

Dill, F. H., IEEE Trans. Electron. Devices 22, 440 (1975)

Dittmar, G., V. Offermann, M. Pohlen, and P. Grosse, Thin Solid Films 234, 346 (1993)

Domanski, A., J. Opt. Soc. Am. 69, 328 (1979)

Doyle, B. L., U. Schiebel, L. D. Ellsworth, and J. R. Macdonald, Rev. Sci. Instrum. 49, 760 (1978)

Drevillon, B., J. Perrin, R. Marbot, A. Violet, and J. L. Dalby, Rev. Sci. Instrum. 53, 969 (1982)

Drevillon, B. and R. Benferhat, J. Appl. Phys. 63, 5088 (1988)

Drevillon, B., J. Y. Parey, M. Stchakovsky, R. Benferhat, Y. Josserand, and B. Schlayen, SPIE, 1188, 174 (1989)

Driscoll, W. G. and W. Vaughan, Handbook of Optics, Mcgraw–Hill, New York, 1978

Drude, P., Annal. Phys. Chem. 36, 865 (1889)

Drude, P., Physik des Äthers auf elektromagnetischer Grundlage, Verlag F. Enke, Stuttgart, 1894

Duncan, W. M. and S. A. Henck, Appl. Surf. Sci. 63, 9 (1993)

Dunlap, R. A., Experimental Physics, Oxford University Press, New York, 1988

Engelsen, D. D. J. Opt. Soc. Am. 61, 1460 (1971)

Erman, M., J. B. Theeten, P. Chambon, S. M. Kelso, and D. E. Aspnes, J. Appl. Phys. 56, 2664 (1984)

Erman, M. and J. B. Theeten, J. Appl. Phys. 69, 859 (1986)

Fenstermaker, C. and F. L. McCrackin, Surface Science 16, 85 (1969)

Ferlauto, A. S., G. M. Ferreira, J. M. Pearce, C. R. Wronski, R. W. Collins, X. Deng, and G. Ganguly, J. Appl. Phys. 92, 2424 (2002)

Foldyna, M., T. A. Germer, B. C. Bergner, and R. G. Dixon, Thin Solid Films 519, 2633 (2011)

Forcht, F., A. Gombert, R. Joerger, and M. Kohl, Thin Solid Films 302, 43 (1997)

Forouhi, A. R. and I. Bloomer, Phys. Rev. B 34, 7018 (1986)

Forouhi, A. R. and I. Bloomer, Phys. Rev. B 38, 1865 (1988)

Forouhi, A. R. and I. Bloomer, in Pelik, E. D., Handbook of Optical Constants of Solids II(제7장), Academic Press, New York, 1991

(von) Frisch, K. Naturwissenshaften 35, 38 (1948)

Fried, M., G. Juhasz, C. Major, P. Petrik, O. Polgar, Z. Horvath, and A. Nutsch, Thin Solid Films 519, 2730 (2011)

Fujiwara, H., J. Koh, and R. W. Collins, Thin Solid Films 313–314, 474 (1998)

Fujiwara, H., Spectroscopic Ellipsometry: Principles and Applications, John Wiley & Sons, Ltd., New Jersey, 2007

Garriga, M., J. Humlicek, J. Barth, R. L. Johnson, and M. Cardona, J. Opt. Soc. Am. B 6, 470 (1989)

Gautam, L. K., M. M. Junda, H. F. Haneef, R. W. Collins, and N. Podraza, Materials 9, 128 (2016)

Gittleman, J. I. and B. Abeles, Phys. Rev. B15, 3273 (1977)

Goldstein D., Polarized Light, Marcel Dekker, Inc. 2003

Gombert, A., M. Koehl, and U. Weimer, Thin Solid Films 234, 352 (1993)

Grey, D. E. et al. American Institute of Physics Handbook, 3rd ed., McGraw Hill, New York, 1972

Hart, M., Phil. Mag. 38B, 41 (1978)

Hauge, P. S. and F. H. Dill, Opt. Commun. 14, 431 (1975)

Hauge, P. S., Opt. Commun. 17, 74 (1976)

Hauge, P. S., Surf. Sci. 56, 148 (1976b)

Hauge, P. S., J. Opt. Soc. Am 68, 1519 (1978)

Hauge, P. S., Surface Science 96, 108 (1980)

Hamm, R. N., R. A. MacRae, and E. T. Arakawa, J. Opt. Soc. Am. 55, 1460 (1965)

Hazebroek, H. F. and A. A. Holscher, J. Phys. E: Sci. Instrum. 6, 822 (1973)

Hecht E., Optics, Addison Wesley, 2002

Heyd, A. R., Ilsin An, R. W. Collins, Y. Cong, and K. Vedam, J. Vac. Sci. Technol. A9, 810 (1991)

Hoevel, M., B. Gompf, and M. Dressel, Thin Solid Films 519, 2955 (2011)

Hofmann, T., C. M. Herzinger, J. L. Tedesco, D. K. Gaskill, J. A. Woollam, M. Schubert, Thin Solid Films 519, 2593 (2011)

Holl, H. B., J. Opt. Soc. Am. 57 683 (1967)

Holmes, D. A., J. Opt. Soc. Am. 54, 1115 (1964)

Holm, R. T., Convention Confusions in Pelik, E. D., Handbook of Optical Constants of Solids II (제2장), Academic Press, New York, 1991

Hoobler, R. J. and E. Apak, Proc. SPIE 5256, 638 (2003)

Horton, V. G., E. T. Arakawa, R. N. Hamm, and M. W. Williams, Appl. Opt. 8, 667 (1969)

van de Hulst, H. C., Atmospheres of the Earth and Planets, G. P. Kuiper, Ed. p. 49, Univ. of Chicago Press, Chicago, 1949

Humlicek, J., Thin Solid Film 313–314, 656 (1998)

Hunderi, O. Surface Science 61, 515 (1976)

Hutley, M. C. Diffraction Grating, Academic Press, New York, 1982

Ibrahim, M. M. and N. M. Bashara, J. Opt. Soc. Am. 61, 1622 (1971)

Ives, H. E. and A. L. Jounsrud, J. Opt. Soc. Am. 15, 374 (1927)

Jaerrendahl, K. and H. Arwin, Thin Solid Films 313/314, 114 (1998)

Jasperson, S. N. and S. E. Schnatterly, Rev. Sci. Instrum. 40, 761 (1969)

Jasperson, S. N. and D. K. Burge and R. C. O'Handly, Surface Sci. 37, 548 (1973)

Jellison Jr., G. E. and D. H. Lowndes, Appl. Phys. Lett. 47, 718 (1985)

Jellison Jr., G. E., Opt. Lett. 12, 766 (1987)

Jellison Jr., G. E., J. Appl. Phys. 69, 7627 (1991)

Jellison Jr., G. E. Optical Materials 1, 41 (1992)

Jellison Jr., G. E. and F. A. Modine, Appl. Phys. Lett. 69, 371 (1996a)

Jellison Jr., G. E. and F. A. Modine, Appl. Phys. Lett. 69, 2137 (1996b)

Jellison Jr., G. E., Thin Solid Films 290, 40 (1996c)

Jellison Jr., G. E., F. A. Modine, P. Doshi, and A. Rohatgi, Thin Solid Films 313/314, 193 (1998a)

Jellison Jr., Thin Solid Films 313/314, 33 (1998b)

Jin, G., Y. H. Meng, L. Liu, Y. Niu, S. Chen, Q. Cai, and T. J. Jiang, Thin Solid Films 519, 2750 (2011)

Joerger, R., K. Forcht, A. Gombert, M. Koehl, W. Graf, Appl. Opt. 36, 319 (1997)

Johnson, R. L., J. Barth, M. Cardona, D. Fuchs, and A. M. Bradshaw, Rev. Sci. Instrum. 60, 2209 (1989)

Johs, B., Thin Solid Films 234, 395 (1993)

Johs, B., C. Herzinger, J. H. Dinan, A. Cornfeld, J. D. Benson, D. Doctor, G. Olson, I. Ferguson, M. Pelczynski, P. Chow, C. H. Kuo, and S. Johnson, Thin Solid Films 313–314, 490 (1998)

Jones, R. C., J. Opt. Soc. Am. 31, 488 (1941)

Kamineni, V., J. N. Hilfiker, J. L. Freeouf, S. Consiglio, R. Clark, G. J. Leusink, and A. C. Diebold, Thin Solid Films 519, 2894 (2011)

Kang, T. D., Optical Properties of Isotropic and Anisotropic Thin Films Studied with Spectroscopic Ellipsometry, Ph.D Thesis, Kyung Hee University, Seoul, Korea 2006

Kedenburg, S., M. Vieweg, T. Gissibl, and H. Giessen, Opt. Mat. Express 2, 1588 (2012)

Kildemo, M., P. Bulkin, B. Drevillon, O. Hunderi, Appl. Opt. 36, 6352 (1997)

Kim, Y. T., R. W. Collins, and K. Vedam, Surface Science 233, 341 (1990)

Kim, Y. T., R. Collins, K. Vedam and D. Allara, J. Electrochem. Soc. 138, 3266 (1991)

Kim, Y. T. and Ilsin An, Anal. Chem. 70, 1346 (1998)

Kim, S. and K. Vedam, Appl. Opt. 25, 2013 (1986)

King, R. J. and M. J. Downs, Surf. Sci. 16, 288 (1969)

Kinosita, K, M. Nishibori, M. Yamamoto, and H. Yokota, Optica Acta 17, 115 (1970)

Koh, J., Y. Lu, S. Kim, J. S. Burnham, C. R. Wronski, and R. W. Collins, Appl. Phys. Lett. 67, 669 (1995)

Koh, J., Y. Lu, C. R. Wronski, and R. W. Collins, Appl. Phys. Lett. 69, 1297 (1996)

Korde, R., L. R. Canfield, and B. Wallis, in Ultraviolet Technology II, Proc. SPIE 932, 153 (1988)

Kruger, J. and W. J. Ambs, J. Opt. Soc. Am. 49, 1195 (1959)

Krumrey, M, E. Tegeler, J. Barth, M. Krisch, M. Schaefers, and R. Wolf, Appl. Opt. 27, 4336 (1988)

Land, E. and C. D. West, Colloid Chemistry 6, 60 (1946)

Land E., J. Opt. Soc. Am. 41, 957 (1951)

Landauer, R. AIP Conf. Proc. 40, 2-43 (1978)

Larsen, T., IRE Trans. Microwave and Techniques 919 (1962)

Lautenschlager, P., M. Garriga, L. Vina, and M. Cardona, Phys. Rev. B 36, 4821 (1987)

Layer, H. P., Surface Science 16, 177 (1969)

Lederich, R. J. J. Opt. Soc. Am. 62, 1524 (1972)

Lee, J., P. I. Rovira, I. An, and R. W. Collins, Rev. Sci. Instrum. 69, 1800 (1998).

Lee, J., J. Koh, and R. W. Collins, Rev. Sci. Instrum. 72, 1742 (2001)

Lee, S., B. Kang, S. Lee, H. Jeong, Ilsin An, and C. Song, J. Kor. Phys. Soc. 57, 1811 (2010)

Leng, J., J. Opsal, H. Chu, M. Senko, and D. E. Aspnes, Thin Solid Films 313-314, 132 (1998)

Lewis, B. and J. C. Anderson, Nucleation and Growth of Thin Films, Academic Press, New York, 1978

Li, J, B. Ramanujam, R. W. Collins, Thin Solid Films 519, 2725 (2011)

Li, L. and C. W. Haggans, J. Opt. Soc. Am. A10, 1184 (1993)

Li, Y., Ilsin An, H. V. Nguyen, C. R. Wronski, and R. W. Collins, Phys. Rev. Lett. 68(18), 2814 (1992)

Licitra, C., R. Bouyssou, M. El Kodadi, G. Haberfehlner, T. Chevolleau, J. Hazart, L. Virot, M. Besacier, P. Schiavone, and F. Bertin, Thin Solid Films 519, 2825 (2011)

Logothetidis, S., J. Petalas, A. Markwitz, and R. L. Johnson, J. Appl. Phys. 73, 8514 (1993)

Loncaric, M., J. Sancho–Parramon, and H. Zorc, Thin Solid Films 519, 2946 (2011)

Lorentz, H. A., Theory of Electrons, Dover, New York, 1952

Lu, S. and A. P. Loeber, J. Opt. Soc. Am 65 (1975)

Lyot, P. B., Annales de l'Observatorie de Paris 8, 100 (1929)

Malus, E. L., Nouvel Bull. Soc. Philomath. 1, 266 (1808)

Marsillac, S., S. A. Little, and R. W. Collins, Thin Solid Films 519, 2936 (2011)

Martin, B. G. and R. F. Wallis, Solid State Commun. 21, 385 (1977)

Mathieu, H. J., D. E. McClure, and R. H. Muller, Rev. Sci. Instrum. 45, 798 (1974)

McCrackin, F. L., R. R. Stromberg, and H. L. Steinberg, J. Nat'l. Bureau Standards A Physics and Chemistry 67, 363 (1963)

McIntyre, J. D. E. and D. E. Aspnes, Surface Science 24, 417 (1971)

Meng, Y. H. and G. Jin, Thin Solid Films 519, 2742 (2011)

Messier, R., A. P. Giri and R. A. Roy, J. Vac. Sci. Technol. A 2, 500 (1984)

Meyer, F. and G. A. Bootsma, Surface Science 16, 221 (1969)

Mishima, T. and K. C. Kao, Op. Eng. 21, 1074 (1982)

Mo, D and J. H. Tan, Thin Solid Film 313–314, 587 (1998)

Mok, T. M. and S. K. O'Leary, J. Appl. Phys. 102, 113525 (2007)

Monin, J. and G. –A. Boutry, Nouv. Rev. Optique 4, 159 (1973) reference in Azzam (1977)

Moss, T. S., Proc. Phys. Soc. B76, 775 (1954)

Movchan, B. A. and A.V. Demchishin, Fiz. Met. Metalloved. 28, 653 (1969)

Mueller, A. B., F. Reinhardt, U. Resch, W. Richter, K. C. Rose, and U. Rossow, Thin Solid Films 233, 19 (1993)

Mueller, H. J. Opt. Soc. Am. 38, 661 (1948)

Muenz, F., J. Humlicek, and P. Marsik, Thin Solid Fims 519, 2703 (2011)

Muller, R. H., Surface Science 16, 14 (1969)

Muller, R. H., R. M. A. Azzam, and D. E. Aspnes, Eds. Ellipsometry, Proceedings of the Fourth International Conference in Ellipsometry, North Holland, Amsterdam 1980; Surface Science 96 (1980)

Muller, R. H. and J. C. Farmer, Rev. Sci. Instrum. 55, 371 (1984)

Nahm, H. S. and G. B. Hess, Phys. Rev. B 38, 5166 (1988)

Nahm, H. S. and G. B. Hess, Langmuir 5, 575 (1989)

NanoPhotonics AG, Mainz, Germany, Ellipson Ellipsometer, Photonics Spectra p.97, May 1999

Nee S. F., Appl. Opt. 27, 2819 (1988)

Nee S. F., J. Opt. Soc. Am. A8, 314 (1991)

Nguyen, H. V., Ilsin. An, R. W. Collins, Phys. Rev. Lett. 68, 994 (1992)

Nguyen, H. V., Ilsin. An, R. W. Collins, Phys. Rev. B 47, 3947 (1993)

Nguyen, N. V., B. S. Pudliner, Ilsin An, and R. W. Collins, J. Opt. Soc. Am. A6, 919 (1991)

Nguyen, N. V., Ilsin An, R. W. Collins, Y. Lu, M. Yakagi, and C. R. Wronski, Appl. Phys. Lett. 65, 3335 (1994)

Nick, D. and R. M. A. Azzam, Rev. Sci. Instrum. 60, 3625 (1989)

Nicol, W., Edinburgh Journal of Philosophy 6, 83 (1828)

Niklasson, G. A., C. G. Granqvist, and O. Hundrei, Appl. Opt. 20, 26 (1981)

Nooke, A., U. Beck, A. Hertwig, A. Krause, H. Krueger, V. Lohse, D. Negendank, and J. Steinbach, Thin Solid Films 519, 2659 (2011)

O'Bryan, H. M., J. Opt. Soc. Am. 26, 312 (1936)

O'Handley, R. C., J. Opt. Soc. Am. 63, 523 (1973)

Opsal, J., J. Fanton, J. Chen, J. Leng, L. Wei, C. Uhrich, M. Senko, C. Zaiser, and D. E. Aspnes, Thin Solid Films 313–314, 58 (1998)

Ord, J. L. and B. L. Wills, Appl. Opt. 6, 1673 (1967)

Ordal, M. A., L. L. Long, R. J. Bell, S. E. Bell, R. R. Bell, R. W. Alexander, and C. A. Ward, Appl. Opt. 22, 1099 (1983)

Ordal, M. A., R. J. Bell, R. W. Alexander, L. L. Long, and M. R. Querry, Appl. Opt. 24, 4493 (1985)

Ordal, M. A., R. J. Bell, R. W. Alexander, L. L. Long, and M. R. Querry, Appl. Opt. 26, 744 (1987)

Ordal, M. A., R. J. Bell, R. W. Alexander, L. A. Newquist, and M. R. Querry, Appl. Opt. 27, 1203 (1988)

Ossikovski, R., H. SHirai, and B. Drevillon, Thin Soild Films 234, 363 (1993)

Paley, M. S., D. O. Frazier, H. Abdeldeyem, S. Amstrong, and S. P. McManus, J. Am. Chem. Soc. 117, 4775 (1995)

Papa, Z., B. Farksa, and Z. Toth, Thin Solid Films 519, 2903 (2011)

Passaglia, E., R. R. Stromburg, and J. Kruger, Ellipsometry in the Measurement of Surfaces and Thin Films, Proc. Symposium on the Ellipsometer and its Use in the Measurement of Surfaces and Thin Films, Washington, D.C. 1963

Passaglia, L. E., R. R. Stromberg, and H. L. Steinberg, J. res. Nat'l, Bur. Std. 67A, 363 (1963)

Pelik, E. D., Handbook of Optical Constants of Solids, Academic Press, New York, 1985

Pelik, E. D., Handbook of Optical Constants of Solids II, Academic Press, New York, 1991

Pelik, E. D., Handbook of Optical Constants of Solids III, Academic Press, New York, 1997

Petalas, J., S. Logothetidis, M. Gioti, and C. Janowitz, phys. stat. sol. (b) 209, 499 (1998)

Philippart, V., M. Dumont, J. M. Nunzi, and F. Charra, Appl. Phys. A56, 29 (1993)

Pieterse, M. M., M. Sluyters–Rehbach, and J. H. Sluyters, J. Opt. Soc. Am. 69, 484 (1979)

Podraza, N. J., Chi Chen, Ilsin An, G.M. Ferreira, P.I. Rovira, R. Messier, R.W. Collins, Thin Solid Films 455, 571 (2004)

Poincaré, H. Theorie mathematique de la lumiere, Vol. 2, G. Carre, Paris, 1892

Poste, G. and C. Moss, in Progress in Surface Science, Vol. 2, North Holland, Amsterdam, 1972

Potter, R. F., J. Opt. Soc. Am. 54, 904 (1964)

Press, W. H., B. P. Flannery, S. A. Teukolsky, and W. T. Vetterling, Numerical Recipes in C, Cambridge University Press, Cambridge, 1990 또는 상용의 IMSL subroutine package

Rasing, Th., H. Hsiung, Y. R. Shen, M. W. Kim, Phys. Rev. A 37, 2732 (1988)

Reiz, J. F. J. Milford, and R. W. Christy, Foundations of Electromagnetic Theory, Addison-Wesley, New York, 1993

Reza, A., Z. Balevicius, R. Vaisnoras, G. J. Babonas, and A. Ramanavicius, Thin Solid Films 519, 2641 (2011)

Riedling, K. Ellipsometry for Industrial Applications, Springer-Verlag, Wien, New York, 1988

Rochen A., Rev. Sci. Instrum. 16, 26 (1945)

Rochen, A., Infrared Physics 21, 349 (1981)

Rochen, A., in Progress in Surface and Membrane Science, Vol. 8, Academic Press, New York, 1974

Roeder, G., S. Liu, G. Aygun, P. Evanschitzky, A. Erdmann, M. Schellenberger, and L. Pfitzner, Thin Solid Films 519, 2978 (2011)

Roeseler, A., Infrared Phys. 21, 349 (1981)

Roeseler, A., Infrared Spectroscopic Ellipsometry, Akademie-Verlag, Berlin, 1990

Roeseler, A., Thin Solid Films 234, 307 (1993)

Rossel, S. and R. Wehner, Nature 323, 128 (1986)

Russev, S. H., Appl. Opt. 28, 1504 (1989)

Sanchoparramon, J., M. Modreanu, S. Bosch, M. Stchakovsky, Thin Solid Films 516, 7990 (2008)

Sagnard, F.,F. Bentabet and C. Vignat, IEEE Transactions on Instrumentation and Measurement 54, 1266 (2005)

Sakurai, T., S. Mochzuki, and M. Ishigame, High-Temperatures-High Pressures 7, 411 (1975)

Sayan, S., N. V. Nguyen, J. Ehrstein, T. Emge, E. Garfunkel, M. Croft, X. Zhao, D. Vanderbilt, I. Levin, E. P. Gusev, H. Kim and P. J. McIntyre, Appl. Phys. Lett. 86, 152902 (2005)

Schledermann, M. and M. Skibowski, Appl. Opt. 10, 321 (1971)

Schubert, M., B. Rheinlaender, J. A. Woollam, B. Johs, and C. M. Herzinger, J. Opt. Soc. Am. A13, 875 (1996)

Schubert, M., Phys. Rev. 53, 4265 (1996b)

Schubert, M., Thin Solid Films 313-314, 324 (1998)

Schwarz, D., H. Wormeester, and B. Poelsema, Thin Solid Films 519, 2994 (2011)

Scott, M. L., P. N. Arendt, B. J. Cameron, J. M. Saber, and B. E. Newnam, Appl. Opt. 27, 1503 (1988)

Sellmeier, W., Annalen der Physik. 143, 272 (1871)

Shurcliff, W. A., Polarized Light, Production and Use, Harvard University Press, Cambridge, MA, 1962

Smith, T. J. Opt. Soc. Am. 58, 1069 (1968)

Spindler & Hoyer catalgue, GMBH &Co, 37070 Goettingen, Germany

Steel, M. R., Appl. Opt. 10, 2370 (1971)

Steinmetz, D. L., W. G. Phillips, M. Wirick, and F. F. Forbes, Appl. Opt. 6, 1001 (1967)

Stenberg, M., T. Sandstrom, and L. Stiblert, Mat. Sci. Eng. 42, 65 (1980)

Stobie, R. W., B. Rao, and M. J. Dignam, Appl. Opt. 14, 999 (1975)

Stone, J. M., Radiation and Optics, McGraw–Hill, New York 1963, Ch. 15.

Straaijer, A., L. J. Hanekamp, and G. A. Bootsma, Surf. Sci. 96, 217 (1980)

Strong, J. Procedures in Experimental Physics, Prentice Hall, Englewood Cliffs, N.J., 1938

Suzuki, I., M. Ejima, K. Watanabe, Y. Xiong, and T. Saitoh, Thin Soild Films 313/314, 214 (1998)

Suzuki, S. and A. Tsuchiya, Proc. IRE 46, 190 (1958)

Swindle, W., Polarized Light–Benchmark Papers in Optics, Volume 1, Dowden, Hutchinson & Ross, Inc., Pennsylvania, 1975

Synowicki, R. A., Greg K. Pribil, Gerry Cooney, Craig M. Herzinger, Steven E. Green, Roger H. French, Min K.Yang, John H. Burnett and Simon Kaplan, J. Vac. Sci. & Technol B 22, 3450 (2004)

Takada, K. K. Okamoto, and J. Noda, J. Lightwave Technol. LT4, 213 (1986)

Takada, K., K. Chida. and J. Noda, J. Opt. Soc. Am. A5, 1905 (1988)

Takasaki, H, J. Opt. Soc. Am. 51, 463 (1961)

Takasaki, H, Appl. Opt. 5, 759 (1966)

Talmi, Y. and R. W. Simpson, Appl. Opt. 19, 1401 (1980)

Tauc, J., R. Grigorovici, A. Vancu, Phys. Stat. Solidi 15, 627 (1966)

Teitler, S. and B. Henvis, J. Opt. Soc. Am 60, 830 (1970)

Theeten, J. B., F. Hottier, and J. Hallais, J. Cryst. Growth 46, 245 (1979)

Theeten, J. B., Surf. Sci 96, 275 (1980)

Thompson D. W., M. J. De Vries, T. E. Tiwald, and J. A. Woollam, Thin Solid Films 313–314, 341 (1998)

Thornton, J. A. J. Vac. Sci. Technol. A 11, 666 (1974)

Tompkins, H. G., A user's Guide to Ellipsometry, Academic Press, New York, 1993

Tompkins, H. G. and W. A. McGahan, Spectroscopic Ellipsometry and Reflectometry, John Wiley & Sons, Inc., 1999

Tompkins, H. G. and E. A. Irene, Handbook of Ellipsometry, William Andrew, Inc., 2005

Tompkins, H. G. et al. Thin Solid Films 519, 2569–3005 (2011)

Trepk, T., M. Zorn, J. –T. Zettler, M. Klein, and W. Richter, Thin Solid Films 313–314, 496 (1998)

Urbach, F., Phys. Rev. 92, 1234 (1953)

Vasicek, A., Appl. Opt. 4, 1032 (1965)

Vedam, K., P. J. McMarr, and J. Narayan, Appl. Phys. Lett. 47, 339 (1985)

Vedam, K. and S. Y. Kim, Appl. Opt. 28, 2691 (1989)

Vedam, K., Thin Solid Films 313–314, 1 (1998)

Verleur, H. W. J. Opt. Soc. Am. 58, 1356 (1968)

Vroman, L. in Proceedings of the Symposium on Recent Development in Ellipsometry, North Holland, Amsterdam, 1969

Vuye, G., S. Fisson, V. Nguyen Van, Y. Wang, J. Rivory, and F. Abeles, Thin Solid Films 233, 166 (1993)

Ward, L., The Optical Constants of Bulk Materials and Films, Institute of Physics, Bristol & Philadelphia, 1994

Waterman, T., Science 120, 927 (1954)

West. C. D. and R. C. Jones, J. Opt. Soc. Am. 41, 976 (1951)

Wijers, C. M. J., G. P. M. Poppe, P. L. de Boeij, H. G. Bekker, and D. J. Wentink, Thin Solid Films 233, 28 (1993)

Winterbottom, A. B., Natl, Bur, Std. Misc. Publ. 256, 97 (1948)

Woehler, H., M. Fritsch, G. Haas, and D. A. Mlynski, J. Opt. Soc. Am. A5, 1554 (1988)

Wold, E., J. Bremer, O. Hunderi, and B. O. Fimland, Thin Solid Film 313–314, 649 (1998)

Wooten, F., Optical Properties of Solids, Academic Press, New York, 1972

Wormeester, H., D. J. Wentink, P. L. de Boeij, and A. van Silfhout, Thin Solid Film 233, 14 (1993)

Wormeester, H., F. Everts, and B. Poelsema, Thin Solid Film 519, 2664 (2011)

Yamaguchi, T, S. Yoshida, and A. Kinbara, Jpn. J. Appl. Phys. 8, 559 (1969)

Yamaguchi, T., H. Takahashi, A. Sudoh, J. Opt. Soc. Am. 68, 1039 (1978)

Yamamoto, M., Opt. Commun. 10, 200 (1974)

Yamashita, M., K. Omura, and D. Hirayama, Surf. Sci. 96, 443 (1980)

Yang, Y. H. and J. R. Abelson, J. Vac. Sci. Technol. A 13, 1145 (1995)

Yao, H., Paul G. Snyder, and John A. Woollam, J. Appl. Phys. 70, 3261 (1991)

Yasuda, T. and D. E. Aspnes, Appl. Opt. 33, 7435 (1994)

Yeh, P, Surface Science 96, 41 (1980)

Yolken, T., R. Waxler, and J. Kruger, J. Opt. Soc. Am 57, 283 (1967)

Yoshino, T. and K. Kurosawa, Appl. Opt., 23, 1100 (1984)

Zaghloul, A. R. M. and R. M. A. Azzam, J. Opt. Soc. Am. 67, 1286 (1977)

Zaghloul, A. R. M. and R. M. A. Azzam, Surface Science, 96, 168 (1980)

Zalczer, G., Rev. Sci. Instrum. 59, 2620 (1988)

Zalczer, G., O. Thomas, J. Piel, and J. Stehle, Thin Solid Films 234, 356 (1993)

Zhu, D., Q. Li, T. Lai, D. Mo, Y. Xu, and J. D. Mackenzie, Thin Soild Films 313/314, 210 (1998)

부록-I

Snell의 법칙

평면파의 전기장은 다음과 같이 표현됨을 배웠다.

$$\overrightarrow{E}(\overrightarrow{r},t) = \overrightarrow{E_0} e^{i(\omega t - \frac{2\pi}{\lambda}\overrightarrow{r}\cdot\hat{s})}. \tag{1}$$

여기서, $\hat{s}$은 진행방향 단위 vector이고 $2\pi/\lambda = \omega/v$로 둘 수 있다. 따라서 이를 이용하면 전기장에 대한 표현은 다음과 같이 된다.

$$\overrightarrow{E}(\overrightarrow{r},t) = \overrightarrow{E_0} e^{i\omega(t - \frac{\overrightarrow{r}\cdot\hat{s}}{v})}. \tag{2}$$

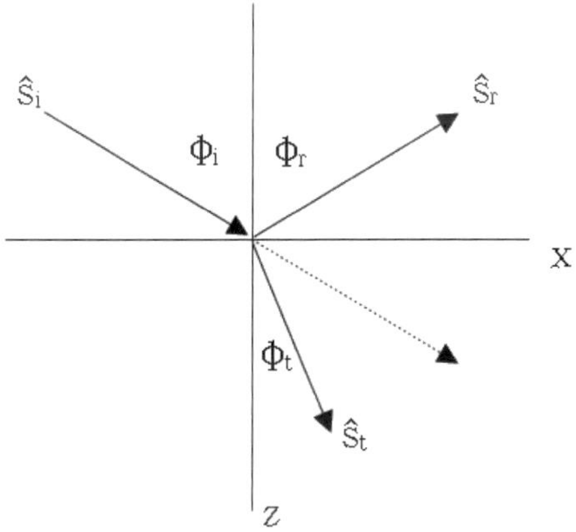

[그림 I] 입사, 반사, 굴절이 일어나는 계면

그림을 이용하면, 진행방향을 나타내는 단위 vector는 $\hat{s_i} = \hat{x}sin\phi_i + \hat{y}cos\phi_i$ 가 되고 여기에 접선 방향의 전기장 성분이 같아야 하는 경계조건(boundary condition)을 적용하면

$$t - \frac{\overrightarrow{r}\cdot\hat{s_i}}{v_0} = t - \frac{\overrightarrow{r}\cdot\hat{s_r}}{v_0} = t - \frac{\overrightarrow{r}\cdot\hat{s_t}}{v_1} \rightarrow \frac{\overrightarrow{r}\cdot\hat{s_i}}{v_0} = \frac{\overrightarrow{r}\cdot\hat{s_r}}{v_0} = \frac{\overrightarrow{r}\cdot\hat{s_t}}{v_1}. \tag{3}$$

여기서, $\vec{r}\cdot\hat{s_i} = xsin\phi_i + zcos\phi_i$ 이고 z=0→$\vec{r}\cdot\hat{s_i} = xsin\phi_i$

따라서, (3)의 경계 조건은,

$$\frac{xsin\phi_i}{v_0} = \frac{xsin\phi_r}{v_0} = \frac{xsin\phi_t}{v_1}. \qquad (4)$$

그런데, $\phi_r = \phi_i, \phi_r = \pi - \phi_i, \cos\phi_r = -\cos\phi_i$ 이므로 이를 이용하면 원하는 Snell의 법칙이 유도가 된다.

$$\frac{\sin\phi_i}{v_0} = \frac{\sin\phi_t}{v_1},\ n = \frac{c}{v} \rightarrow \therefore n_0\sin\phi_i = n_1\sin\phi_t. \qquad (5)$$

부록-II 전기변위(electric displacement)

전기장이 기본적인 물리량이긴 하지만 전기장을 구하기 위해서는 관련된 모든 전하를 규명해야 한다. 그런데 유전체의 경우, 분극으로 인하여 발생한 전하까지 알아야 하기 때문에 전기장을 사용하기는 어렵다. 따라서, 이 경우에 전기변위를 사용하면 편리하다. 전기변위의 또다른 명칭은 전속밀도(electric flux density)인데 이는 전기변위의 단위가 면적당 전하량($Coulomb/m^2$)인데서 이해할 수 있다. 전기변위에 대해 좀더 알아보기 위해 그림 II와 같은 평행판 축전기를 생각해보자. 우선 두 금속전극 사이가 비어있는 경우(왼쪽 그림)에 전기장의 크기는 다음과 같다.

$$E = \frac{\sigma}{\epsilon_0}. \tag{1}$$

여기서 σ는 금속전극에 있는 자유전하밀도로 단위는 전기변위와 같은 $Coulomb/m^2$ 이다. 이제 이 두 금속전극 사이에 유전체를 삽입하면 전기장의 크기는 다음과 같이 감소한다(오른쪽 그림). 즉,

$$E = \frac{\sigma - \sigma_P}{\epsilon_0}. \tag{2}$$

여기서 σ_P는 유전체의 분극(P)에 의해 표면에 유도된 분극전하의 밀도로 자유전하와 부호가 반대이다. 이 식을 정리하면 다음과 같다.

$$\sigma = \epsilon_0 E + \sigma_P = \epsilon_0 E + P \equiv D. \tag{3}$$

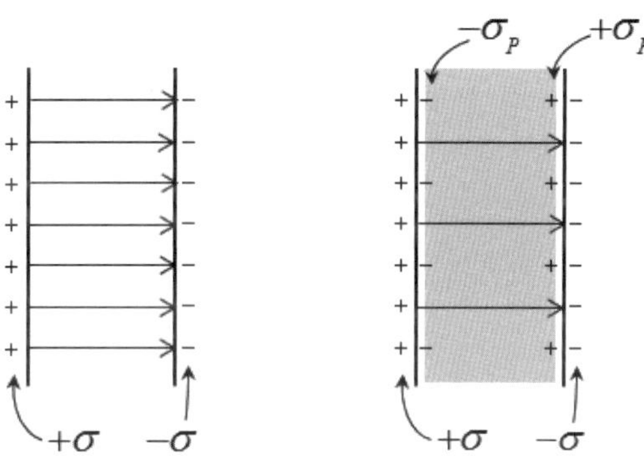

[그림 II] (왼쪽) 평행판 축전지와 전기력선(판 사이의 화살표), (오른쪽) 유전체를 삽입했을 때의 전기력선

유전체에 의해 평행판 내부의 전기장은 변했지만 식 (3)에 따르면 전기변위 D는 유전체 존재와 무관하게 실제 표면전하에 의해 발생한 장으로 취급이 편리하다.

부록-III
Levenberg-Marquardt 알고리즘

비선형 방정식의 근을 찾는 방법은 Newton-Rapson 방법을 비롯하여 여러 가지가 소개되어 있는데, 분광 ellipsometry 분석에는 주로 Levenberg-Marquardt 알고리즘을 많이 사용하고 있다. 잠시 그 원리를 살펴보고 계산 결과를 어떻게 해석해야 하는지에 도움이 되었으면 한다. 분광 ellipsometry에서 regression analysis의 목적이 단순히 수학적으로 unbiased estimator, σ^2를 최소화하는 것이라고 이미 설명하였다. 즉, 측정치와 이론치의 차이를 이론식 속의 변수를 조절하여 최적의 경우를 정답으로 산출하는 과정이다.

$$\sigma^2(a) = \frac{1}{N-m-1}\sum_{i=1}^{N}\{y_{i,\text{실험치}} - y(x_i,a)\}^2. \tag{1}$$

여기서 y_i는 각 파장(광양자 에너지) x_i에서의 측정치인데 전부 N개이고, $y(x_i, a)$는 광양자 에너지별로 변수값 a를 다층박막이론에 대입하여 계산한 값이다. 여기서 변수값 a는 vector로 표시되었는데 m 개의 성분을 가졌다 (즉, m개의 미지변수로 각 박막층의 두께라든지 성분의 함량 등이다). 그리고 여기서 y_i 또는 y는 (Δ, Ψ), ($\cos\Delta$, $\tan\Psi$) 등이다. 결국 이 차이함수 σ^2은 최솟값 근처(즉, 변수 a의 참값 근처)에서 a의 2차식으로 근사적 표현을 할 수 있다 (Press 1990).

$$\sigma^2(a) \sim \gamma - d \cdot a + \frac{1}{2} a \cdot D \cdot a. \tag{2}$$

여기서 γ는 스칼라 상수이고, d는 길이 m을 가진 vector, 그리고 D는 m×m의 Hessian matrix인데 그 성분은 두 변수 공간상에서의 이중 미분값이다.

$$D_{ij} = \frac{\partial^2 \sigma^2}{\partial a_i \partial a_j}. \tag{3}$$

이 값은 차이함수 σ^2 최솟값 근처에서 다음과 같이 표현이 된다.

$$D_{ij} \sim \sum_{k=1}^{N} J_{ki} J_{kj}. \tag{4}$$

여기서 J는 N×m의 Jacobian matrix이다. 즉,

$$J_{ij} = \frac{\partial y(x_i, a)}{\partial a_j}. \tag{5}$$

만일 식(2)가 현재의 변수 $a_{현재}$로 σ^2에 대한 근사값이라고 판단이 되면 이를 최소화하는 변수 $a_{최적}$를 다음 단계에서 바로 찾아 낼 수 있다.

$$a_{최적} = a_{현재} + D^{-1} \cdot \left[-\nabla \sigma^2 (a_{현재}) \right]. \tag{6}$$

여기서,

$$\nabla_i \sigma^2 (a_{현재}) = \left[\frac{\partial \sigma^2}{\partial a_i} \right]_{a = a_{현재}}. \tag{7}$$

만일 식(2)가 만족스런 근사식이 되지 않을 경우 입력한 현재의 변수값 $a_{현재}$를 바꾸어 넣어야 하는데 σ^2의 최솟값을 향해 가장 기울기가 급한 방향으로 a값을 움직여 간다. 즉,

$$a_{다음} = a_{현재} - C \times \nabla \sigma^2 (a_{현재}). \tag{8}$$

여기서 C는 적당한 크기의 상수인데 그 단위가 $\nabla \sigma^2$의 역수가 되고 또한 D의 diagonal element의 역수가 된다. 따라서 식 (8)을 다음과 같이 표현하였다.

$$\delta a_l = \frac{1}{\lambda D_{ll}} \frac{\partial \sigma^2}{\partial a_l}. \tag{9}$$

여기서 δa_l은 다음 계산에서 $a_{현재}$ 값을 새롭게 하는데 사용이 된다. 그리고 λ는 Marqardt변수인데 D_{ll}의 크기를 조절하는데 사용이 된다. 식 (6)과 식 (9)는 다음 관계식을 이용하여 합칠 수 있다.

$$\alpha_{jj} \equiv D_{jj}(1 + \lambda), \ \alpha_{jk} \equiv D_{jk} \quad (j \neq k) \tag{10}$$

합쳐진 식은

$$\sum_{l=1}^{m} \alpha_{kl} \delta a_l = \frac{\partial \sigma^2}{\partial a_k}. \tag{11}$$

따라서, λ가 커지면 식 (11)의 diagonal element가 우세하므로 식 (9)처럼 되고, 반대로 λ가 0에 가까워지면 식 (6)에 가까워진다.

이 알고리즘을 이용하기 위해서는 두께라든지 void함량 등에 대한 초기 추측값, 즉, a 값(개수 m개)을 대입해야 하는데 보통 그 양을 대충은 알므로 강제적으로 그 범위 내에서 적당한 간격으로 변화시키면서 개략적인 값을 찾아낸다. 이를 grid search라고 하는데 예를 들어 어떤 박막의 두께가

약 300에서 500 Å 사이에 있는 것으로 추정이 되면 Levenberg-Marquardt 알고리즘에 초기 추측값으로 400 Å을 넣기보다는 식 (1)에 300 Å에서 500 Å 사이의 값을 약 20 Å 씩 증가시켜 대입하여 그 중에서 가장 작은 σ^2 값을 보이는 두께를 초기 추측값으로 넣는다. 이는 계산의 결과가 local minimum에서 오는 것을 방지하고 global minimum 값을 찾고자 하는데 그 목적이 있다.

일단 초기 추측값을 대입하면 Levenberg-Marquardt 알고리즘은 다음과 같이 수행이 된다.

㉠ 찾고자 하는 변수의 초기 추측값 a와 λ값을 0.01정도로 넣는다.

㉡ $\sigma^2(a)$를 계산한다.

㉢ 식(11)을 δa에 대해 풀고 $\sigma^2(a+\delta a)$를 계산한다.

㉣ 만약 $\sigma^2(a+\delta a) \geq \sigma^2(a)$이면, λ값을 2배 가까이의 값으로 넣고 ㉢으로 간다.

㉤ 만약 $\sigma^2(a+\delta a) < \sigma^2(a)$이면, λ값을 $\frac{1}{2}$배 정도의 값으로 넣고 또한 a값을 $a+\delta a$로 바꿔 넣고 ㉢으로 간다.

이 과정을 반복하게 되는데 일반적으로 실험결과 속에는 오차가 들어 있고 또한 계산 모델이 완벽하지 않으므로 식 (1)이 0이 되지는 않기 때문에 σ^2값이 언제일 때 계산을 멈추는가를 결정해야 한다.

다음의 기준을 만족시키면 멈추는데 사용자는 이들 중 어떤 기준을 만족시켰는가를 알 필요도 있다.

㉠ 구해낸 $a_{현재}$값과 $a_{나중}$값(즉, $a_{현재}+\delta a$)의 유효숫자의 수가 같을 때(사용자가 지정하는데 4개 정도)

㉡ 연속적인 σ^2의 계산에서 별 향상이 없을 경우, 즉, $\left|\sigma^2_{n+1} - \sigma^2_n\right| \leq \epsilon$
여기서 ϵ은 작은 수로서 사용자가 지정한다(0.0001정도).

㉢ 연속적인 σ^2의 계산에서 그 기울기의 변화가 작을 경우, 즉, $\left|\nabla \sigma^2_{현재}\right| \leq \delta$
여기서 δ은 작은 수로서 사용자가 지정한다(0.0001정도)

㉣ 총 계산 횟수를 지정한다. 앞의 조건들을 만족시키지 않을 경우 프로그램을 멈출 수 없으므로 총계산 횟수를 수백 번 정도로 지정해 놓는다. 또한 이 계산 결과 correlation matrix C와 90% 신뢰도 한계 Δa를 계산할 수 있다. 즉, Hessian matrix의 역수로부터(Aspnes 1981),

$$C_{ij} = \frac{D_{ij}^{-1}}{\sqrt{D_{ii}^{-1} D_{jj}^{-1}}}, \quad \Delta a_i = 1.67\sigma\sqrt{D_{ii}^{-1}}$$

따라서 분광 ellipsometry결과 분석에 Levenberg-Marquardt 알고리즘을 이용할 경우 좋은 계산 결과란 일단 설정한 모델이 물리적으로 타당해야 하고

㉠ 작은 σ값

㉡ 각 변수에 대한 비교적 작은 90% 신뢰도 한계 Δa. 아무리 fitting이 잘 되었더라도 두께 값이 300 Å ±200 Å 이라고 나오면 계산 결과의 신뢰도가 크게 떨어진다.

㉢ 변수간의 correlation이 가능한 작아야 한다. 그 크기가 0일 때가 가장 이상적이고 1일 때가 가장 나쁘다. 예를 들어 다층 박막 분석에서 두 박막층의 두께간의 correlation이 1이라 함은 하나를 조금 두껍게 하고 다른 것을 그만큼 얇게 하여도 같은 값을 얻는다는 말이다.

㉣ 실험결과와 계산결과의 그림이 전체적으로 잘 맞는 것. 비록 δ값이 작게 나왔더라고 일단 그림으로 비교해 보는 것이 좋다. (Δ, Ψ)간 또는 에너지 영역별 fitting의 정도가 다를 수 있기 때문이다. 반도체의 critical point가 중요할 경우 그 부분에 대한 fitting이 어떤지 또는 실험오차가 심한 곳을 더 잘 fitting 하였는지 등을 판단하여야 한다.

㉤ 계산 결과 얻은 변수값의 물리적 타당성이 있을 것.

더 상세한 내용은 참고서적을 이용하기 바란다(Press 1990).

부록-IV
Mueller matrix를 이용한 null ellipsometry에서의 (Δ, Ψ) 유도

앞에서 배운 Mueller matrix를 이용하면 입사하는 빛$S' = \{S'_0, S'_1, S'_2, S'_3\}$이 입사면에 대해 투과축이 P만큼 기울어진 polarizer를 투과한 후 갖게 되는 빛의 편광상태 $S_{pol}(P)$는 다음과 같다.

$$S_{pol}(P) = M_{pol}(P)\begin{bmatrix} S'_0 \\ S'_1 \\ S'_2 \\ S'_3 \end{bmatrix} = \begin{bmatrix} 1 & 0 & 0 & 0 \\ 0 & \cos 2P & -\sin 2P & 0 \\ 0 & \sin 2P & \cos 2P & 0 \\ 0 & 0 & 0 & 1 \end{bmatrix} \frac{1}{2}\begin{bmatrix} 1 & 1 & 0 & 0 \\ 1 & 1 & 0 & 0 \\ 0 & 0 & 0 & 0 \\ 0 & 0 & 0 & 0 \end{bmatrix} \begin{bmatrix} 1 & 0 & 0 & 0 \\ 0 & \cos 2P & \sin 2P & 0 \\ 0 & -\sin 2P & \cos 2P & 0 \\ 0 & 0 & 0 & 1 \end{bmatrix} \begin{bmatrix} S'_0 \\ S'_1 \\ S'_2 \\ S'_3 \end{bmatrix}. \quad (1)$$

맨 왼쪽에 좌표회전을(-P)만큼 다시 했으므로 이 표현에서 기준은 입사면이 된다. 이 빛을 fast axis가 입사면에 대해 45°기울어진 retardation 각 ϕ를 가진 compensator를 통과하면 Stokes vector $S = \{S_0, S_1, S_2, S_3\}$는 다음과 같이 표현이 된다.

$$S = M_{comp}(45°)S_{pol}(P) = \begin{pmatrix} 1 & 0 & 0 & 0 \\ 0 & \cos\phi & 0 & \sin\phi \\ 0 & 0 & 1 & 0 \\ 0 & -\sin\phi & 0 & \cos\phi \end{pmatrix} S_{pol}(P). \quad (2)$$

한참 정리하면,

$$S = \begin{pmatrix} S_0 \\ S_1 \\ S_2 \\ S_3 \end{pmatrix} = \frac{1}{2}(S_0 + S_1\cos 2P + S_2 \sin 2P)\begin{pmatrix} 1 \\ \cos\phi\cos 2P \\ \sin 2P \\ -\sin\phi\cos 2P \end{pmatrix} = I_0 \begin{pmatrix} 1 \\ \cos\phi\cos 2P \\ \sin 2P \\ -\sin\phi\cos 2P \end{pmatrix} \quad (3)$$

이 되어, 기대하였듯이 타원편광의 Stokes vector가 된다. 따라서 다시 그림 IV-1을 이용하여 앞에서 공부한 바 있는 타원편광과 연관을 지워보면, 장축과 단축의 비(ellipticity, a=B/A≤1)와 장축의 방위각(Q)으로 그 모양을 나타낼 수 있는데 Stokes parameter로 표현하면 다음과 같다.

$$Q = \frac{1}{2}tan^{-1}\left(\frac{S_2}{S_1}\right), \quad a = \frac{1}{2}sin^{-1}\left(\frac{S_3}{\sqrt{S_1^2 + S_2^2 + S_3^2}}\right). \quad (4)$$

따라서,

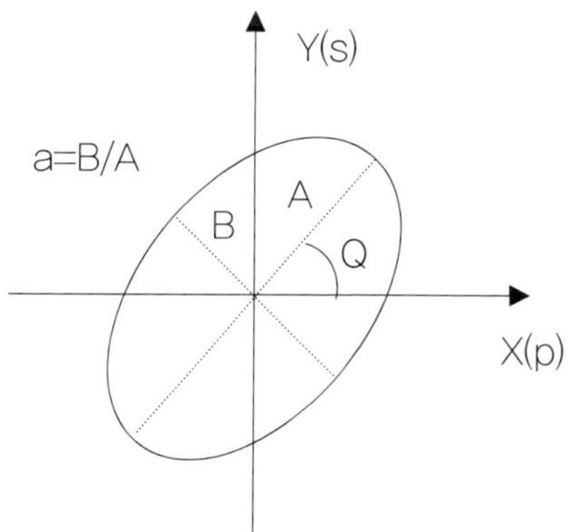

[그림 IV-1] 타원편광을 나타내는 전기장의 궤적.

$$\tan 2Q = \frac{\tan 2P}{\cos\phi}, \quad \sin 2a = -\sin\phi\cos 2P. \tag{5}$$

의 관계를 알 수 있다. 즉, polarizer의 위치각 P와 입사면에 대해 45°에 그 fast axis가 고정된 compensator의 retardation 각 ϕ로 모든 편광 상태를 발생시킬 수 있음을 알 수 있다. 특히 quarter waveplate를 사용할 경우 ϕ=90°이므로 polarizer의 위치각만으로 각종 편광상태의 제작이 가능하게 된다. Compensator를 지난 후의 빛의 상태에 대한 Stokes vector의 성분을 써 보자.

$$S_0 = \langle E_{0s}(t)^2 \rangle + \langle E_{0p}(t)^2 \rangle = E_{0s}^2 + E_{0p}^2, \tag{6a}$$

$$S_1 = \langle E_{0s}(t)^2 \rangle - \langle E_{0p}(t)^2 \rangle = E_{0s}^2 - E_{0p}^2, \tag{6b}$$

$$S_2 = 2\langle E_{0s}(t)E_{0p}(t)\cos\{\delta_p(t) - \delta_s(t)\} \rangle = 2\langle E_{0s}(t)E_{0p}(t)\cos\alpha \rangle = 2E_{0s}E_{0p}\cos\alpha, \tag{6c}$$

$$S_3 = 2\langle E_{0s}(t)E_{0p}(t)\sin\{\delta_p(t) - \delta_s(t)\} \rangle = 2\langle E_{0s}(t)E_{0p}(t)\sin\alpha \rangle = 2E_{0s}E_{0p}\sin\alpha. \tag{6d}$$

여기서 α는 compensator를 지난 후 두 수직 성분의 위상차이다. 따라서,

$$\tan\alpha = \frac{\sin\alpha}{\cos\alpha} = \frac{S_3}{S_2} = \frac{-\sin\phi\cos 2P}{\sin 2P}. \tag{7}$$

표현을 바꾸면,

$$\tan\alpha = \sin\phi\tan(2P - 90°). \tag{8}$$

이 되어 polarizer 위치각 P와 compensator의 retardation 각 ϕ의 조합과 시편에 입사하기 직전에 있는 빛의 두 수직성분의 위상차 α와의 관계를 보여 주고 있다. Compensator로 quarter waveplate를 사용할 경우 앞의 Stokes vector는 더욱 간단해 진다.

$$S = \begin{bmatrix} S_0 \\ S_1 \\ S_2 \\ S_3 \end{bmatrix} = I_0 \begin{pmatrix} 1 \\ 0 \\ \sin 2P \\ -\cos 2P \end{pmatrix}. \tag{9}$$

Polarizer(P)를 0°에서 90°돌리면서 좌원편광에서 우원편광까지 만들 수 있음을 알 수 있다. 궁극적으로 ellipsometry의 두 변수에 대한 정보를 얻기 위해서는 전자기파의 두 성분에 대한 위상의 변화 이외에도 그 크기에 대한 정보가 필요하다. 이번에는 앞에서와 마찬가지 조건으로 polarizer-compensator를 지난 후의 두 성분의 크기, (E_p, E_s)를 비교해 보자.

$$\tan L = E_p / E_s \tag{10}$$

라고 정의하면 이 값은 실수값이 된다. 앞의 식 (6)의 Stokes vector 성분과 식 (10)을 이용하면

$$\frac{S_1}{S_0} = \frac{E_s E_s^* - E_p E_p^*}{E_s E_s^* + E_p E_p^*} = \frac{1 - \tan^2 L}{1 + \tan^2 L} = \cos 2L = \cos\phi \cos 2P \tag{11}$$

이 되어 polarizer 위치각 P와 compensator의 retardation 각 ϕ로 제작할 수 있는 두 성분의 전기장의 크기비를 나타낸다. 이번에는 시편에서 반사된 빛의 편광상태를 살펴보자. 앞에서와 마찬가지로 그 일반적인 Stokes vector는 다음과 같이 표현이 될 수 있다.

$$S' = \begin{pmatrix} E_{0s}'^2 + E_{0p}'^2 \\ E_{0s}'^2 - E_{0p}'^2 \\ 2E_{0s}' E_{0p}' \cos\beta \\ 2E_{0s}' E_{0p}' \sin\beta \end{pmatrix}. \tag{12}$$

여기서 β는 반사 후 두 수직성분의 위상차이다. 그런데 null이 되기 위해서는 이 반사된 빛이 선편광이 되어야 하므로 β는 0°또는 180°가 되어야 한다. 따라서, 이 조건을 이용하면

$$S' = \begin{pmatrix} E_{0s}'^2 + E_{0p}'^2 \\ E_{0s}'^2 - E_{0p}'^2 \\ \pm 2E_{0s}' E_{0p}' \\ 0 \end{pmatrix}. \tag{13}$$

이 된다. 그런데 ellipsometry 각 Δ는 반사 전후의 p-파와 s-파의 위상차의 변화이므로 바로 앞에서 polarizer와 compensator를 통과하면서 생긴 위상차 α를 이용하면 다음과 같은 관계식이 성립한다.

$$\Delta = \beta - \alpha = -\alpha \quad (\beta = 0 \text{ 일경우}), \tag{14a}$$

$$\Delta = \beta - \alpha = 180° - \alpha \quad (\beta = 180° \text{ 일 경우}). \tag{14b}$$

이와 같이 선편광이 발생할 때의 polarizer의 위치각을 (P_0, P_0')라 하고 이를 null시키기 위한 analyzer의 위치각을 (A_0, A_0')라고 하면 두 경우에 대해 식 (8)과 (11)을 이용하여 다음과 같은 관계식을 쓸 수 있다.

β=0°의 경우,

$$\tan\Delta = \tan(-\alpha) = \sin\phi\tan(90° - 2P_0), \tag{15a}$$

$$\cos 2L_0 = -\cos\phi\cos 2P_0. \tag{15b}$$

β=180°의 경우,

$$\tan\Delta = \tan(180° - \alpha) = \sin\phi\tan(270° - 2P'_0), \tag{16a}$$

$$\cos 2L'_0 = -\cos\phi\cos 2P'_0. \tag{16b}$$

그리고 또 하나의 ellipsometry 각 Ψ에 대한 고찰을 해보자. 시편에서 반사 후의 전기장의 크기를 (E'_{0p}, E'_{0s})라 하면,

$$\tan\Psi = \frac{|r_p|}{|r_s|} = \frac{E_{0s}}{E_{0p}}\frac{E'_{0p}}{E'_{0s}} = \cot L_0 \frac{E'_{0p}}{E'_{0s}}. \tag{17}$$

그런데 null을 시키기 위한 analyzer 위치각 A_0(A'_0)는 그림 IV-2에서 알 수 있듯이 이 선편광된 전기장과 수직 위치이므로

$$\tan(-A_0) = E_p'/E_s'. \tag{18}$$

여기서 (-)부호는 각의 측정 방향이 polarizer와 반대가 되기 때문이다. 따라서 이를 이용하면 다음과 같은 표현을 얻게 된다.

$$\tan\Psi = \cot L_0 \tan(-A_0). \tag{19}$$

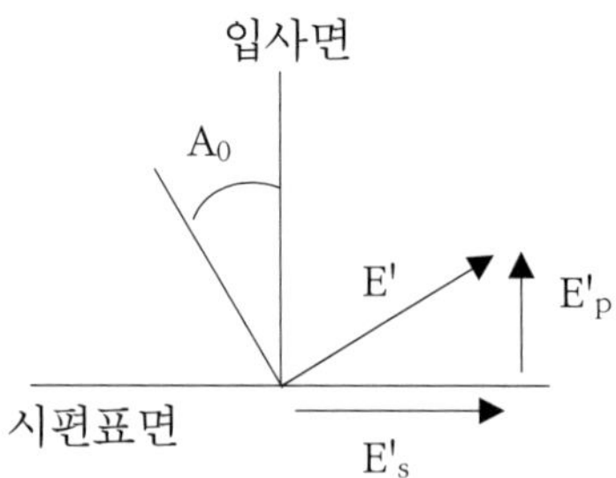

[그림 Ⅳ-2] 시편에서 반사되어 오는 선편광된 빛을 정면에서 쳐다본 모습으로 analyzer의 위치각을 A0에 놓음으로써 null(소광)시킬 수 있다.

또 다른 null 조건인 (P'_0, A'_0)에서

$$\tan\Psi = \cot L'_0 \tan(A'_0). \tag{20}$$

을 얻게 된다. 그리고 앞의 식들에서 다음 관계를 얻게 된다.

$$P'_0 = P_0 \pm 90°,\ A'_0 = A_0 \pm 90°. \tag{21}$$

이를 식 (17)과 (18)에 이용하면

$$\cot L'_0 = \tan L_0 \tag{22}$$

가 되고 다시 $\tan\Psi$에 관한 두 식 (19)와 (20)을 서로 곱하면 다음과 같게 된다.

$$\tan^2\Psi = \tan A'_0 \tan(-A_0). \tag{23}$$

즉, null점인 A_0와 A'_0를 측정함으로써 ellipsometry 각 Ψ값을 구하게 된다. 특히, compensator의 retardation 각 ϕ=90°인 경우(quarter waveplate)에 (Δ, Ψ)를 구하는 식은 더욱 간단해 진다. 즉, 식 (15a)와 (16a)에서,

$$\Delta = 90° - 2P_0 = 270° - 2P'_0. \tag{24}$$

그리고 식 (15b)와 (16b)에서 $L'_0 = L_0$가 되므로 식, (19)와 (20)에서 $-A_0 = A'_0$가 되어

$\tan^2\Psi = \tan^2 A_0 = \tan^2(-A'_0)$ 로부터 $\Psi = A_0 = -A'_0$ 를 구하게 된다.

부록-V 덩이 물질(두꺼운 판)의 반사율과 투과율

1) Incoherent 한 경우 (두께 〉〉 파장)

$$\check{T} = \frac{(1-R)^2 e^{-\alpha d}}{1-R^2 e^{-2\alpha d}}, \tag{1}$$

$$\check{R} = R\left(1+\check{T} e^{-\alpha d}\right). \tag{2}$$

여기서 d는 판의 두께이고 R은 덩이 물질이라 가정했을 때의 입사매질에서의 반사율이다.

2) Coherent 한 경우

$$\check{T} = T_{af} T_{fs} e^{-\alpha d}/D, \tag{3}$$

$$\check{R} = R_{af} + R_{fs} e^{-2\alpha d} + 2e^{-\alpha d} Re\left(r_{af}^{*} r_{fs} e^{i\delta}\right)/D.$$

여기서,

$$D = 1 + R_{af} R_{fs} e^{-2\alpha d} + 2e^{-\alpha d} Re\left[r_{af} r_{fs} e^{i\delta}\right],$$

$$r_{af} = (n-n_a)/(n+n_a),\ \ r_{fs} = (n_s-n)/(n_s+n),\ \ R_{af(fs)} = |r_{af(fs)}|^2,$$

$$t_{af} = 2n_a/(n+n_a),\ \ t_{fs} = 2n/(n_s+n),\ \ T_{af} = \frac{n}{n_a}|t_{af}|^2,\ \ T_{af} = \frac{n_s}{n}|t_{fs}|^2$$

이고 $\delta=4\pi nd/\lambda$ 이다. 여기서 얇은 판을 기판(굴절률 n_s) 위에 놓인 두꺼운 박막이라고 보아도 된다.

부록-VI 분광반사율 측정기술(spectroscopic reflectometry)

반사된 빛의 광량을 측정한다는 의미에서 spectrophotometry 또는 spectrometry라고도 하는 기술이다. 하지만 흡수 peak을 측정하는 대신 반사율 스펙트럼을 정밀하게 측정할 경우, 분광 ellipsometry에서와 같이 다층박막이론과 regression 과정을 통하여 박막의 두께 등을 구할 수 있다는 점에서 'spectroscopic reflectometry(SR: 분광 반사율 분석기술)'이란 용어가 더 적합하다고 본다(예, Tompkins 1999). 반사율 계산에 대해서는 제2장에 기술이 되어 있으므로 측정방법에 대해서만 간단히 설명하고자 한다. 우선 SR에 있어서는 수직입사에 대한 반사율을 이용한다. 따라서, 광원과 검출기가 같은 방향에 놓여야 하는데 서로가 광경로를 방해하므로 구조상 불가능하다. 시편과의 거리오차에 민감하긴 하지만, 약간의 입사각을 두거나 fiber 다발(reflection probe)를 이용하면 된다. 그림 VI는 beam splitter를 이용하는 경우인데 수직입사는 보장이 되나 beam splitter에 의한 광량손실이 많다는 단점이 있다. 시편의 반사율 스펙트럼은 다음 식과 같이 입사광량 대비 반사광량이다. 반사율은 식 (1)로부터 구할 수 있는데, 오른쪽 그림의 조건에서는 측정하고자 하는 시편으로부터 반사된 광량(I_{out})은 측정할 수가 있으나 시편에 입사하는 광량(I_{in})은 측정이 불가하다.

$$R = \frac{I_{out}}{I_{in}}. \tag{1}$$

따라서, 입사광량(I_{in})은 왼쪽 그림과 같이 그 광특성이 잘 알려진 시편(예, silicon wafer)이나 표준 반사물질을 이용하여 간접적으로 구한다.

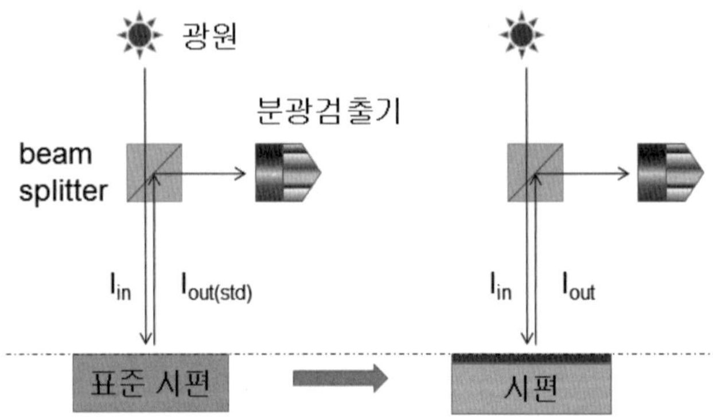

[그림 VI] 왼쪽: 표준시편에서 반사된 빛을 측정하는 경우, 오른쪽: 분석하고자 하는 시편에서 반사된 빛을 측정하는 경우

즉, 표준시편에 대한 반사율 역시 다음 식으로 표현이 된다.

$$R_{std} = \frac{I_{out(std)}}{I_{in}}. \qquad (2)$$

여기서 표준시편에서 반사된 광량($I_{out(std)}$)은 왼쪽 그림과 같이 측정을 하면 되고, 이 물질의 반사율(R_{std})은 이미 아는 값이므로 식 (2)로부터 표준시편으로의 입사광량(I_{in})이 구해진다. 입사광량(I_{in})은 시편에 무관하므로 이 후 표준시편을 치우고 그 위치에 측정하고자 하는 시편을 놓고 반사광량(I_{out})을 측정한 뒤 식 (1)에 대입하면 반사율 스펙트럼을 구할 수 있다. 예를 들어 silicon wafer를 표준시편으로 사용하는 경우에 그 이론적 반사율은 제2장에서 배운 방법으로 계산하면 된다. 즉,

$$R_{std} = r^* r = \frac{(N_{si} - 1)^2}{(N_{si} + 1)^2}. \qquad (3)$$

반사율 측정은 광량변화에 매우 민감하므로, 표준시편을 치우고 그 자리에 측정시편을 가져다 놓을 때, 측정시편의 표면이 정확히 표준시편의 표면과 같은 위치에 와야 한다. 측정시편(기판)의 두께가 다르거나 이면이 평평하지 않을 경우에는 큰 오차가 발생하므로 alignment에 특히 주의를 기울여야 한다. 또한 광원이나 검출기가 가지고 있는 안정성의 한계 때문에 표준측정시편 측정 후 시간이 너무 경과하면 입사광량(I_{in})이 변할 수도 있으므로 이점도 항시 확인을 하여야 한다.

여기서, 분광 반사율 측정기술과 분광 ellipsometry의 특성을 비교해 보면 〈표 VI〉와 같다.

〈표 VI〉 Spectroscopic ellipsometry와 spectroscopic reflectometry 특성 비교

구 분	Spectroscopic Ellipsometry	Spectroscopic Reflectometry
박막 측정 최소 두께	0.1 nm	~10 nm
박막 측정 최고 두께	~수 μm	~수십 μm
광특성 (n, k)	대부분 가능	dispersion 함수가 있는 경우만
파장별 측정변수의 수	2개 (Δ, Ψ)	1개 (R)
사용하는 빛의 특성	편광(전기장)	광량(intensity)
기준비교량	p-파 대 s-파	입사광량 대 반사광량
시스템 구성	복잡	간단
입사각	70도 전 후	수직입사
응용성	많음	매우 제한적
밝기변화에 의한 오차	덜 민감	매우 민감

부록-VII

각종 물질의 광학상수를 위한 참고문헌

Ellipsometry, 특히 분광 ellipsometry를 가지고 다층박막 분석을 할 경우 그 구성 물질 중 이미 그 광학적 특성이 잘 알려져 있을 때는 그것을 이용하는 것이 바람직하다. Dispersion relation을 사용할 수 있는 물질의 경우는 문제가 없겠지만 그렇지 못할 경우에는 파장별(광양자 에너지별) 광학상수를 모아 database화하여 사용하는데 이를 'reference data' 또는 'reference 함수'라 부른다. 상용의 ellipsometer를 구매할 경우 어느 정도 기본적인 물질에 대해서는 그 광학상수가 제공이 된다. 하지만 이미 언급한 바가 있듯이, 같은 물질이라 하더라도 제작방법, crystallinity, 측정온도, 구성 입자의 크기 등에 따라 그 광특성이 매우 다를 수가 있다. 또한 화학적 구성성분에 따라 광특성이 달라지기 때문에 이 모든 경우에 대한 광학함수가 존재하기를 기대하는 것은 불가능하다.

따라서, 본인이 연구하는 물질의 광특성이 dispersion relation으로도 분석이 되지 않고 또한 확보한 database에도 없을 경우에는 제6장에서 소개한 방법으로 찾아내든지 아니면 혹 있을지도 모를 다른 연구자들이 발표한 reference 함수를 찾아봐야 할 것이다. 하지만, 논문이나 저서 등을 통하여 발표되는 광학함수들도 결국 실험을 통하여 얻어 졌기 때문에 각종 오차를 내포하고 있을 가능성이 많다. 장비의 오차뿐만 아니라 시편에 있어 산화막이나 표면거칠기를 무시한 채 분석한 값을 발표한 경우도 허다하다. 또한 박막의 경우 비등방성이나 두께에 따른 불균질성을 무시하고 분석한 결과도 많다. 따라서, 이들 자료들을 활용할 경우에는 어느 정도의 불확실성이 있음을 감안하여야 한다. 테이블로 주어진 값들의 data의 밀도가 높지 않을 경우는 내삽법(interpolation)을 이용하여 원하는 값을 구하도록 한다. 그리고 그래프로 주어진 경우는 저자에게 연락을 취하여 file로 받을 수 있기도 하고 digitize를 하여 사용하기도 한다. 물론 (n, k)로 발표된 자료는 분석을 위한 reference 함수로 사용하기 위해서는 (ϵ_1, ϵ_2) 형태로 바꾸어 두어야 할 것이다. 다층박막 분석에서는 (n, k) 형태로 사용이 되지만 effective medium 이론을 적용할 경우에 고려하면 후자가 더 근본적인 형태이다.

상당수 물질의 실온에서의 광학함수는 Handbook(Grey 1972)이나 Pelik(1985, 1991, 1997)의 저서에 많이 수록되어 있으니 참조하기 바란다. 다음에 일부 중요 물질의 광학함수를 알 수 있는 문헌을 열거해 놓았다. 전부 실온에서의 값인데 일반적인 실험실의 계절 및 시간에 따른 온도 변화에 의한 영향은 무시해도 대부분의 경우에는 무방하다.

• Handbook of Optical Constants of Solids I, II, III Pelik(1985, 1991, 1997)

금속류

물질명	권	물질명	권
Ag	I	Al	I
Au	I	Be	II
C(Graphite)	II	Co	II
Cr	II	Cs	III
Cu	I	Fe	II
Hg	II	In	III
Ir	I	K	II
Li	II	Mg	III
Mn	III	Mo	I
Na	II	Nb	I
Ni	I	Os	I
Pd	II	Pt	I
Re	III	Rh	I
Ru	III	Sb	III
Sn	III	Ta	II
Ti	III	V	II
W	I		

반도체류

AlAs	II		
$Al_xGa_{1-x}As$	II		
x=0.3, 0.099, 0.198, 0.135, 0.149, 0.491, 0.590, 0.700, 0.804 x=0.1~0.9 step 0.1, 0.14 (일부는 n 뿐임)			
AlN	III	AlSb	II
c-BN	III	h-BN	III
CdS	II	CdSe	II
CdTe	I	GaAs	I
GaP	I	GaSb	II
Ge	I		
$Hg_{1-x}Cd_xTe$	II	InAs	I
x=0, 0.20, 0.29, 0.43, 0.76, 0.86, 0.91, 1			
InSb	I	InP	I
PbSe	I	PbS	I
$Pb_{1-x}Sn_xTe$	II(x=0.17, x=0.09)	PbTe	I
Se	II	Si	I, III (crystalline, amorphous)
SiC	I	β-SiC	II
Si_xGe_{1-x}	II,III (x=0.1 ~ 0.9 step 0.1, 0.25)	SnTe	II
Te	II	ZnS(cubic)	I, II
ZnS(haxagonal)	I	ZnSe	II
ZnTe	II		

절연체류

ADP	II	Al_2O_3	II, III
AlON	II	As_2Se_3(crystalline)	I
As_2Se_3(vitreous)	I	As_2S_3(crystalline)	I
As_2S_3(vitreous)	I	BaF_2	III
$BaTiO_3$(Barium Titanate)	II	BeO	II
$CaCO_3$	III	CaF_2	II
$(C_2H_4)_n$(Polyethylene)	II	CsI	II
Cubic Carbon(Diamond)	I	Cu_2O, CuO	II
DLC(Diamond like carbon, a-C:H) (dc glow discharge, ion assisted, arc evaporated)			II
H_2O(water)	II	LiF	I, II
$LiNbO_3$(Lithium Niobate)	I	KBr	II
KCl	I		I
KDP(KH_2PO_4, Potassium Dihydrogen Phosphate)			
MgF_2	II	MgO	II
NaF	II	SiO_2(crystalline, glass)	I, II
SiO(noncrystalline)	I	Si_3N_4(noncrystalline)	I
$SrTiO_3$(Strontium Titanate)	II	NaCl	I
ThF_4	II	TiO_2(rutile)	I
Y_2O_3	II		

- **Fluoride 박막 및 Oxide 박막: (Chindaudom 1991)**

Compensator를 장착한 분광 ellipsometer를 이용하여 박막 형태의 시편을 측정한 다음 다층 박막모델로 void 및 표면거칠기까지 고려하여 fitting한 결과이다. 오차의 한계(90%)가 주어지지 않은 계수는 편의상 고정된 값이다. 파장의 단위는 nm. Sellmeir dispersion으로 표현되었다.

$$n^2 = A + \frac{B\lambda^2}{(\lambda^2 - \lambda_0^2)}$$

물질명	A	B	λ0
AlF_3	1.834±0.024	0.024±0.035	254±54
CeF_3	2.427±0.026	0.162±0.023	223±7
HfF_4	2.306±0.044	0.128±0.039	220±16
LaF_3	1.00	0.151±0.016	92.5±1.1
ScF_3	1.580	0.523±0.002	162±3
$Al2O_3$	1.25	1.34±0.01	124.0±0.5
HfO_2	2.07±0.28	1.96±0.28	162.2±7.7
Sc_2O_3	1.81±0.28	1.67±0.27	168.0±9.0
ThO_2	1.00	2.28±0.01	137.6±1.0
Y_2O_3	1.68±0.54	1.73±0.52	141.8±15.6
ZrO2	1.00	2.86±0.02	142.3±1.0

• Handbook of Optics(Driscoll 1978)에 수록된 광학함수(일부만 발췌)

$$n^2 = A + \sum_{i=1}^{N} \frac{B_i \lambda^2}{\lambda^2 - \lambda_i^2}$$

물질명	A	i	Bi	λ_i^2
Arsenic Sulfer Glass	1	1	1.8983678	0.0225
	1	2	1.9222979	0.0625
		3	0.8765134	0.1225
		4	0.1188704	0.2025
		5	0.9569903	750
Barium Fluoride	1	1	0.63356	0.0033396
		2	0.506762	0.012030
		3	3.8261	2151.70
Cesium Iodide	1	1	0.34617251	0.00052701
		2	1.0080886	0.02140156
		3	0.28551800	0.032761
		4	0.39743178	0.044944
		5	3.3605359	25921.0
Calcium Fluoride	1	1	0.5675888	0.002526430
		2	0.4710914	0.01007833
		3	3.8484723	1200.556
Sapphire(synthetic)	1	1	1.023798	0.00377588
		2	1.058264	0.0122544
		3	5.280792	321.3616

	A	i	Bi	λ_i(㎛)
Fused Silica	1	1	0.6961663	0.0684043
		2	0.4079426	0.1162414
		3	0.8974794	9.896161

Calcium Sulfide (hexagonal)

$$n_o^2 = 5.235 + \frac{1.819 \times 10^7}{\lambda^2 - 1.651 \times 10^7}, \qquad n_e^2 = 5.239 + \frac{2.076 \times 10^7}{\lambda^2 - 1.651 \times 10^7}$$

Lanthanum Fluoride

$$n_e = 1.58330 + \frac{77.850}{\lambda - 1346.5}, \qquad n_o = 1.57376 + \frac{153.137}{\lambda - 686.2}$$

Lithium Fluoride

$$n = A + BL + CL^2 + D\lambda^2 + E\lambda^4$$

A=1.38761	B=0.001796	C=-0.000041
D=-0.0023045	E=-0.00000557	L=(λ^2-0.028)$^{-1}$

Magnesium Fluoride (λ in Å)

$$n_o = 1.36957 + \frac{35.821}{(\lambda - 1492.5)}, \qquad n_e = 1.38100 + \frac{37.415}{(\lambda - 1494.7)}$$

Magnesium Oxide

$$n^2 = 2.956362 - 0.01062387\lambda^2 - 0.0000204968\lambda^4 - \frac{0.02195770}{\lambda^2 - 0.01428322}$$

Rutile(TiO_2,λ in Å)

$$n_o^2 = 5.913 + \frac{2.441 \times 10^7}{\lambda^2 - 0.803 \times 10^7}, \qquad n_e^2 = 7.197 + \frac{3.322 \times 10^7}{\lambda^2 - 0.843 \times 10^7}$$

그 밖에 Handbook of Optics에서 광특성을 찾을 수 있는 물질(명칭만 열거하기로 한다.) Calcite, Calcium Fluoride, Calcium Molybdate, Calcium Titanate, Cesium Bromide, Lead Fluoride, Lead Molybdate, Muscovita Mica, Potassium Bromide, Potassium Chloride, Potassium Iodide, Crystal Quartz, Selenium glass, Silver Chloride, Sodium Chloride, Sodium Fluoride, Sodium Nitrate, Sphalerite, Strontium Titanate, Thallium Bromide

• Forouhi & Bloomer dispersion으로 표현된 경우

$$n_{sc}(E) = n_{sc}(\infty) + \sum_{i=1}^{N} \frac{B_{sc,i}E + C_{sc,i}}{E^2 - B_iE + C_i}, \quad k_{sc}(E) = \left[\sum_{i=1}^{N} \frac{A_i}{E^2 - B_iE + C_i}\right](E - E_g)^2$$

여기서, $B_{x,i} = \frac{A_i}{Q_i}\left(-\frac{B_i^2}{2} + E_gB_i - E_g^2 + C_i\right)$, $C_{x,i} = \frac{A_i}{Q_i}\left[\left(E_g^2 + C_i\right)\frac{B_i}{2} - 2E_gC_i\right]$,

$$Q_i = \frac{1}{2}\left(4C_i - B_i^2\right)^{\frac{1}{2}}$$

여러 가지 물질을 fitting한 결과를 보여주고 있는데 SiO_2 등에 있어서는 Sellmeier dispersion에 비해 가시광선 영역의 결과가 좋지 않는 반면 Kramers-Kronig relation을 만족시키기 때문에 더 넓은 파장영역에서의 사용에 있어서는 낫다고 볼 수 있겠다. 다음 물질들은 Forouhi의 발표자료에서 발췌하였다(Forouhi 1991, 1986, 1988). 각 계수에 있어 그 숫자가 다음 열에 계속된 경우는 여러 항을 사용한 경우이다.

물질명	A_i		Bi(eV)	Ci(eV2)	n(∞)	Eg(eV)
c-Si	0.00405	6.885	11.864	1.950	1.06	
	0.01427	7.401	13.754			
	0.06830	8.634	18.812			
	0.17488	10.652	29.841			
a-Si	1.5690	5.5311	9.6390	2.4330	1.65	
a-TiO_2	0.5189		8.1605	17.5291	1.7614	2.8
SiO_2	0.00867	20.729	107.499	1.226	7.00	
	0.02948	23.27	136.132			
	0.01908	28.163	199.876			
	0.01711	34.301	297.062			
SiC	0.25926	14.359	53.747	1.680	2.50	단일항 사용
	0.18028	14.222	52.148	1.337	2.50	2항 사용
	0.10700	19.397	99.605			
	0.00108	13.227	43.798	1.353	2.50	4항 사용
	0.19054	14.447	53.860			
	0.00646	19.335	94.105			
	0.05366	21.940	125.443			
Cu	0.46531	2.499	1.652	1.711	0	
	0.07489	5.390	8.010			
	0.03872	10.396	28.393			

• 그 밖에 광학적 성질을 찾아 볼 수 있는 문헌들

Ta_2O_3 (Jaerrendahl 1993)

ScN (Jaerrendahl 1993)

CeO_2 (Jaerrendahl 1993)

PLZT (Zhu 1998)

BST($Ba_{0.7}Sr_{0.3}TiO_3$) (Suzuki 1998)

HfO_2 (Sanchoparramon 2008)

c-Si (Verleur 1968, Jellison 1992)

c-Ge (Martin 1977)

GaAs (Erman 1984)

a-Si (Lang 1998, Yasuda 1994)

Si_3N_4 (Lang 1998)

aluminum, cobalt, copper, gold, iron, lead, nickel, palladium, platinum, silver, titanium, tungsten (Ordal 1983, 1985, 1987, 1988, Landolt-Boernstein 1985)
transition metal (Weaver 1981, Johnson 1974, Ingram 1990)
alkali metal (Ives 1936, 1937, 1938, Mayer 1963a, b, c, 1966)
lithium (Rasigni 1977, Mathewson 1972, Hodgson 1966, Sievers 1980)
barium (Fisher 1966)
magnesium, cadmium, zinc (Lenham 1966, Rasigni 1975, Lettington 1966, Graves 1968a, b)
noble metal (Leveque 1983, Beaglehole 1966, Parkins 1981, Taft 1961, Dold 1965)

온도에 따른 광학함수

c-Si (Lautenschlager 1987, Aoki 1991, Vuye 1993)
GaAs (Yao 1991)
GaP (Zollner 1993)
SiC (Petalas 1998)

액체류 광특성 또는 측정법(Synowicki 2004, Bang 2005, Daimon 2007, Kedenburg 2012)

찾아보기

지은이 • 안일신

서울대학교 이학사/ 펜실베니아 주립대 이학박사
펜실베니아 주립대 재료연구소 객원교수/겸임교수 역임
ICSE 위원/ellipsometry 관련기업 기술이사 역임
한양대학교 응용물리학과 교수

저서

- 진공물리 및 진공기술(한양대학교 출판부 1999)
- 엘립소미트리 제1판(한양대학교 출판부 2000)

편집서 기여

- Handbook of Ellipsometry(William Andrew, Inc 2005)외 다수

국제학술지 ellipsometry 관련 논문 100 여편/관련 특허 다수

엘립소미트리 — 타원편광분석기술의 기초와 이해

펴낸날 2017년 1월 20일 개정판 1쇄 • 2019년 9월 30일 개정판 2쇄
지은이 안일신 • **펴낸이** 김우승
펴낸곳 한양대학교출판부 • **출판등록** 제4-7호(1972.2.29)
주소 서울 성동구 왕십리로 222 • **전화** 02.2220.1432-4 • **팩스** 02.2220.1435
홈페이지 press.hanyang.ac.kr • **이메일** presshy@hanyang.ac.kr
디자인 안광일 • **인쇄** 네오프린텍

값 20,000원

ISBN 978.89.7218.524.6 (93550)